Linux技术与应用丛书

图解
Linux内核

基于6.x

姜亚华　编著

机械工业出版社
CHINA MACHINE PRESS

全书共五篇，以从易到难的顺序详细剖析了 Linux 内核开发的核心技术。"知识储备篇"介绍了 Linux 的数据结构、中断处理、内核同步和时间计算等内容，这些是理解后续章节的前提；之后通过"内存管理篇""文件系统篇""进程管理篇"详细介绍了 Linux 的三大核心模块；最后的"综合应用篇"则融合了前面诸多模块知识展示了 Linux 内核开发在操作系统、智能设备、驱动、通信、芯片、云计算和人工智能等热点领域的应用。书中的重点、难点均配有图表、代码和实战案例，力求直观、清晰。

学习本书的读者需要熟悉 C 语言，最好对 Linux 内核有一定了解。推荐初学者按照本书的编排顺序阅读，而熟悉 Linux 内核的读者可以跳过知识储备篇，直接从三大核心模块篇进行阅读。

本书深入浅出、配图丰富，可作为 Linux 初中级读者系统学习 Linux 内核开发的指导手册，也可作为从事嵌入式、操作系统、Linux 编程、驱动/内核开发，以及智能设备开发的工程师的案头指南和进阶工具书。

图书在版编目（CIP）数据

图解 Linux 内核：基于 6.x／姜亚华编著 . —北京：机械工业出版社，2024.3
（2024.11 重印）
（Linux 技术与应用丛书）
ISBN 978-7-111-74547-1

Ⅰ.①图… Ⅱ.①姜… Ⅲ.①Linux 操作系统–图解 Ⅳ.①TP316.89-64

中国国家版本馆 CIP 数据核字（2024）第 022377 号

机械工业出版社（北京市百万庄大街 22 号 邮政编码 100037）
策划编辑：丁 伦 责任编辑：丁 伦
责任校对：张慧敏 李 杉 责任印制：单爱军
北京虎彩文化传播有限公司印刷
2024 年 11 月第 1 版第 4 次印刷
185mm×260mm・25 印张・684 千字
标准书号：ISBN 978-7-111-74547-1
定价：139.00 元

电话服务 网络服务
客服电话：010-88361066 机 工 官 网：www.cmpbook.com
010-88379833 机 工 官 博：weibo.com/cmp1952
010-68326294 金 书 网：www.golden-book.com
封底无防伪标均为盗版 机工教育服务网：www.cmpedu.com

随着以 ChatGPT 为代表的生成式人工智能的蓬勃发展，业内对运算能力的需求呈指数级增长。各个头部企业都在建设自己的服务器集群，用以训练人工智能大模型。为此，各大硬件厂商抓住这个商机，采用先进的制造工艺、小芯片架构，开发出了性能越来越强劲的 CPU、GPU、高速总线，内存容量也越来越大，存储设备随之迅速升级。

为了让硬件充分发挥性能，来实现从数据中心、边缘计算到智慧终端设备所需要的 AI 训练和推理能力，操作系统软件，尤其是底层内核软件的研发和创新，已成为深化 AI 生态系统的关键。Linux 作为操作系统的佼佼者，这些年发展迅速，据权威部门统计，其在服务器领域已经占据了约 75% 的市场份额。另一方面，这几年随着市场日趋饱和，传统就业市场持续萎缩，高科技人才竞争加剧，在高精尖软件人才炙手可热的同时，普通的"码农"已经很难获得高薪职位。所以，作为技术人员，必须持续学习，勇攀技术高峰，熟练掌握 Linux 知识，尤其是 Linux 内核技能，才能把握机会，搭乘人工智能的春风。

本书作者——姜亚华，曾经在超微半导体（即美国 AMD 半导体公司）和我一起共事。他十年如一日地钻研 Linux 源代码，软硬件融会贯通且技术过硬，利用所学不断地对产品进行性能优化。作为软件开发的技术骨干和核心成员，亚华不但带领团队攻克了众多疑难项目，而且应邀为公司的跨部门同事们做了上百场的 Linux 内核及软件开发讲座，深受大伙的钦佩和好评。

亚华基于在华为、Intel、AMD 以及曦智科技的丰富工作经历，深感 Linux 内核技能对职业发展的重要性，于是在繁忙工作之余，将所学总结成书，分享给同道中人。《精通 Linux 内核：智能设备开发核心技术》是他的处女作，书籍面市以来，深受广大同行好评。同时，许多读者也提出了宝贵意见。为了让更多朋友更快进步，他根据大家的反馈，在本次的《图解 Linux 内核（基于6.x）》中补充了大量更新的技术内容，更重要的是添加了许多双色流程图、原理图、示例图和轨迹图等，大大方便读者理解 Linux 内核的精髓。我虽然离开具体编写代码的岗位很久了，但是看了本书的初稿，仍觉得获益匪浅，更透彻地理解了许多底层关键技术，比如内存管理。非常感谢他的付出！希望亚华的呕心沥血之作能够切实帮助到各位朋友。

AMD 独立显卡产品首席工程师

林　俊

前　言

本人编写的《精通 Linux 内核：智能设备开发核心技术》出版已有多年了，这期间我读了很多书评，也跟行业内的工程师交流过多次，发现在编写该书的过程中有一点做得并不到位，那就是当时写作只站在阅读了几百万行内核代码之后做总结的角度叙述问题，而忽略了初学者学习新知识的思维过程，表现为其中的有些知识点，出于惯性思维我认为比较简单，但实际上可能对于初学者来说并不一定容易理解。同时，Linux 的内核版本又更新到了 6.x 时代，因此就有了《图解 Linux 内核（基于 6.x）》一书的写作想法，我希望用图来直观、清晰地阐述复杂的问题，让初学者更容易理解。

当前的 Linux 内核版本已经更新到 6.x，本书随之更新至 6.2 版本。其中，有少数知识的讨论也涉及 3.10 版本，保留它们主要是希望可以让读者看到内核的更新和优化思路。建议读者在阅读本书时可以下载 3.10 和 6.2 两个版本的内核代码作为参考。

内容

全书分为 5 篇内容。

知识储备篇：包括常见的数据结构、时间和中断处理等内容，它们是后面几部分内容的学习基础，希望读者能够从中了解内核的概况，在后续的章节中见到相关的知识时不会感到陌生。尤其是 2.1【图解】关系型数据结构一节，它是理解其他章节数据结构间关系的基础，以及 2.2【图解】内核中常见的设计模式一节阐述了内核程序的设计思想，对理解复杂系统的设计思路很有帮助。

内存管理篇：包括内存寻址、物理内存、线性内存空间的管理和缺页异常等内容。希望读者能够从中学习到内存映射的原理，理解管理内存的过程，在调用内核提供的函数时明白内核为用户做了哪些操作。

文件系统篇：包括 VFS 的流程、sysfs 和 proc 文件系统的实现、ext4 文件系统的解析等内容。希望读者能够掌握文件系统的设计思路、文件操作的实现、sysfs 等文件系统的特点以及 ext4 文件系统的原理。尤其是 ext4 文件系统，本书列举了大量的动手实例，希望读者可以理解它的精髓。

进程管理篇：包括进程原理、进程调度、进程通信和信号处理等内容。希望读者能够掌握进程间的关系、进程调度的过程、进程通信的原理和信号的处理过程等。理解进程的创建过程尤为重要，它涵盖了进程实现的原理。

综合应用篇：包括程序的执行、I/O 多路复用、Binder 通信、Linux 设备驱动模型和 V4L2 架构等内容。本篇综合了前几部分的知识，希望读者可以灵活掌握它们的原理，在工作中使用起来得心应手。

从难易度角度来讲，这 5 篇是由浅入深的。本书仅罗列了关键或者复杂的代码，从它们包含的代码篇幅就可以知道难易程度。知识储备篇偏向工具和基础知识，以原理分析为主。内存管理

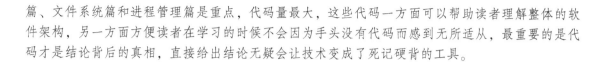

篇、文件系统篇和进程管理篇是重点，代码量最大，这些代码一方面可以帮助读者理解整体的软件架构，另一方面方便读者在学习的时候不会因为手头没有代码而感到无所适从，最重要的是代码才是结论背后的真相，直接给出结论无疑会让技术变成了死记硬背的工具。

特色

本书在搭建知识体系和配套学习资源的过程中进行了如下优化。

- 基于新发布的 Linux 6.x，包含前沿的技术（如近几年流行的 CXL）和巨量的代码更新。
- 以【图解】【看图说话】等巧妙形式增强读者的阅读体验，涉及的复杂机制均配图表且提供下载，帮助读者快速厘清脉络。
- 重点案例和难点操作均制作了配套视频教学课程，读者在阅读过程中，只需拿出手机扫一扫页面相应位置的二维码，即可打开视频课程学习。
- 提供书中所有案例的完整源代码，最大限度地帮助读者快速学习内核知识。
- 配备了授课用电子教案等教学服务，满足大中专院校及相关培训班教师授课所需。

致谢

首先，感谢机械工业出版社的编辑丁伦老师，丁老师与我写《图解 Linux 内核（基于 6.x）》的思路不谋而合。从确定目录结构就开始耐心指导我，对知识的内容也提出了客观准确且专业严谨的修改意见。没有丁老师的认真负责，本书就无法得到升华。

感谢我的研究生导师芦鹏宇，芦老师待人平和耐心，工作一丝不苟，让我在校时就树立了正确的做人和做事的方向，使得对技术不懈追求的理念在我毕业时就已经深深烙在心里。同时还要感谢哈尔滨工业大学，"规格严格，功夫到家"的八字校训一直激励着我，无数个像芦老师一样的辛勤园丁用行动将其传授给一批又一批的学子。

感谢华为技术有限公司的陈栋，很幸运在我第一份工作中可以遇到一个对技术有信仰的前辈，他对技术不懈追求的态度让我在第一份工作中养成了良好的职业态度和习惯。

感谢英特尔（Intel）公司的刘骏、徐杰、黄卫强、王龙和 Foster，刘骏将我招入 Intel，开阔了我的视野，改变了我的人生轨迹。我曾经问他，他希望我在有余力的情况下学习些什么知识，他的回答是"只要是学习，就会有帮助，无论学什么知识"；徐杰在我的工作中，对我信任有加，处处委以重任，让我在很短的时间内快速成长；黄卫强和王龙是我在 Intel 的师傅（Buddy），在工作和生活中给了我很多建议，至今受用；Foster 是 BIOS 和 x86 专家，帮助我快速地熟悉 x86 的原理。

感谢 AMD 公司的 Winston、Gavin 和 Jennifer，让我在 AMD 学习到了很多芯片相关的知识，完成了本书的最后一环。Jennifer 交给我挑战性的工作，让我在新的角色中快速成长。

感谢上海壁仞智能科技有限公司（简称壁仞科技）的 Golf Jiao，虽然合作时间相对较短，但他对我的指导和照顾一直让我深受鼓舞。

感谢上海曦智科技有限公司（简称曦智科技）的余明冈、沈亦晨、张弘将我招入公司。感谢余明冈、张伟丰、Mo Steinman 和王泷为我的工作和学习提供了大量的指导和帮助。感谢给予我大力帮助的各个部门的同事们，孟怀宇、苏湛、胡永强、陈奔、杨赢杰、周中泽、李逸飞、陈辰、朱剑、翟思远、韩福强、王原、邸岳焱、朱振华、Erwan、柏艳飞、黄聪、朱云鹏、陈晖、江卢山、冯亮、闫硕、林垚君、刘青川、易鸣、韩丹阳、程世兰、衷晴雪、曲婕、陈晓梅、殷乐、叶晨、刘刚、倪晓东、张嘉楠、朱丽敏、朱鸣岐、金成溢、陈倩……曦智科技所有的小伙伴们让我的工作变得简单。感谢孙旭群老师在如何帮助团队上给予我的指导。同时感谢曦智科技下属的曦智研究院对本书的技术支持，其中的彭博、于山山、华士跃、李海东、韩冬、黄玲玲、李凤仙、杨毅等同事在写作过程中给本书提供了宝贵的建议和指导。

最棒的是，与我日夜相伴的曦智科技的小伙伴们：Azhar Hussain、曹栋楠、陈乔文、陈章、Jonathan Chen、冯灵凯、何俊杰、黄腾、黄洋、胡笑南、匡卫军、Longwu Ou、李凌云、林政宗、刘娟、刘剑、罗家建、曲铁柱、王善昆、王益文、熊军、许刚朋、徐立戒、杨春、杨旭瑜、叶树彬、张宁、张善文、张帅峰、朱凌青，他们让我享受了工作和学习的乐趣。

读者对象

本书可作为 Linux 初中级读者系统学习 Linux 内核开发的指导手册，也可作为从事嵌入式、操作系统、Linux 编程、驱动/内核开发，以及智能设备开发等工作工程师的案头指南和进阶工具书。

由于作者水平有限，书中不足之处在所难免，恳请广大读者朋友批评指正。

编　者

目　录

文件系统篇

进程管理篇

综合应用篇

知识储备篇

推荐阅读:	初学与熟练者必读，精通者选读
侧重阅读:	第 2、3 和 4 章
难度:	★★★
难点:	第 4 章
特点:	基础、贯穿始终
核心技术:	中断、内核同步
关键词:	关系型数据结构、设计模式、时间的衡量、中断处理、软中断

第1章

Linux内核概述

Linux 内核第一版发布于 1991 年，如今最新版本已经到了 6.x。最初仅仅是一只五脏俱全的麻雀，现在发展到浩瀚如海，代码量也已经超过了千万行；最初基于 Intel x86 的 PC，如今囊括了 x86 和 arm 等主流平台在内的几十个平台。

1.1 基于 Linux 的操作系统生态

基于 Linux 内核的操作系统遍布各类应用场景。
- 桌面和服务器操作系统，如 CentOS、Ubuntu 和 Red Hat Enterprise Linux。
- 移动端操作系统，如 Android。
- 嵌入式操作系统，如 RTLinux、hardhat Linux 和 PetaLinux。

在桌面和服务器领域，由于 Linux 的易用性不够，但稳定性强大，所以使用 Linux 操作系统办公的用户并不多，但在服务器领域 Linux 绝对称得上是王者。

与 Windows 相比，Linux 对初学者比较不友好，玩转 Windows 可以说只需要识字识图，但是玩转 Linux 桌面系统则需要掌握很多专业知识，甚至是经常需要自己动手开发一些程序和脚本。

多数大企业的数据中心，超过 90% 的服务器都运行 Linux 操作系统，基本可以几个月甚至一年或几年不需要服务器重启。Linux 的稳定性是得到数据证明的，这也是得益于全球成千上万的 Linux 程序员的验证、维护和更新。

移动端有两大操作系统——iOS 和 Android，后者就是基于 Linux 内核开发的。Android 已经发布了超过 10 个版本，谷歌（Google）针对系统本身做了很多针对性的优化，由各个硬件厂商移植到各自的产品中，就连十几年前发布的 Android 4 版本目前为止依旧占有约 1% 的市场份额。

在嵌入式领域，Linux 系统也占有一席之地。在系统资源不是特别紧张、性能要求不是特别苛刻的情况下，嵌入式 Linux 会是用户的不二之选。当然了，在资源有限，或者性能要求较高的方案中，裸机（Bare Metal）或者实时操作系统（RTOS）会是更好的选择。在嵌入式 Linux 中，Linux 系统的核心模块予以保留，非必要功能均被裁减，同时保留必要的驱动程序，相对裸机或者 RTOS 来讲开发更便利，但是资源要求也较高。

1.2 【图解】Linux 工程师技能和领域

Linux 相关领域的工程师数以万计，那不同的领域需要工程师掌握哪些技能呢？图 1-1 可以作为参考。

Linux 相关的岗位多种多样，图中仅列了几个常见的种类，未尽之处，还望读者见谅。

从图 1-1 中可以看到，编程语言是每个岗位的必修课，它们是我们和计算机沟通的桥梁。不过除非从事编程语言开发（如 Java 的 JVM）或者编译器开发的岗位，一般情况下建议精通即可

（懂原理、掌握常用语法和技巧）。编程语言总共有上千种，随着技术的发展，有一些语言会被替代或者淘汰，以一门语言作为职业生涯的方向是有风险的。

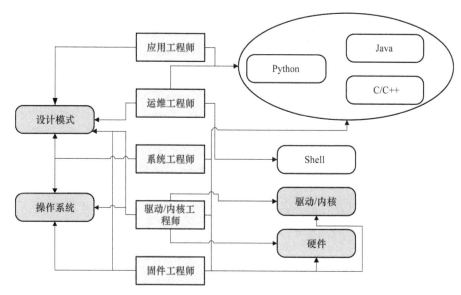

图 1-1　Linux 工程师和技能图

我们可以将编程语言当作工具，工具可变，相对不变的是思维。思维包括两方面：一方面是对业务的理解，也就是在行业内累积的经验，另一方面是编程的思维，比较具体的体现就是设计模式。很多时候我们会发现，同一个任务，即使编程语言换了，解决问题的思路并没有变，让当前程序更加健壮、可扩展的技巧也没有变，所以对多数工程师而言，学习和理解设计模式往往比学习一门编程语言更有价值。

下面我们来看看不同的岗位需要的技能有什么不一样吧。

1）应用工程师：这里泛指从事 Linux 用户空间的可执行程序开发的工程师，比如 Android apk 和 Linux 用户程序开发。主要工作内容是基于 SDK（Software Development Kit）或者 Framework 搭建业务相关的应用，所以核心要求就是对 Framework 和业务的理解，同时也需要应对业务的更新和调整。实际上，SDK 本身也是与实际的业务或者领域绑定在一起的。

2）运维工程师：一个可以被称作幕后英雄的岗位，越是隐身越强大，如果其他工程师没有意识到运维的存在，那么运维就达到理想了。这个岗位的工程师多为全才，精通 Shell、会编程、熟悉操作系统，从环境部署到业务支持无所不在。

3）系统工程师：泛指从事操作系统、各种类库、SDK 和 Framework 开发的工程师。类库的通用性决定了它对程序设计的要求比较高，安全、健壮、高性能，方方面面都需要考虑。除了操作系统的知识外，对内核的理解也是必要的，甚至需要熟悉内核某些模块的代码，即使不能掌握内核细节，也需要理解常见系统调用的用法和优劣，除此之外，基本类库也是必选项，比如 glibc。

4）驱动/内核工程师：相信拿起本书的读者对该岗位已经有了一定的了解。该岗位工作在操作系统底层，距离硬件很近的地方。内核的知识肯定是必需的，而且对驱动工程师而言，熟悉内核代码是有帮助的，虽然针对内核提供的接口编程已经足以完成一个相对复杂的驱动。除了内核之外，对操作系统和用户空间的理解也是一条进阶之路，毕竟相对来讲，上层算是底层的客户，理解客户的使用方式才能更好地支持客户解决问题。

5）固件工程师：又叫嵌入式工程师，开发的程序并不运行在主机（Host）端，而是运行在设备（Device）端，但是他们也可能是 Linux 工程师。一方面，一些性能要求不是特别高的方案，可以采用嵌入式 Linux。嵌入式 Linux 的类库支持更丰富，开发效率更高，缺点是相对实时操作系统或者裸机方案来讲效率低一些。另一方面，在复杂的软件栈中，固件工程师与驱动工程师合作紧密，学习 Linux 相关的知识对与其他工程师沟通和协作有很大帮助。

当然，虽然每一个岗位虽然都有自己的重心，但并没有限制，一个优秀的工程师近则打通上下游，远则全栈通吃，不断探索的精神是值得鼓励的。

说回内核，它是操作系统最基础的部分，并且是操作系统与硬件关系最密切的一部分，控制系统对硬件的访问、管理系统的资源。同样地，Linux 内核是基于它的操作系统的基础，包含了内存管理、文件系统、进程管理和设备驱动等核心模块。一个基于 Linux 内核的操作系统，一般应该包含以下部分。

1）bootloader，比如 GRUB 和 SYSLINUX，它负责将内核加载进内存，系统上电或者 BIOS 初始化完成后执行。

2）init 程序，负责启动系统的服务和操作系统的核心程序。

3）必要的软件库（比如加载 elf 文件的 ld-linux.so），支持 C 程序的库（比如 GNU C Library，简称 glibc），Android 的 Bionic。

4）必要的命令和工具，比如 shell 命令和 GNU coreutils 等。coreutils 是 GNU 下的一个软件包，提供常用的命令，比如 ls 等。

学习内核的难点主要有两方面：一方面是代码量巨大，核心模块代码量基本都几万行起步；二是模块众多，模块之间的关系错综复杂。初学者往往需要花很长时间找到门道，除了保持耐心这个建议之外，这里给读者一个循序渐进的技术路径，以供参考，如图 1-2 所示。

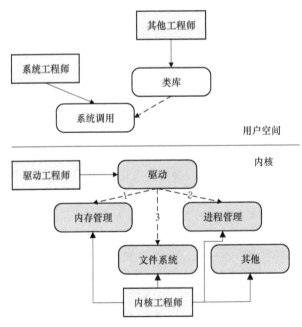

图 1-2　内核学习路径

工作在用户空间的工程师切入内核的优选是系统调用，选择工作中遇到的系统调用入手。驱动工程师从驱动开始操作是顺理成章的过程，接下来就是内存管理、进程管理和文件系统等。选择内存管理作为第一个的原因是它与我们写的程序密切相关，申请释放内存是程序员基因的一部分。进程管理的优先级比文件系统高的原因是前者与程序性能优化关系更密切，多线程、多进程编程这些都是程序员的必修课。至于内核工程师则没得选，与工作内容更密切的模块更优先。最后，嵌入式工程师具体选择哪个入口取决于工作内容，开发的程序是基于嵌入式 Linux 的应用程序还是驱动。

1.3　内核代码结构

内核源代码中一级子目录如下。

- Documentation 目录：存放说明文档，没有代码。内核中一些复杂或者专业的模块会有帮助文档，涉及它们的背景和总结等，读者困惑的时候可以查看该目录下是否有相关说明。
- arch 目录：arch 是 architecture 的简称，包含了与体系结构相关的代码，下面的每一个子目录都表示内核支持的一种体系结构，比如 x86 和 arm 等。系统中有些特性的实现与具体的体系结构相关，比如内存页表和进程上下文等，这部分代码基本都会存放在此，其他目录存放的代码多是共性的。
- kernel 目录：内核的核心部分，包含进程调度、中断处理和时钟等模块的核心代码，它们与体系结构相关的代码存放在 arch/xxx/kernel 下。
- drivers 目录：设备驱动代码集中存放于此，体量庞大，随着内核代码更新不断引入新的硬件驱动。
- mm 目录：mm 是 memory management 的缩写，包含内存管理相关的代码，这部分代码与体系结构无关，与体系结构相关的代码存放在 arch/xxx/mm 下。
- fs 目录：fs 是 file system 的缩写，包含文件系统的代码，涉及文件系统架构（VFS）和系统支持的各种文件系统，一个子目录对应至少一种文件系统，比如 proc 子目录对应 proc 文件系统。
- ipc 目录：ipc 是 inter process communication 的缩写，包含了消息队列、共享内存和信号量等进程通信方式的实现。
- block 目录：包含块设备管理的代码，块设备与字符设备对应，前者支持随机访问，SD 卡和硬盘等都是块设备，后者只能顺序访问，键盘和串口等都是字符设备。
- lib 目录：包含公用的函数库，比如红黑树和字符串操作等。这里的库与用户空间的 glibc 并没有关系，glibc 是封装内核的系统调用实现的，所以我们在内核中编程不能使用它们，应该使用的是内核提供的库（不限于 lib 目录）。新手可能会有类似"为什么不能使用 C 标准库的 printf 在内核中打印调试信息、使用 malloc 申请内存"的问题，这就是原因，如图 1-3 所示。

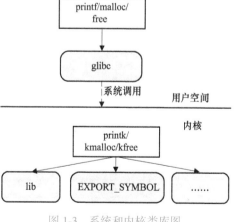

图 1-3　系统和内核类库图

内核中一般可供模块调用的函数主要包括模块内部自行开发的函数和其他模块中被 EXPORT_SYMBOL_XXX 声明的函数（可以称之为接口）。同样地，我们的模块中如果有些函数可能需要被其他模块访问，也要 EXPORT。

- init 目录：包含内核初始化相关的代码，其中的 main.c 定义了内核启动的入口 start_kernel

函数。

- firmware 目录：包含运行在芯片内的固件，固件也是一种软件，只不过由设备内的核执行，而不是系统的 CPU。
- scripts 目录：包含辅助内核配置的脚本，比如运行 make menuconfig 命令配置内核时，由它们提供支持。

剩下的目录中，net、crypto、certs、security、tools 和 virt 等目录分别与网络、加密、证书（certificates）、安全、工具和虚拟化等相关。

本书不讨论网络相关的话题，主要涉及从 arch 到 init 这些目录。

1.4 【看图说话】Android 操作系统

Android 操作系统最初是由 Andy Rubin 开发的，后来被谷歌收购，如今已经风靡全球。它主要用于移动设备领域，起初主要应用于智能手机和平板电脑，随后扩展到智能电视、车载系统和可穿戴设备。

Android 基于 Linux 内核，在此基础上搭建了从类库到 APP 的整套架构，如图 1-4 所示。

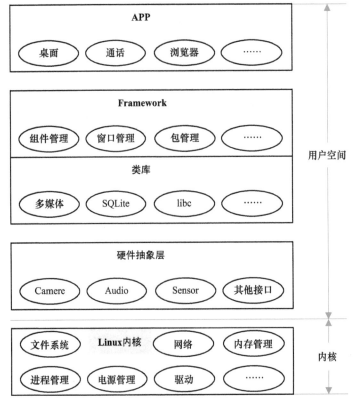

图 1-4　Android 架构图

Linux 内核是整个架构的基础，它负责管理内存、电源、文件系统和进程等核心模块，提供系统的设备驱动。

硬件抽象层可以保护芯片厂商的知识产权，避开 Linux 的 GPL 协议。由于内核是开源的，部分芯片厂商的保密算法的代码可以以二进制文件的形式提供给手机等设备制造公司，集成在硬件抽象层。

它的另一个主要作用是屏蔽硬件的差异。它与设备驱动的联系紧密，可以根据系统的要求将数据和控制标准化。比如加速度传感器，它们驱动报告的值的单位由芯片和驱动共同决定，不同的传感器可能有差异，但 Android 系统要求的单位是统一的（比如 m/s^2），否则应用将不得不处理硬件差异，硬件抽象层负责将得到的数据转化为 Android 要求的数值。

Framework 和类库是 Android 的核心，也是 Android 与其他以 Linux 内核为基础的操作系统的最大区别。它规定并实现系统的标准、接口，构建 Android 的框架，比如数据存储、显示、服务和应用程序管理等。

应用层与最终用户距离最近，利用 Framework 的接口，接受设备驱动的数据，根据用户的指令，将控制传递至设备驱动。

第2章

数据结构和设计模式

内核中有很多数据结构本身并没有实际意义，它们扮演的是辅助角色，为实现某些特殊目的"穿针引线"，比如本章要介绍的几种，可以辅助实现数据结构之间关系。也有某些数据结构，它们特别适用于某些特定场景，实现某些特定功能，比如位图。

2.1 【图解】关系型数据结构

程序 = 数据结构 + 算法，数据结构指的是数据与数据之间的逻辑关系，算法指的是解决特定问题的步骤和方法。逻辑关系本身就是现实的反映与抽象，理解逻辑关系是理解程序的关键，本节讲述实现一对一、一对多和多对多关系的常用数据结构和方法。

2.1.1 一对一关系

一对一的关系随处可见，结构体与其成员、很多结构体与结构体之间都是这种关系。结构体与成员的一对一简单明了，两个结构体之间的一对一关系有指针和内嵌（包含）两种表达方式，代码如下。

```
//指针
struct entity_a{
        struct entity_b *b;
};
struct entity_b{
        struct entity_a *a;
};
```

```
//内嵌(包含)
struct entity_a{
        struct entity_b b;
};
```

第二种方式的主要优点是对一对一关系体现得比较清晰，同时也方便管理，因为通过 container_of 宏可以由 b 计算出 a 的位置，同时节省了指针的空间。

然而第二种方式本身意味着 a 包含 b（b 是 a 的一部分），并不一定是最好的，要视逻辑而定。比如男人和妻子，在我国《婚姻法》上是一对一的，如果采用内嵌的方式首先造成的是逻辑混乱，男人结构体中多了女人这个不属于男人的成员；其次，并不是每个男人都有妻子，有些是单身，用指针表示就是 NULL，内嵌无疑浪费了空间。所以，要满足逻辑合理、有 a 就有 b 这两个条件采用这种方式才是比较恰当的。

安全性是程序的首要要求，而合理的逻辑是安全性很重要的前提，违背逻辑的程序即使当前"安全"，在程序不断维护和更新的过程中，随着开发人员的变动，隐患也迟早会爆发。

2.1.2　一对多关系

一对多关系在内核中一般由链表或树实现，由于数组的大小是固定的，除非在特殊情况下，才会采用数组。用链表实现有多种常用方式，包括 list_head、hlist_head/hlist_node、rb_root/ rb_node（红黑树）等数据结构。下面以 branch（树枝）和 leaf（树叶）为例进行分析。

最简单的方式是单向链表，该方式直接明了，只需要 leaf 结构体内包含一个 leaf 类型的指针字段即可，代码如下。

```
struct branch{
    //others
    struct leaf *head;
};
```

```
struct leaf{
    //others
    struct leaf *next;
};
```

branch 包含指向链接头的指针，leaf 对象通过 next 串联起来，如图 2-1 所示。

显而易见，该方式的局限在于不能通过一个 leaf 访问前一个 leaf 对象，当然也不能方便地在某个元素前面插入新结点、删除当前结点，正因为缺乏灵活性，它一般用在只需要通过 branch 访问 leaf 的情况下。一般情况下，链表中所有的点都被称为结点，其中链表头被称为头结点。为了更好地区分头结点和其他结点，我们在本书中分别称之为链表头和链表的（普通）元素。

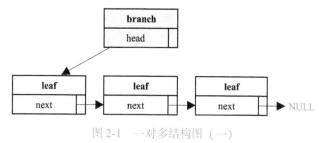

图 2-1　一对多结构图（一）

在需要方便地进行遍历、插入和删除等操作的情况下，上面的方式执行效率过低，双向链表会是更好的选择，内核定义了 list_head、hlist_head 等数据结构辅助我们实现双向链表。

list_head 的使用如下，branch 的 head 字段是该链表的头，每一个相关的 leaf 都通过 node 字段链接起来。

```
struct branch{
    //others
    struct list_head head;
};
```

```
struct leaf{
    //others
    struct list_head node;
};
```

list_head 定义如下，通过它和 container_of 宏（内核中定义的可以通过字段地址找到结构体地址的宏）就可以方便地满足遍历、插入和删除等操作。

```
struct list_head {
    struct list_head *next, *prev;
};
```

组成的结构如图 2-2 所示。

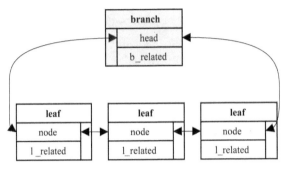

图 2-2　一对多结构图（二）

显然，真正串联起来的是 list_head，而不是 branch 或者 leaf，不过有了 list_head，通过 container_of 宏就可以得到 branch 和 leaf 了。内核提供了很多 list_head 相关的函数和宏，其中部分见表 2-1。

表 2-1　list_head 函数表

函 数 和 宏	描　　述
LIST_HEAD(name)	定义并初始化一个名字为 name 的链表
INIT_LIST_HEAD(list)	初始化 list
list_add(new,node)	在 node 后面插入 new
list_add_tail(new, node)	在 node 前面插入 new，node == head 时，插在尾部
list_empty(node)	链表是否为空，node 可以不等于 head
list_is_last(node,head)	node 是否为最后一个元素
list_delete(node)	删除 node
list_entry(ptr, type,member)	ptr 为 list_head 的地址，type 为目标结构体名，member 是目标结构体内 list_head 对应的字段名，作用是获得包含该 list_head 的 type 对象。例： struct leaf * leaf = list_entry(ptr, struct leaf, node);
list_first_entry(ptr, type, member)	参数同上，作用是获得包含下一个 list_head 结点的 type 对象
list_for_each_entry(pos, head, member)	遍历每一个 type 对象，pos 是输出，表示当前循环中对象的地址，type 实际由 typeof(*pos) 实现
list_for_each_entry_safe(pos, n, head, member)	n 起到临时存储的作用，其他同上。区别在于如果循环中删除了当前元素，xxx_safe 是安全的

list_head 链表的头与链表的元素是相同的结构，所以无论传递给各操作的参数是链表头还是元素编译器都不会报错。但它们代表的意义不同，有些操作对参数是有要求的，比如 list_delete 不能以链表头为参数，否则 branch 的 list 相关的字段被置为 LIST_POISON1/ LIST_POISON2，整个链表将不复存在。

另外，需要特别注意的是，也正是由于 list_delete 删除元素后会重置它的 prev、next 字段，所以不带 safe 后缀的操作（如 list_for_each_entry）获得元素后不能进行删除当前元素的操作，否则无法完成遍历操作。有 safe 后缀的操作会使用 n 临时复制当前元素的链表关系，使用 n 继续遍历，所以不存在该问题。

list_head 有一个"兄弟"——hlist_head/ hlist_node, hlist_head 表示链表头, hlist_node 表示链表元素, 它们的定义如下。

```
struct hlist_head {
    struct hlist_node * first;
};
struct hlist_node {
    struct hlist_node * next, ** pprev;
};
```

hlist_head 的 first 字段的值是链表第一个 node 的地址, hlist_node 的 next 字段是指向下一个 node 的指针, pprev 字段的值等于前一个 node 的 next 字段的地址。也就是说, 我们分别以 curr、prev 和 next 表示当前、前一个和下一个 node 的地址, 那么 curr->next == next, curr->pprev == &prev->next 都成立。

与 list_head 相比, hlist 的链表头与链表元素的数据结构是不同的, 而且 hlist_head 占用内存与 list_head 相比小了一半。存在多个同质的双向链表的情况下, 节省链表头占的空间就值得考虑了。内核中很多地方使用了它, 这些链表头存于数组、哈希表、树结构中, 节省的空间还是可观的。

另外, hlist_head 不能直接访问链表的最后一个元素, 必须遍历每一个元素才能达到目的, 而 list_head 的链表头的 prev 字段就指向链表最后一个元素。因此, hlist_head 并不适用于 FIFO (First In First Out) 的需求中。

内核也提供了 hlist_head 的相关操作, 大多与 list_head 的操作相似, 见表 2-2。

表 2-2　hlist 函数表

函 数 和 宏	描　　　述
HLIST_HEAD(name)	定义并初始化一个名字为 name 的链表
INIT_HLIST_HEAD(head)	初始化链表头
INIT_HLIST_NODE(node)	初始化链表元素
hlist_add_head(node, head)	将 node 作为链表的第一个元素插入链表
hlist_add_before(node, curr)	在 curr 前面插入 node
hlist_add_after(curr, node)	将 node 插入 curr 后面
hlist_empty(head)	链表是否为空
hlist_delete(node)	删除 node
hlist_entry(ptr, type, member)	ptr 为 hlist_node 的地址, type 为目标结构体名, member 是目标结构体内 hlist_node 对应的字段名, 作用是获得包含该 hlist_node 的 type 对象
hlist_entry_safe(ptr, type, member)	意义同上, 但会检测 ptr 是否为 NULL
hlist_for_each_entry(pos, head, member)	遍历链表的每一个元素, pos 是输出, 表示当前循环中元素地址, type 实际由 typeof(*pos) 实现
hlist_for_each_entry_safe(pos, n, head, member)	n 起到临时存储的作用, 其他同上; 区别在于如果循环中删除了当前元素, xxx_safe 是安全的

与 list_head 相同, 不带 safe 后缀的操作 (如 hlist_for_each_entry) 获得元素后不能进行删除当前元素的操作, 否则无法完成遍历操作。

红黑树、基数（radix）树等结构也会用在一对多的关系中，它们涉及比较有趣的算法，在对查询与增删改的性能要求较高的地方使用较多，相关知识可参考算法方面的书籍，内核中提供的函数可参考 rbtree.h 和 radix-tree.h 等文件。

2.1.3 多对多关系

多对多关系相对复杂，它并不能像一对多关系那样可以简单地通过将 list_head 等的结点包含到结构体中来实现。在教与学范畴内，教师和学生关系属于多对多关系，下面就以 teacher 和 student 结构体为例分析（链表以 list_head 为例）。

一个教师可以有多个学生，从数据结构的角度看，teacher 包含 list_head 链表头，每个 student 对象都可以通过 list_head 结点访问到，list_head 结点链接到 teacher 包含的头上，如图 2-3 所示。

本质上，一对关系就需要一个结点，比如学生 A（S_A）是教师 A（T_A）的学生，需要一个结点链接到 T_A 包含的链表头；同时，学生 A 也是教师 B 的学生，也需要一个结点链接到 T_B 包含的链表头。针对该情况，一个学生可以属于多个链表，所以简单地将 list_head 的结点包含到 student 结构体中是无法实现多对多关系的（因为指针指向的唯一性，list_head 属于且仅属于一个链表）。

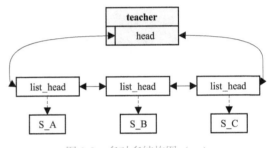

图 2-3　多对多结构图（一）

可行的做法是将 list_head 独立于 student 结构体，并配合一个指向 student 对象的指针来定位结点所关联的 student 对象，如下。

```
struct s_connection {
    struct list_head node;
    struct student * student;
};
```

该方案的结构如图 2-4 所示。

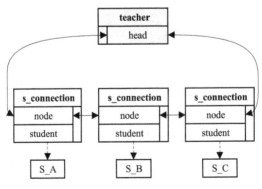

图 2-4　多对多结构图（二）

这样从 student 对象的角度，会有多个指针指向它，也会有多个结点与它关联，如此它就可以与多个链表产生关系了。

同样，一个学生可以有多个教师，也会遇到一个 teacher 对象会出现在多个 student 的链表中的问题，那就需要定义一个 t_connection 结构体，如下。

```
struct t_connection {
    struct list_head node;
    struct teacher *teacher;
};
```

由于这种关系是相互的，如果 S_A 是 T_A 的学生，那么 T_A 必然是 S_A 的老师，如果 S_A 不是 T_A 的学生，那么 T_A 必然也不是 S_A 的老师，反之亦然，所以我们可以将 s_connection 和 t_connection 合并起来，如下。

```
struct connection {
    struct list_head s_node;
    struct list_head t_node;
    struct teacher *teacher;
    struct student *student;
};
```

到此，教师和学生的多对多关系就可以完整地用程序实现了，如下。

```
struct teacher {
    struct list_head head_of_student_list;
    //others
};
```

```
struct student {
    struct list_head head_of_teacher_list;
    //others
};
```

connection 结构体的 s_node 字段链接到 teacher 结构体 head_of_student_list 字段表示的链表头，t_node 字段链接到 student 结构体 head_of_teacher_list 字段表示的链表头，这个错落有致的关系网就完毕了。

老师 T_A 有 S_A 和 S_B 两个学生，老师 T_B 有 S_A 一个学生的关系如图 2-5 所示。

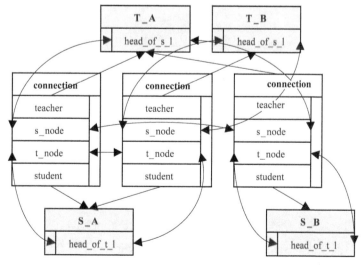

图 2-5　多对多结构图（三）

并不是每个多对多的关系中两个 connection 结构体都可以合并的，有些关系并不是相互的。比如粉丝和偶像的暗恋关系，A 粉丝崇拜 B 偶像，而 B 偶像却不一定知道 A 粉丝，A 粉丝的链表关联 B 偶像，B 偶像的链表不一定关联 A 粉丝，因此两个 connection 结构体合并在一起浪费空间，如果强行利用多余的空间，会造成逻辑混乱。

2.2 【图解】内核中常见的设计模式

看到"设计模式"四个字，熟悉面向对象编程语言的读者可能会有疑问，内核是用 C 语言编写的，为什么会提到涉及设计模式。实际上，内核是按照面向对象的思维设计的，设计模式与编程语言也并没有必然关系，C 语言也完全可以按照面向对象的思路来编程。所谓设计模式，通俗理解就是解决特定类别问题时常用的套路。

本节我们将介绍两种常见且实用的设计模式，它们在内核中随处可见，也许我们在编程的过程已经无意中使用到了，只是还不知道学界或者程序员已经对这些技巧进行了归纳总结并冠以美名。

2.2.1 模板方法设计模式

模板方法（Template Method）设计模式，又被称为模板模式，顾名思义，就是有一个可以套用的流程（模板），具体的实现只需要关心自身对流程中涉及的节点的细节即可。以做菜为例，总共分为三个步骤：备菜、加工、盛出，模板就是这三个固定的步骤，不同的工具会有不同的做法，如图 2-6 所示。

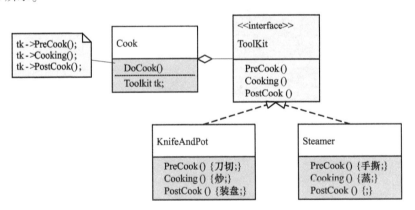

图 2-6　Cook 过程的模板图

图 2-6 展示的整个过程如下。

1）我们要做菜，也就是 Cook 类的 DoCook，这个方法将做菜细化为三个步骤。

2）ToolKit 表示不同的工具需要实现的操作（步骤）。

3）具体的方案只关心这几个操作如何实现。

这就像我们写一本做菜指南，第一部分阐述做菜的三步骤，第二部分针对不同的工具介绍在三个步骤中如何使用即可。做菜的人选择了工具之后，做菜的细节就定了。

也许做菜这个例子显得不够灵活，那我们就看看内核中实际的例子。

当我们在用户空间调用 mmap 的时候，会调用文件的 mmap()，如果文件的 mmap 并没有分配物理内存，下次内存访问时触发缺页异常，可能会调用 fault()，文件系统的开发人员不需要关心 mmap 和 fault 的调用过程，只需要根据要求实现它们即可，类似的例子比比皆是。

2.2.2　观察者设计模式

订阅行为在我们的生活中随处可见，比如订阅报纸、杂志，以及订阅某些网站的文档等，以订阅报纸为例，过程如下。

1）个人读者或者中间代理（比如报刊亭）向报社申请订阅服务。

2）报社维护订阅列表。

3）新报印刷完毕，报社按照订阅列表派送报纸。

4）读者拿到报纸开始阅读，报刊亭拿到报纸开始售卖。

从程序设计角度来看，各个主体的关系如图 2-7 所示。

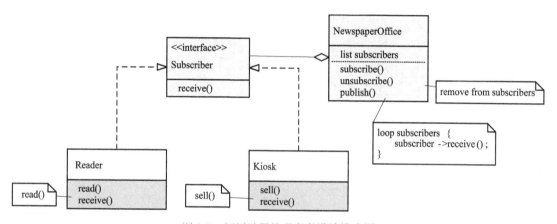

图 2-7　订阅过程的观察者设计模式图

显而易见，观察者模式解耦了观察者和被观察者，被观察者不关心具体是谁在观察自己，它只知道一个列表，统一对待列表上每一个观察者，观察者也不需要一直询问被观察者的状态，如果没有订阅，你可能得经常或者定期去报刊亭了。

观察者模式在内核中使用频率很高，我们在内核中看到类似 xxx_listener 名字的函数多半都是观察者，类似 xxx_notify 名字的函数多半都是被观察者。

2.3　【看图说话】input 子系统

提起 input 子系统，熟悉 Android 的读者可能知道 Android 也有一个 input 子系统（EventHub、InputReader 和 InputDispatcher），请不要混淆，此处介绍的是 Linux 的 input 子系统。它们不是一个概念，但关系密切，Linux input 子系统是 Android input 子系统的基础。

input 子系统有两大类使用场景。

第一类是协助我们完成设备驱动（device），适用于鼠标、键盘、电源按键和传感器等设备。这类设备的共同点是数据量都不大，比如多数传感器不会超过 X/Y/Z 三个维度的数据。它最基本的作用是报告数据给系统，如果我们在驱动中定义一些与它相关的文件，也可以作为控制设备的接口使用。

第二类协助我们定义操作（handler）来处理 input 事件，设备报告给系统数据信息、报告一系列数据的结尾标志等都属于 input 事件。一个 input 事件由 input_value 结构体表示，它的 type、 code 和 value 三个字段分别表示事件的类型、事件码和值。比如手指按在支持多指操作的触摸屏上，报告一个手指的坐标，至少应该包含 ｛EV_ABS,ABS_MT_POSITION_X,x｝ 和 ｛EV_ABS,ABS_MT_POSITION_Y,y｝ 两组数据表示 x/y 坐标，报告完毕所有手指的坐标信息后，还需要一个 ｛EV_SYN,SYN_REPORT,0｝ 表示结束。

　　input 子系统有两个核心数据结构，input_dev 和 input_handler。顾名思义，input_dev 对应驱动的设备端，input_handler 对应的是操作（handler），比如上报设备产生的数据、监测到异常时处理错误、监测到特定设备的动作后对 CPU 调频等。显然，二者是多对多关系，通过 input_handle 这个辅助结构体实现，本质上与老师和学生的例子一致，如图 2-8 所示。

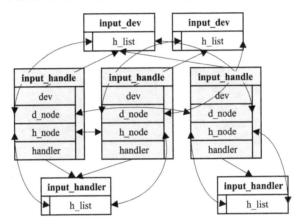

图 2-8　input_dev 和 input_handler 关系图

　　图 2-8 与图 2-5 在结构上并没有差别，不过细心的读者应该已经发现了两个例子中取名的角度不同，老师和学生的例子中，我们从老师和学生的角度出发，s_node 链接到 teacher 结构体的链表中（头为 head_of_student_list），这里从 input_handle 的角度出发，d_node 链接到 input_dev 的链表中（头为 h_list）。

正常情况下，程序在处理器上顺序执行（不考虑乱序），但当某些事件发生的时候，系统为了迅速响应，需要打断当前的执行流，去处理该事件。有了这个机制，系统就可以及时处理异常、快速响应外部事件、有效地管理进程。

处理器在执行完一条指令之后，会检查当前的状态，如果发现有事件到来，在执行下一条语句之前处理事件，然后返回继续执行下一条指令，这就是中断。广义的中断包括中断（interrupt）和异常（exception）两种类型，它们的处理过程类似，见表3-1。

表3-1 中断类别表

类 别			来 源	返回行为	例 子
广义中断	异步中断（狭义中断）	中断（interrupt）	可屏蔽中断	来自I/O设备的信号	总是返回到下一条指令	所有的IRQ
			不可屏蔽中断			电源掉电和物理存储器奇偶校验
	同步中断（也称异常）	陷阱（trap）		主动的异常	总是返回到下一条指令	系统调用、信号机制
		故障（fault）		潜在可恢复的错误	返回到当前指令	缺页异常
		终止（abort）		不可恢复的错误	不会返回	硬件错误

请注意，CPU只会在执行一条指令之后才会检查中断，在指令执行中是不会这么做的。

上面这段话有两点需要特别注意：第一点是中断不会发生在一条指令中间，执行完一条指令再做检查；第二点是不同类型的中断，返回行为不同，这对我们理解操作系统至关重要。比如缺页异常，当前的指令访问内存并没有成功，异常处理完毕之后理应再执行一次。

中断和异常十分相似，不同之处在于，中断是被动的，异常是主动的。举个例子，用户按下键盘，处理器需要响应，这是被动的；程序调用系统调用，处理器执行 int 0x80，触发系统调用程序，这是主动的。

3.1 【图解】中断处理的软硬件分工

x86 处理器的 INTR 和 NMI 接受外部中断请求信号，INTR 接受可屏蔽中断请求，NMI 接受不可屏蔽中断请求。标志寄存器 EFLAGS 中的 IF 标志决定是否屏蔽可屏蔽中断请求。

中断控制器与处理器相连，传统的中断控制器为 PIC（可编程中断控制器，如8259A），在单处理器架构中，PIC 足以胜任。在 SMP 架构中，每一个处理器都包含一个 IOAPIC（高级可编程中断控制器）。

处理器识别中断后，根据中断控制器传递的中断索引，到中断描述符表中（IDT，Interrupt Descriptor Table）查找并执行软件（内核也是软件）定义好的中断处理程序。中断处理程序负责保护现场（context）、处理中断、返回被打断的现场。

中断的处理流程如图 3-1 所示。

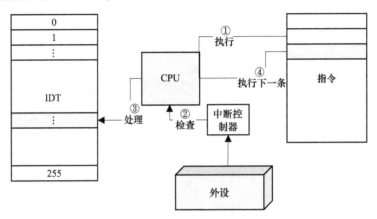

图 3-1　中断处理的流程

相应地，缺页异常（故障）处理的流程如图 3-2 所示。

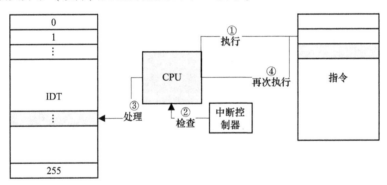

图 3-2　缺页异常处理的流程

从图 3-1 和图 3-2 可以看出，二者最大的不同点在于中断的来源和返回行为。

需要说明的是，图中的"检查"只是为了示意，实际上 CPU 不可能每次都去询问中断控制器是否有中断需要处理（低效），而是去查看 CPU 寄存器的状态。

3.2　中断的处理

IDT 包含了 256 个中断描述符，本质上是内存中的一个数组，由 idt_table 变量表示。

中断描述符由 gate_desc 结构体表示，有 GATE_INTERRUPT、GATE_TRAP、GATE_CALL 和 GATE_TASK 几种类型。系统启动过程中，会为 idt_table 的元素赋值，然后将它的地址写入寄存器。中断发生时 CPU 根据该地址和中断索引，计算得到对应的中断处理程序地址并执行。

256 个中断中，前 32 个是 x86 预留的，其余的多数都可以给操作系统使用，具体情况与系统的配置有关，比如 0xf0-0xff 是给 SMP 使用的。

内核预定义了多数专用的中断描述符，多由 idt_data 数组的形式给出，比如 early_idts、def_idts

和 apic_idts 等，系统初始化过程中会调用 idt_setup_from_table 将这些数组的元素信息转换为 idt_table 对应的元素信息。

内核在中断初始化的过程中可以为 IDT 设置中断处理程序，没有明确指定的项（IDT 的 entry）会被赋值为默认值，即 irq_entries_start［i］（见 3.2.2 节）。这里的"明确"指的是内核会为某些中断设置特定的处理程序，比如 asm_exc_divide_error 用来处理 X86_TRAP_DE，asm_exc_page_fault 用来处理 X86_TRAP_PF。

所有的处理程序，既要正确处理中断，又要保证处理完毕之后可以返回中断前的程序继续执行。为此，中断处理必须完成三个任务：①保存现场以便处理完毕后返回；②调用已注册的中断服务例程（isr）处理中断事件；③返回中断前工作继续执行。要做的其实就是将保存的现场在处理完中断后恢复到中断之前的状态，确保程序能继续执行，如图 3-3 所示。

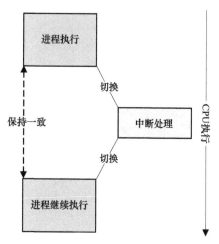

图 3-3　切换与恢复

这里的中断服务例程与中断处理程序是两个不同的概念，中断处理程序包括中断处理的整个过程，中断服务例程是该过程中对产生中断的设备的处理逻辑。并不是所有的中断处理程序都需要对应的中断服务例程，服务例程的存在是为了方便外设驱动利用内核提供的函数编程，设备有了它只需要专注处理自身的中断，而不需要关心整个过程。这里再次体现了面向对象编程的思想，请记住 Linux 内核的设计思想就是面向对象的。

3.2.1　注册中断服务例程

中断服务例程涉及两个关键的结构体，irq_desc 和 irqaction，二者是一对多的关系。irq_desc 与 irq 号对应，irqaction 与一个设备对应，共享同一个 irq 号的多个设备的 irqaction 对应同一个 irq_desc，如图 3-4 所示。

CPU 得到中断索引（x86 上称之为 vector），计算得到 irq，通过 irq_to_desc 可以由 irq 获得对应的 irq_desc。irq_desc 的主要字段见表 3-2。

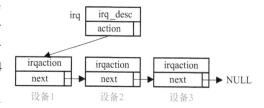

图 3-4　irq_desc 和 irqaction 关系图

表 3-2　irq_desc 字段表

字　　段	类　　型	说　　明
action	irqaction *	irqaction 组成的链表的头
irq_data	irq_data	芯片相关信息
handle_irq	irq_flow_handler_t	处理中断的函数
count / affinity	/	统计和 affinity 等信息

请注意，irq 是软件上的抽象，为了多核系统上的通用性。vector 是 CPU 看到的中断索引，它们有一定的对应关系。内核使用全局 per-cpu 变量 vector_irq 维护 vector 和 irq_desc 的关系，

irq_desc 和 irq 是一对一的关系。

irqaction 表示设备对中断的处理，主要字段见表 3-3。

表 3-3　irqaction 字段表

字　　段	类　　型	说　　明
handler	irq_handler_t	处理中断的函数
thread_fn	irq_handler_t	在独立的线程中执行中断处理时，真正处理中断的函数
thread	task_struct *	对应的线程，不在独立线程中执行中断处理时为 NULL
irq	unsigned int	与 irq_desc 对应的 irq
next	irqaction *	将其链接到链表中

两个结构体都有处理中断的函数，中断发生时执行哪个呢？如果对应的 irq 只有一个设备，且相关的参数都已设置完毕，irq_desc 并不一定需要 irqaction。实际上，irq_desc 的 handle_irq 是一定会执行的，irqaction 的函数一般由 handle_irq 调用，前者执行与否完全取决于 handle_irq 的策略。

采用中断的设备，在使能中断之前必须设置触发方式（电平/边沿触发等）、irq 号、处理函数等信息。内核提供了 request_irq 和 request_threaded_irq 两个函数可以方便地配置这些信息，前者调用后者实现，如下。

```
int request_threaded_irq(unsigned int irq, irq_handler_t handler,
            irq_handler_t thread_fn,
            unsigned long flags, const char * name, void * dev);
int request_irq(unsigned int irq, irq_handler_t handler, unsigned long flags,
        const char * name, void * dev)
```

第二个参数 handler 表示对中断的第一步处理，thread_fn 表示在独立线程中执行的处理函数，request_irq 将 thread_fn 置位 NULL，调用 request_threaded_irq 表示不在独立线程中进行中断处理，flags 表示中断触发方式、中断共享等的标志，dev 是设备绑定的数据，用作调用 handler 和 thread_fn 时传递的参数。

request_threaded_irq 函数主要完成以下工作。

1）根据传递的参数对 irqaction 对象的字段赋值。

2）将新的 irqaction 链接至 irq 对应的 irq_desc。这里涉及中断共享，多个设备共享同一个 irq 时，要求每个设备都在 flags 中设置 IRQF_SHARED 标志、设置的触发方式一致、IRQF_ONESHOT 等的设置也要相同。满足以上条件，新的 irqaction 会被插入到 irq_desc 的 action 指向的链表的尾部。

3）如果 thread_fn 不等于 NULL，调用 setup_irq_thread 新建一个线程来处理中断。

4）如果中断之前没有被激活（如果中断是共享的，有可能之前已经被激活），激活中断，vector 和 irq_desc 的关系就是在这里设定的。

中断处理函数 handler 和 thread_fn 的编写要遵守以下几条重要的原则。

首先，中断处理打断了当前进程的执行，同时需要进行一系列复杂的处理，所以要快速返回，不能在 handler 中做复杂的操作（如 I/O），这就是所谓的中断处理的上半段（Top Half）。如果需要复杂操作，一般有两种常见做法：一种是在函数中启动工作队列或者软中断（如 tasklet）等，由工作队列等完成工作；第二种做法是在 thread_fn 中执行，这就是所谓的中断处理的下半段（Bottom Half）。内核中有些中断相关的函数，名字中带着_bh，这里的 bh 一般就是下半段的意思。

其次，handler 中不能进行任何 sleep 的动作，调用 sleep，使用信号量、互斥锁等可能导致 sleep 的机制都不可行。

最后，不要在 handler 中调用 disable_irq 这类需要等待当前中断执行完毕的函数，中断处理中调用一个需要等待当前中断结束的函数，会发生死锁。实际上，handler 执行的时候，一般外部中断依然是在禁止的状态，不需要 disable_irq。

request_irq 通过将 request_threaded_irq 的 thread_fn 参数置为 NULL 来实现，那么它们究竟有什么区别呢？最直观的表现为，request_irq 的 handler 直接在当前中断上下文中执行，request_threaded_irq 的 thread_fn 在独立的线程中执行。根据第一条原则，handler 中不能进行复杂操作，操作由工作队列等进行，工作队列实际上也是进程（线程）上下文。二者看似一致，但实际上还是有重要差别的：执行 thread_fn 的进程的优先级比工作队列的进程优先级要高。

request_threaded_irq 创建新线程时，会调用 sched_setscheduler_nocheck（t, SCHED_FIFO, ...）将线程设置为实时的。所以，对用户体验影响比较大、要求快速响应的设备的驱动中，使用 request_threaded_irq 有利于提高用户体验；相反，要求不高的设备的驱动中，使用 request_irq 更合适。

3.2.2 中断处理和返回

有了以上的铺垫，理解中断处理的过程就容易多了，接下来就以 irq_entries_start[i] 为例分析。

irq_entries_start 定义如下，先将 vector 入栈，然后跳到 asm_common_interrupt，重复 NR_EXTERNAL_VECTORS 次（记为 n 次），可以理解为一次定义了 n 个中断处理函数，而 irq_entries_start 就是一个函数数组。

```
SYM_CODE_START(irq_entries_start)
    vector=FIRST_EXTERNAL_VECTOR
    .rept NR_EXTERNAL_VECTORS
    UNWIND_HINT_IRET_REGS
0 :
    ENDBR
    .byte 0x6a, vector   #其实是push,因为GCC的原因,写成 0x6a, vector
jmpasm_common_interrupt
    /* Ensure that the above is IDT_ALIGN bytes max */
    .fill 0b + IDT_ALIGN - ., 1, 0xcc
    vector = vector+1
    .endr
SYM_CODE_END(irq_entries_start)
```

在 5.05 版本的内核中，irq_entries_start 调用的是 common_interrupt，获取中断索引取反的值，用 SAVE_ALL 保存现场，然后调用 do_IRQ 处理中断，最后执行 ret_from_intr 返回。common_interrupt 将栈指针作为参数传递给 do_IRQ，这样 do_IRQ 就可以访问到保存在栈中的所有信息，也包括 vector 取反之后的值。对 vector 的处理是为了与系统调用号区分，处理信号的时候会判断处理信号之前是否处于系统调用过程中，判断的依据就是 regs->orig_ax 不小于 0，vector 也存储在该位置。

在 6.2 版本的内核中，取消了中断索引取反的过程，而是将 regs->orig_ax 赋值为-1（同样小于 0），同时将 vector 作为第二个参数传递给下游函数。也就是说，加了一个参数，简化了过程。

过程容易理解了，但是代码并没有更清晰，asm_common_interrupt 是用 DECLARE_IDTENTRY_IRQ、idtentry_irq、idtentry 和 idtentry_body 这几个宏实现的。

无论两个版本代码差异多大，本质上都是保存现场、处理中断和恢复现场并返回三步，对比如下。

```
//5.05
irq_entries_start
|----common_interrupt
    |----do_IRQ
    |----ret_from_int
```

```
//6.2
irq_entries_start
|----asm_common_interrupt
    |----common_interrupt
        |----irqentry_enter
        |----__common_interrupt
        |----irqentry_exit
    |----error_return
```

common_interrupt 会通过 run_irq_on_irqstack_cond 调用 __common_interrupt，后者有可能在当前进程上下文中执行（中断发生时进程处于用户态，或者中断栈已被占用，情况 1），也有可能在中断上下文（pcpu_hot.hardirq_stack_ptr）中执行（情况 2）。针对情况 1，在调用 __common_interrupt 之前和之后，分别调用 irq_enter_rcu 和 irq_exit_rcu。

__common_interrupt 通过 vector_irq 变量和 vector 参数得到 irq_desc，调用后者的 handle_irq 回调函数完成中断处理。

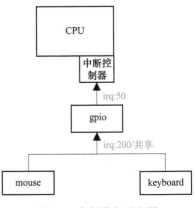

图 3-5 中断设备示意图

为了厘清 irq_desc 的初始化、irqaction 的设置和处理中断的整个过程，在此用一个具体的例子继续分析。键盘和鼠标共享中断引脚，连接到 GPIO 上，通过 GPIO 来实现中断，GPIO 的中断直接连接到中断控制器上，假设 GPIO 的 irq 号为 50，键盘和鼠标的 irq 号为 200，如图 3-5 所示。

硬件上，键盘的中断引脚并不直接连接处理器，当它需要中断时，GPIO 会检测到引脚电平的变化，进而去中断处理器。软件上，GPIO 的驱动一方面设置 irq:50 对应的 irq_desc 的 handle_irq 字段，另一方面为所有连接到它的外设（假设 irq 号在 [180, 211] 内）设置 irq_desc，示例代码如下。

```
for (i = 0; i < 32; i++) {
    irq_set_chip_and_handler_name(i + 180,
            &gpio_chip, handle_edge_irq, "gpio");
    ret = irq_set_chip_data(i + 180, &gpio_data);
}
//假设 GPIO 不与其他设备共享 irq,不需要额外配置 irq_action
irq_set_chained_handler(50, this_gpio_handler);
```

handle_edge_irq 是内核提供的处理中断的函数，类似的还有 handle_level_irq 等。this_gpio_handler 的写法如下。

```
static void this_gpio_handler (unsigned irq, struct irq_desc * desc){
    int pin = find_which_pin_caused_irq();
    generic_handle_irq(180 + pin);
}
```

另一方面，键盘和鼠标自身的驱动要设置自身的中断处理逻辑，即设置 irq:200 对应的 irq_action，示例代码如下。

```
/*键盘*/
err = gpio_request(gpio_no, "dev_name");
if(err < 0){/*err handling*/}
gpio_direction_input(gpio_no);
irq = gpio_to_irq(gpio_no);  /*irq is 200*/
request_threaded_irq(irq, NULL, handle_keyboard_irq, flags,
    "keyboard", my_keyboard_data);

/*鼠标,省略相同的代码*/
request_irq(irq, handle_mouse_irq, flags, "mouse", my_mouse_data);
```

键盘和鼠标驱动分别调用 request_threaded_irq 和 request_irq 设置了 irq_action，并将其链接到 irq:200 对应的 irq_desc，这样 irq_desc 对象的 action 字段指向的链表中就有键盘和鼠标两个设备的 irq_action 了。

handle_xxx_irq 是键盘和鼠标处理中断的函数，如下。

```
irqreturn_t handle_keyboard_irq (int irq, void *dev_data)
{
    status = read_status_registers();
    if(status & my_trigger_mask){
        do_my_work();
        return IRQ_HANDLED;
    }
    return IRQ_NONE;
}

irqreturn_t handle_mouse_irq (int irq, void *dev_data)
{
    queue_work(mouse_wq, mouse_work);
    return IRQ_HANDLED;
}
```

因为 irq 是共享的，所以发生中断时 GPIO 一般情况下并不知道是键盘还是鼠标触发了中断，这就需要外设处理中断前首先必须根据自身状态寄存器判断是否是自己触发了中断，如果是才会继续处理。如果硬件或者驱动不支持这类判断，那么该外设不适合共享中断。

GPIO 设置了 irq:50 的 irq_desc 的 handle_irq 字段和 irq:200 的 irq_desc，鼠标和键盘设置了链接到 irq:200 的 irq_desc 的 irq_action，这个例子的中断处理就基本完备了。

第 1 步，处理器检测到中断，通过__common_interrupt 函数调用 irq:50 对应的 this_gpio_handler 函数。

第 2 步，GPIO 在 this_gpio_handler 中判断是哪个引脚引起了中断，然后调用 generic_handle_irq 将中断处理继续传递至连接到该引脚的设备。

第 3 步，generic_handle_irq 调用 irq:200 的 irq_desc 的 handle_irq 字段，也就是 GPIO 驱动中设置的 handle_edge_irq 函数。需要说明的是，handle_edge_irq 对应的是边沿触发的设备，如果是电平触发，应该是 handle_level_irq。

handle_edge_irq 有两个重要功能：

第一个功能与中断重入有关，如果当前中断处理正在执行，这时候又触发了新一轮的同一个

irq 的中断，新中断并不会马上得到处理，而是执行 desc->istate ｜ = IRQS_PENDING 操作。当前中断处理完毕后，会循环检测 IRQS_PENDING 是否被置位，如果是就继续处理中断。

这里仅仅将 IRQS_PENDING 标记置位，并没有统计次数，也就是说即使处理当前中断时多个中断到来，完成当前处理后只会处理一次。这是合理的，毕竟对大多数硬件来讲，最新时刻的状态更有意义。不过现实中，这种丢中断的情况如果不是预期中的应该深入分析，因为这对某些需要跟踪轨迹的设备的用户体验有较大影响。比如鼠标，如果中间几个点丢掉了，光标会从一个位置跳到另一个。

第二个功能就是处理当前中断，调用 handle_irq_event 实现。该函数会将 IRQS_PENDING 清零，调用 irqd_set 将 irq_desc 的 irq_data 的 IRQD_IRQ_INPROGRESS 标记置位，表示正在处理中断。然后调用 handle_irq_event_percpu 函数将处理权交给设备，最后清除 IRQD_IRQ_INPROGRESS 标记。

handle_irq_event_percpu 调用 __handle_irq_event_percpu，后者遍历 irqaction，代码片段如下。

```
for_each_action_of_desc(desc, action) {
    res = action->handler(irq, action->dev_id);
    switch (res) {
    case IRQ_WAKE_THREAD:
        __irq_wake_thread(desc, action);
        break;
    default:
        break;
    }//end of switch
    retval |= res;
}
```

键盘和鼠标的驱动将它们的 irqaction 链接到了 irq_desc，__handle_irq_event_percpu 回调它们的 handler。我们的例子中，键盘的驱动调用了 request_threaded_irq，它的 handler 参数为 NULL，系统默认设置成了 irq_default_primary_handler 函数，它直接返回 IRQ_WAKE_THREAD，所以对于键盘而言，会执行 irq_wake_thread 唤醒执行中断处理的线程，键盘的 handle_keyboard_irq 就是在该线程中执行的。对鼠标而言，驱动调用的是 request_irq，handler 就是自身的 handle_mouse_irq 函数。handle_mouse_irq 调用工作队列完成 I/O、数据处理等耗时操作。

到这里，中断似乎已经得到应有的处理，但内核的工作还没有完成，还有善后工作（irq_exit_rcu）。如果 in_interrupt 为 false，且当前有软中断需要处理，调用 invoke_softirq 处理软中断。如果无事可做，就尝试进入 dyntick-idle 状态。

处理完软中断之后，还有几项重要的任务需要由 irqentry_exit 完成。irqentry_exit 根据中断前处于用户态还是内核态，判断中断需要返回哪个状态。

如果是用户态，调用 irqentry_exit_to_user_mode 检测 thread_info 的 flags 字段值的 _TIF_SIG-PENDING、_TIF_NOTIFY_RESUME、_TIF_NEED_RESCHED、_TIF_UPROBE 和 _TIF_NOTIFY_SIGNAL 等 7 个标记是否被置位，如果是则调用 exit_to_user_mode_loop 循环处理它们，_TIF_NEED_RESCHED 被置位的情况下调用 schedule 切换进程，_TIF_SIGPENDING 或 _TIF_NOTIFY_SIGNAL 被置位的情况下处理信号。

如果是内核态，调用 irqentry_exit_cond_resched 检查是否需要进程调度，如果需要，调用 preempt_schedule_irq 进行调度。一般需要满足三个条件：允许内核抢占、被恢复的上下文没有禁中断（一般为异常）和 need_resched 成立。

asm_common_interrupt 调用 common_interrupt 后，执行 error_return 返回。error_return 根据需要返回的是用户态还是内核态，分别调用 restore_regs_and_return_to_kernel 和 swapgs_restore_regs_and_return_to_usermode 返回到不同的状态。

整个中断处理的函数调用过程如图 3-6 所示。

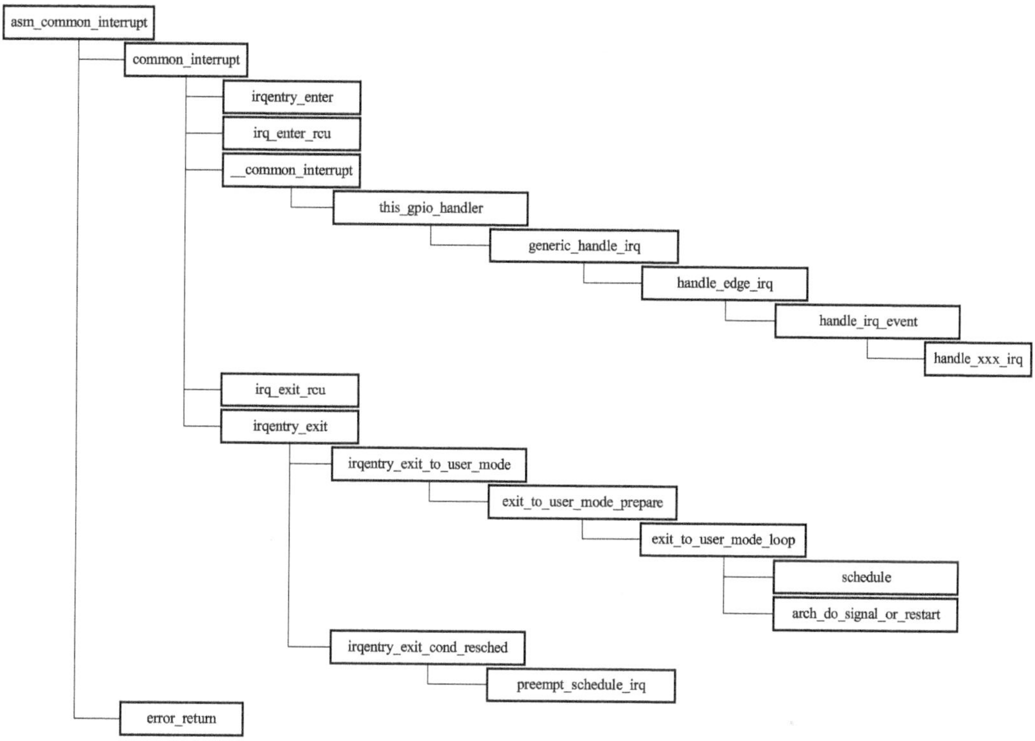

图 3-6 中断处理函数调用图

3.3 软中断

从本质上来说，软中断并不是真正的中断，大多情况下可以将它理解为中断发生时进行的一系列操作，比如 timer、tasklet（小任务）等。

默认情况下，内核只支持 10 种类型的软中断，它们在内核中以类型为 softirq_action 数组的 softirq_vec 变量表示，softirq_action 结构体只有一个类型为函数指针的字段 action，表示相应的软中断的处理函数。各软中断（enum 的值从低到高）和对应的 action 见表 3-4。另外，软中断执行频率较高，所以除非必要，一般不建议用户添加新类型的软中断。

表 3-4 软中断表

软中断 id	action
HI_SOFTIRQ	tasklet_hi_action
TIMER_SOFTIRQ	run_timer_softirq
NET_TX_SOFTIRQ	net_tx_action
NET_RX_SOFTIRQ	net_rx_action

（续）

软中断 id	action
BLOCK_SOFTIRQ	blk_done_softirq
IRQ_POLL_SOFTIRQ	irq_poll_softirq
TASKLET_SOFTIRQ	tasklet_action
SCHED_SOFTIRQ	run_rebalance_domains
HRTIMER_SOFTIRQ	run_hrtimer_softirq
RCU_SOFTIRQ	rcu_process_callbacks

内核通过每 cpu 变量 irq_stat 的 __softirq_pending 字段的 0 到 9 位对应各类软中断，每一类软中断占一位，可以使用 local_softirq_pending 宏获得该字段的值。__raise_softirq_irqoff 会将 __softirq_pending 字段对应的位置 1，参数就是需要置位的软中断类型。

raise_softirq 和 raise_softirq_irqoff 不仅会将 __softirq_pending 字段置位，也会在 in_interrupt 不为真的情况下唤醒 ksoftirqd 线程处理软中断。所以，即使没有发生中断，软中断也可以被触发。

除了 raise_softirq 这两个函数，invoke_softirq 也可以触发软中断处理：根据 force_irqthreads 相关的配置，要么唤醒 ksoftirqd 线程，要么直接调用 __do_softirq。

ksoftirqd 线程执行 run_ksoftirqd 函数，也会调用 __do_softirq 完成最终操作。

需要注意的是，软中断有可能在 ksoftirqd 进程中，也有可能执行在中断上下文中，所以使用软中断的时候也需要遵守中断编程原则。

__do_softirq 调用 ffs 函数（find first set，从低到高位查找第一个值为 1 的位）循环 irq_stat 的 __softirq_pending 字段的每一个为 1 的位，调用该位对应的 softirq_action 对象的 action 字段。所以，各种类型的软中断的优先级从 HI_SOFTIRQ 到 RCU_SOFTIRQ 依次递减。另外，在当前逻辑下 __softirq_pending 字段多余的位不能用作其他目的，否则会造成数组越界。

软中断处理最终落到了 softirq_action 对象的 action 字段，下面分析几种常见的软中断对应的 action。

3.3.1 tasklet 小任务

tasklet 属于软中断，有 HI_SOFTIRQ 和 TASKLET_SOFTIRQ 两种类型，其中 HI_SOFTIRQ 优先级更高。它在业内有一个比较萌的名字叫"小任务"，顾名思义，它"不堪大任"，过于复杂的操作请考虑工作队列等其他机制。

tasklet 涉及两个结构体：tasklet_struct 和 tasklet_head。在内核中 tasklet_struct 对象由单向链表链接，tasklet_head 存储了链表的头部和尾部，它采用了 FIFO（First In First Out）策略，新的 tasklet_struct 对象（下文中简称为 tasklet）被插入到链表尾部。

tasklet_struct 的主要字段见表 3-5。

表 3-5 tasklet_struct 字段表

字　　段	类　　型	描　　述
next	tasklet_struct *	指针，指向下一个 tasklet
state	unsigned long	当前状态，TASKLET_STATE_SCHED 表示被加入调度以待执行，TASKLET_STATE_RUN 表示正在执行

（续）

字　段	类　型	描　　述
count	atomic_t	atomic 类型，用来 enable/disable tasklet
func callback	回调函数	tasklet 执行时调用的回调函数 func 的参数是下面的 data，callback 的参数是 tasklet
data	unsigned long	调用回调函数时传递的参数

tasklet_head 结构体只有两个字段，head 是指向 tasklet 链表头的指针，tail 指向指针，该指针指向链表尾（tasklet_struct[**] 类型）；它的对象是每 cpu 变量 tasklet_hi_vec 和 tasklet_vec，分别对应 HI_SOFTIRQ 和 TASKLET_SOFTIRQ。

内核也提供了几个使用 tasklet 的函数和宏，见表 3-6。

表 3-6　tasklet 函数表

函 数 和 宏	描　　述
DECLARE_TASKLET DECLARE_TASKLET_OLD	定 义 tasklet，改成 DEFINE 更好些，count 字段初始化为 0，分别使用 callback 和 func 字段
DECLARE_TASKLET_DISABLED DECLARE_TASKLET_DISABLED_OLD	将 count 字段初始化为 1，其他与 DECLARE_TASKLET 相同，分别使用 callback 和 func 字段
tasklet_init	为 tasklet 赋值，count 字段赋值为 0，使用的是 func 字段
tasklet_enable	使能（Enable）tasklet
tasklet_disable	禁用 tasklet，如果 tasklet 正在执行，等待执行完毕后才返回
tasklet_hi_schedule	调度 tasklet 执行，对应 HI_SOFTIRQ
tasklet_schedule	调度 tasklet 执行，对应 TASKLET_SOFTIRQ
tasklet_kill	清除 tasklet 的调度和运行状态，如果处于调度或执行状态则等待状态清除

tasklet_enable 将 tasklet 的 count 字段减 1，tasklet_disable 则将 count 字段加 1，count 字段的值被用来控制 tasklet 的执行。

tasklet_schedule 检查 tasklet 的 state 字段的 TASKLET_STATE_SCHED 状态位是否被置位，如果没有，则需将状态置位，并调用 __tasklet_schedule 将 tasklet 插入链表。

HI_SOFTIRQ 和 TASKLET_SOFTIRQ 软中断对应的 softirq_action 对象的 action 字段分别为 tasklet_hi_action 和 tasklet_action。二者都调用 tasklet_action_common 实现，tasklet_action_common 的主要逻辑如下。

```
void tasklet_action_common(struct softirq_action * a,
    struct tasklet_head * tl_head, unsigned int softirq_nr)
{
    //省略同步

    list = tl_head->head;
    tl_head->head = NULL;
    tl_head->tail = &tl_head->head;

    while (list) {
        struct tasklet_struct * t = list;
        list = list->next;
```

```
    if (tasklet_trylock(t)) {
        if (!atomic_read(&t->count)) {
            if (tasklet_clear_sched(t)) {
                if (t->use_callback)
                    t->callback(t);
                else
                    t->func(t->data);
            }
            tasklet_unlock(t);
            continue;
        }
        tasklet_unlock(t);
    }
    t->next = NULL;
    *tl_head->tail = t;
    tl_head->tail = &t->next;
    __raise_softirq_irqoff(softirq_nr);
    }
}
```

tasklet_action_common 将链表保存至 list，然后清空原链表。在 while 循环中遍历链表中每一个 tasklet，如果 tasklet 没有执行（tasklet_trylock 会判断并设置 TASKLET_STATE_RUN 状态），且它的 count 字段等于 0，则调用它的回调函数，否则重新将其插入清空后的链表。也就是说被执行的 tasklet 会被从链表删除，没有被执行的 tasklet 会被重新插入链表。tasklet 的状态变化如图 3-7 所示。

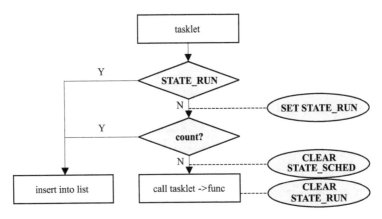

图 3-7　tasklet 状态图

关于 tasklet，有以下几点说明。

首先，只有 tasklet 的 count 字段等于 0 的情况下才会得到执行，得不到执行的 tasklet 会被重新插入链表。对初值等于 0 的 tasklet，要保证调用 tasklet_disable 和 tasklet_enable 的次数相等。

其次，内核并没有定义将 tasklet 从链表删除的函数，一旦调用了 tasklet_schedule，tasklet 就类似"离弦之箭"，无法取消；使用 tasklet_disable 可以阻止它执行。tasklet_kill 并不是杀死（删除）tasklet，只是等待清除 tasklet 的状态。

也许有人希望有一个将 tasklet 从链表中删除的函数，可以控制地更加自如，但是这么做需要删除链表元素，目前的单向链表就不足以满足需求了。

3.3.2　timer 定时器

timer 在内核中使用非常广泛，使用场景类似于人们在生活中"某时某分做某事""某时间段后做某事"。

1. 数据结构

timer 是软中断的一种，用途非常广泛，无论是内核，还是驱动都经常使用，它主要涉及 timer_list 和 timer_base 两个结构体，前者的主要字段见表 3-7。

表 3-7　timer_list 字段表

字 段 名	类 型	描　　述
entry	hlist_node	链表的结点，链接到 base 包含的链表
expires	unsigned long	到期时间
function	回调函数	到期时执行的操作
flags	u32	标志

timer_base 结构体（以下简称 base）与 timer_list 是一对多的关系，主要字段见表 3-8。

表 3-8　timer_base 字段表

字 段 名	类 型	描　　述
running_timer	timer_list*	当前正在运行的 timer
vectors	hlist_head[]	链表的头组成的数组
pending_map	位图	表示 vectors 的某个链表是否为空
clk	unsigned long	该 base 执行到的时间，以 jiffy 为单位

内核中定义了每 cpu 变量 timer_bases，它的类型为 timer_base［NR_BASES］，NR_BASES 的值等于 2，也就是每一个 CPU 都有两个 timer_base 对象，分别为 BASE_STD 和 BASE_DEF（DEFERRABLE 的缩写）。

内核提供了 timer_list 初始化、添加、删除等函数和宏，见表 3-9。

表 3-9　timer 函数表

函 数 和 宏	描　　述
DEFINE_TIMER	定义一个 timer，初始化 function、expires 等字段
timer_setup	初始化 timer，为 function、data 和 flags 字段赋值
add_timer（timer）	将 timer 链接到 base 内对应的链表头上
add_timer_on	同上，指定 CPU
mod_timer（timer, expires）	同上，expires 给定了到期时间
del_timer（timer）	停止 timer，从对应链表删除
del_timer_sync	同上，但如果 timer 正在执行，会等待其执行完毕；如果 timer 处于 pending 状态，返回 1，否则返回 0

所谓 timer 处于 pending 状态，就是 timer 还在等待被执行，内核提供了 timer_pending 函数判断该状态。

add_timer 调用__mod_timer，__mod_timer 会将 timer 插入目标链表。

base 维护了一个链表数组，一个 timer 插入 base 的哪个链表由它的到期时间和 base 当前执行到的时间决定，calc_wheel_index 会根据它们计算得到目标链表的下标 idx。

如果 timer 已经处于 pending 状态，且调用 mod_timer 导致它的目标链表与当前链表不一致，__mod_timer会将它从当前链表中删除。

如有需要，__mod_timer 最终会调用 enqueue_timer，将 timer 插入链表，将 base 的 pending_map 字段的位图对应到位置 1，然后调用 timer_set_idx 将 idx 存入 timer 的 flags 字段中。

timer 并没有独立表示 idx 的字段，而是使用它的 flags 字段的高 10 位表示 idx。我们刻意回避了 timer 和 CPU 的关系，也就是 timer 定位 base 的过程，这也是靠 flags 字段完成的，flags 的低 18 位表示 timer 所属的 CPU。

2. 定时器的运行

定时器机制对应于软中断的 TIMER_SOFTIRQ，它的 softirq_action 对象的 action 字段为 run_timer_softirq，run_timer_softirq 调用__run_timers，尝试运行当前 CPU 的两个 base 对象上的 timer。

base 的 clk 字段表示 base 执行到的时间，将该字段的值与当前 jiffies 比较，如果 jiffies 不早于该字段表示的时间，__run_timers 会调用 collect_expired_timers 收集已经到期的 timer，然后在 expire_timers 中调用 call_timer_fn 回调 timer 的 function，执行过的 timer 会从链表中删除。

3. 定时器的使用

很多情况下，我们需要延迟、异步地执行某操作，比如设定系统在一定时间后提醒用户、完成设备初始化之后启动一个 watchdog 监控设备的状态、设备采用轮询方式工作时驱动的实现等。

如果只是需要一定时间后执行某操作一次，初始化、启用定时器即可，可以使用 msec_to_jiffies 将毫秒为单位的时间值转为 jiffies 为单位的值，示例代码如下。

```
timer_setup(&my_data->timer, my_timer_func, flags);
timer->expires = jiffies + msec_to_jiffies(n_ms);
add_timer(&my_data->timer);
```

定时器另外一个主要的应用方式是实现设备的轮询和 watchdog，这方面轮询和 watchdog 实现原理一样，代码如下。

```
timer_setup(&my_data->timer, my_polling_func, flags);
timer->expires = jiffies + msec_to_jiffies(n_ms);
add_timer(&my_data->timer);   //启动延时
my_data->my_work. func = my_work_func;

static void my_polling_func (struct timer_list *)
{
    //get my_data with container_of
    queue_work(my_wq, &my_data->my_work);
}

static void my_work_func (struct work_struct * work)
{
    //get my_data with container_of
    //do my own work here
    mod_timer(&my_data->timer, jiffies + msec_to_jiffies(n_ms)); //再次启动延迟
}
```

执行的流程如图 3-8 所示，图中每一个虚线框都代表了一个不同的执行流。

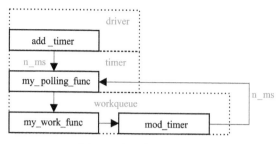

图 3-8 轮询执行流程图

最后，timer 延迟的时间是以 jiffy 为单位的，所以它无法满足延迟小于一个 jiffy 的需求，对精度有较高要求的场景可以使用 hrtimer 来替代。

3.4 【看图说话】系统调用与程序优化

系统调用也是中断的一种（准确地说是异常的一种），以 clone 为例，流程如图 3-9 所示。

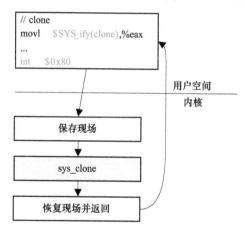

图 3-9 clone 系统调用

代码片段中，先把系统调用号存入 eax 寄存器，然后调用 int 0x80 进入系统调用。从图 3-9 中可以看到，处理系统调用包括三个步骤，但实际上只有第 2 步才是真正的 clone 相关的逻辑，其他两步都是辅助中断处理的。从程序性能的角度来讲，这两步是有损性能的，系统调用过多显然不是我们希望的。

减少系统调用是程序优化需要考虑的一个因素，很多程序中带有的资源池可以在一定程度上解决这个问题。

既然不希望系统调用过多，为什么我们还需要系统调用呢？

CPU 有多个特权级，比如 x86 上 ring0 到 ring3，内核在 ring0，可以执行所有指令，用户程序在 ring3，无法执行特权指令，比如 wbinvd。所以系统调用有时候是不得已而为之的，只能通过程序设计减少，但不能消除。

第4章

Linux的时间

我们的作息、行为和活动都与时间息息相关，从人类的角度来看，时间是以时分秒来计算和衡量的。某一时刻做某件事情，某个任务持续了多久等情况，我们基本都以时分秒来计算。但内核中却不是这样，从内核的角度，它的时间主要以滴答来计算（单位为 jiffy）。通俗地讲，滴答是时间系统周期性地提醒内核某时间间隔已经过去的行为。另一方面，内核服务于用户，所以它还需要拥有将滴答转为时分秒的能力。因此，内核的任务可以分为维护并响应滴答和告知用户时间两部分。

4.1 数据结构

我们不妨从获取时间的角度入手理解系统的时间管理，gettimeofday 系统调用就是用来获取当前时间的，结果以 timeval 和 timezone（时区）结构体的形式返回，timeval 的 tv_sec 字段表示从 Epoch（1970-01-01 00：00：00 UTC）到现在的秒数，tv_usec 表示微秒。

gettimeofday 调用 ktime_get_real_ts64 获得以 timespec64 表示的当前时间然后转化为 timeval 形式，timespec64 的 tv_sec 以秒为单位，tv_nsec 以纳秒为单位，实现过程展开后简化（省略同步和非核心变量的定义）如下。

```
void ktime_get_real_ts64(struct timespec64 * ts)
{
    struct timekeeper * tk = &tk_core.timekeeper;

    ts->tv_sec = tk->xtime_sec;
    nsecs = timekeeping_get_ns(&tk->tkr_mono);
    ts->tv_nsec = 0;
    timespec64_add_ns(ts, nsecs);
}
```

```
u64 timekeeping_get_ns(const struct tk_read_base *tkr)
{
    struct clocksource * clock = READ_ONCE(tkr->clock);

    cycle_now = clock->read(clock);
    cycle_delta = (cycle_now - tkr->cycle_last) & tkr->mask;

    nsec = cycle_delta * tkr->mult + tkr->xtime_nsec;
    nsec >>= tkr->shift;
    return nsec;
}
```

以上代码段中，第一个与时间相关的结构体为 timekeeper（简称 tk，稍后详解），顾名思义它的主要功能是保持或者记录时间的，从 timekeeping_get_ns 函数可以看到，tk 的 tkr_mono.clock 字段指向 clocksource 类型的对象，表示当前使用的时钟源。当前时间等于上次更新时的时间（xtime_nsec）加上从上次更新到此刻的时间间隔，时间间隔是通过时钟源度过的时钟周期（cycle_delta）计算得来的。各时钟源的时钟频率不同，所以它们时钟周期的时间单位就不同，内核需要拥有将设备时钟周期数与纳秒相互转换的能力，mult 和 shift 字段就是负责实现该需求的。请注意，"上次更新"是指内核更新时间，是"写"动作，gettimeofday 是"读"动作，并不会导致 xtime_nsec 变化。

时钟源以 clocksource 结构体（简称为 cs）表示，它是本章第二个核心的结构体，主要字段见表 4-1。

表 4-1　clocksource 字段表

字　段	类　型	描　述
flags	unsigned long	cs 的标志
mult	u32	与 tk 的同名字段意义相同
shift	u32	
read	回调函数	读取时钟源的当前时钟数
rating	int	cs 的等级

flags 字段有多种标志，见表 4-2，其中前 4 种可以由时钟设备的驱动设置，后几种一般由内核控制。

表 4-2　时钟设备标志表

标　志	描　述
CLOCK_SOURCE_IS_CONTINUOUS	该时钟源为连续时钟
CLOCK_SOURCE_MUST_VERIFY	该时钟源需要被监控
CLOCK_SOURCE_SUSPEND_NONSTOP	系统 suspend 的时候，该时钟源不会停止
CLOCK_SOURCE_VERIFY_PERCPU	需要多 CPU 偏差校准
CLOCK_SOURCE_WATCHDOG	该时钟源可以作为看门狗（watchdog）来监控其他时钟设备
CLOCK_SOURCE_VALID_FOR_HRES	该时钟源可以用作高精度模式
CLOCK_SOURCE_UNSTABLE	该时钟源不稳定
CLOCK_SOURCE_RESELECT	该时钟源被选做系统时钟

rating 字段代表 cs 的等级，内核只会选择一个时钟源作为（看门狗），也只会选择一个时钟源作为系统的时钟源（与全局变量 tk_core.timekeeper 对应），同等条件下，等级更高的时钟源拥有更高的优先级。

内核会选择一个不需要被监控的连续时钟源作为看门狗，它负责在运行的时候监控其他时钟源，如果某一个时钟源的误差超过了可接受的范围，则将其置为 CLOCK_SOURCE_UNSTABLE，并将其 rate 字段置为 0。

时钟源设备在初始化后可以调用 clocksource_register_hz 等函数完成注册，内核会在所有时钟源中选择 rating 值最大的作为保持时间的时钟源，用户调用 gettimeofday 获取当前时间时就通过该时钟源读取时钟周期数来计算得到结果。

我们通过内核得到了当前的时间，但内核基本不会关心时分秒，它的重心在于某个时间间隔已经过去的这类事件。这就依赖于另一种设备了，它们可以实现定时器的功能，在设定的时间间隔过去之后产生中断提醒内核。当然，有些设备既有保持时间的功能，又有定时器的功能。为方便读者理解，本书将保持时间的设备称为时钟源，将关注时间事件的设备称为时钟中断设备（或称为时钟事件设备）。

内核时间管理的另一个核心结构体 clock_event_device（简称 evt）就与这第二个需求相关，它的主要字段见表 4-3。

表 4-3　clock_event_device 字段表

字　　段	类　　型	描　　述
event_handler	回调函数	时钟中断到来时，处理中断的回调函数
set_next_event	回调函数	设置下一个时钟中断
set_state_xxx	回调函数	切换当前时钟中断设备的状态
rating	int	设备的等级
features	unsigned int	设备的特性，CLOCK_EVT_FEAT_XXX
mult	u32	与 tk 的对应字段意义相同
shift	u32	

set_state_xxx 是切换当前设备状态的回调函数，xxx 共有 periodic、oneshot、oneshot_stopped 和 shutdown 四种。其中，periodic 表示周期性地触发时钟中断（比如系统的滴答—tick），oneshot 表示单触发。所谓周期性是指触发一次中断之后自动进入下一次中断计时，单触发是指触发一次中断之后停止。rating 字段表示设备的等级，等级越高优先级越高。最常用的设备特性（features 字段）有 PERIODIC、ONESHOT 和 C3STOP 三种，其中 C3STOP 表示系统处于 C3 状态的时候设备停止。

evt 通过 clockevents_register_device 函数注册，注册过程中会执行 tick_check_new_device 设置 cpu 对应的 td（tick_device 结构体对象，由每 cpu 变量 tick_cpu_device 表示），如果新注册的 evt 与原 evt 相比是更优选择，将 evt 赋值给 td 的 evtdev 字段。

时钟中断产生后，内核会调用 event_handler 字段的回调函数处理中断，该函数处理时钟中断，还可以回调 set_next_event 设置下一次时钟中断。

为了方便衡量和计算时间，内核定义了几个常见的变量和宏，如下。

- HZ：一秒内的滴答数，频率。现代内核并不一直采用周期性的滴答，硬件允许的情况下，更倾向于采用动态（非周期性）时钟中断，但 HZ 作为很多模块衡量时间的基准保留了下来。
- jiffies：累计的滴答数。内核主要存在两个时间单位，jiffy 和 ktime_t。ktime_t 是一种实际时间，内核对相关计算进行优化并提供了使用它的函数，可以使用 ktime_get 获得当前以 ktime_t 为单位的时间，使用 ktime_to_ns 和 ns_to_ktime 等完成转换。

涉及时钟设备或者时钟中断设备的操作，比如读取时钟周期数、设置下一个中断等，会使用纳秒为单位。如前面所述，设备的数据结构中的 mult 和 shift 字段可以实现纳秒与周期数的转化。在其他的场景中，除非需要跟踪时间，基本都以 jiffy 为单位。

4.2　时间的衡量

衡量时间，离不开软硬件工具，硬件上是时钟芯片。

4.2.1　时钟芯片

不同的架构或平台使用的设备不一定相同，下面介绍几种 x86 架构上常见的设备。

- RTC（Real-Time Clock）：实时时钟，兼具时钟源和时钟中断两种功能，它可以为人们提供精确的实时时间，或者为电子系统提供精确的时间基准，目前绝大多数计算机上都会有它。它有一个特性，那就是系统关机以后依然工作。就提供实时时间而言，它的准确度一般要比其他几个设备高；就时钟中断而言，它只能产生周期信号，频率变化范围从 2Hz 到 8192Hz，且必须是 2 的倍数，所以在现代计算机上它的第二个功能基本被其他设备取代。

- PIT（Programmable Interval Timer）：可编程间隔计时器，时钟中断设备，频率固定为 1.193182 MHz，所以在老式的系统中它也可以充当时钟源的角色。它可满足周期性和单触发两种时钟中断要求。

- TSC（Time Stamp Counter）：时间戳计数器，是一个 64 位的寄存器，从奔腾处理器开始就存在于 x86 架构的处理器中，它记录处理器的时钟周期数，程序可以通过 RDTSC 指令来读取它的值。采用 TSC 作为系统的时钟源是有挑战的，比如处理器降频的时候，TSC 如何保持固定频率，不过在现代的 x86 处理器中，这些问题得到了解决。TSC 以其高精度、低开销的优势成为优选。

- HPET（High Precision Event Timer）：高精度定时器，兼具时钟源和时钟中断两种功能，它有一组定时器可以同时工作，数量从 3 到 256 不等。每个定时器都可以满足周期性和单触发两种时钟中断要求，可以代替 PIT 及 RTC。

- APIC（Advanced Programmable Interrupt Controller，高级可编程中断控制器）Timer：用作时钟中断设备，单从名字看就比 PIT 高一个档次。APIC 的资料网络上有很多，这里不详细阐述。每个 cpu 都有一个 local（本地）APIC，这里的时间设备就是本地 APIC 的一部分。它的精度较高，可以满足周期性和单触发两种时钟中断要求。

就 cs 而言，PIT、TSC 和 HPET 的 cs 对象的 rating 字段的默认值见表 4-4 所示（RTC 并不在 cs 和 evt 的选项中）。

表 4-4　cs 设备 rating 表

设　　备	rating/等级
PIT	110
TSC	300
HPET	250

TSC 的优先级最高，所以大多数计算机会采用 TSC 作为时钟源。然而 TSC 的频率是开机的时候计算得出的，小的误差在运行过程中会被放大，最终导致较明显的时间偏差。RTC 倒是可以很好地完成保持时间的任务，但它的频率太低，精度不够。

TSC 对应的 cs 的 flags 字段有 IS_CONTINUOUS 和 MUST_VERIFY 两个标记，所以它可以满足 CLOCK_SOURCE_VALID_FOR_HRES 的要求，但不能作为系统的 watchdog，而属于会被 watchdog 监控的时钟源。

就 evt 而言，PIT、HPET 和 APIC 的 evt 对象的 rating 字段的默认值见表 4-5。

表 4-5　evt 设备 rating 表

设　备	rating/等级
PIT	0
APIC	100
HPET	50

4.2.2　时间的计算

内核维护了多种时间，其中最常用的有 REALTIME、MONOTONIC 和 BOOTTIME 三种。

1) REALTIME 时间，又称作 WALL TIME（墙上时间），甚至可以称为 xtime 时间或者系统时间，xtime 在分析 gettimeofday 系统调用的时候已经出现过了，它就是根据 cs 的时钟周期计算得出的时间。

需要注意的是，REALTIME 时间和 RTC 时间并不是同一个概念。前者是内核维护的当前时间，RTC 时间是 RTC 芯片维护的硬件时间。二者也是有联系的，系统启动的时候，内核会读取 RTC 的时间作为 REALTIME 时间，之后才独立。另外，settimeofday 系统调用会更新 REALTIME 时间，并不会更新 RTC 时间。所以，仅仅设置系统时间，重启机器后设置不会生效。

可以使用 hwclock -hctosys 和 hwclock -systohc 两个命令（Hardware Clock to System）完成二者的同步，或者设置系统时间后运行 hwclock -w 命令同步到 RTC 时间。

2) MONOTONIC 时间不是绝对时间，表示系统启动到当前所经历的非休眠时间，单调递增，系统启动时该值由 0 开始（timekeeping_init 函数），之后一直增加。它不受 REALTIME 时间变更的影响，也不计算系统休眠的时间，也就是说，系统休眠时它不会增加。

3) BOOTTIME，表示系统启动到现在的时间，它也不是绝对时间，与 MONOTONIC 时间不同的是，它会记录系统休眠的时间。

这三者的关系如图 4-1 所示。

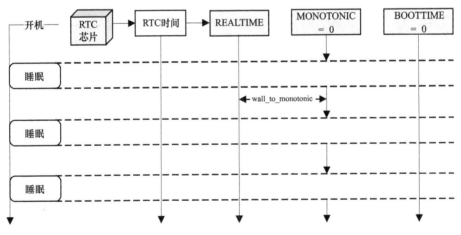

图 4-1　内核的三种时间关系图

tk 的 xtime_sec 表示 REALTIME 时间，wall_to_monotonic 字段（timespec64）表示由 xtime 计算得到 MONOTONIC 时间需要加上的时间。offs_real 字段（ktime_t）表示 MONOTONIC 与 REALTIME 之间的差，offs_boot 字段（ktime_t）表示 MONOTONIC 与 BOOTTIME 之间的差，所以 getboottime/getboottime64 直接使用 offs_real - offs_boot 即可。

timekeeper 为内核实现了几个获取时间的函数，它们为获取不同种类的时间提供了方便，见表 4-6。表中 BOOTTIME 表示时间种类，getboottime 表示系统启动时的时间，但内核中并没有把它们很好地进行区分，请注意区分下面三个 boottime。

表 4-6　获取时间的函数表

函　　　数	描　　　述
getboottime	获取系统启动时的 REALTIME 时间
ktime_get_boottime	获取 BOOTTIME 时间
ktime_get	获取 MONOTONIC 时间
ktime_get_ts ktime_get_ts64	获取 MONOTONIC 时间

需要注意的是，MONOTONIC 时间也并不是完全单调的，它会受 NTP（Network Time Protocol，网络时间协议）的影响，真正不受影响的是 RAW MONOTONIC 时间。

4.3　【图解】时钟中断

时钟中断与进程调度密切相关，相关的中断处理程序需要完成以下两个任务。

1）计算并更新进程占用 CPU 时间。

2）需要调度的情况下，设置该进程 thread_info 的 flags 字段的 TIF_NEED_RESCHED 标志（在中断返回前会触发进程调度）。

在此给出时钟中断和进程调度的整体关系，如图 4-2 所示。

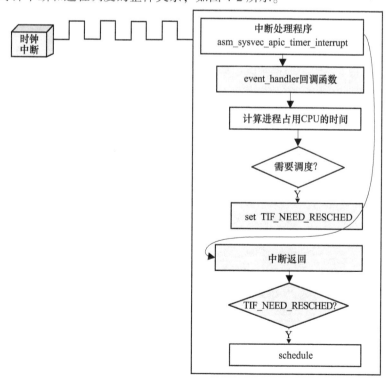

图 4-2　时钟中断与进程调度的关系

图 4-2 描述了时钟中断的一般情况，芯片周期性地产生时钟中断，每轮中断处理过程中计算进程占用 CPU 的时间，如果需要调度则置位 TIF_NEED_RESCHED 标记，中断返回前会检查该标记，如果置位则调度 schedule 来调度其他进程执行。实际上，该过程是触发进程调度的最常见的情景之一。在这里有一个大概的认识即可，具体的实现细节在进程调度一章再详细讨论。

4.4 【看图说话】timer 和 hrtimer

现代计算机上一般都会包含多种时钟中断设备，它们可以支持周期性和单触发的时钟中断，我们以 PIT 和 APIC Timer 的组合为例。

系统启动过程中，PIT 会优先工作，PIT 的 evt 的 event_handler 字段被赋值为 tick_handle_periodic。这是第一个阶段，系统处于周期性时钟中断模式，tick 阶段。

APIC Timer 进入工作（setup_APIC_timer）之后，由于它的 rating 比 PIT 高，td 的 evtdev 字段被替换成 APIC 的 evt，此时可以尝试切换至 nohz 模式。

nohz 模式（也可称为 tickless 模式、oneshot 模式、动态时钟模式）主要要求系统当前的 cs 要有 CLOCK_SOURCE_VALID_FOR_HRES 标志（timekeeping_valid_for_hres）和 evt 可以满足单触发模式（tick_is_oneshot_available）两个条件。在条件满足的情况下，内核会切换到 nohz 模式，进入第二个阶段。所谓的 nohz 模式是指时钟中断不完全周期性地工作的模式，在该模式下时钟中断的间隔可以动态调整。

nohz 模式又分为两种模式：高精度模式和低精度模式。满足 nohz 条件的情况下，切换到哪个模式由 hrtimer_hres_enabled 变量的值决定，该值可通过内核启动参数设置。如果它等于 0，调用 tick_nohz_switch_to_nohz 切换到普通 nohz 模式，否则调用 hrtimer_switch_to_hres 切换到高精度模式。

低精度和高精度模式不同点如下。

从字面上理解，后者比前者精度要高，事实也确实如此。低精度模式最高的频率就是 Hz，cpu 处于非 idle 的状态下，它一般也是以周期性的方式工作，之所以称之为 nohz 是因为它的频率可以大于 Hz，比如在 idle 状态下。高精度模式的最高频率由时钟中断设备决定，可以满足对时间间隔要求较高的应用场景。

timer 是一种软中断，hrtimer（high resolution timer）依赖这里的高精度模式，它除了也是一种软中断之外，还可以主动设定下一个时钟中断的时间点，从而达到高精度，如图 4-3 所示。

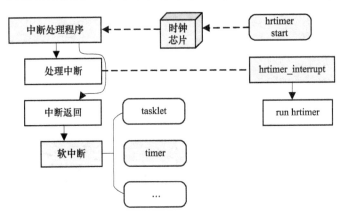

图 4-3　timer 和 hrtimer 关系图

内存管理篇

推荐阅读：	必读
侧重阅读：	第 6 和 7 章
难度：	★★★★
难点：	第 8 和 9 章
特点：	硬件相关
核心技术：	内存映射、内存空间布局、缺页异常
关键词：	内存分页、伙伴系统、内存线性空间布局、mmap 机制、缓存、缺页异常、内存回收

第5章

内存寻址

内存管理的复杂性一方面在于代码分散，另一方面在于涉及较多的硬件因素。幸运的是，对大多数软件工程师而言，使用它只需要掌握其接口即可；不幸的是想要写出高效的程序，充分理解它是必要的。

近几年 x86_64 逐渐完成了对 x86_32 机器的替代，不过二者在多数情况下内存的原理是一致的，不一致的时候往往 32 位的实现会更加复杂一些（因为 32 位资源限制更大），所以涉及平台的部分我们还是以 32 位为例展开，同时会指出 64 位上的差异。

5.1 DRAM 和 MMIO

既然要管理内存，首先得明确需要管理内存的范畴。一般说内存（Memory）的时候我们指的是就是内存储器（RAM、主存，即狭义的内存），但从 CPU 角度来讲并不是这样的，CPU 承认的内存指的是有效的连接在总线上的存储（广义的内存）。作为程序员，我们肯定要从 CPU 的角度看问题，本书讨论的内存管理，管理的也是广义的内存。

请不要以为 CPU 指定要访问的物理地址就一定落在主存（直观上可以理解为内存条上的内存）内，CPU 并不知道与它连接的都是什么内存设备，也不会"关心"。对 CPU 而言，内存访问经过一系列硬件通路，最终到达目标设备（可能是主存，也可能不是），它并不"关心"数据来自何方，或者写往何处。

那么所谓的内存管理，管理的只是物理上的内存吗？当然不是，稍后会看到，虚拟内存空间也需要管理。为了不引起歧义又节省版面，在此约定，本书中内存空间特指物理内存，除非加上"虚拟"或者"线性"等字指明讨论虚拟内存。

内存空间包含了多种存储，RAM 只是其中一部分，还包含了某些外部 I/O 设备的空间，系统会将它们映射到内存空间（Memory Mapped IO，MMIO）。可以通过/proc/iomem 文件来查看系统的内存空间布局。

/proc/iomem 文件可以显示系统中的内存，及各段内存的使用情况，如下。

```
00000000-00000fff : reserved
00001000-0009fbff : System RAM
0009fc00-0009ffff : reserved
000a0000-000bffff : PCI Bus 0000:00
000c0000-000c8bff : Video ROM
000c9000-000c99ff : Adapter ROM
000ca000-000cc3ff : Adapter ROM
000f0000-000fffff : reserved
  000f0000-000fffff : System ROM
00100000-dfffcfff : System RAM
  01000000-016b9a7e : Kernel code
```

```
  016b9a7f-01b2a1ff : Kernel data
  01cec000-01fe7fff : Kernel bss
  2b000000-350fffff : Crash kernel
dfffd000-dfffffff : reserved
e0000000-febfffff : PCI Bus 0000:00
  fc000000-fdffffff : 0000:00:02.0
...
  febf3000-febf3fff : 0000:00:05.0
fec00000-fec003ff : IOAPIC 0
fee00000-fee00fff : Local APIC
feffc000-feffffff : reserved
fffc0000-ffffffff : reserved
100000000-xxxxxxxxx : System RAM
...
```

设备的寄存器空间和它的内存（RAM）都可以成为 MMIO 的一部分，MMIO 机制很大程度上提高了 CPU 访问外设的效率。在 x86 架构中，CPU 访问 MMIO 与访问普通内存无异（并不是所有架构都可以如此）。以显卡（GPU）为例，一般它的寄存器空间和它自身的内存都会以 MMIO 的形式供 CPU 访问，CPU 可以像访问指针一样访问它的寄存器和数据，如图 5-1 所示。

针对图 5-1，需要说明以下两点。

1）图 5-1 中的信息与我们从 /proc/iomem 得到的信息并不是完全对应的，实际上 /proc/iomem 反应的是一段内存的用途，并不是内存来源何处，比如 "0009fc00-0009ffff : reserved" 说明被某个模块预留了，但它本身是属于 RAM 的。往往是我们知道某些内存是 MMIO 的，来这里查看它们在内存空间的位置，比如 PCI Bar（base address registers）和 IOAPIC。

2）整个内存空间一般并不是连续的，会有用不到的 Hole。这就引出了一个疑问，RAM 到内存空间是如何映射的？比如系统上一个 4GB 的内存条，是不是直接映射到内存空间的 0~4GB，答案是否定的，实际上 MMIO 已经回答了这个问题。这个映射是分散映射的，映射策略在 x86 上是 BIOS 决定的。

内存管理，本质上是维护内存介质（RAM + MMIO）、内存空间和虚拟三者的关系，如图 5-2 所示。

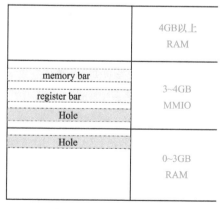

图 5-1　内存布局示意图

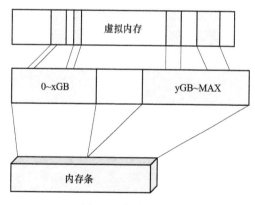

图 5-2　内存管理图

说到了 MMIO，就不得不介绍它的"兄弟" Port IO，虽然后者并不属于内存管理讨论的范畴。Port IO 并不占用内存空间，它是一个独立的空间，大小为 64KB。CPU 访问 Port IO 需要专门

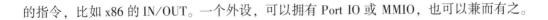

的指令，比如 x86 的 IN/OUT。一个外设，可以拥有 Port IO 或 MMIO，也可以兼而有之。

5.2 【图解】内存分页

Linux 涉及三种地址：虚拟地址（Virtual Address，VA）、线性地址（Linear Address，LA）和物理地址（Physical Address，PA）。

应用程序中使用的是虚拟地址，我们通过%p 打印出来的变量地址就是虚拟地址。虚拟地址经过分段处理变成了线性地址，在使能了内存管理单元（Memory Management Unit，MMU）的系统中，线性地址经过转换生成物理地址（常说的分页），否则线性地址与物理地址相等。若不加特殊声明，本书的讨论中默认都是在使能了 MMU 的前提下。

分段机制完成了虚拟内存到线性内存的映射，Linux 对分段的支持非常有限，相关的书籍已经介绍得非常详细了，本书则不详细讨论。Linux 主要的 4 个段：用户代码段（_USER_CS）、用户数据段（_USER_DS）、内核代码段（_KERNEL_CS）和内核数据段（_KERNEL_DS），它们的段描述符表示的基准地址全部为 0，因此转化后的线性地址与虚拟地址相等。

分页机制完成了线性内存到物理内存的映射。分页，字面上理解就是将内存逻辑上分为一页页的，CPU 要访问某个地址，必须先找到该地址所在的页。如何找到该页呢，该页的地址存在上一级页的项中；上一级页的地址存在再上一级页的项中，依次类推，最高一级的页的地址存在 CPU 的寄存器中。

[寄存器→一级页→ …… →最终页→地址] 就像是身份证号前 6 位的定位一样，1~2 两位表示省份，3~4 两位表示市，5~6 两位表示区县，一级页是省份表，二级页是省份对应的省辖市表，最终页是市内的区县表。比如230103，在省份表内，23 项表示黑龙江省，在黑龙江省的省辖市表内查找 01，该项表示哈尔滨市，查找哈尔滨市的区县表，03 项表示南岗区，对应的路径就是 [中国→省份表→黑龙江省辖市表→哈尔滨市区县表→南岗区]。

需要说明的是，为了更容易理解，我们是按照寄存器、一级页、二级页到最终页的顺序计算的，下面可以看到，内核中实际上是按照相反的顺序为它们取名字的，请读者注意区分。

线性地址空间的页是逻辑上的页，是虚拟的；物理空间的页，我们称之为页框（Page Frame），它是真实存在的，只不过被我们逻辑上划分为一页页，页的大小一般为 4KB（2MB、4MB 和 1GB 也有可能）。分页就是将二者对应起来，分为两部分，一是从虚拟地址找到页框上的真实地址（寻址，硬件实现），二是建立页表和页框的映射关系（软件实现），后者是前者的前提。就像身份证号前 6 位定位一样，对于 [中国→省份表→省的省辖市表→市的区县表→区县] 这条路径，现状是沿着这条路径可以定位到最终的区县，前提是国家已经规划好了省、市和区县表。

5.2.1 寻址

线性地址是如何变换成物理地址（寻址）的呢？这其实是一个硬件过程，由 MMU 负责。在继续讨论理论之前，先引入一个园林寻宝游戏进行说明，寻址实际上就是 CPU 玩的寻宝游戏。

我们假设为了找到宝物，需要 4 个线索，线索之间有先后的顺序，后一个线索藏在前一个线索指向的地点。游戏开局，玩家拿到 4 个数据 [0x10, 0x20, 0x30, 0x40]，第一个线索直接提供，是沧浪亭；玩家来到沧浪亭，找到第 0x10 房间，第二个线索就藏在房间内；假设第二个线索的答案是狮子林，玩家来到狮子林，找到第 0x20 房间，拿到第三个线索；第三个线索的答案是留园，找到第 0x30 房间，拿到最后一个线索；最后一个线索的答案是拙政园，宝藏就在 0x40 房间。

沧浪亭（$Base_1$）+0x10（offset）→狮子林（$Base_2$），狮子林（$Base_2$）+0x20（offset）→留园（$Base_3$），留园（$Base_3$）+0x30（offset）→拙政园（$Base_{final}$），拙政园（$Base_{final}$）+0x40（offset）→宝藏（最终地址）。这就是一个基地址加偏移量的游戏，对于玩家而言，他拿到的只是偏移量 0x10203040（虚拟地址）和起点（寄存器）。从这个角度来讲，线性地址的本质就是偏移量，只不过我们在游戏中按照 8+8+8+8 的方式解析这 32 位，而 CPU 以其他的方式解析而已。

在 x86 架构中，64 位的线性地址被分成多级来解释，假设分成 n 级，第 n 级解释的偏移量为 $offset_n$。第一级页框的地址（$Base_1$）由 CPU 的寄存器给出，第二级页框的地址 $Base_2 = *(Base_1 + offset_1)$，依次类推，$Base_n = *(Base_{n-1} + offset_{n-1})$，$Base_{final} = *(Base_n + offset_n)$，最终的物理地址 $PHY\_ADDR = Base_{final} + offset_{final}$。最终的页框并不计算在 n 内，如果它的大小是 4KB，它就可以解释 12 位偏移量（$4 * 1024 = 2^{12}$），这时 $offset_{final}$ 等于线性地址的最后 12 位（addr & 0xFFF）。

这里叫第 n 级页框，意味着这些页也是存在内存中的。按照目前主流的叫法，用来协助完成寻址的页框一般叫作页表，下面也称之为页表。另外，$Base_{final}$ 是目标页，它不属于 n 级页表内，所以继续称之为页框。

每一级页表的大小都为 4KB，它们会被分成若干项，不同级别的页表的项数目和项大小（项逻辑上等同于游戏里的房间）可能不同，下一级页表的物理地址就包含在项中。内核划分物理地址至少是 4KB 对齐的，那么每一项包含的下一级页表的地址不需要精确到字节，该地址的低 12 位始终为 0（$4KB = 2^{12}$）。

根据不同的硬件条件和设置，x86 架构分页有多种方式。

常规分页是最基础的分页方式，32 位的地址被分成 2 级来解释，这两级页表分别称为页目录（Page Directory）和页表（Page Table，与线性空间的页表名字相同，但二者不是同一个概念，这里是页框的一种，为了区分以 PTable/PT 表示它，这样读者可以把 P 想象成 Physical）。

两个级别的页表的项（游戏里的房间）的大小均为 4 字节，所以每个页表可以包含 1024 个项（游戏中每个地点包含 1024 个房间），因此可以解释 10 位的偏移量（$1024 = 2^{10}$）。Page Directory 的地址存在 CPU 的寄存器 cr3 中，线性地址的 31 到 22 位（高 10 位）表示目录项在 Page Directory 的项中的偏移量（游戏中一个地点的第几个房间），对应的目录项的其中 20 位表示 PTable 物理地址的高 20 位（低 12 位为 0）；线性地址的 21 到 12 位（中间 10 位）表示页表项在 PTable 中的项中的偏移量，对应的页表项包含了页框的地址；线性地址的 11 到 0 位（低 12 位）表示最终的物理地址在页框中的偏移量，加上页框地址就是最终的物理地址。重要的事情再说一遍，页框并未计算在级数中（两级分页，Page Directory 和 PTable）。

例如，线性地址 0xc0012345 转换为物理地址的过程如图 5-3 所示。

页目录的物理地址从 cr3 读取，0xc0012345 被分成 2 级 3 个部分来解释，高 10 位为 0x300，它表示页目录项的偏移量，因为项的大小为 4 字节，所以页目录项的物理地址为 cr3 + 0x300 * 4。该项包含了 PTable 地址的高 20 位，PTable 的地址加上 0x12 * 4 即得到对应的页表项的物理地址，该页表项包含了最终的页框地址的高 20 位。最终的物理地址就由最终页框的地址加上 0x345 得到。

为了更好地理解该过程，以下几点需要强调，它们也同样适用于其他分页方式。

1）该过程由 MMU 硬件完成，与软件没有关系。但也不要以为分页与软件毫无关系，寻址只是分页的一部分。

2）各级页表的项所包含的地址（图中的 ADDR）是物理地址，这点是理所当然的，否则地址转换就陷入死循环了。

3）我们从 [cr3] → [1-300h] → [2-12h] 找到了最终的页框（以 1-300h 表示第 1 级页表的

第 300h 项，以此类推），如果将［cr3］→［1-300h］→［2-12h］理解为一个到达目的地的路径，那么可能存在其他的途径到达同样的页框和地址，这就是内存共享，两个路径对应的进程共享了同一部分内存。

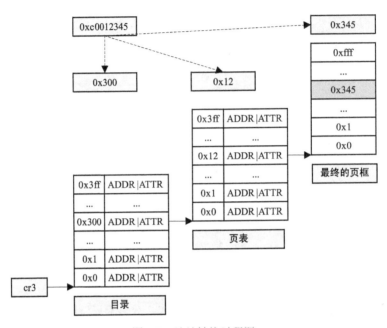

图 5-3　地址转换过程图

4）将地址分为多级来解释的目的是节省内存，理论上一个普通进程可以访问 4G 的线性空间，按照 4KB 每页计算，需要的项就占用很大的内存。分级的好处是可以只映射一部分需要使用的内存，减少项占用的内存。

5）就像上文中提到的一样，线性地址本质上就是偏移量，常规分页按照 10+10+12 的方式解释它，后面其他几种分页本质上相同，只不过按照不同的方式解释 32 位线性地址。

常规分页将 32 位地址分为 2 级，解释的偏移位数分别为 10、10、12。**扩展分页**（Extended Paging）将 32 位地址分为 1 级，解释的偏移位数为 10、22，也就是说它的最终页框大小为 4MB 每页。Linux 并没有采用这种方式，所以在此并不继续讨论。

以上两种分页方式，都有一个很大的限制，那就是它只能访问最多 4GB 的物理内存。为了解决该问题，x86 处理器上将管脚数从 32 增加到 36，同时为 MMU 引入了新的寻址方式。PAE（Physical Address Extension 物理地址扩展）应运而生了。内存可能大于 4GB，所以 4KB 页框的地址有效位会超过 20 位，原来大小为 4 字节的项无法满足要求，项的大小变为 64 位，8 字节；这样各级页框包含的项由 1024 变为 512，它们能解释的最大偏移量也由原来的 10 位变为 9 位，它支持的最终的页框大小为 4KB 和 2MB 两种。需要注意的是，此时的线性地址依然是 32 位，操作系统位数不变，线性地址的空间也不会变。

页框大小为 4KB 时，32 位地址被分为 3 级，解释的偏移量分别为 2、9、9、12（最后一个偏移量不计入页表，以下均同），分别称为页目录指针表（Page Directory Pointer Table，PDPT）、页目录（Page Directory）和页表（PTable）。页框大小为 2MB 时，32 位地址只需要 2 级，解释的偏移分别为 2、9、21，分别是页目录指针表（PDPT）和页目录（Page Directory）。这两种方式根据对应的页目录项的属性来区分，如图 5-4 所示。

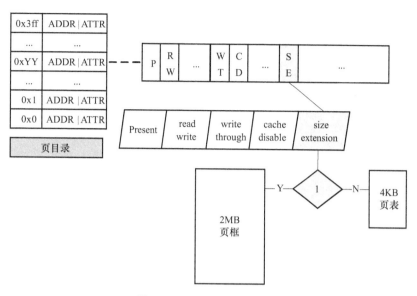

图 5-4 size extension 示意图

x86_64 上寻址分两种情况。页表分 4 级时，支持 9 + 9 + 9 + 9 + 12 = 48 位分页；页表分 5 级时（需要 CPU 支持），支持 9 + 9 + 9 + 9 + 9 + 12 = 57 位分页。两种情况都支持 2MB 和 1GB 为单位的页。

不得不再强调一下，本节内容对理解内存管理来说至关重要，请先熟悉了本节再继续学习下面内容。

5.2.2 内存映射

上面已经提到，分页不只是 MMU 的事情。MMU 负责寻址，设置各级页表的项的 ADDR 和 ATTR 由内核来负责。

图 5-5 形象地展示了整个过程，它以常规分页为例，MMU 逻辑上只是按照这个轨迹走一遍，从 cr3 开始，直通到 D，由 D 向前走，走到位置（位置由线性地址的高 10 位决定）直通到 P；依次走下去，最后找到了 phy。只要分页方式不变，轨迹的形状是不变的，变的是实线的长度和拐点的位置（D、P、final）：实线的长度显然由线性地址决定，D、P 和 final 则由软件设定，设定的过程就是映射。

硬件上可以有多种分页方式，32/64 位的地址可以分成多种级别来解释。Linux 为了兼容 32 位和 64 位的平台和各种分页方式，内核统一将线性地址分成 5 个级别来解释，分别称作页全局目录（Page Global Directory，PGD）、页四级目录（Page 4th Directory，P4D）、页上级目录（Page Upper Directory，PUD）、页

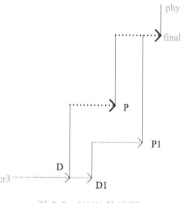

图 5-5 MMU 轨迹图

中级目录（Page Middle Directory，PMD）和页表（Page Table，PT）。当然了，硬件和配置不满足的情况下，实际上可能并没有 5 级。P4D 这个名字看起来取得有些随意，它是在 5.x 版本的内核引入的，之前的软硬件并不需要如此多的级别。内核把它放在 PGD 和 PUD 之间，称为第四级，也就是说内核是以 PT 作为第一级的，与之前介绍的计算过程不同，这点请稍加留意。

5 个级别的优先级分别为页全局目录、页表、页中级目录、页上局目录和页四级目录，用不到的级别项数为 0。

比如 32 位常规分页（2 级），5 个级别可以解释的偏移位数分别为 10、0、0、0 和 10，PUD、P4D 和 PMD 的项数都为 0；对应 PAE 的 4KB 页框分页（2+9+9），5 个级别可以解释的偏移分别为 2、0、0、9 和 9，P4D 和 PUD 的项数为 0。

内核提供了丰富的函数协助完成分页（映射）工作，为了更好地理解各函数的含义，首先介绍几个常见的缩写，见表 5-1。

表 5-1　内存模块缩写表

缩　　写	描　　述
pgd、p4d、pud、pmd	PGD、P4D、PUD、PMD PGD、P4D、PUD、PMD 的项
pte	page table entry，页表项
pfn	page frame number，页框号按照 4KB 每个页框，从 0 到物理内存最大值依次编号
pg、ofs	page、offset
PTRS	项的数目

配合上面的缩写，内核提供了很多 get/set 函数和宏，见表 5-2。

表 5-2　页表属性函数表

函数和宏	描　　述
xxx_index	xxx 可以是 pgd、p4d、pud、pmd、pte，表示线性地址在对应级别内的偏移量
xxx_offset	xxx 可以是 pgd、p4d、pud 和 pmd，用来获取该级别目标偏移量对应的项的指针
pte_offset_kernel	意义同上
set_xxx	xxx 可以是 pgd、p4d、pud、pmd、pte 设置项
xxx_pfn	xxx 可以是 pgd、p4d、pud、pmd、pte，获取项指向的页框号
pfn_xxx	xxx 可以是 pud、pmd、pte，根据 pfn 和属性生成项的值，利用__xxx 完成
__xxx	xxx 可以是 pgd、p4d、pud、pmd、pte，根据一个整数值生成项的值
xxx_val	xxx 可以是 pgd、p4d、pud、pmd、pte，根据项的值生成一个整数
xxx_clear	xxx 可以是 pgd、p4d、pud、pmd、pte，清除项的值

注意，在地址的类型部分已经阐述过，应用程序中使用的指针为虚拟地址，以上函数中使用的参数和返回值中的指针也不例外，但项中存放的是物理地址。不同的条件下，它们的实现也不相同，比如在 PAE 条件下，pmd_offset 返回的是 pmd 中项的指针，但如果是常规分页，它会直接返回上一级指针。

利用以上函数和宏，基本可以完成软件上的分页任务。比如某一个 4KB 的页框，页框号为 0x12，它的物理地址就为 0x12000，采用常规分页的情况下设置它对应的映射的代码如下。

```
//pgd pud pmd and pte are all pointers, pfn is 0x12
//pgd
pgd_idx = pgd_index((pfn<<PAGE_SHIFT) + PAGE_OFFSET);
pgd = pgd_base + pgd_idx;
```

```
// p4d pud and pmd
p4d = p4d_offset(pgd, 0);
pud = pud_offset(p4d, 0);
pmd = pmd_offset(pud, 0);

//page table
pte_ofs = pte_index((pfn<<PAGE_SHIFT) + PAGE_OFFSET);
if (!(pmd_val(*pmd) & _PAGE_PRESENT)) {
    pte_t * page_table = (pte_t *)alloc_low_page();
    set_pmd(pmd, __pmd(_pa(page_table) | _PAGE_TABLE));
}
pte = pte_offset_kernel(pmd, pte_ofs);
set_pte(pte, pfn_pte(pfn, prot));
```

该代码段以常规分页为例，演示了分页的一般流程。xxx_index 的参数为线性地址，公式中的 PAGE_SHIFT 和 PAGE_OFFSET 的作用见下文。由于是常规分页，p4d_offset、pud_offset 和 pmd_offset 直接返回它们的第一个项，所以 p4d、pud、pmd 与 pgd 的值相等。如果 pte 对应的页框还没有分配，通过 alloc_low_page 分配一个页框，并利用其物理地址设置 pmd 的项。最后，调用 set_pte 设置页表的项。

完成了各级项的设置之后，虚拟地址 0xc0012000 与 0x12 页框之间的映射就完成了。假设程序中需要访问 0xc0012001c 地址，MMU 会定位到 0x12 页框的偏移量为 0x1c 的字节。

这段代码中唯一将 pfn（0x12）直接作为物理地址使用的地方是在 set_pte，所以无论 pgd、pud 和 pmd 的位置和内容如何，只要最终 pte 的参数没有变，那么 MMU 最终定位到的就是同一个页框。"殊途同归"，又一次阐述了内存共享。这是内存共享的原理，重要的事情还是要多说几遍。

可能有人会疑问，内核 5 级分页，但物理上并不一定是 5 级分页，二者怎么对应起来的呢？实际上，CPU（MMU）知道当前采用的分页方式，但它并不关心内核是如何分页的，它只是根据分页方式和读到的项来决定下一步动作。我们还是以常规的 2 级分页为例，内核看来，分为 10、0、0、0、10 和 12 五级，并根据该方式完成映射。CPU 根据寄存器的状态判断当前采用的是常规分页，它就采用 10+10+12 方式，cr3 开始，根据该物理地址（Page Directory）和线性地址的高 10 位读到第一个项，然后从项的内容计算出 PTable 地址结合线性地址中间 10 位读到第二个项，从它的内容中计算出页框地址加线性地址的最后 12 位得出最终地址。如果是 PAE 的 2+9+9+12 和 2+9+21 呢，cr3 开始，获得第一个项，接着第二个项，如果第二项的 SE 标志为 1，从项中计算出的物理地址加线性地址的低 21 位就是最终的物理地址；否则继续去第三个项。

映射和寻址，与铺路和走路的过程类似，内核即使逻辑上分为 5 级，但并不一定会铺 5 段路，比如常规分页中内核就只铺了两段路，中间省略了三段路，CPU 只会按照既定方式和路标（比如 PS 属性）寻址，到达目的地即止，二者是一致的。

物理上的几种方式是固定的，所以只有软件上根据硬件选择的方式完成映射，才能得到正确的结果。映射无疑是为寻址服务的，保护模式下，CPU 不能直接访问物理地址，只能访问虚拟地址，映射就是建立虚拟地址与物理地址之间的对应关系的。

既然映射是建立二者之间的对应关系，二者就必然缺一不可。一段物理内存要完成映射，必然需要一块可以满足它大小的线性（虚拟）地址空间。具备了条件后，内存映射就是建立五级页表。俗话说一个萝卜一个坑，换到这里就是一个萝卜，一个不小于它的坑，栽进坑里就是映射。

下面的章节，我们将分开讨论"萝卜"和"坑"的情况。

5.3 【看图说话】访问 GPU 的 Framebuffer

很多程序，尤其是图像渲染相关的程序，需要访问 GPU 的显存（Framebuffer）。

一般情况下，数据量较大的情况下，我们选择使用 DMA，因为 DMA 在 GPU 内部，可以依赖通过 GPU 厂商提供的接口或者封装了它的上层框架使用它。数据量较小的情况下，通过 MMIO 访问也是一个可行方案，如图 5-6 所示。

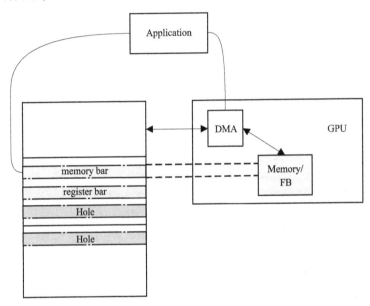

图 5-6　访问 FB 的两种路径图

图 5-6 中的 memory bar 将显存的一部分（或者全部，取决于 GPU 卡的板子的配置）映射到内存空间中，我们可以直接映射需要访问的部分内存到虚拟地址空间，像访问普通内存一样直接访问它。这里的 memory bar 相当于 Framebuffer 的一个窗口。

第6章

物理内存的管理

本章讨论上一章最后提到的"萝卜",也就是物理内存,但并不是从硬件角度讨论物理内存,而是从程序员的角度看物理内存。有关内存的种类、特性等的知识,网络上已经有比较多的文章,这里不做展开。

6.1 【图解】物理内存的布局

物理内存是以页为单位管理的,内核提供了 page 结构体与一页物理内存对应,而一页物理内存的作用或者使用情况由它所在的区域(zone)决定,zone 的分布则决定于它所处的结点(node)。需要说明的是,实际的物理内存并不是一页页的,页只是逻辑上的划分。

6.1.1 【图解】node

结点(node)与 NUMA(Non Uniform Memory Access,非统一内存访问)架构有密切联系,传统的 SMP 架构中,所有的 CPU 共享系统总线,限制了内存的访问能力,如图 6-1 所示。

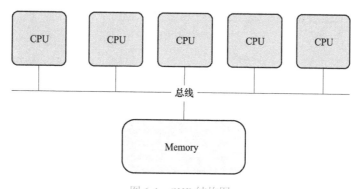

图 6-1 SMP 结构图

可以看到,SMP 架构比较直观清晰,但是当系统中 CPU 的数量增加到一定程度时,它们会竞争总线资源,最终导致总线成为系统的瓶颈,CPU 核数的提升对性能提升的贡献越来越小。

NUMA 的引入一定程度上解决了该瓶颈,它将 CPU 和内存"分组",如图 6-2a 所示。

左右两边的 Socket 内各有 CPU 和内存(DRAM),而且一个 Socket 内的 CPU 访问同一个 Socket 的 Memory(local,本地内存)的速度比访问另一个 Socket 的 memory(remote,远端内存)更快。为了更方便地管理 CPU 和内存的关系,一般情况下,我们把一组 CPU 和本地内存逻辑上划分为一个节点。

我们可以通过 lscpu 来查看系统当前 Socket 和节点的布局情况,如下(省略非关键信息)。

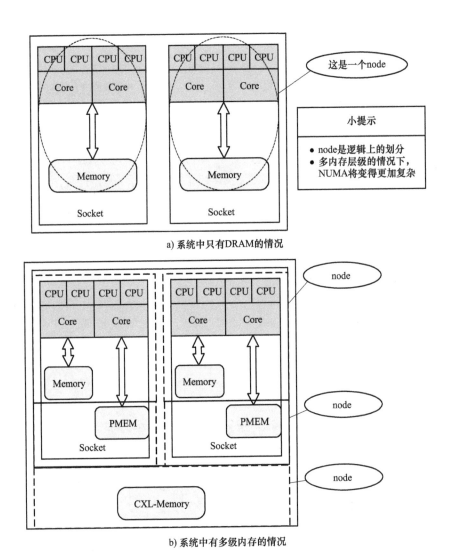

a) 系统中只有DRAM的情况

b) 系统中有多级内存的情况

图 6-2　NUMA 结构图

Architecture:	x86_64
CPU op-mode(s):	32-bit, 64-bit
Byte Order:	Little Endian
CPU(s):	112
On-line CPU(s) list:	0-111
Thread(s) per core:	2
Core(s) per socket:	28
Socket(s):	**2**
NUMA node(s):	**2**
Vendor ID:	GenuineIntel
NUMA node0 CPU(s):	**0-27,56-83**
NUMA node1 CPU(s):	**28-55,84-111**

从 lscpu 的结果我们可以得到，该系统有两个 node，即 node0 和 node1，以及它们各自包含哪些 CPU。

同时，我们可以通过 /sys/devices/system/node/nodeX 下的文件查看 nodeX 下 CPU 和内存的分布，该系统 node1 下的信息如下。

```
compact cpu103 cpu107 cpu111 cpu31 cpu35 cpu39 cpu43 cpu47 cpu51 cpu55 cpu87 cpu91
cpu95 cpu99 hugepages memory102 memory106 memory110 memory114 memory118 memory122
memory126 memory66 memory70 memory74 memory78 memory82 memory86 memory90 memory94
memory98 subsystem
   cpu100 cpu104 cpu108 cpu28 cpu32 cpu36 cpu40 cpu44 cpu48 cpu52 cpu84 cpu88
cpu92 cpu96 cpulist meminfo ... numastat vmstat distance ... power
```

distance 文件尤为重要，分别读取 node0 和 node1 下 distance 的内容，结果如下。

```
$cat node0/distance
10 20
cat node1/distance
20 10
```

这组数字表示一个 node 和另一个 node 的距离，结果合并一下我们就可以一眼看出结果了，见表 6-1。

表 6-1　node 之间距离表

nodeX/nodeY	node0	node1
node0	10	20
node1	20	10

这是一个二维数组：一个 node 与它自己的距离始终等于 10，与另一个 node 的距离等于访问延迟的倍数乘以 10，也就是说 node0 访问 node1 的延迟是访问它自己的 2 倍。

而实际上，系统中的内存除了 DRAM 外，可能还会存在多种内存，比如 PMEM（Persistant Memory，非易失性内存，访问速度介于 DRAM 和磁盘之间）。另外，由于近几年 CXL 的流行，CXL-Memory 也属于内存管理的范畴。那么一个更复杂的 NUMA 结构出现了，如图 6-2b 所示。

可以看到，CPU 和 DDR（DRAM）组成一个 node，PMEM 和 CXL-Memory 各自组成没有 CPU 的 node。你可能会疑问为什么 CPU 没有和 PMEM 组成一个 node，这是为了方便管理内存。我们申请内存的时候，默认会优先申请与进程当前所在 CPU 属于同一个 node 的内存，而且可以要求得到访问速度最快的内存，那就是 DDR 了。

硬件上的实现和 node 的逻辑划分已经厘清了，接下来要解决的问题就是内核是如何得到这些信息的，答案在于 BIOS 提供的 ACPI 的 SRAT 和 SLIT 两个表。

SRAT 的全称是 System Resource Affinity Table，它定义了资源的亲和性，其中就包括我们关心的 CPU 和内存。其中最重要的一个部分是 Static Resource Allocation Structure，它包含 Processor、Memory 等资源的亲和性结构（Affinity Structure）。Processor 和 Memory 的 Affinity Structure 内都包含 Proximity Domain 信息。显而易见，Proximity Domain 相等的资源会被分为一组，也就是同一个 node。

我们解决了 node 包含哪些资源的问题，那么 node 和 node 之间的 distance 就只能靠 SLIT 了。SLIT 的全称是 System Locality Information Table，它用一个二维数组（Entry）记录了 node 和 node 之间的距离，这就是表 6-1 中数字的来源。从内核启动到解析 SRAT 和 SLIT，最终生成每一个 node 对应的 pglist_data 对象。

至此，我们知道了每一个 node 的资源分布以及 node 之间的距离，有了这些就可以为进程申请到它所在 CPU 访问速度最快的内存了。

6.1.2 【图解】node 的管理

本节我们从软件的角度分析内核如何管理 node。

1. 数据结构

内核定义了 pglist_data 结构体与 node 对应，主要的字段见表 6-2。

表 6-2   pglist_data 字段表

字段	类型	描述
node_zones	zone［MAX_NR_ZONES］	node 包含的 zone 的集合、数组
node_zonelists	zonelist［MAX_ZONELISTS］	对所有 node 的 zone 的引用
node_mem_map	page *	node 包含的物理内存页对应的 page 结构体集合，存在的条件是 CONFIG_FLATMEM
node_start_pfn	unsigned long	node 包含的物理内存的起始页框号
node_present_pages	unsigned long	node 包含的物理内存页数
node_spanned_pages	unsigned long	node 包含的物理内存区间，包含中间的 hole

同一个 node 上同一种内存从访问效率上看，应该是一样的，但是基于兼容性考虑，内核不得不做进一步划分，将一个 node 划分为不同的 zone，如图 6-3 所示。

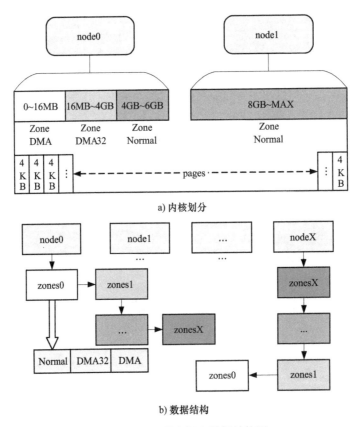

a) 内核划分

b) 数据结构

图 6-3   node 的布局和数据结构图

从图 6-3a 中，我们可以看到示例中有 DMA、DMA32 和 Normal 三个 zone 的划分。DMA zone 占低 16MB，DMA32 zone 占低 4GB，它们的存在是为了兼容部分内存访问有限制的设备，比如比较老的设备只能访问低 16 bit，分配给这些设备的内存只能落在前 16MB。

我们在申请内存的时候，默认会优先从当前 CPU 所在的 node 中分配内存（比如调用 alloc_pages），也可以指定优先从哪个 node 申请内存（可以调用 alloc_pages_node），甚至可以限定某个 node（申请内存的时候指定__GFP_THISNODE）。为了满足该需求，pglist_data 的 node_zonelists 维护了两个 zonelist（本质上是两个 zoneref 数组，数组元素数等于 MAX_NUMNODES * MAX_NR_ZONES + 1，最后加的 1 个用来作为结尾标志），分别是 ZONELIST_FALLBACK 和 ZONELIST_NO-FALLBACK。

当我们尝试从某个 node 上分配内存，且内存不足时，可以继续尝试其他 node（图 6-3b 表示的就是这种情况），这就是 FALLBACK，但是如果我们限定只能在某个 node 上分配内存，内存不足时，以失败告终，这就是 NOFALLBACK。

显然，NOFALLBACK 的 zonelist，只需要维护 node 本身拥有的 zone 即可，但是对于 FALLBACK 的 zonelist 来说，它要维护所有的 node 的 zone。

除了 node 可以指定外，我们还可以指定 zone（比如申请内存的时候指定__GFP_DMA32、__GFP_DMA 等），指定的 zone 上没有足够内存的情况下，会继续尝试 zonelist 上靠后的 zone。不指定 zone 的情况下，优先分配 Normal zone 的内存。

所以，为了满足指定 node 和 zone 的需求，有如下两个要求。

1）对一个 node 而言，zonelist 代表的 zoneref 数组需要按照 zone 序号（zone_idx）从高到低的顺序（比如 ZONE_NORMAL 到 ZONE_DMA32 再到 ZONE_DMA）存储 node 的 zone。

2）对某个 node 的 FALLBACK 的 zonelist 而言，zoneref 数组按照 node 距离从近到远的顺序存储每一个 node 的 zone。

从高到低，zone_idx 越低泛用性越强，低的放在后面可以满足我们尝试"zonelist 上靠后的 zone"的需求。反之则不可行，比如我们申请 ZONE_DMA32 的内存，表示当前的设备只能访问 32 位内存，在 ZONE_DMA32 分配失败的情况下，继续尝试在数组中靠后的 ZONE_DMA 是合理的，如果不是从高到低，即使得到了 ZONE_NORMAL 的内存当前的设备也访问不了。

从近到远，node 的距离表示访问内存的延迟，我们当然希望优先分配近距离的 node 上的内存。当前 node 上内存不足的情况下，退而求其次，选择距离稍近的 node，因此将距离更近的 node 放在数组靠前的位置是理所当然的。

图 6-3a 中的 zonelist 的列表如图 6-4 所示。

2. 内存模式

我们知道内存是以页（page）为单位来管理的，内核是如何管理这些页的呢？Linux 支持 FLATMEM、SPARSEMEM 和 SPARSEMEM_VMEMMAP 三种管理方式，这些管理方式一般被称为内存模式。

一页物理内存对应一个 page 对象，内核来管理这些对象，无论哪种模式，这个思路是不变的。这三种模式的区别在于对物理内存的认定和对 page 对象的管理方式不同，page 和 pfn 的转换（page_to_pfn 和 pfn_to_page）不同。

（1）Flat Memory 模式

FLATMEM 即 Flat Memory 模式，把内存看作是连续

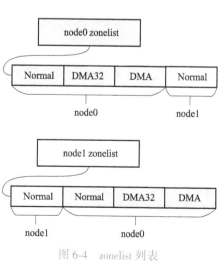

图 6-4　zonelist 列表

的，即使中间有 hole（洞），也会将 hole 计算在物理页内（也就是说，这些 hole 也会有 page 对象与之对应，只不过是不可用的），所以它的劣势是当可用的物理内存区间中存在较大比例的 hole 时会浪费一些空间。

Flat 是平面、平坦的意思，也就是说它将内存看作从 min 到 max 的平面，那么从数据结构来讲，page 数组是最合理的，如图 6-5 所示。

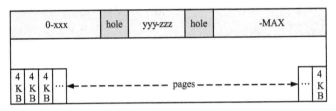

图 6-5　Flat 模式示意图

min 和 max 是如何确定的呢？下面举个具体的例子说明。

当前的 32 位 2GB 内存的系统中只有一个 node，系统初始化阶段，内核会使用某些机制（如 e820）获得系统当前的内存配置情况，在该系统上配置如下（e820 打印的 log，也可以通过/sys/firmware/memmap 查看，原 log 中每个数字都是%#018Lx 格式的，已将数字开头多余的 0 去掉）。

```
e820: BIOS-provided physical RAM map:
BIOS-e820: [mem 0x0-0x9dbff] usable
BIOS-e820: [mem 0x9dc00-0x9ffff] reserved
BIOS-e820: [mem 0xdc000-0xdffff] reserved
BIOS-e820: [mem 0xe4000-0xfffff] reserved
BIOS-e820: [mem 0x100000-0x7f5bffff] usable
BIOS-e820: [mem 0x7f5c0000-0x7f5ccfff] ACPI data
BIOS-e820: [mem 0x7f5cd000-0x7f5d0fff] ACPI NVS
BIOS-e820: [mem 0x7f5d1000-0x7fffffff] reserved
BIOS-e820: [mem 0xe0000000-0xefffffff] reserved
BIOS-e820: [mem 0xfec00000-0xfec0ffff] reserved
BIOS-e820: [mem 0xfee00000-0xfee00fff] reserved
BIOS-e820: [mem 0xff000000-0xffffffff] reserved
```

e820 描述的内存段有多种类型，但只有 E820_TYPE_RAM 和 E820_TYPE_RESERVED_KERN 两种属于 log 中的 usable，还有一种 E820_TYPE_SOFT_RESERVED 会预留内存供其他模块使用，其他的几种并不归内核管理。所以只有 0x0-0x9dbff 和 0x100000-0x7f5bffff 两段内存是内核管辖范围的，其他的各段都有特殊的用途。

内核定义了变量 max_pfn，它表示系统可使用的内存的最大的页框号，那么在当前的系统里 max_pfn 就等于 0x7f5c0，我们可以将它理解成 max，min 则等于 0。

另外，这两段内存中间是有 hole 的，所以实际可用的页数是小于 0x7f5c0 的。

pglist_data 的 node_spanned_pages 字段的值也等于 0x7f5c0，node_present_pages 字段则等于 0x7f5c0 减去两段之间的 hole 所占的页数，node_start_pfn 等于 0。一个 page 对象对应一页物理内存，那么节点包含的物理内存对应的 page 对象存储在哪里呢？以下的 alloc_node_mem_map 函数可以给出答案。

```
#ifdef CONFIG_FLATMEM
void __init alloc_node_mem_map(struct pglist_data *pgdat)
{
```

```
    unsigned long start = 0;
    unsigned long offset = 0;

    start = pgdat->node_start_pfn & ~(MAX_ORDER_NR_PAGES - 1);
    offset = pgdat->node_start_pfn - start;
    if (!pgdat->node_mem_map) {
        unsigned long size, end;
        struct page *map;

        //等于 pgdat->node_start_pfn + pgdat->node_spanned_pages;
        end = pgdat_end_pfn(pgdat);
        end = ALIGN(end, MAX_ORDER_NR_PAGES);
        size = (end - start) * sizeof(struct page);
        map = memmap_alloc(size, SMP_CACHE_BYTES, MEMBLOCK_LOW_LIMIT,
                pgdat->node_id, false);
        pgdat->node_mem_map = map + offset;
    }
}
#endif
```

alloc_node_mem_map 的逻辑比较简单，申请足够存储所有 page 对象的内存，然后将地址赋值给 pgdat→node_mem_map。我们的 page 对象都在这里了，page 和 pfn 的转换也就比较直接了。

（2）SPARSEMEM 模式

在 numa 架构中，node 之间经常会留有很大的 hole，SPARSEMEM 和 SPARSEMEM_VMEMMAP 更加适合这种情况。

既然物理内存中间可能有 hole，那么只为有效的内存分配 page 对象看起来会是一个好的想法。一个可行的做法就是将内存切分，SPARSEMEM 就是这么做的，它将内存逻辑上切分成一个个 section，每个 section 的大小与平台有关，x86 上是 64MB，使能 PAE 的情况下是 512MB，x86_64 上是 128MB。

有了 section 以后，接下来只需要为有效的 section 分配 page 对象即可，每一个 section 有一个 mem_section 结构体对象来维护它的 page，mem_section 的 section_mem_map 字段指向 section 的内存对应的 page 对象（page 数组），如图 6-6 所示。

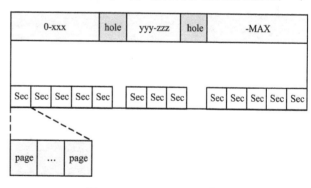

图 6-6 SPARSEMEM 示意图

接下来又有了分歧，每个 section 的大小一定，系统中会有很多 section，对应的也要有很多 mem_section 对象，我们该静态分配还是动态申请这些对象呢，也就是是否需要为无效的 section 分配 mem_section 对象的问题。

先说静态分配的情况，内核定义了一个名为 mem_section 的二维数组，如下。

```
struct mem_section mem_section[NR_SECTION_ROOTS][SECTIONS_PER_ROOT];
```

NR_SECTION_ROOTS 和 SECTIONS_PER_ROOT 都是按照理论上的最大值定义的，所以 mem_section 数组足以维护系统中所有的 section 的信息。

1）以 x86_64 为例，最多 $2^{(MAX\_PHYSMEM\_BITS - 27)}$ 个 section，MAX_SECTIONS。

2）SECTIONS_PER_ROOT 等于 1，实际上退化成 1 维数组了。

3）最多有 MAX_SECTIONS/SECTIONS_PER_ROOT 个 root，NR_SECTION_ROOTS。

静态分配的方案如图 6-7 所示。

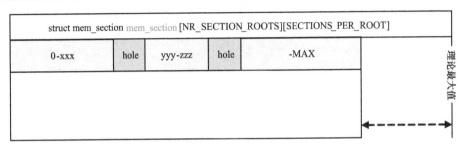

图 6-7　section 静态分配示意图

CONFIG_SPARSEMEM_EXTREME 的情况下，mem_section 对象是动态分配的，mem_section 是一个二级指针。

除了动态分配之外，另一个与前方案的不同点在于这种情况下一个 section root 占一页内存，能够存放 4KB/sizeof(mem_section) 个 section，SECTIONS_PER_ROOT。section root 支持 mask（SECTION_ROOT_MASK）操作，所以 mem_section 结构体的大小必须是 2 的整数次幂，不能随意更改。

动态分配是以 root 为单位的，也就是说一次分配一页内存，同一个 root 中的 section 不需要重复申请内存。

动态分配在一定程度上节省了 mem_section 对象占用的内存，图 6-6 示意的就是这种方案。

（3）SPARSEMEM_VMEMMAP 模式

定义了 CONFIG_SPARSEMEM_VMEMMAP 的情况下，采用的是 SPARSEMEM_VMEMMAP 内存模式，看名字就知道它跟 SPARSEMEM 有关系。

SPARSEMEM 模式中，每个 section 独立管理各自的 page 对象，SPARSEMEM_VMEMMAP 则要求所有的 page 对象的存储在虚拟地址连续的区间上（对物理地址的连续性没有要求）。这段虚拟地址起始于 vmemmap（等于 VMEMMAP_START），所以对某个物理页对应的而言，它的 pfn 对应的 page 对象的虚拟地址也是固定的 [等于 vmemmap + (pfn)]。

既然虚拟地址是确定的，最终的实现就变成了申请物理内存，映射到该虚拟地址上即可。

整个方案如图 6-8 所示。

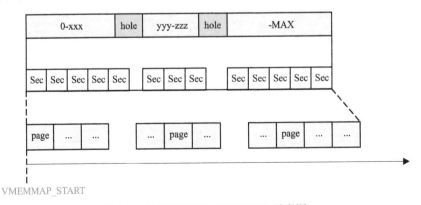

图 6-8　SPARSEMEM_VMEMMAP 示意图

本书接下来将在 SPARSEMEM_VMEMMAP 模式的基础上展开讨论。

6.2　物理内存申请的三个阶段

从内存使用（申请）的角度，在系统启动过程中有多个时机完成这个任务。

6.2.1　启动程序

物理内存是稀缺资源，必须有严格有效的管理确保它被高效地使用，在这方面面临的主要问题是碎片化。

所谓内存碎片化，就是随着系统的运行，进程不断地申请和释放内存，导致空闲页面趋向于散落在不连续的区间中的情况。

内存碎片化会降低内存使用率，比如用户申请 1MB 的连续物理内存，当前总的空闲内存还有 2MB，但每一个空闲的区间都小于 1MB，用户的内存申请就会失败。就像家里有个淘气的孩子，把 10 个苹果每个都咬了一口，客人来了拿不出一个完整的苹果招待一样。

当然，除了碎片化，还要考虑效率，内核在不同的阶段采用的内存管理方式也不同，主要分为 memblock 和 buddy 系统两种。

内核收到的内存信息是由 BIOS 给出的，主要包括各内存段的区间和使用情况，这些区间是 Linux 可见的所有内存，比如上文中打印的 e820 的信息。

只有用途为 usable 的内存区间才属于内核直接管理（MMIO 除外），但并不是所有的 usable 部分内存都直接归内核管理。除了 memblock 和 buddy 系统外，还有一个更高的级别是启动程序，比如 grub。grub 可以通过参数（比如 mem = 2048MB）来限制内核可以管理的内存的上限，也就是说高于 2048MB 的部分不归内核（memblock 和 buddy）管理。同样，memblock 也可以扣留一部分内存，剩下的部分才轮到 buddy 系统管理，如图 6-9 所示，只有变色部分才会被 buddy 系统管理。

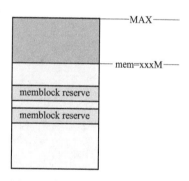

图 6-9　内存管理三个阶段示意图

读者也许会疑问 grub 扣下的内存是给谁用的，当然是给修改 grub 的人用的，这部分内存可以在程序中映射并独享。

6.2.2　memblock 分配器

memblock 有个前任 bootmem，不过后者已经"退休"，工作全部由 memblock 接管，内核只不过保留了它的一些函数，这些函数也是通过 memblock 实现的。

block 这个词意味着内存被分为一块块的，内核以 memblock_region 结构体表示一块，它的 base 和 size 字段分别表示块的起始地址和大小。块以数组的形式进行管理，该数组由 memblock_type 结构体的 regions 字段表示。内核共有两个 memblock_type 对象（也可以理解为有两个由内存块组成的数组），一个表示可用的内存，一个表示被预留的内存，分别由 memblock 结构体的 memory 和 reserved 字段表示。

扣除了 grub 预留的内存后，所有用途为 usable 的内存块默认都会进入可用内存块数组（下面简称 memory 数组），有一些模块也会选择预留一部分内存供其使用，这些块会进入被预留的内存块数组（下面简称 reserve 数组），内核为此提供了几个函数管理它们，见表 6-3。

表 6-3　memblock 函数表

函　　数	描　　述
memblock_add	将内存块加入 memory 数组
memblock_remove	将内存块从 memory 数组删除，很少使用
memblock_reserve	预留内存块，加入 reserve 数组
memblock_free	释放内存块，从 reserve 数组删除

memblock 是内存管理的第一个阶段，也是初级阶段，buddy 系统会接替它的工作继续内存管理。它与 buddy 系统交接是在 mem_init 函数中完成的，标志为 after_bootmem 变量置为 1。mem_init 函数会调用 set_highmem_pages_init 和 memblock_free_all 分别释放 highmem 和 lowmem 到 buddy 系统。

块被加入 reserve 数组的时候并未从 memory 数组删除，只有在 memory 数组中，且不在 reserve 数组中的块（for_each_free_mem_range）才会进入 buddy 系统。与 grub 一样，被预留的内存块也是给预留内存块的模块使用的，模块自行负责内存的映射。所以，buddy 系统管理的内存是经过 grub 和 memblock "克扣"后剩下的部分。

6.2.3　伙伴系统

如果不采用特殊的手段，按照普通的管理内存方式，内存碎片化会比较严重。举例，内存的 0~62 页空闲，63~65 页被占用，66~68 页空闲，假如需要申请 1 页内存，0 页会被分配，如果再需要申请 64 页连续内存就会失败，虽然剩余的内存总量可以满足该请求。

解决这个问题比较容易，我们把空闲内存按照块来管理，0~63 块为一个大小为 64 页的块（B1），66~68 页为一个大小为 3 页的块（B2）。申请内存，优先从小块分配。申请 1 页内存后，B2 的大小变为 2 页（这点建筑工人深得精髓，比如他们铺地板，一些边边角角的修饰并不是直接从一整块砖中截下来的，而是优先尝试小块的砖）。释放该页内存时，发现相邻的 2 页空闲，则合并为 3 页的块，B2 恢复了原状。

这个例子中，块的大小为整数页，它的缺点在于管理的复杂度较大，释放一页内存时，前后的页都可以合并，不同大小的块也可以合并。

内核的 buddy（伙伴）系统也是以块来管理内存的，不过块的大小并不是任意的，块以页为单位，仅有 2^0、$2^1 \cdots 2^{10}$，共 11（MAX_ORDER）种（1 页、2 页 $\cdots$ 1024 页，4KB、8KB $\cdots$ 4MB）大小，在内核中以阶（order）来表示块的大小，所以阶有 0、1 $\cdots$ 10 共 11 种。内存申请优先从小块开始是自然的，释放一个块的时候，如果它的伙伴也处于空闲状态，那么就将二者合并成一个更大的块。合并后的块，如果它的伙伴也空闲，就继续合并，依次类推。另外，块包含的内存必须是连续的，不能有 hole。

那么两个块满足哪些条件才有成为伙伴的可能?

首先，两个块必须相邻，且处于同一个 zone，这点容易理解，毕竟管理的是物理内存。

其次，由于每个块的大小都是 2 的整数次幂页，合并后也是如此，所以互为伙伴的两个块的阶必须相等。

最后，假设两个块的阶都为 o，它们的地址必须是 2° 页对齐的（记块中第一个页框的地址为块的地址），合并之后的块的阶为 o+1，那么两个块中地址更低的块的地址必须是 2^{o+1} 页对齐的。

有了以上的约定，可以得出以下几点推论。

第一点，给定一个块，它的伙伴的位置是确定的。比如第一个页框号（下面统一以 pfn 表示块的第一个页的页框号）为 1，order 为 0 的块，它的伙伴是 pfn 为 0，order 为 0 的块，pfn 为 2，order 为 0 的块并不满足条件 3。这有点像同桌的关系，你的同桌是固定的，坐在你另一边的同学隔了个过道，并不是同桌。

注意，这里所说的只是伙伴位置的理论值，至于两个块能否合并，还需要进一步判断。

第二点，拆分一个阶为 n 的块，记最小的目标块的阶为 m（$n>m$），那么这个块可以拆成阶为 $n-1$，$n-2 \cdots m+1$ 的块各一个，阶为 m 的块两个。这是一个等比数列，比为 2，$[2^m, 2^{m+1} \cdots 2^{n-1}, 2^n]$，这个数列的前 $n-m$ 项的和等于 2^n-2^m，即 $\text{sum}(2^m, 2^{m+1} \cdots 2^{n-1}) + 2^m = 2^n$，等比数列的求和公式如下。

$$Sn = a_1 * \frac{1-q^n}{1-q} = \frac{a_1 - a_{n+1}}{1-q} (q \neq 1)$$

$$Sn = a_{n+1}q - a_1 (q=2)$$

1. 数据结构

页（page）的上一级是 zone，块是由 zone 来记录的，zone 的 free_area 字段是一个大小等于 MAX_ORDER 的 free_area 结构体类型的数组，数组的每一个元素对应伙伴系统当前所有大小为某个阶的块，阶的值等于数组下标。free_area 的 free_list 字段也是一个数组，数组的每一个元素都是同种迁移（MIGRATE）类型的块组成的链表的头，它的 nr_free 字段表示空闲的块的数量，如图 6-10 所示（b_l 是 page 的 buddy_list 字段，以前的内核中是 lru 字段）。

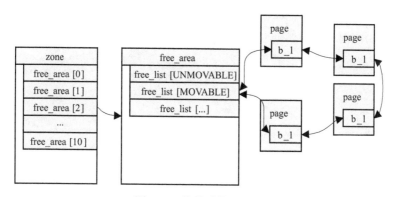

图 6-10 伙伴系统空闲页

这样，zone 内同阶同迁移类型的块，都在同一个链表上，比如阶等于 2，迁移类型为 type（比如 MIGRATE_MOVABLE）的块，都在 zone->free_area[2].free_list[type]链表上，另外，阶等于 2 的块的数量为 zone->free_area[2].nr_free 个。

需要说明的是，伙伴系统只会维护空闲的块，已经分配出去的块不再属于伙伴系统，只有被释放后才会重新进入伙伴系统。

一个块可以用它的第一个页框和阶表示，即 page 和 order。page 的 page_type 字段的 PG_buddy 标志清零（不是置位）时表示它代表的块在伙伴系统中，private 字段的值则表示块的阶。需要强调的是，只有块的第一个页框的 page 对象才有这个对应关系，中间的页框的标志对伙伴系统而言没有意义。

zone 和 page 还有几个与伙伴系统有关的字段，我们在下面的章节中结合代码分析。

2. 页的申请和释放

内核提供了几个宏协助完成页的申请和释放，见表 6-4。

表 6-4　页的申请和释放函数表

函 数 或 宏	描　述
alloc_page/alloc_pages	申请一页/多页内存
alloc_pages_node	优先从指定的 node 中申请多页内存
free_page/free_pages	释放一页/多页内存
__free_page/ __free_pages	释放一页/多页内存

所有的多页申请或释放内存的函数（XX_pages）都有一个参数 order 表示申请的内存块的大小，也就是说申请的内存块只能是一整块，比如申请 32 页内存，得到的块 order 为 5，申请 33 页内存，得到的块 order 为 6，共 64 页，这确实是一种浪费。那申请 33 页内存，先申请 32 页，再申请 1 页是否可行呢？某些情况下并不可行，申请一个完整的块，得到的是连续的 33 页内存，分多次申请得到的内存不一定是连续的，要求连续内存的场景不能采用这种策略。

从另一个角度讲，如果程序的应用场景并不要求连续内存，应该优先多次使用 alloc_page，而不是 alloc_pages，多次申请几个分散的页，比一次申请多个连续的页，对整个系统要友善得多。只有每一个模块都"与人为善"，程序才能健康，程序员应该多从系统的角度考虑问题。

XXX_page 都是通过 XXX_pages 实现的，只不过传递给后者的 order 参数为 0。

free_XXX 和__free_XXX 是有区别的，与 alloc_XXX 对应的是__free_XXX，而不是前者（有点违背正常逻辑，可能是历史原因）。__free_XXX 的参数为 page 和 order，而 free_XXX 的参数为虚拟地址 addr 和 order，addr 经过计算得到 page，然后调用__free_XXX 继续释放内存。由 addr 计算得到 page，只有映射到直接映射区的 Low Memory（见 7.2.1 节）才可以满足，所以 free_XXX 只能用于直接映射区的 Low Memory。

alloc_pages 最终调用__alloc_pages 实现，后者是伙伴系统页分配的核心，主要的函数调用栈如图 6-11 所示。

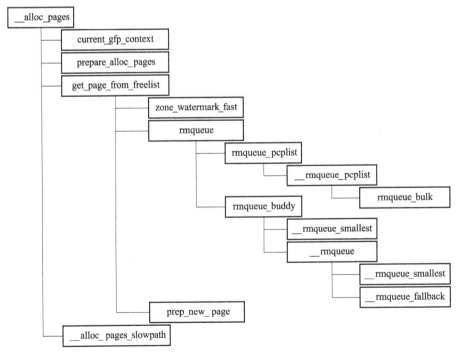

图 6-11　__alloc_pages 函数调用栈

__alloc_pages 主要逻辑如下（代码有调整）。

```
struct page * _alloc_pages (gfp_t gfp, unsigned int order, int preferred_nid,
                            nodemask_t * nodemask)
{
    int alloc_flags = ALLOC_WMARK_LOW;
    gfp_t alloc_gfp;
    struct alloc_context ac = { };
    //省略出错处理,部分变量定义
    gfp &= gfp_allowed_mask;
    gfp = current_gfp_context(gfp);
    alloc_gfp = gfp;
    prepare_alloc_pages(gfp, order, preferred_nid, nodemask, &ac, &alloc_gfp, &alloc_flags);
    page = get_page_from_freelist(alloc_gfp, order, alloc_flags, &ac);
    if (unlikely(!page)) {
        alloc_gfp = gfp;
        ac.spread_dirty_pages = false;
        ac.nodemask = nodemask;
        page = _alloc_pages_slowpath(alloc_gfp, order, &ac);
    }
    return page;
}
```

gfp 是 alloc_pages 传递的第一个参数，它是按位解释的，包含了优先选择的 zone 和影响内存分配的行为的信息，可以由多种标志组合而成，见表 6-5。

表 6-5 申请内存标志表

标 志	描 述
__GFP_DMA	可以使用 DMA zone
__GFP_HIGHMEM	可以使用 HIGHMEM zone
__GFP_DMA32	可以使用 DMA32 zone
__GFP_THISNODE	在指定的 node 上申请内存
__GFP_ATOMIC	不能睡眠
__GFP_HIGH	可使用紧急内存池，高优先级
__GFP_IO	可启动 IO 操作
__GFP_FS	可使用文件系统的操作
__GFP_NOMEMALLOC	若未置位，可次高优先级分配内存
__GFP_MEMALLOC	最高优先级分配内存
__GFP_DIRECT_RECLAIM	可以直接进入页面回收，需要时进入睡眠
__GFP_KSWAPD_RECLAIM	可能唤醒 kswapd 进行页面回收，kswapd 是负责页面回收的内核线程
__GFP_ZERO	清零
__GFP_RECLAIM	__GFP_DIRECT_RECLAIM | __GFP_KSWAPD_RECLAIM
GFP_KERNEL	__GFP_RECLAIM | __GFP_IO | __GFP_FS
GFP_ATOMIC	__GFP_ATOMIC | __GFP_KSWAPD_RECLAIM | __GFP_HIGH

__alloc_pages 先调用 prepare_alloc_pages，根据参数计算得到 ac、alloc_gfp 和 alloc_flags，先以

此调用 get_page_from_freelist 分配块，如果失败，调用__alloc_pages_slowpath，后者有可能进行内存规整、回收（见电子资料附录），然后重新调用 get_page_from_freelist。

需要注意的是，__GFP_DIRECT_RECLAIM 被置位的情况下，会睡眠，不允许睡眠的情景中不可使用，GFP_KERNEL 隐含了__GFP_DIRECT_RECLAIM，慎重使用。

get_page_from_freelist 函数的主要逻辑如下。

```
struct page * get_page_from_freelist(gfp_t gfp_mask, unsigned int order, int alloc_flags,
            const struct alloc_context * ac)
{
    struct zoneref * z = ac->preferred_zoneref;
    struct zone * zone;
    for_next_zone_zonelist_nodemask(zone, z, ac->highest_zoneidx,
            ac->nodemask) {
        struct page *page;
        unsigned long mark;
        mark = wmark_pages(zone, alloc_flags & ALLOC_WMARK_MASK);
        if (!zone_watermark_fast(zone, order, mark,
                    ac->highest_zoneidx, alloc_flags, gfp_mask)) {    //1
            if (alloc_flags & ALLOC_NO_WATERMARKS)    //2
                goto try_this_zone;
            ret = node_reclaim(zone->zone_pgdat, gfp_mask, order);    //3
            switch (ret) {
            case NODE_RECLAIM_NOSCAN:
                continue;
            case NODE_RECLAIM_FULL:
                continue;
            default:
                if (zone_watermark_ok(zone, order, mark,
                    ac->highest_zoneidx, alloc_flags))
                    goto try_this_zone;
                continue;
            }
        }
try_this_zone:
        page = rmqueue(ac->preferred_zoneref->zone, zone, order,
                gfp_mask, alloc_flags, ac->migratetype);    //4
        if (page) {
            prep_new_page(page, order, gfp_mask, alloc_flags);
            return page;
        }
    }
    return NULL;
}
```

get_page_from_freelist 会从用户期望或者接受的 zone（ac->high_zoneidx）开始向后遍历，例如用户期望分配 ZONE_HIGHMEM 的内存，函数会按照 ZONE_HIGHMEM、ZONE_NORMAL 和 ZONE_DMA 的优先级分配内存。

第 1 步（即代码中的标识"//1"，以下均同），zone_watermark_fast 判断当前 zone 是否能够分配该内存块，由内存块的 order 和 zone 的水位线（watermark）决定。zone 的水位线由它的_watermark

字段表示，该字段是个数组，分别对应 WMARK_MIN、WMARK_LOW、WMARK_HIGH 和 WMARK_PROMO 四种情况下的水位线，它们的值默认在模块初始化的时候设定，也可以运行时改变。

水位线表示 zone 需要预留的内存页数，内核针对不同紧急程度的内存需求有不同的策略，它会预留一部分内存应对紧急需求，根据 zone 分配内存后是否满足水位线的最低要求来决定是否从该 zone 分配内存。

紧急程度共分为 4 个等级，分别是默认等级、ALLOC_HIGH、ALLOC_HARDER 和 ALLOC_OOM，各等级对应的最低剩余内存页数分别为 watermark、watermark/2、watermark * 3/8 和 watermark/4。例如 zone 的 watermark 值为 32，当前 zone 剩余空闲内存为 40 页，申请的内存块的 order 为 4，分配了内存块之后剩余 24 页（40~16）；如果是默认等级，需要剩余 32 页，分配失败，如果是 ALLOC_HIGH，只需剩余 16 页（32/2），分配成功。

除了以上 4 个等级，还有一个额外的 ALLOC_NO_WATERMARKS，它表示内存申请不受 watermark 的限制，这就是第 2 步的逻辑。

紧急程度与进程优先级和 gfp_mask 有关，与后者的对应关系见表 6-6。

表 6-6　申请内存紧急程度表

紧　急　程　度	gfp_mask
ALLOC_HIGH	__GFP_HIGH
ALLOC_HARDER	__GFP_ATOMIC 且 ! __GFP_NOMEMALLOC，或者实时进程且不在中断上下文中
ALLOC_OOM	Out Of Memory
ALLOC_NO_WATERMARKS	__GFP_MEMALLOC
默认等级	其他

第 3 步，如果 watermark 的条件不能得到满足，进行内存回收，然后再次判断是否满足。

第 4 步，找到了合适的 zone 或者 ALLOC_NO_WATERMARKS 置位的情况下，调用 rmqueue 分配块，rmqueue 分两种情况处理。

第一种情况，order 小于等于 3 或者是在配置了 CONFIG_TRANSPARENT_HUGEPAGE 的情况下等于 pageblock_order，内核并不立即使用 zone->free_area［order］.free_list［migratetype］链表上的块，而是调用 rmqueue_pcplist 函数先查询 per_cpu_pages 结构体（简称 pcp）维护的链表是否可以满足内存申请。pcp 对象由 zone-> per_cpu_pageset 字段表示，是每 cpu 变量。

pcp 的 lists 字段为每个支持的 order（0/1/2/3/pageblock_order）维护了多种迁移类型的块组成的链表，比如 MIGRATE_UNMOVABLE、MIGRATE_RECLAIMABLE 和 MIGRATE_MOVABLE。它们相当于这几个 order 块的缓存池，内核直接从池中分配块，如果池中的资源不足，则向伙伴系统申请，一次申请 pcp->batch 页（最小为两个 order 大小的块）。很显然，它的设计是基于其他模块申请这些 order 大小的内存的次数很多这个假设，这样一次从伙伴系统申请块缓存下来，就不需要每次都经过伙伴系统，有利于提高内存申请的效率。

第二种情况，其他 order，调用 rmqueue_buddy 从伙伴系统申请块，它从当前的 order 开始向上查询 zone->free_area［order］.free_list［migratetype］链表，如果某个 order 上的链表不为空，则分配成功。如果最终使用的 order（记为 order_bigger）大于申请的块的 order，则拆分使用的块，生成大小等于 order + 1, order + 2, …, order_bigger − 1 的块各一个，大小等于 order 的块两个

（推论 2），其中一个返回给用户。

6.3 【看图说话】搭建管理物理内存的系统

有些情况下，我们不希望每次都通过系统调用陷入内核申请内存，需要自行管理内存。

这个内存管理系统最基础的一步就是获取专属的内存，这部分内存不与其他模块共享，甚至对内核也不可见。在此基础上，构造一个完整的架构管理内存申请、映射和释放等工作即可。

通过之前的分析，我们可以想到 3 种可行的方案，如图 6-12 所示。

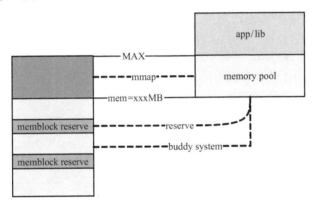

图 6-12　内存系统示意图

第一种，通过 mem＝xxxMB 参数截取内存，从 xxx 开始，到最大内存结束都属于我们的"地盘"。这种方式的缺点比较明显，没有可移植性，要求系统的总内存必须大于 xxx 才能生效，在不同的系统中即使生效也不能保证有效内存的大小相等。

第二种，通过 memblock_reserve 预留一块指定大小的内存，只需要记录下它的起始地址和大小即可。该方案需要修改内核代码，在普通外设驱动中无法实现，因为加载驱动时伙伴系统已经初始化完毕。

当然了，如果可以保证需要管理的内存不要求物理连续或者连续内存区间不大于 4MB，伙伴系统也是可行的。

除此之外，hugetlb 也是一种方案，但不在本书的讨论范围。

第7章

虚拟内存的管理

继续讨论"萝卜与坑"的话题，上一章讨论的是"萝卜"，本章要讨论的是"坑"的分布，也就是线性（虚拟）内存的管理。

7.1 线性空间的划分

在 32 位系统中，原则上一个普通进程可以访问 4GB 的线性空间。但这 4GB 空间并不都属于内核，按照经典的 3∶1 划分，进程在用户态可以访问线性地址的前 3GB，在内核态的时候可以访问后 1GB。

在这种划分方式下，内核访问的线性地址起始于 0xC0000000，结束于 0xFFFFFFFF，共 1GB。这意味着内核中有效的指针的值都在该区间，用户空间的指针的值在 0xC0000000 之前。

3∶1 的划分并不是一成不变的，可以通过 Memory split 编译选项来更改 CONFIG_VMSPLIT_3G 对 3∶1 的划分。划分的方式决定了内核使用的线性地址的起始点，PAGE_OFFSET，该宏在 x86 上等同于 CONFIG_PAGE_OFFSET，后者由我们选择的划分方式确定。如果是 3∶1 的划分，PAGE_OFFSET 就等于 0xC0000000。CONFIG_VMSPLIT_3G 是默认的选择，本书基于此讨论，其他情况类似。

x86_64 上 PAGE_OFFSET 在五级页表使能的情况下，值等于 0xff11000000000000，否则等于 0xffff888000000000。

7.2 【图解】内核线性空间布局

我们知道物理内存是稀缺资源，用一点就少一点，实际上虚拟内存也是有限制的。x86 上，内核占用 1GB 的线性空间，但是它并不能直接映射 1GB 的物理内存，因为有一些空间要留作专用，也有一些空间要留作动态映射（如 ioremap）等。

空间有限的情况下只能省着点用，内核会在启动过程中将一部分内存（约 896MB）直接映射到线性空间，剩下的部分留下以满足其他需求，必须另做映射才能访问。直接映射的部分叫作 Low Memory，剩下的部分叫 High Memory。是否使能 High Memory 由宏 CONFIG_HIGHMEM 标志。

CONFIG_HIGHMEM 宏使能的情况下包含两种情况，HIGHMEM4G 和 HIGHMEM64G，内存小于 4GB 的时候 HIGHMEM4G 设为真，内存大于 4GB 的时候 HIGHMEM64G 设为真，会使能 PAE。另外即使内存小于 896MB，也可以将其设为真，通过参数设置 highmem_pages 的值，内核也会留出相应的页作为 High Memory 的。

所谓直接映射，指的是映射后得到的虚拟地址 va 和物理地址 pa 有直接关系：va = pa + PAGE_OFFSET。整体上线性空间布局如图 7-1 所示。

x86 上物理地址空间是可以大于 4GB 的（使能 PAE 的情况下），但是线性空间最大只能是 4GB。

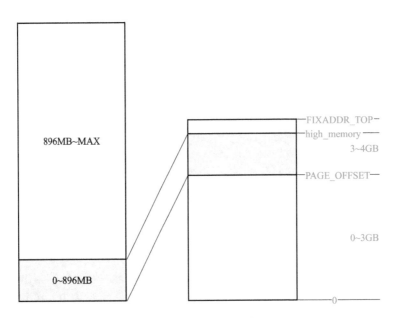

图 7-1　x86 线性空间整体布局图

x86_64 上内核可以使用的线性空间就不会这么"小家子气"了，从 PAGE_OFFSET 到虚拟内存的最大值，大概是从 PAGE_OFFSET 到 ffffffffff7ff000（FIXADDR_TOP），有足够的空间在一开始就完成内存的直接映射，不需要区分 Low 和 High Memory，如图 7-2 所示。

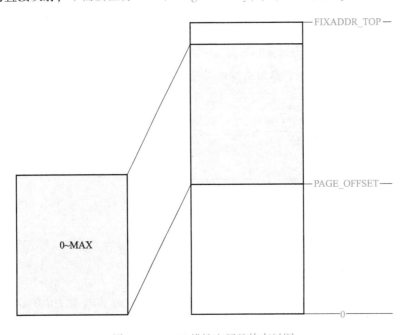

图 7-2　x86_64 线性空间整体布局图

读者也许会有疑问，图 7-2 中的实心区域是否一定可以放得下整个物理内存？实际上，x86_64 上物理内存也是有限制的，但这个区间是足够大的，下面会进行详细分析。

内核中有几个与线性空间相关的变量和宏见表 7-1。

表 7-1　线性空间变量表

名　称	描　述
high_memory	Low Memory 和 High Memory 的分界，线性地址， • x86 上：high_memory = max_low_pfn<<PAGE_SIZE + PAGE_OFFSET • x86_64 上：high_memory = max_pfn<<PAGE_SIZE + PAGE_OFFSET
PAGE_SIZE	表示一页内存使用的二进制位数，一般等于 12
PAGE_OFFSET	内核线性空间的起始
FIXADDR_TOP	固定映射的结尾位置
FIXADDR_START	固定映射的开始位置
VMALLOC_END	动态映射区的结尾
VMALLOC_START	动态映射区的开始

有了以上的铺垫，下面正式讨论内核线性空间的布局，在 HIGHMEM 使能的情况下（未使能的情况下大同小异），x86 上布局如图 7-3 所示。

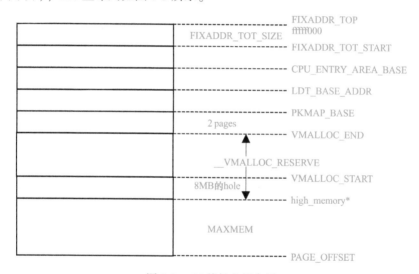

图 7-3　x86 线性空间布局

1GB 的线性地址空间［0xC0000000，0xFFFFFFFF］，最高的 4KB 不可用，由 FIXADDR_TOP 开始向下算起，FIXADDR 的 TOP 和 START 之间是固定映射区。PKMAP_BASE 和 FIXADDR 之间是永久映射区和 CPU Entry 区（存放 cpu_entry_area 对象）。VMALLOC_END 和 VMALLOC_START 之间是动态映射区，ioremap 获取的虚拟内存区间就属于这个区。接下来 8MB 的 hole 没有使用，目的是越界检测，_VMALLOC_RESERVE 默认为（128-8）MB，实际上动态映射区为 120MB。

需要说明的是，high_memory 是计算得来的，它和 PAGE_OFFSET 之间的间隔可能更小，但它和 VMALLOC_START 之间的 8MB 是固定的，也就是说，动态映射区可能比 120MB 大。

以上几个区域是必需的，1GB 的空间减去这些剩下约 896MB，这就是 896 这个数字的来源，以 MAXMEM 表示，该区间称为直接映射区。

内核为什么要有一套如此复杂，而且对每个进程都适用的规则呢？因为内核的空间是进程直接或者间接（见 13.2.5 节）共享的。

线性地址用户空间和内核空间比例为 3：1，3GB 的用户空间每个进程独立拥有且互不影响，也就是说进程负责维护自己的这部分页表，称为用户页表。当然，它只需要映射自己使用的那部分内存，并不需要维护整套用户页表。内核空间的 1GB 则不同，基本所有进程共有，也就是说它们的页表的内核部分（内核页表）很多情况下是相同的，属于公共部分。

内核的线性空间并不属于某一个进程，而是大家共同拥有。一个进程对公共部分做的改动，对其他进程很多情况下是可见的，有影响的。通俗一点就是，坑就那么多，栽进去一个萝卜，就少了一个萝卜的坑。请时刻保持清醒，内存并不是随意映射的，物理内存和合适的线性地址区间缺一不可。

x86_64 上线性空间有类似的布局，如图 7-4 和图 7-5 所示。

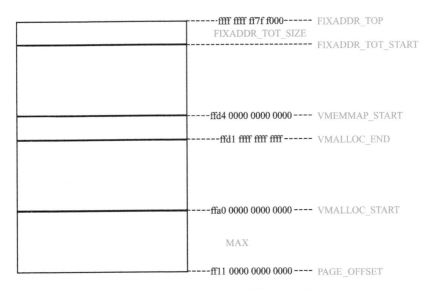

图 7-4　x86_64 五级页表线性空间布局

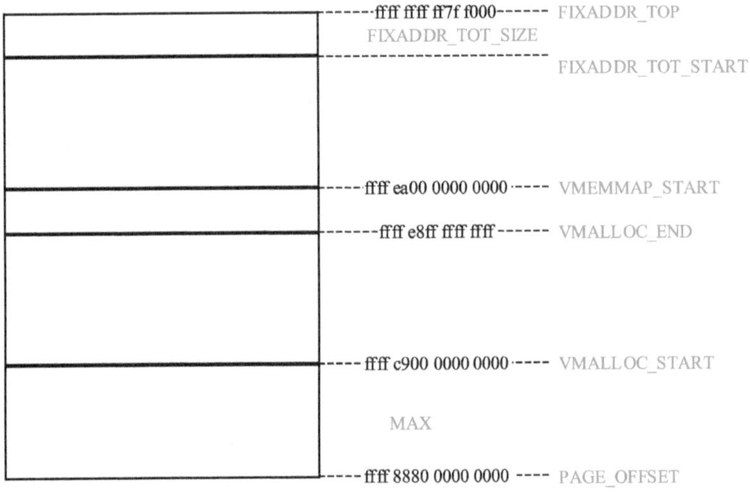

图 7-5　x86_64 四级页表线性空间布局

图 7-4 描述了五级页表的情况下，内核线性空间的布局，四级页表的布局类似，只不过数字有差别，如图 7-5 所示。

x86_64 上，支持五级页表的情况下，最大支持 52 位物理地址，否则最大支持 46 位物理地址（MAXMEM），所以两种情况的线性空间的直接映射区都足以包含所有的物理地址。

下面开始详细分析各个线性空间区域的情况。举个例子，假如您是一家水果店的老板，水果没有摆上货架之前，顾客是看不到水果的。水果是实体，相当于物理内存，货架的角色是位置或者空间，相当于虚拟地址空间。将水果摆上货架的过程就对应映射的过程。

摆水果上货架并不是随意地摆，也需要划分区域，根据水果的特性、占用空间的大小和营销策略等，合理摆放才是一个好老板，下面看看水果店如何布置吧。

7.2.1 直接映射区

直接映射区的大小理论上最大等于 MAXMEM，所谓的直接映射非常简单，映射后的虚拟地址 va 等于物理地址 pa+PAGE_OFFSET。物理地址从最小页 pfn = 0 开始，依次按照 pa + PAGE_OFFSET → va 的方式映射到该区间。映射 pfn 为 0x12 页的代码段完成的就是这种任务（见 5.2.2 节）。

从 pfn = 0 开始，一直映射到没有多余空间或者没有物理内存为止。所以，如果系统本身内存不足 MAXMEM，且没有特意预留 High Memory 的情况下（x86_64 上并没有 High/Low 的说法，但是直接映射区还是有的），全部的物理内存（不包括 MMIO）都会映射到直接映射区。如果系统内存大于 896MB，或者预留了 High Memory，内存不能全部映射到该区。

直接映射区是唯一的 Low Memory（x86）映射的区域，页框 0 到页框 max_low_pfn（x86_64 上是 max_pfn）映射到该区间。映射一旦完成，系统运行期间不会改变，这是相对于其他区的优势；从下面几个区的分析中会看到，High Memory 映射区域在运行期间是可以改变的，所以系统中需要一直稳定存在的结构体和数据只能使用直接映射区的内存。

举个例子，有些水果一年四季都有，比较容易保存，且占空间较多（销量大），比如苹果，老板可以一直都不换它们的位置。直接映射区与苹果区类似。

7.2.2 动态映射区

VMALLOC_START 和 VMALLOC_END 之间的空间为动态映射区，它是内核线性空间中最灵活的区。其他几个区都有固定的角色，它们不能满足的需求，都可以由动态映射区来满足，常见的 ioremap、mmap 一般都需要使用它。

使用动态映射区需要申请一段属于该区域的线性区间，内核提供了 get_vm_area 函数族来满足该需求，它们的区别在于参数不同，但最终都通过调用 __get_vm_area_node 函数实现。

内核提供了 vm_struct 结构体来表示获取的线性空间及其映射情况，主要字段见表 7-2。

表 7-2 vm_struct 字段表

字 段	类 型	描 述
addr	void *	线性空间的起始地址
size	unsigned long	线性空间的大小
nr_pages	unsigned int	包含的页数
pages	page **	page 对象组成的动态数组
phys_addr	phys_addr_t	对应的物理地址
next	vm_struct *	下一个 vm_struct，组成链表

__get_vm_area_node 的参数中，start 和 end 表示用户希望的目标线性区间所在的范围，get_vm_area 传递的参数为 VMALLOC_START 和 VMALLOC_END。内核会将已使用的动态映射区

的线性区间记录下来，每一个区间以 vmap_area 结构体表示。

vmap_area 结构体除了 va_start 和 va_end 字段表示区间的起始外，还有两个用于组织各个 vmap_area 对象的字段；即 rb_node 和 list。一个 vmap_area 对象既在红黑树中（rb_node），又以 list 字段链接，前者的作用是快速查找，后者则是根据查找的结果继续遍历（各区间是按照顺序链接的）。

__get_vm_area_node 会查找一个没有被占用的合适的区间，如果找到则将该区间记录到红黑树和链表中，然后利用得到的 vmap_area 对象给 vm_struct 对象赋值并返回。vm_struct 结构体是其他模块可见的，vmap_area 结构体是动态映射区内部使用的。

区间的管理有点像管理员管理街道菜市场，菜市场的面积是固定的，管理员需要记录每个摊位的位置和尺寸，当有新的摊位申请时，他就找一个没有被占用的能满足申请尺寸的地方作为新的摊位，将摊位记录在案，然后返回给申请者。

申请到 vm_struct 线性区间后，就可以将物理内存映射到该区域，比如 ioremap。

最后，free_vm_area 和 remove_vm_area 可以用来取消映射并释放申请的区间，free_vm_area 还会释放 vm_struct 对象所占用的内存。

有些水果是时令的，比如杨梅、水蜜桃等，它们占用空间的时间较短，过了季节就会退出市场，动态映射区与杨梅区类似。

7.2.3　永久映射区

永久映射区（x86_64 上并没有该区）的线性地址起于 PKMAP_BASE，大小为 LAST_PKMAP 个页，开启了 PAE 的情况下为 512，否则为 1024，也就是一页页中级目录表示的大小（2MB 或者 4MB）。

虽然这里提到的名字为"永久"（Permanent），但实际并非永久，如果只记得"永久"二字，是理解不了它的，记下 kmap 就可以了。内核提供了 kmap 函数将一页内存映射到该区，kunmap 函数用来取消映射。kmap 的参数为 page 结构体指针，如果对应的页不属于 High Memory，则直接返回 page 对应的页对应的虚拟地址 vaddr〔并不是 page 指针所在的页，等于（page_to_pfn（page）<< PAGE_SIZE）+ PAGE_OFFSET〕，这种情况下占用的并不是永久映射区的空间，否则内核会在该线性区内寻址一个未被占用的页，作为虚拟地址，并根据 page 和虚拟地址建立映射。

x86_64 上并没有 High Memory，调用 kmap 直接返回 vaddr，所以逻辑上并不存在永久映射区。

传递的参数决定了 kmap 一次只映射一页，也就是说永久映射区被分成了以页为单位的"坑"，内核利用数组来管理这一个个"坑"，pkmap_count 数组就是用来记录"坑"的使用次数的，使用次数为 0 的表示未被占用。

kmap 可能会引起系统睡眠，不可以在中断等环境中使用。

一个水果店里总会有些营销策略，比如某些水果打特价。特价区不需要占用较大空间，布置它是为了吸引顾客光顾，隔一段时间换一个种类，永久映射区与之类似。

7.2.4　固定映射区

上节的"永久"并非永久，而本节的"固定"确实是固定的。固定映射区起始于 FIXADDR_TOT_START，终止于 FIXADDR_TOP，分为多个小区间，它们的边界由 enum fixed_addresses 定义，每一个小区间都有特定的用途，如 ACPI 等。这些小区间的映射不会脱离内存映射的本质，区别仅在于区间的作用不同，这里不做一一介绍。

所有的小区间中，有一个比较特殊，它有一个特殊的名字，临时映射区。它在固定映射区的偏移量为 FIX_KMAP_BEGIN 和 FIX_KMAP_END，区间大小等于 KM_TYPE_NR * NR_CPUS 页。

从它的大小可以看出，每个 CPU 都有属于自己的临时映射区，大小为 KM_TYPE_NR 页。内核提供了 kmap_atomic、kmap_atomic_pfn 和 kmap_atomic_prot 函数来映射物理内存到该区域，将获得的物理内存的 page 对象的指针或者 pfn 作为参数传递至这些函数即可，kunmap_atomic 函数用来取消映射。

临时映射区的区间很小，每个 CPU 只占几十页，它的管理也很简单。内核使用进程描述符 task_struct 的 kmap_ctrl 的 idx 字段来记录当前已使用的页的号码，映射成功变量加 1，取消映射变量减 1。

临时映射区的管理设计得如此简单，优点是快速，kmap_atomic 比 kmap 快很多。它的另一个优点是不会睡眠，而 kmap 会睡眠，所以它的适应性更广。

另一方面，它的使用是有限制的。"临时"二字究竟意味着多短，如果永久映射区与快捷酒店住宿类似，那临时映射区最多只能算是"钟点房"，休息完就走。kmap_atomic 会调用 preempt_disable 禁止内核抢占，kunmap_atomic 来重新使能它，所以基本上只能用来临时存放一些数据，数据处理完毕立即释放。

固定映射区与水果店的特色水果区类似，水果店的招牌固定放在显眼的位置。至于临时映射区，它是固定映射区的一个子区域，不妨叫它"钟点房"区吧。

7.3　用户空间内存映射 mmap

前面讲述了内核的线性空间，此处介绍下 mmap 机制。之所以在这里引入这个话题，是因为 mmap 也使用线性空间。但必须强调一下，mmap 使用的不是内核线性空间，是用户线性空间，与前面的讨论一定不要混在一起。另外，它并没有脱离内核，因为它本身就是通过系统调用实现的。

7.3.1　数据结构

mmap 用来将文件或设备映射进内存，映射之后不需要再使用 read/write 等操作文件，可以像访问普通内存一样访问它们。mmap 的函数原型（用户空间）如下，mmap 用来建立映射，munmap 用来取消映射。

```
void * mmap(void * addr, size_t length, int prot, int flags, int fd, off_t offset);
int munmap(void * addr, size_t length);
```

参数 fd 是已打开文件的文件描述符，addr 是期望获得的虚拟地址，也就是希望内核将文件或设备映射到该虚拟地址，等于 0 的情况下由内核确定虚拟地址，length 是映射的区间大小，offset 表示映射的区间基于文件或设备的偏移量，以该偏移量作为起始映射点，必须是物理页大小［sysconf（_SC_PAGE_SIZE）］的整数倍，prot 是期望的内存保护标志，flags 表示映射的标志。

简言之，内核将文件或设备（fd）从 offset 开始，到 offset + length 结束的区间映射到 addr 开始的虚拟内存中，并将 addr 返回，映射后的内容访问权限由 prot 决定。

prot 不能与文件的打开标志冲突，一般是 PROT_NONE 或者读写执行三种标志的组合，见表 7-3。

表 7-3　prot 标志表

标　志	描　述
PROT_NONE	映射的内容不可访问
PROT_EXEC	映射的内容可执行
PROT_READ	映射的内容可读
PROT_WRITE	映射的内容可写

flags 用来传递映射标志，常见的是 MAP_PRIVATE 和 MAP_SHARED 的其中一种，和以下多种标志的组合，见表 7-4。

表 7-4　flags 标志表

标　志	描　述
MAP_PRIVATE	私有映射
MAP_SHARED	共享映射
MAP_FIXED	严格按照 mmap 的 addr 参数表示的虚拟地址进行映射
MAP_ANONYMOUS	匿名映射，映射不与任何文件关联
MAP_LOCKED	锁定映射区的页面，防止被交换出内存
MAP_HUGETLB MAP_HUGE_2MB MAP_HUGE_1GB	映射大页内存

私有和共享是相对于其他进程来说的，MAP_SHARED 在映射区的更新对其他映射同一区域的进程可见，所做的更新也会体现在文件中，可以使用 msync 来控制何时写回文件。MAP_PRIVATE 采用的是写时复制策略，映射区的更新对其他映射同一区域的进程不可见，所做的更新也不会写回文件。

需要强调的是，以上对 prot 和 flags 的描述并不适用于所有文件，比如有些文件只接受 MAP_PRIVATE，不接受 MAP_SHARED，或者相反。应用程序并不能随意选择参数，普通文件一般在不违反自身权限的情况下可以自由选择，设备文件等特殊文件可以接受的参数由驱动决定。

mmap 使用的线性区间管理与内核的线性区间管理是不同的，内核的线性区间是进程共享的，mmap 使用的线性区间则是进程自己的用户线性空间，不考虑进程间关系的情况下，进程的用户线性空间是独立的。

但二者的管理又没有本质的区别，前面说过动态映射区的管理就像管理员管理菜市场，这里的线性区间管理则演变成了每家分配三亩地（以 x86 为例，用户空间 3GB），各家规划自家的庄稼。既然是规划，一样需要地段分配，维护分配记录、地段回收等功能。村里有一亩良田可以高产，全村人共有，剩下的普通田每户三亩。村里管理这一亩地和每家管理三亩地，实际上没有本质区别，只是角度不同罢了。

内核以 vm_area_struct 结构体表示一个用户线性空间的区域，主要字段见表 7-5。

表 7-5　vm_area_struct 字段表

字　段	类　型	描　述
vm_start	unsigned long	线性区间的开始
vm_end	unsigned long	线性区间的结束，实际的区间为 [vm_start, vm_end)

（续）

字 段	类 型	描 述
vm_page_prot	pgprot_t	映射区域的保护方式
vm_flags	unsigned long	映射的标志
vm_ops	vm_operations_struct *	映射的相关操作
vm_file	file *	映射的文件对应的 file 对象
vm_pgoff	unsigned long	在文件内的偏移量
vm_mm	mm_struct *	所属的 mm_struct

既然进程要管理自己的线性区间分配，就需要管理它所有的 vm_area_struct 对象。进程的 mm_struct 结构体有两个字段完成该任务，mmap 字段是进程的 vm_area_struct 对象组成的链表的头，mm_rb 字段是所有 vm_area_struct 对象组成的红黑树的根。内核使用链表来遍历对象，使用红黑树来查找符合条件的对象。vm_area_struct 结构体的 vm_next 和 vm_prev 字段用来实现链表，vm_rb 字段用来实现红黑树。

从应用的角度看，mmap 成功返回就意味着映射完成，但实际上从驱动的角度并不一定如此。很多驱动在 mmap 中并未实现内存映射，应用程序访问该地址时触发异常后，才会做最终的映射工作，这就用到了 vm_ops 字段（见 8.3.1 节）。

7.3.2 mmap 的实现

mmap 使用的系统调用与平台有关，但最终都调用 ksys_mmap_pgoff 函数实现。需要说明的是，mmap 传递的 offset 参数会在调用的过程中转换成页数（offset / MMAP_PAGE_UNIT），一般由 glibc 完成，所以内核获得的参数已经是以页为单位的（pgoff 可以理解为 page offset）。

ksys_mmap_pgoff 调用 vm_mmap_pgoff，vm_mmap_pgoff 调用 do_mmap 完成 mmap，do_mmap 的函数调用如图 7-6 所示，其中 vma_set_anonymous 是针对匿名映射的，下面分析非匿名的情况。

do_mmap 的主要逻辑如下。

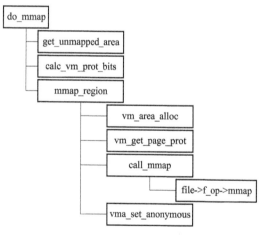

图 7-6 do_mmap 函数调用图

```
unsigned long do_mmap(struct file * file, unsigned long addr,
          unsigned long len, unsigned long prot,
          unsigned long flags, unsigned long pgoff,
          unsigned long *populate, struct list_head * uf)
{
    //省略变量的定义和一些对 flags 和 prot 等参数的检查
    len = PAGE_ALIGN(len);
    addr = get_unmapped_area(file, addr, len, pgoff, flags);
    vm_flags = calc_vm_prot_bits(prot) | calc_vm_flag_bits(flags) |
        mm->def_flags | VM_MAYREAD | VM_MAYWRITE | VM_MAYEXEC;
    if (file) {
        switch (flags & MAP_TYPE) {
```

```
        case MAP_SHARED:
            flags &= LEGACY_MAP_MASK;
            fallthrough;
        case MAP_SHARED_VALIDATE:
            if ((prot&PROT_WRITE) && !(file->f_mode&FMODE_WRITE))
                return -EACCES;

            vm_flags |= VM_SHARED | VM_MAYSHARE;
            if (!(file->f_mode & FMODE_WRITE))
                vm_flags &= ~(VM_MAYWRITE | VM_SHARED);
            fallthrough;
        case MAP_PRIVATE:
            if (!(file->f_mode & FMODE_READ))
                return -EACCES;
            if (path_noexec(&file->f_path)) {
                if (vm_flags & VM_EXEC)
                    return -EPERM;
                vm_flags &= ~VM_MAYEXEC;
            }

            if (!file->f_op->mmap)
                return -ENODEV;
            break;
        }
    } //省略匿名映射
    addr = mmap_region(file, addr, len, vm_flags, pgoff);
    return addr;
}
```

首先当然是做合法性检查和调整，映射的长度 len（区间大小）被调整为页对齐，所以 mmap 返回后，实际映射的长度可能比要求的要大。比如某个 mmap 调用中，offset 和 length 等于 0 和 0x50，实际映射为 0 和 0x1000。

为什么 offset 本身必须是页对齐的呢？回忆一下，offset 在 glibc 中会被变成 pgoff，假设 offset 和 length 等于 0x10 和 0x50，实际映射为 0 和 0x1000，[0, 0x1000) 是可以覆盖 [0x10, 0x10 + 0x50) 的；但如果 offset 变成了 0xff0，[0, 0x1000) 就覆盖不了 [0xff0, 0xff0 + 0x50) 了。强制要求 offset 页对齐可以将问题简化，让调用者自行处理特殊需求。

检查完毕就开始找一个合适的线性区间，也就是找"坑"，通过 get_unmapped_area 实现。get_unmapped_area 优先调用文件的 get_unmapped_area 操作，如果文件没有定义，则使用当前进程的 get_unmapped_area 函数（current->mm->get_unmapped_area）或者在 MAP_SHARED 情况下使用 shmem_get_unmapped_area。该函数与平台有关，一般的逻辑如下。

如果参数 addr 等于 0，内核会根据当前进程 mm_struct 对象的 mm_mt 字段指向的进程所有的 vm_area_struct 对象组成的 maple_tree（5.x 版本的内核中使用的是红黑树）查找一段合适的区域，如果 addr 不等于 0，且 [addr, addr + len) 没有被占用，则返回 addr，否则与 addr 等于 0 等同。如果参数 flags 的 **MAP_FIXED** 标志被置位，则直接返回 addr。

注意，得到的 addr 如果不是页对齐的，get_unmapped_area 直接返回 -EINVAL 退出，如果应用希望自己决定 addr，必须保证这点。

MAP_FIXED 被置位的情况下，为什么不检查区间是否被占用就直接返回呢？MAP_FIXED 有个隐含属性，就是"抢地盘"。如果得到的区间已被占用，内核会在 mmap_region 函数中取消该区间的映射，将区间让出来。根据前面的分析，只有 MAP_FIXED 被置位的情况下，获得的区间才有可能已经被占用，所以也只有 MAP_FIXED 会"抢地盘"。如此"霸道"的属性，并不推荐使用，当然有些情况下，它却是必需的，比如下面介绍的 brk。

MAP_FIXED 的另外一个版本会友好很多，MAP_FIXED_NOREPLACE。如果指定的区间已经被占用，MAP_FIXED_NOREPLACE 会直接返回错误（-EEXIST）。

有了"坑"之后，就可以"栽萝卜"了。首先计算 vm_flags，可以看到，如果文件没有打开写权限，VM_MAYWRITE 和 VM_SHARED 标志会被清除，如果文件没有打开读权限，则直接返回-EACCES。一般情况下，共享隐含着"写"，私有隐含着"读"。当然，从代码逻辑上看，即使文件没有打开写权限，MAP_SHARED 也可以成功，但是映射的页并没有写权限（vm_flags = calc_vm_prot_bits（prot）|（…），因为文件没有打开写权限，prot 也就没有 PROT_WRITE 标志，所以 vm_flags 也不会有 VM_WRITE）。

VM_MAYXXX 和 VM_XXX 有什么区别呢？VM_XXX 表示映射的页的权限，VM_MAYXXX 表示 VM_XXX 可以被置位，见表 7-6。为了不引起歧义，还是要强调下。

表 7-6　VM_XXX 和 VM_MAYXXX 关系表

VM_XXX	VM_MAYXXX
VM_READ：映射的页可读	VM_MAYREAD：VM_READ 标志可以被设置
VM_WRITE：映射的页可写	VM_MAYWRITE：VM_WRITE 标志可以被设置
VM_EXEC：映射的页可执行	VM_MAYEXEC：VM_EXEC 标志可以被设置
VM_SHARED：映射的页可共享	VM_MAYSHARED：VM_SHARED 标志可以被设置

完成了以上准备工作，就可以调用 mmap_region 进行映射了，不考虑映射区间有重复的情况下，主要逻辑如下。

```
unsigned long mmap_region(struct file * file, unsigned long addr,
        unsigned long len, vm_flags_t vm_flags, unsigned long pgoff)
{
    //省略变量定义、合法性检查和出错处理等
    struct mm_struct *mm = current->mm;
    MA_STATE(mas, &mm->mm_mt, addr, end - 1);

    vma = vm_area_alloc(mm);
    vma->vm_start = addr;
    vma->vm_end = addr + len;
    vma->vm_flags = vm_flags;
    vma->vm_page_prot = vm_get_page_prot(vm_flags);
    vma->vm_pgoff = pgoff;
    if (file) {
        vma->vm_file = get_file(file);
        error = file->f_op->mmap(file, vma);     //call_mmap
        addr = vma->vm_start;
    }else if (vm_flags & VM_SHARED) {
        error = shmem_zero_setup(vma);
    } else {
```

```
        vma_set_anonymous(vma);
    }
    mas_preallocate(&mas, vma, GFP_KERNEL);
    vma_mas_store(vma, &mas);
    vma_set_page_prot(vma);
    return addr;
}
```

可以看到，mmap_region 主要做三件事：初始化 vm_area_struct 对象、完成映射，以及将对象插入 maple_tree。

非匿名映射的情况下，mmap 最终是靠驱动提供的文件 mmap 操作实现的（file->f_op->mmap），也就是说 mmap 究竟产生了什么效果最终是由驱动决定的。

到目前为止，我们仍然只看到了"坑"（线性空间，vm_area_struct），却没有看到"萝卜"的身影，读者肯定猜到了，"萝卜"是由驱动决定的。没错，内核的 mmap 模块主要负责找到"坑"，至于是否栽"萝卜"，栽哪颗"萝卜"，怎么栽，是由驱动决定的。

驱动完成映射的方式一般有以下几类。

```
static int my_mmap1(struct file * file, struct vm_area_struct * vma)
{
    struct my_dev_data * dev_data;
    //省略
    dev_data = file->private_data;
    addr = dev_data->io_addr1;
    //省略
    return vm_iomap_memory(vma, addr, len);
}
```

第一类，驱动有属于自己的物理内存，多为 MMIO，直接完成映射。前面说过，在驱动中可以使用 ioremap 将 MMIO 映射到内核线性空间的动态映射区。如果驱动和应用都映射了同一个设备的同一段 MMIO，那么不只是在用户空间映射了相同段的进程共享这段内存，在内核态访问动态映射区对应的区间的进程也与它们一起共享。

在此引入一个前面避而不谈的话题——内存共享。首先，被共享的是物理内存，并不是虚拟内存。一个进程对内存的修改对其他进程可见，这无疑省去了很多数据复制，极大地提高了效率，要达到这个目的，就需要进程间共享同一个实体，也就是同一段物理内存。其次，每个进程要访问这段内存，就需要将其映射到自身的线性空间内，至于是哪段空间，无关紧要，如图 7-7 所示。

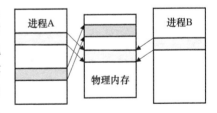

图 7-7　内存共享

第二类与第一类类似，只不过物理内存不是现成的，需要先申请内存然后做映射，代码如下。

```
static int my_mmap2_1(struct file * file, struct vm_area_struct * vma)
{
    //省略
    for(start = vma->vm_start; end < vma-> vm_end; start += PAGE_SIZE){
        page = alloc_page(GFP_KERNEL | __GFP_HIGHMEM | __GFP_ZERO);
        // vm_insert_page 一次映射一页
        ret = vm_insert_page(vma, start, page);
```

```
        if(ret)
            break;
    }
    return ret;
}
```

```
static int my_mmap2_2(struct file * file, struct vm_area_struct * vma)
{
    //省略
    page = alloc_pages(flags, order);
    remap_pfn_range(vma, vma->vm_start, page_to_pfn(page), size,
                        vma->vm_page_prot );
    return ret;
}
```

上面这两个代码段是有区别的，表面上看，第一段一页页地映射，而第二段一次映射多页，但更重要的是，第一段中使用的物理内存不一定是连续的，第二段中使用的物理内存是连续的。当然，第二段并不一定总是更好的选择，申请连续内存是有代价的，应该只在模块（比如存放 Camera 图像数据的内存）必须使用连续内存的时候才选择它。

前面说过，映射后页面的访问权限（保护标志）由 mmap 的 prot 参数决定，它究竟是如何起作用的呢？在 mmap_region 函数中，参考了 prot 和 flags 处理得到的 vm_flags 经过计算得到（vma->vm_page_prot = vm_get_page_prot（vm_flags）），vma->vm_page_prot 就是用来设置页访问权限的。在完成映射的最后过程中（vm_iomap_memory 等），它被用来设置页表的属性。

第三类，驱动的 mmap 并不提供映射操作，由异常触发实际映射动作，代码如下。

```
static int my_mmap_fault(struct vm_fault * vmf)
{
    struct file * file = area->vm_file;
    //省略
    vmf->page = alloc_page(flag);
    //do your work here
}
static const struct vm_operations_struct my_file_mmap =
{
    .fault = my_mmap_fault,
};
static int my_mmap3(struct file * file, struct vm_area_struct * vma)
{
    //省略
    vma->vm_ops = &my_file_mmap;
    return 0;
}
```

mmap 返回后，实际上并没有完成内存映射的动作，返回的只是没有物理内存与之对应的虚拟地址。稍后访问该地址会导致内存访问异常，内核处理该异常则会回调驱动的 vm_operations_struct 的 fault 操作，驱动的 fault 操作中，一般需要申请物理内存赋值给 vm_fault 的 page 字段并完成自身的逻辑，内核会完成虚拟内存和物理内存的映射。

前面说除非必要，不推荐使用 MAP_FIXED，在 mmap 的讨论最后给出一个必须使用它的例子。

我们在用户空间调用 malloc 函数可以申请堆内存，那么堆内存是如何管理的呢？堆内存需要申请、释放，用户空间是不会直接接触物理内存的，所以还是要靠系统调用来实现，这个系统调用就是 brk，函数原型如下。

```
int brk(void * addr);
void * sbrk(intptr_t increment);
```

brk 是 break 的缩写，更详细一点就是 program break（程序间断点），它表示堆内存的上限（结尾），也有些地方称之为数据段的结尾。sbrk 的参数是相对值，大于 0 则扩大堆内存，小于 0 则缩小，为 0 则返回当前的程序间断点，它本身并不是系统调用，而是通过调用 brk 实现。

一个程序开始执行后，进程的堆内存的起始位置（start）就确定了。进程申请堆内存时，如果当前的堆内存可以满足申请，则返回虚拟地址给进程，否则调用 brk 来扩大当前堆内存。内存释放的时候，也可以调用 brk 来缩小堆内存，进程当前的堆内存为 [start, sbrk（0））。

start 不变，堆内存连续（虚拟地址），那么想要改变堆内存的大小只能改变程序间断点，而且用户空间必须计算新的程序间断点后再调用 brk。内核接收到的参数就是程序间断点表示的地址，这个地址是不允许改变的，否则堆内存就会混乱了，此时 MAP_FIXED 就派上用场了。

另外，并不是每次调用 malloc/free 都会触发 brk 的，glibc 会尽量减少调用它的次数，malloc 的时候有可能多申请一些内存，free 的时候有可能并不会减小堆内存空间，只是记录下来。

最后，在内核中，brk 并没有调用 mmap 来实现，但它实际上是一个简单的 mmap，申请线性区间、处理并返回，权当它属于 mmap 吧。

7.4 【看图说话】/dev/mem 的巧用和限制

某些情况下，我们在用户空间得到了内存（包括 MMIO）的物理地址，但物理地址又不可以直接访问，这时候就可以使用/dev/mem 文件映射内存，通过 open 和 mmap 两步即可。

/dev/mem 的文件操作由 mem_fops 定义，其中 mmap 操作由 mmap_mem 函数实现。

用户空间传递的物理地址可以看作在/dev/mem 文件内的偏移量，由 vma->vm_pgoff 表示，由 mmap_mem 函数分三步完成映射。

1）合法性检查，主要针对传递的物理内存，判断其是否在合法范围内。

2）调用 phys_mem_access_prot，计算得到 vma->vm_page_prot 内存保护标志。结果与文件本身的标志有关，如果我们打开文件时使用了 O_SYNC标志，内存映射时会禁用缓存。

3）调用 remap_pfn_range 映射指定大小的内存，得到可以在用户空间使用的虚拟地址。

算上 vma 的申请过程，整个流程如图 7-8 所示。

通过这种方式得到的虚拟内存，对应的物理内存是连续的，也可以控制它的缓存特性，但是我们必须先确保这部分内存的"使用权"，与其他模块不会产生冲突，随意的映射可能会造成灾难性的后果。

出于安全性的考虑，在新版的内核中，/dev/mem 会拒绝映射系统内存，但 MMIO 除外。所以，我们需要通过物理地址读取系统内存时，只能自行开发驱动完成映射。

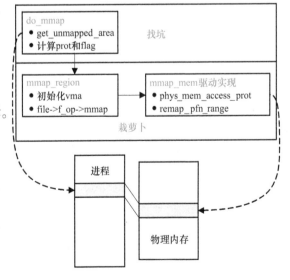

图 7-8 /dev/mem 的 mmap 流程

第8章

内存管理进阶

前面的章节讨论了内存管理的基础知识，本章开始讨论关于内存的更多复杂话题，掌握它们有助于用户开发更高效的程序。除了本章的内存进阶知识外，我们将内存初始化、内存回收、page cache 等更加复杂的话题放在附录（电子书）中讨论，它们难度较大，有了一定基础后再去学习会事半功倍。

8.1 内存申请

前面章节讨论了物理地址空间和线性地址空间的管理，本节做个内存申请和分配的总结，按照得到的内存对应的物理内存是否连续可以分为以下的申请物理内存和虚拟内存两类方法。

8.1.1 申请连续物理内存

按照物理内存的管理一节的分析，要得到连续的物理内存，有以下几种方式。

第 1 种，修改 grub，如果想要生效，必须根据计算机的硬件配置修改，可移植性较差。比如 mem=2048MB，预留［2GB, MAX）的内存，首先得保证计算机的内存超过 2GB。

第 2 种，使用 memblock，调用 memblock_reserve 函数来预留一块内存，可以用来预留大块的内存供模块本身使用。需要注意的是，必须在 memblock 切换到 buddy 系统之前调用 memblock_reserve。

通过 grub 和 memblock 分配的内存，不会进入 buddy 系统，也就是说系统启动完毕后，这些内存是不归内核分配的，其他模块无法使用，所以除非有很好的理由，一般不推荐使用。

第 3 种，使用 alloc_page/alloc_pages 等，通过 buddy 系统申请内存，得到 page 对象的指针。分配的内存大小为 2 的整数次幂页，从 4KB 到 4MB。alloc_pages 分配的是连续内存。

很多时候需要申请的内存比较小，达不到一页，这种情况下就没有必要申请物理内存再自行映射了，内核提供了 slab（slob/slub）系统来满足该需求。

slab 实际上是内核在 buddy 系统基础上构建的资源池（或者说是 cache），它批量申请内存（多页），完成映射，用户需要使用内存的时候直接由它返回，不需要再经过 buddy 系统。它本质上类似批发商，从工厂（buddy 系统）批量进货，普通用户没必要直接到工厂买东西，直接从批发商购买即可，如图 8-1 所示。

一个 cache 只能满足特定大小的内存申请，创建 cache 的时候需要指定大小 size，从 cache 申请内存的时候不需要指定

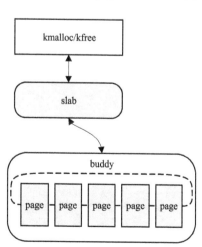

图 8-1　slab 和 buddy 关系示意图

大小，得到的内存大小与 size 相等。也就是说每个批发商只负责一种尺寸的产品，如果申请到的尺寸稍大了，则回家自行切割。

slab/slob/slub 三者本质相同，slab 是最早出现的，slub 针对大型机做了改进，slob 主要适合小型系统，内核提供了两种不同的方式使用 slab（slab/slob/slub 函数相同，区别只在实现细节），见表 8-1。

表 8-1　slab 函数表

函　　　数	描　　　述
kmalloc/kzalloc	申请内存
kfree	释放申请的内存
kmem_cache_create	创建一个 cache
kmem_cache_alloc/ kmem_cache_zalloc	从 cache 申请内存
kmem_cache_free	释放从 cache 申请的内存
kmem_cache_destroy	销毁 cache

内核启动的过程中会创建一系列 cache 供其他模块使用，每个 cache 能满足的大小不同，可以满足的大小都是 2 的整数次幂字节，一般最小 32 字节，最大 buddy 系统的最大块 4MB。

kmalloc/kfree 使用的就是这些 cache，由于得到的内存都是 2 的整数次幂字节，实际占用的内存可能比申请的内存要大。

模块也可以自行建立 cache，使用 kmem_cache_create 创建 cache，kmem_cache_alloc / kmem_cache_free 从该 cache 申请或释放内存，kmem_cache_destroy 用来销毁 cache。创建和销毁 cache 是有代价的，除非模块内部需要经常申请、释放内存，否则使用内核提供的 cache 更加高效。

8.1.2　vmalloc 的使用

如果不要求物理内存连续，可以使用 vmalloc。vmalloc 得到的虚拟内存连续，但物理上不一定连续，实际上它只是申请一段一段的物理内存，然后将它们映射到连续的线性空间段上而已。

需要注意的是，vmalloc 更新的是主内核页表（代码段如下），而不是进程的页表，所以 vmalloc 返回后，对进程本身而言，它的页表并没有更新，访问得到的虚拟地址会触发缺页异常（见 8.3 节）。

```
int vmap_range_noflush(unsigned long addr, unsigned long end,
        phys_addr_t phys_addr, pgprot_t prot,
        unsigned int max_page_shift)
{
    pgd_t *pgd;
    pgtbl_mod_mask mask = 0;

    start = addr;
    pgd = pgd_offset_k(addr); //展开:pgd_offset(&init_mm, (address))
    do {
        next = pgd_addr_end(addr, end);
        err = vmap_p4d_range(pgd, addr, next, phys_addr, prot,
                max_page_shift, &mask);
        if (err)
            break;
```

```
    } while (pgd++, phys_addr += (next - addr), addr = next, addr != end);
    //...
}
```

总结，从需要的内存的大小、物理内存是否连续两个方面几个方面综合考虑，见表 8-2。

表 8-2　申请内存因素表

内 存 大 小	是否物理连续	推　荐
小于 4MB	连续	buddy、slab
小于 4MB	不连续	buddy、slab、vmalloc
大于 4MB	连续	grub、memblock
大于 4MB	不连续	vmalloc

其中，使用 grub、memblock 和 buddy 得到的是物理内存（地址或者 page 对象），需要自行映射，slab 和 vmalloc 得到的是虚拟内存。

8.2　缓存

除了我们集中讨论的内存，计算机系统还存在多种存储设备，CPU 访问它们的速度是不同的，按照顺序依次是寄存器、缓存、内存、SSD（Solid State Disk，固态硬盘）和 HDD（Hard Disk Drive，机械硬盘）等。它们之间访问速度的差距并不是无关痛痒的，寄存器是 CPU 的一部分，访问几乎不需要时间，其他几个存储设备的访问速度以缓存为最快，具体数据见表 8-3。

表 8-3　不同介质访问速度表

介 质 访 问	时间 [单位：ns（纳秒）]
L1 cache reference 读取 CPU 的一级缓存	0.5 ns
L2 cache reference 读取 CPU 的二级缓存	7 ns
Main memory reference 读取内存数据	100 ns
Read 1 MB sequentially from memory 从内存顺序读取 1MB	250, 000 ns
Disk seek 磁盘搜索	10, 000, 000 ns
Read 1 MB sequentially from disk 从磁盘里面读出 1MB	30, 000, 000 ns

8.2.1　TLB 缓存

缓存的目的是为了省略内存访问，由于每次读写数据都通过内存会降低效率，因此 CPU 会将数据放入缓存中，再次访问时首先查看目标数据是否已经在缓存中，如果是，则不需要继续访问内存，直接访问缓存即可。

内存中存放的数据按照用途可以分为两类，一类是用来内存映射的页表，另一类是普通数据。正常情况下，CPU 访问内存需要经过多级页表，最终到物理内存，中间需要多次访问，如果把最近访问的页表项缓存起来，下次再访问的时候，先查找缓存中是否已经存在虚拟内存对应的页表项，如果是则直接计算出物理地址访问即可，可以省略多次内存访问。

以上过程就是 TLB，全称为 Translation Lookaside Buffer，用于虚拟地址到物理地址的转换，提供一个寻找物理地址的缓存区，能够有效减少寻找物理地址的时间。

既然是一种缓存，就会有一致性（coherence）的问题，TLB 也不例外。所谓一致性，指的是内存和缓存的一致。

缓存将内存的内容存储起来，如果内存在缓存不知情的情况下产生了变化，必须刷新缓存（使其失效）。缓存有效的情况下，读写内存都不需要访问物理内存，也不需要我们去维护一致性，缓存也会在特定的情况下将数据写回内存。但是如果我们绕过缓存改变了内存，二者之间就不一致了，就需要刷新缓存。

我们需要解决的问题已经很明确了：哪些情况需要刷新 TLB，如何刷新 TLB？

TLB 与普通的缓存相比有特殊性，普通缓存生效的情况下，对内存的读写一般都会经过它（取决于具体的设置），但 TLB 并不负责更新（写）页表项，页表项是内存的一部分，由内核更新，所以更新了已经存在且可能被 TLB 缓存过的页表项的时候，一般都需要刷新 TLB，常见的情形有以下几种。

第一种，内存映射是与进程相关的，进程切换会导致一部分映射产生变化，需要刷新这部分映射对应的 TLB。

第二种，物理内存或者虚拟内存重新映射，导致页表项产生变化，可能需要刷新产生变化的内存对应的 TLB。

第三种，部分内存访问的权限等属性发生变化，可能需要刷新 TLB。

内核提供了几种函数刷新 TLB，见表 8-4。

表 8-4　刷新 TLB 函数表

函　　数	描　　述
flush_tlb_mm	刷新 mm_struct 相关的 TLB，情形 1
flush_tlb_range flush_tlb_page	刷新一段或者一页内存相关的 TLB，情形 2 和情形 3
flush_tlb_all	刷新所有 TLB

8.2.2　内存缓存

这里的内存缓存（cache）是与 TLB 对应的，TLB 缓存的是页表数据，而它缓存的是普通数据，本节简称它为 cache。需要强调的是，本节讨论的内存不仅仅是内存条中的存储，还包括 MMIO 等。

按照不同的缓存策略，x86 上，一般可以将内存分为以下几类。

- Strong Uncacheable（UC）内存，读和写操作都不会经过缓存。这种策略的内存访问效率较低，但写内存有副作用的情况下，它是正确的选择。
- Uncacheable（UC，又称为 UC_MINUS）内存，与 UC 内存的唯一区别在于用户可以通过修改 MTRR（见下文）将它变成 WC 内存。
- Write Combining（WC）内存，与 UC 内存的区别是 WC 的内存允许 CPU 缓冲多个写操作，在适当的时机一次性写入，通俗点就是批量写操作。
- Write Back（WB）内存，也就是 Cacheable 内存，读写都会经过缓存，除非被迫刷新缓存，CPU 可以自行决定何时将内容写回内存。
- Write Through（WT）内存，与 WB 内存类似，但写操作不仅更新缓存，还会写入物理内存中。

- Write Protected（WP）内存，与 WB 内存类似，但每次写都会导致对应的缓存失效，只能通过 MTRR 设置。

很显然，WB 内存的访问效率最高，但并不是所有内存都可以设置成 WB 类型，至少需要满足两个基本条件：内存可读、写内存无副作用（Side Effect Free）。所谓副作用就是写内存会触发其他操作，比如写设备的寄存器相关的 MMIO 会导致设备状态或行为产生变化。将这部分内存缓存起来会导致这些变化滞后，因为数据只是写到了缓存中，并没有真正生效。

有两种方式修改内存缓存类型，就是 MTRR 和 PAT。

MTRR 的全称是 Memory Type Range Register，可以通过它设置一段物理内存的缓存策略。BIOS 一般会为内存配置合理的缓存方式，开机后可以在/proc/mtrr 文件中查看。

```
reg00: base=0x0c0000000 (3072MB), size= 1024MB, count=1: uncachable
reg01: base=0x0a0000000 (2560MB), size=  512MB, count=1: uncachable
reg02: base=0x380000000000 (58720256MB), size=262144MB, count=1: uncachable
reg03: base=0x09f000000 (2544MB), size=   16MB, count=1: uncachable
reg04: base=0x0a0000000 (2560MB), size=  512MB, count=1: write-through
reg06: base=0x0d0000000 (3328MB), size=    2MB, count=1: write-through
```

我们可以通过读写或者使用 ioctl 操作/proc/mtrr 查看或者更改一段内存的缓存方式。

```
echo "base=base07 size=size07 type=write-combining" >| /proc/mtrr
可以添加 reg07: base=base07, size= size07, count=1: write- combining
echo "disable=7" >| /proc/mtrr
可以删除 reg07 设置
```

MTRR 有两个限制：只能按块配置缓存方式，有最大数量限制（硬件相关）。

PAT（Page Attribute Table）可以对 MTRR 有效补充，它的粒度为页（Page），而且没有数量限制，编译内核的时候设置 CONFIG_X86_PAT=y 使能 PAT。

PAT 可以按照页控制内存的缓存属性，它的原理是修改页表项的属性位。内核定义了一系列 PAT 相关的函数满足不同的场景，它们多是与平台相关的，见表 8-5。

表 8-5　PAT 函数表

使用场景	函　　数	结　　果
MMIO 等	ioremap	UC-
	ioremap_cache	WB
	ioremap_uc	UC
	ioremap_wc	WC
	ioremap_wt	WT
RAM	set_memory_wb	WB（默认）
	set_memory_uc	UC-
	set_memory_wc	WC
	_set_memory_wt	WT

除了直接调用函数外，还有一些特殊的文件可以控制缓存属性。

pci 设备的 resource 文件，如果以_wc 结尾，映射该文件得到的内存是 WC 类型，否则就是 UC-类型。比如当前系统中某个 pci 设备对应/sys/bus/pci/devices/0000:04:00.0/目录，该目录下存在 resource0 和 resource0_wc，用户可以根据需要选择映射 resource 文件。

/dev/mem 文件，我们可以根据物理内存的偏移量映射它获得虚拟内存。如果文件置位了 O_SYNC标志，映射后得到的内存是 UC-类型，否则由当前指定的缓存类型和 MTRR 决定。

内核编译了 debugfs 的情况下，可以通过/sys/kernel/debug/x86/pat_memtype_list（/sys/kernel/debug 是 debugfs 挂载点，不同的系统可能有差异）文件查看 PAT 列表，形式如下。

```
write-back @ 0x9640e000-0x9640f000
write-back @ 0x9675e000-0x9675f000
write-back @ 0x96f1d000-0x96f1e000
write-combining @ 0xa0000000-0xa0300000
uncached-minus @ 0xdff00000-0xdff20000   (UC-)
uncached-minus @ 0xdff20000-0xdff30000
uncached-minus @ 0xdff36000-0xdff37000
uncached-minus @ 0xdff37000-0xdff38000
uncached-minus @ 0xdff38000-0xdff39000
```

内存缓存也有一致性的问题，在深入讨论之前，我们需要明确一个问题，除了 CPU 之外，有没有其他方式（设备）可以访问内存？答案当然是肯定的，许多设备比如 DMA（Direct Memory Access）访问内存并不需要 CPU 参与。这就有可能导致一致性的问题：CPU 将数据写入缓存后，在写回内存前，DMA 读到的数据不是最新的；CPU 将数据读到缓存中，DMA 写内存，缓存中的数据也并不一定是最新的，如图 8-2 所示。

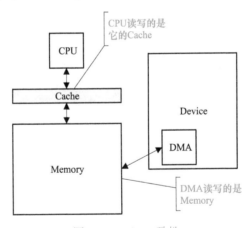

图 8-2　Cache 一致性

刷新缓存可以解决一致性的问题，可惜的是内核并没有统一的函数完成该任务，x86 上使用 wbinvd（wb invalid），arm 上使用 flush_cache 类函数（flush_cache_range、flush_cache_all 等）。

8.3 【图解】缺页异常

前面关于内存的讨论基本都是已经分配了物理内存的情况，虚拟内存的访问按部就班即可，但很多情况下，得到虚拟内存的时候并没有物理内存与之对应，比如我们在 C 语言中使用 malloc 申请堆内存，得到的虚拟地址可能在访问之前都只是"空有其表"，访问这些虚拟地址会导致缺页异常（Page Fault）。

当然了，缺页异常不止没有对应的物理内存一种，访问权限不足也会导致异常。为了帮助我们区分、处理缺页异常，CPU 会额外提供两项信息，错误码和异常地址。

错误码 error_code 存储在栈中，包含以下信息。

1）异常的原因是物理页不存在，还是访问权限不足，由 X86_PF_PROT 标志区分，error_code & X86_PF_PROT 等于 0 表示前者。

2）导致异常时，处于用户态还是内核态，由 X86_PF_USER 标志区分。

3）导致异常的操作是读还是写，由 X86_PF_WRITE 标志区分。

4）物理页存在，但页目录项或者页表项使用了保留的位，X86_PF_RSVD 标志会被置位。

5）读取指令的时候导致异常，X86_PF_INSTR 标志会被置位。

6）访问违反了 protection key 导致异常，X86_PF_PK 标志会被置位。所谓 protection key，简单理解就是有些寄存器可以控制部分内存的读写权限，越权访问会导致异常。

7）访问违反了 Software Guard Extensions（SGX），X86_PF_SGX 标志会被置位。SGX 会设置一个特殊区域用于可信计算，不可越权访问。

至于异常地址，就是导致缺页异常的虚拟地址，存储在 CPU 的 cr2 寄存器中。

讨论代码之前，我们先从逻辑上分析常见的导致缺页异常的场景和合理的处理方式，也就是常见的"症状"和"药方"。

第一种场景是程序逻辑错误，分为以下三类。

- 第一类是访问不存在的地址，最简单的，访问空指针，如下。

```
int *p = NULL;
printf("%d\n", *p);
```

- 第二类是访问越界，比如用户空间的程序访问了内核的地址。
- 第三类是违反权限，比如以只读形式映射内存的情况下写内存。

缺页异常对此无能为力，程序的执行没有按照程序员的预期执行，应该是程序员来解决。缺页异常并不是用来解决程序错误的，对此只能是 oops、kernel panic 等。

第二种场景是访问的地址未映射物理内存。这是正常的，也是对系统有益的，程序中申请的内存并不会全部使用，物理内存毕竟有限，使用的时候再去映射物理内存可以避免浪费。

第三种场景是 TLB 过时，页表更新后，TLB 未更新，这种情况下，绕过 TLB 访问内存中的页表即可。

第四种场景是 COW（Copy On Write，写时复制）等，内存没有写权限，写操作导致缺页异常，但它与第一种场景的第三类错误是不同的，产生异常的内存是可以有写权限的，也就是"可以有"和"真没有"的区别。

8.3.1 异常的处理

缺页异常的处理函数是 asm_exc_page_fault，由汇编语言完成，除了保存现场外，它还会从栈中获得 error_code，然后调用 exc_page_fault 函数。后者读取 cr2 寄存器得到导致异常的虚拟地址，然后调用 handle_page_fault。

handle_page_fault 根据不同的场景处理异常，如果异常地址属于内核空间，调用 do_kern_addr_fault，否则调用 do_user_addr_fault，函数调用的主干线如图 8-3 所示。

将 do_kern_addr_fault 和 do_user_addr_fault 两个函数同时展开在 handle_page_fault 函数内，主要逻辑如下。

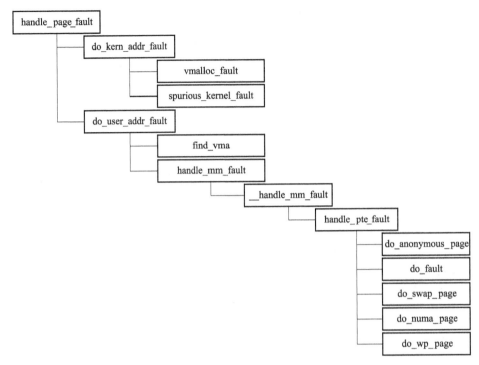

图 8-3　handle_page_fault 函数调用图

```
void handle_page_fault (struct pt_regs * regs, unsigned long error_code,
        unsigned long address)
{
    struct vm_area_struct * vma;
    struct task_struct * tsk;
    struct mm_struct * mm;
    int fault, major = 0;
    unsigned int flags = FAULT_FLAG_ALLOW_RETRY | FAULT_FLAG_KILLABLE;

    //省略出错处理等
    tsk = current;
    mm = tsk->mm;
    if (unlikely(fault_in_kernel_space(address))) {
        //do_kern_addr_fault
#ifdef CONFIG_X86_32
        if (! (error_code & (X86_PF_RSVD | X86_PF_USER | X86_PF_PROT))) {
            if (vmalloc_fault(address) >= 0)     //1
                return;
        }
#endif
        if (spurious_kernel_fault(error_code, address))     //2
            return;
        bad_area_nosemaphore(regs, error_code, address, NULL);
        return;
    }
```

```
//do_user_addr_fault
if (unlikely(error_code & X86_PF_RSVD))    //3
    pgtable_bad(regs, error_code, address);
vma = find_vma(mm, address);    //4
if (unlikely(!vma)) {
    bad_area(regs, error_code, address);
    return;
}
if (likely(vma->vm_start <= address))
    goto good_area;
if (unlikely(!(vma->vm_flags & VM_GROWSDOWN))) {
    bad_area(regs, error_code, address);
    return;
}
if (unlikely(expand_stack(vma, address))) {
    bad_area(regs, error_code, address);
    return;
}
good_area:
if (unlikely(access_error(error_code, vma))) {    //5
    bad_area_access_error(regs, error_code, address, vma);
    return;
}
fault = handle_mm_fault(vma, address, flags);    //6
//...
}
```

X86_PF_RSVD 类型的异常被当作一种错误：使用保留位有很大的风险，它们都是 X86 预留未来使用的，使用它们有可能会造成冲突。所以无论产生异常的地址属于内核空间（第 1 步）还是用户空间（第 3 步），都不会尝试处理这种情况，而是产生错误。

如果导致异常的虚拟地址 address 属于内核空间，X86_PF_USER 意味着程序在用户态访问了内核地址，同样是错误，能够得到处理的只有 vmalloc 和 spurious 等。使用 vmalloc 申请内存的时候更新的是主内核页表，并没有更新进程的页表（进程拥有独立页表的情况下，见 13.2.5 节），进程在访问这部分地址时就会产生异常，此时只需要复制主内核页表的内容给进程的页表即可，这也是第 1 步的 vmalloc_fault 函数的逻辑。

读者应该看到 vmalloc_fault 被 CONFIG_X86_32 限制起来了，言外之意 x86_64 上不会发生这类缺页异常。实际上的确如此，同见 13.2.5 节。

内核中，页表的访问权限更新了，出于效率的考虑，可能不会立即刷新 TLB。比如某段内存由只读变成读写，TLB 没有刷新，写这段内存可能导致 X86_PF_PROT 异常，spurious_fault 就是处理这类异常的，也就是导致缺页异常的第三种场景。

如果异常得不到有效处理，就属于 bad_area，会调用 bad_area 、bad_area_nosemaphore、bad_area_access_error 等函数，它们的逻辑类似，如果产生异常时进程处于用户态（X86_PF_USER），发送 SIGSEGV（SEGV 的全称为 Segmentation Violation）信号给进程，如果进程处于内核态，则尝试修复错误，失败的情况下退出进程。

从第 3 步开始，导致异常的虚拟地址都属于用户空间，所以问题就变成找到 address 所属的 vma，映射内存。

第 4 步，find_vma 找到第一个结尾地址（vma->vm_end）大于 address 的 vma（进程的 vma 是有顺序的），找不到则出错。如果该 vma 包含了 address，那么它就是 address 所属的 vma，否则尝试扩大 vma 来包含 address，失败则出错。

我们前面将虚拟内存和物理内存比喻成坑和萝卜，按照这个比喻，第 4 步是要找到合适的坑。坑里面没有萝卜是可以解决的，如果连坑都没有多半是程序逻辑错误。

第 5 步，找到了 vma 之后，过滤几种因为权限不足导致异常的场景：内存映射为只读，尝试写内存；读取不可读的内存；内存映射为不可读、不可写、不可执行。这几种场景都是程序逻辑错误，不予处理。

到了第 6 步，才真正进入处理缺页异常的核心部分，前 5 步讨论了 address 属于内核空间的情况和哪些情况算作错误两个话题，算是"前菜"。至此我们可以把导致缺页异常的场景总结为错误和异常两类，除了 vmalloc_fault 和 spurious_fault 外，前面讨论的场景均为错误，都不会得到处理，理解缺页异常的第一个关键就是清楚处理异常并不是为了纠正错误。

handle_mm_fault 调用 __handle_mm_fault 继续处理异常，深入分析之前，我们需要先明确现状、目标、面临的问题和对策。现状是我们已经找到了 address 所属的 vma，目标是完成 address 所需的映射。面临的问题可以分为三种类型。

- 第一种，没有完整的内存映射，也就是没有映射物理内存，申请物理内存完成映射即可。
- 第二种，映射完整，但物理页已经被交换出去，需要将原来的内容读入内存，完成映射。
- 第三种，映射完整，内存映射为可写，页表为只读，写内存导致异常，常见的情况就是 COW。

handle_page_fault 的第 5 步和类型 3 都提到了内存映射的权限和页表的权限，在此总结。

用户空间虚拟内存访问权限分为两部分，一部分体现在 vma->vm_flags 中（VM_READ、VM_EXEC 和 VM_WRITE 等），另一部分存储在页表中。前者表示内存映射时设置的访问权限（内存映射的权限），表示被允许的访问权限，是一个全集，允许范围外的访问是错误，比如尝试写以 PROT_READ 方式映射的内存。后者表示实际的访问权限（页表的权限），内存映射后，物理页的访问权限可能会发生变化。比如以可读可写方式映射的内存，在某些情况下页表被改变，变成了只读，写内存就会导致异常（如图 8-4 所示），这种情况不是错误，因为访问是权限允许范围内的，COW 就是如此。这是理解缺页异常的第二个关键，区分内存访问权限的两部分。

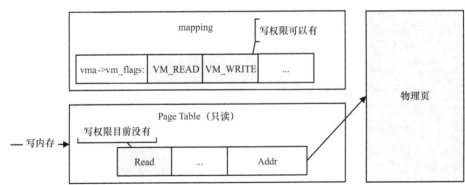

图 8-4　虚拟内存访问权限示意图

明确了问题之后，__handle_mm_fault 的逻辑就清晰了，它访问 address 对应的页目录，如果某一级的项为空，表示是第一种问题，申请一页内存填充该项即可。它访问到 pmd（页中级目录），接下来这三种类型的问题的"分水岭"出现了：pte 内容的不同会导致截然不同的处理逻辑，由

handle_pte_fault 函数完成，如下。

```
int handle_pte_fault(struct vm_fault * vmf)
{
    pte_t entry;
    //省略出错处理等
    if (unlikely(pmd_none(* vmf->pmd))) {  //1
        vmf->pte = NULL;
    } else {
        vmf->pte = pte_offset_map(vmf->pmd, vmf->address);
        vmf->orig_pte = * vmf->pte;
        if (pte_none(vmf->orig_pte)) {
            pte_unmap(vmf->pte);
            vmf->pte = NULL;
        }
    }

    if (!vmf->pte) {    //2
        if (vma_is_anonymous(vmf->vma))
            return do_anonymous_page(vmf);
        else
            return do_fault(vmf);
    }

    if (!pte_present(vmf->orig_pte))    //3
        return do_swap_page(vmf);

    if (vmf->flags & FAULT_FLAG_WRITE) {    //4
        if (!pte_write(entry))
            return do_wp_page(vmf);
    }
    //...
}
```

vm_fault 结构体（以下简称 vmf）是用来辅助处理异常的，保存了处理异常需要的信息，主要字段见表8-6。

表 8-6 vm_fault 字段表

字　　段	类　　型	描　　述
vma	vm_area_struct *	address 对应的 vma
flags	unsigned int	FAULT_FLAG_xxx 标志
pgoff	pgoff_t	address 相对于映射文件的偏移量，以页为单位
address	unsigned long	导致异常的虚拟地址
pmd	pmd_t *	页中级目录项的指针
pud	pud_t *	页上级目录项的指针
orig_pte	pte_t	导致异常时页表项的内容
pte	pte_t *	页表项的指针
cow_page	page *	COW 使用的内存页
page	page *	处理异常的函数返回的内存页

显然，进入 handle_pte_fault 函数前，除了与 pte 和 page 相关的字段外，其他多数字段都已经被__handle_mm_fault 函数赋值了，它处理到 pmd 为止。pgoff 由计算得来，等于（address - vma->vm_start）>> PAGE_SHIFT 加上 vma->vm_pgoff。

第 1 步，判断 pmd 项是否有效（指向一个页表），无效则属于第一种问题；有效则判断 pte 是否有效，无效也属于第一种问题，有效则属于后两种。

请注意区分 pte_none 和！vmf->pte，前者判断页表项的内容是否有效，后者判断 pte 是否存在。pmd 项没有指向页表的情况下后者为真，页表项没有期望的内容时前者为真。

第 2 步，针对第一种问题，非匿名映射由 do_fault 函数处理。do_fault 根据不同的情况调用相应的函数。

如果是读操作导致异常，调用 do_read_fault；写操作导致异常，以 MAP_PRIVATE 映射的内存，调用 do_cow_fault；写操作导致异常，以 MAP_SHARED 映射的内存，调用 do_shared_fault。

以上 3 个 do_xxx_fault 都会调用__do_fault，后者回调 vma->vm_ops->fault 函数得到一页内存（vmf->page）；得到内存后，do_xxx_fault 再调用 finish_fault 函数更新页表完成映射。do_read_fault 和 do_shared_fault 的区别在于内存的读写权限，do_cow_fault 与它们的区别在于最终使用的物理页并不是得到的 vmf->page，它会重新申请一页内存（vmf->cow_page），将 vmf->page 复制到 vmf->cow_page，然后使用 vmf->cow_page 更新页表。三者的区别如图 8-5 所示。

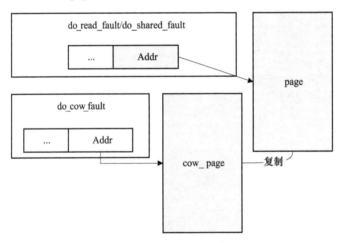

图 8-5　do_xxx_fault 示意图

此处需要强调两点，首先 vma->vm_ops->fault 是由映射时的文件定义的（vma->vm_file），文件需要根据 vmf 的信息返回一页内存，赋值给 vmf->page。其次 do_cow_fault 最终使用的物理页是新申请的 vmf->cow_page，与文件返回的物理页只是此刻内容相同，此后便没有任何关系，之后写内存并不会更新文件。

第 3 步，页表项内容有效，但物理页不存在，也就是第二种问题，由 do_swap_page 函数处理。

第 4 步，写操作导致异常，但物理页没有写权限，也就是第三种问题，由 do_wp_page 函数处理。需要注意的是，写映射为只读的内存导致异常的情况已经被 handle_page_fault 函数的第 5 步过滤掉了，所以此处的情况是，内存之前被映射为可写。映射为可写，但实际不可写，具体场景读者不必纠结于此，下节详解。

do_wp_page 主要处理以下两种情况。

- 第一种，以 PROT_WRITE（可写）和 MAP_SHARED（共享）标志映射的内存，调用 wp_pfn_shared 或 wp_page_shared 函数尝试将其变为可写即可。
- 第二种，以 PROT_WRITE（可写）和 MAP_PRIVATE（不共享）标志映射的内存，就是所谓的 COW，调用 wp_page_copy 函数处理。wp_page_copy 新申请一页内存，复制原来页中的内容，更新页表，后续写操作只会更新新的内存，与原内存无关。

缺页异常的处理至此结束了，代码本身的逻辑并不是很复杂，难点在于理解代码对应的场景，我们在此列举几个常见的例子方便读者理解。

例 1，mmap 映射内存，得到虚拟地址，如果实际上并没有物理地址与之对应，访问内存会导致缺页异常，由 handle_pte_fault 的第 2 步处理。接下来不同的情况由不同的函数处理，结果也不一样，见表 8-7。

表 8-7　非完整映射情况表

情　　况	处 理 函 数	结　　果
读访问	do_read_fault	完成映射，不尝试将内存变为可写
写访问，MAP_SHARED 映射内存	do_shared_fault	完成映射，尝试将内存变为可写
写访问，MAP_PRIVATE 映射内存	do_cow_fault	申请一页新的内存，复制内容，完成映射，新内存可写

例 2，接例 1，读访问导致异常处理后，内存依然不可写，但此时内存映射是完整的，写内存会导致异常，由 handle_pte_fault 的第 4 步处理，至于是 do_wp_page 函数处理的哪种情况由映射的方式决定。

例 3，mmap 映射内存，得到虚拟地址，并没有物理地址与之对应的情况下，内核调用 get_user_pages 尝试访问该内存。由于此时内存映射不完整，内核会调用 handle_mm_fault 完成映射，这种情况下访问权限由内核决定。如果访问权限为只读，用户空间下次写该内存就会导致异常，处理过程与例 2 相同。

例 4，以 MAP_PRIVATE 方式映射内存，得到的内存不可写，写内存导致异常，处理过程与例 1 的情况 3 类似。

8.3.2　COW 的精髓

COW 的全称是 Copy On Write，也就是写时复制，前面讲解的 handle_pte_fault 的第 2 步和第 4 步都有它的身影。从缺页异常的处理过程来看，缺页异常认定为 COW 的条件是以 MAP_PRIVATE 方式映射的内存，映射不完整，或者物理内存权限为只读；写内存（FAULT_FLAG_WRITE）。

由此，可以总结出 COW 的认定条件。

首先，必须是以 MAP_PRIVATE 方式映射的内存，它的意图是对内存的修改对其他进程不可见，而以 MAP_SHARED 方式映射的内存，本意就是与其他进程共享内存，并不存在复制一说，也就不存在 COW 中的 Copy 了。

其次，写内存导致异常。有两层含义，首先必须是写，也就是 COW 中的 Write；其次是导致异常，也就是映射不完整或者访问权限不足。映射不完整容易理解，就是得到虚拟内存后，没有实际的物理内存与之对应。访问权限不足，上节中的例 2 到例 4 都属于这种情况，至于具体的场景，与子进程的创建有关。

子进程被创建时，会负责父进程的很多信息，包括部分内存信息，其中复制内存映射信息的任务由 dup_mmap 函数完成。

dup_mmap 函数复制父进程的没有置位 VM_DONTCOPY 标志的 vma，调用 copy_page_range 函数尝试复制 vma 的页表项信息。后者访问子进程的五级页目录，如果不存在则申请一页内存并使用它更新目录项，然后复制父进程的页表项，完成映射。这就是复制 vma 信息的一般过程，不过实际上存在以下几种情况需要特殊处理。

copy_page_range 不会复制父进程以 MAP_SHARED 方式映射普通内存对应的 vma。所谓普通内存是相对于 MMIO 等内存来说的，MMIO 的映射信息是需要复制的。这种情况下，子进程得到执行后，访问这段内存时会导致缺页异常，由缺页异常程序来处理。

不复制是基于一个事实：子进程被创建后，很多情况下会执行新的程序，拥有自己的内存空间，对父进程的内存多半不会全部使用，所以创建进程时尽量少复制。

针对 MAP_PRIVATE 和 PROT_WRITE 方式映射的内存，首先，仅复制页表项信息是不够的，因为复制了页表项，子进程和父进程随后可以访问相同的物理内存，这违反了 MAP_PRIVATE 的要求。其次，如果不复制，由缺页异常来处理，缺页异常会申请新的一页，使用新页完成映射。这看似没有问题，但实际上退化成了映射不完整的场景中，丢失了内存中的数据。

copy_page_range 函数针对这种情况的策略就是将页表项的权限降级为只读，复制页表项完成映射，如图 8-6 所示。子进程和父进程写这段内存时，就会导致缺页异常，由 handle_pte_fault 的第 4 步处理。

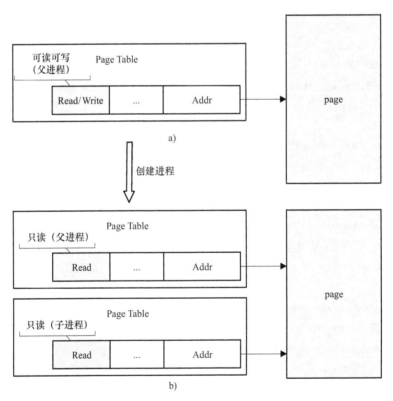

图 8-6　进程创建时的 COW

COW 基本分析完毕，但仍有以下两个问题值得深思。

1）子进程创建后，子进程和父进程写 COW 的内存都会导致异常，如果父进程先写，就会触发复制，即使子进程不需要写。COW 在这种情况下失效，所以子进程先执行对 COW 更加有利，如果子进程直接执行新的程序，就不需要复制了。内核定义了一个变量 sysctl_sched_child_runs_first，它可以控制子进程是否抢占父进程，可以通过写/proc/sys/kernel/sched_child_runs_first 文件设置它的值。

2）如果子进程执行新的程序，或者取消了它与 COW 有关的映射，父进程再次写 COW 的内存导致缺页异常后还需要复制吗？这决定于拥有 COW 内存的进程的数量，如果只剩一个进程映射这段内存，只需要修改页表项将内存标记为可写即可；如果还有其他进程需要访问这段内存，父进程也需要复制内存。当然了，如果父进程放弃了映射，子进程写内存可能同样不需要复制内存，二者在程序上并没有地位上的差别。

8.4　【看图说话】看似简单的 malloc

大家都知道 malloc 是用来申请堆内存的，实现过程如图 8-7 所示。

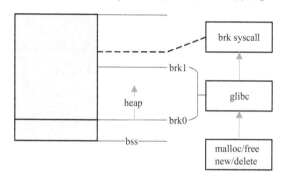

图 8-7　malloc 实现流程图

解读如下。

1）堆内存接着 bss 段存放，中间有一个页对齐。

2）堆内存是由 glibc 管理的，glibc 每次调用 brk 改变堆内存的大小。需要申请堆内存的时候，glibc 申请的内存大小并不一定等于 malloc 参数的大小。因为系统调用是有代价的，它会尽量一次多申请一些，后续申请如果预留的大小可以满足，就不需要调用 brk。

3）malloc 返回后，得到的是虚拟地址，不一定有物理地址与之对应，如果没有，访问这个地址会触发缺页异常。缺页异常处理过程中，会申请物理内存完成映射。

第9章

内存回收

之前在介绍伙伴系统的时候（见 6.2.3 节），有意将__alloc_pages_slowpath 一笔带过，但实际上它在内存分配过程中起到了不可替代的作用，在 get_page_from_freelist 失败的情况下被执行，进行内存回收，下面进行详细解析。

9.1 【图解】内存回收调用栈

__alloc_pages_slowpath 涉及到的代码数以万计，图 9-1 展示了它的调用栈的主要函数。

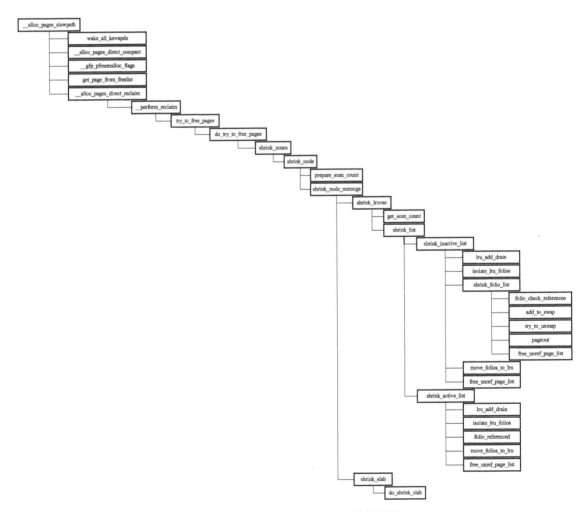

图 9-1 __alloc_pages_slowpath 函数调用图

接下来的章节中会逐步分析这些函数，本节只需要理解调用栈中出现的 3 个概念：compact、reclaim 和 swap，它们是很多初学者容易迷惑的知识点。

当进入 __alloc_pages_slowpath 时，往往意味着伙伴系统中可用的连续内存不足，可能有多种情况。

第 1 种情况，空闲内存足够，但内存碎片过多，找不到连续的大段内存。比如我们尝试申请 2^5 页内存，伙伴系统中有很多空闲内存，但 2^5 或者以上的大段连续内存不足。

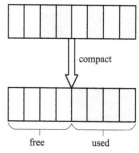

这种情况下，可以先尝试将空闲页和非空闲页"辗转腾挪"，凑出来足够大的连续内存，如图 9-2 所示。就像我们整理书架一样，将乱放在不同橱窗的书摆放整齐就腾出来一些空闲的橱窗。整个过程并没有生成新的空闲页，只是整理了一下，叫作规整，也就是 compact。compact 不是此时讨论的重点，有兴趣的读者可以阅读调用栈中的 __alloc_pages_direct_compact 相关代码。

第 2 种情况，空闲内存不足，需要释放一些已经被占用的内存，这就是内存回收，也就是 reclaim。

既然内存已经被占用，我们释放之前就需要保证内存中的内容不会丢失，一个可行的做法就是将这部分内存中的数据写到磁盘中，需要的时候再加载回来，具体该如何实现呢？

图 9-2　内存规整示意图

举一个典型的例子，我们在 mmap 的时候，分匿名映射和文件映射。

匿名映射是没有文件作为支撑的（backed，下文称相关的页为匿名页），当我们尝试将匿名页释放的时候，得找地方将内存的数据保存下来，这个地方往往是 swap 分区，这就是第 3 个概念。

文件映射则不同，假如我们映射了磁盘上的文件（比如 ext4 文件系统的普通文件），在访问文件的时候，为了提高访问效率，在没有特殊要求的情况下，我们会使用内存作为 cache（称作 page cache），如图 9-3 所示。这部分内存的背后有文件支撑（backed，下文称为文件页），内存中的数据与文件中的数据不一致的情况下，将内存中的数据写回文件；二者一致则不需要写回操作。

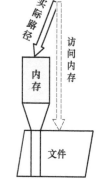

这里的匿名映射、文件映射和匿名页、文件页都是直观的理解，实际上会有一些特殊情况。我们按照由浅入深的方式分析，接下来前 5 节讨论的基本都是常规情况，特殊情况集中在反向映射中分析，某些场景可能会推翻直观的理解。

图 9-3　page cache 示意图

内存回收涉及的知识点比较多，但比较分散，接下来跟着函数调用栈介绍它们。我们在讨论中尽量集中在主要逻辑上，以实际应用为主，涉及的场景中 CONFIG_MEMCG（memory cgroup）和 CONFIG_LRU_GEN 没有定义。

9.2　扫描过程的控制

某一次内存回收过程中扫描哪些 node、过程中可以进行哪些操作以及退出条件等控制了整个扫描过程。这些由 scan_control 结构体定义，调用栈中 try_to_free_pages 函数为它赋值，如下。

```
unsigned long try_to_free_pages(struct zonelist * zonelist, int order,
        gfp_t gfp_mask, nodemask_t * nodemask)
{
```

```
    unsigned long nr_reclaimed;
    struct scan_control sc = {
        .nr_to_reclaim = SWAP_CLUSTER_MAX,
        .gfp_mask = current_gfp_context(gfp_mask),
        .reclaim_idx = gfp_zone(gfp_mask),
        .order = order,
        .nodemask = nodemask,
        .priority = DEF_PRIORITY,
        .may_writepage = ! laptop_mode,
        .may_unmap = 1,
        .may_swap = 1,
    };

    set_task_reclaim_state(current, &sc.reclaim_state);
    nr_reclaimed = do_try_to_free_pages(zonelist, &sc);
    set_task_reclaim_state(current, NULL);

    return nr_reclaimed;
}
```

scan_control 的主要字段见表 9-1。

表 9-1   scan_control 字段表

字 段	类 型	描 述
nr_to_reclaim	unsigned long	需要回收多少页内存
nr_reclaimed	unsigned long	已经回收多少页内存
nr_scanned	unsigned long	已经扫描多少页内存
nodemask	nodemask_t *	满足扫描条件的 node
may_deactivate	unsigned int:2	扫描过程中可以将 active 页置为 inactive，可以是 DEACTIVATE_ ANON 和 DEACTIVATE_FILE 的组合
force_deactivate	unsigned int:1	会将 may_deactivate 置为 DEACTIVATE_ANON ｜ DEACTIVATE_FILE
skipped_deactivate	unsigned int:1	置 1 意味着某次扫描跳过了 active 的匿名页或者文件页
may_writepage	unsigned int:1	扫描过程中可以将内存页写回
may_unmap	unsigned int:1	扫描过程中可以进行 unmap 操作
priority	s8	在计算扫描页数的时候作为右移参数（这里的默认值 DEF_ PRIORITY 等于 12）
reclaim_idx	s8	要扫描的 zone 的范围索引（zone 索引不大于它的都可以被扫描）
cache_trim_mode	unsigned int:1	置 1 表示优先回收文件页
file_is_tiny	unsigned int:1	置 1 表示文件页较少，优先回收匿名页

有了 scan_control，退出条件就比较清楚了，由 do_try_to_free_pages 函数给出，如下。

```
static unsigned long do_try_to_free_pages(struct zonelist * zonelist,
                        struct scan_control * sc)
{
    int initial_priority = sc->priority;
    pg_data_t * last_pgdat;
```

```
    struct zoneref * z;
    struct zone * zone;
retry:

    do {
        sc->nr_scanned = 0;
        shrink_zones(zonelist, sc);

        if (sc->nr_reclaimed >= sc->nr_to_reclaim)        //标签 1
            break;

        if (sc->priority < DEF_PRIORITY - 2)
            sc->may_writepage = 1;
    } while (--sc->priority >= 0);                         //标签 2

    if (sc->nr_reclaimed)                                  //标签 3
        return sc->nr_reclaimed;
    if (sc->skipped_deactivate) {                          //标签 4
        sc->priority = initial_priority;
        sc->force_deactivate = 1;
        sc->skipped_deactivate = 0;
        goto retry;
    }

    return 0;
}
```

纵观 do_try_to_free_pages 函数，很明显，内存回收是由 shrink_zones 函数负责的。某次回收后，会有以下几种结果。

1）当已回收的页数大于需要回收的页数函数成功退出（标签 1）。

2）已回收的页数没有达到预期的情况下，将 sc->priority 减 1，扫描更多页（便签 2，扫描的页数在 get_scan_count 函数中计算，scan >>= sc->priority）。

3）如果 sc->priority 放宽到 0 还没有达到预期，视回收结果而定。

① 回收到内存，返回（标签 3）。

② 没有回收到内存，如果之前扫描过程中跳过了 active 的匿名页或者文件页，强制不能跳过，再来一轮（标签 4）。

③ 宽松的条件也尝试过了，没有回收到内存，只能返回 0。

整个过程像打鱼一样，先在浅水区撒几网，捕到足够数量的鱼就收工（标签 1），达不到预期就换孔更小的网（标签 2，友情提示，不要竭泽而渔），撒了很多网之后，捕到几条是几条（标签 3），没捕到不好交差就到深水区尝试一下（标签 4），无所不用其极还是没捕到，只能（免责）回家了。

接下来就让我们看看如何"撒一网"（shrink_zones）吧。

9.3　选择扫描对象

shrink_zones 看名字扫描过程是以 zone 为单位的，老版本的 Linux 内核（4.x）的确也是这么

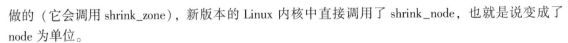

做的（它会调用 shrink_zone），新版本的 Linux 内核中直接调用了 shrink_node，也就是说变成了 node 为单位。

逻辑或者流程上的变化，也会反映在数据结构上。

很明显，我们不可能把所有非空闲的内存页都扫描一遍，看是否符合回收条件，那么首先就要确认扫描哪些页，这些页都在被称作 lru list 的链表上（lru 是 Least Recently Used 的简称），由 lruvec 结构体表示。数据结构上的变动就体现在这里，老版本的 Linux 内核中 lru list 是 zone 的一个字段（zone.lruvec），在新版本的 Linux 内核中变成了 pglist_data.__lruvec，熟悉老版本的 Linux 内核的读者请注意这点变化。

lruvec 结构体最重要的字段是 lists，它的类型是 list_head 数组，数组元素个数等于 NR_LRU_LISTS。数组的每一个元素都是一个链表，链表上就是有可能被扫描的页。每一个链表都有独特的角色，如下。

```
enum lru_list {
    LRU_INACTIVE_ANON = LRU_BASE,
    LRU_ACTIVE_ANON = LRU_BASE + LRU_ACTIVE,
    LRU_INACTIVE_FILE = LRU_BASE + LRU_FILE,
    LRU_ACTIVE_FILE = LRU_BASE + LRU_FILE + LRU_ACTIVE,
    LRU_UNEVICTABLE,
    NR_LRU_LISTS
};
```

从 lru_list 可以得出每一个 node 都有 5 种链表，前两个是匿名页链表，接下来两个是文件页链表，LRU_UNEVICTABLE 是个占位符，顾名思义（UNEVICTABLE）这种类型的页是不能被回收的，也不会被扫描，链表本身也是空的。

至于 INACTIVE 和 ACTIVE，指的是页的活跃程度，下文详解。

shrink_zones 调用 shrink_node，shrink_node 先调用 prepare_scan_count 计算 sc -> may_deactivate、sc->cache_trim_mode 和 sc->file_is_tiny 以控制接下来扫描匿名页和文件页的数量，然后调用 shrink_node_memcgs。

shrink_node_memcgs 先调用 shrink_lruvec 扫描回收 lru 链表上的内存页，然后调用 shrink_slab 回收定义了 shrinker 的内存块。前面说过内存回收扫描的内存页都在 lru 链表上，shrink_slab 实际上不是通过扫描实现的。

lru 链表上的内存页是内核申请的页，应用、甚至驱动并不感知它们的信息（比如物理地址）。举个例子，我们在用户空间中通过 malloc 函数申请得到了虚拟内存，然后通过指针的方式访问它，最终调用 free 释放内存。从始至终我们使用的都是虚拟地址，并不关心物理内存在哪里。这种情况下，内核是可以保留一定的操作空间的。内核申请了相应的内存后，将其放入 lru 链表，内存吃紧的情况下，将它释放掉，我们再次访问的时候再换其他的内存供程序使用，如图 9-4 所示。只要换出、换入的过程里内存中的信息不丢失，用户程序是感知不到的。

并不是所有的内存都是可以放到 lru 链表上的，比如我们在驱动中调用 alloc_pages 申请内存，使用完成后将它们释放掉，它们的生命周期是由模块本身掌握的，内核无从干涉。但是模块中如果有些内存不是必要的，内存吃紧的情况下，也想为系统做一份贡献，将"多余"的内存释放出来，就可以定义 shrinker，调用 register_shrinker 等函数注册到内核。内核尝试内存回收的时候，会遍历这些 shrinker，调用它们的回调函数由模块自身决定是否释放内存。这就是 shrink_slab 的逻辑，本质上是内核在内存回收的过程中，顺带询问有意向的模块是否要释放部分内存。

因此，shrink_lruvec 才是我们的重点，主要逻辑如下。

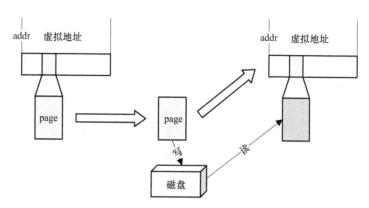

图 9-4　内存换出、换入示意图

```
void shrink_lruvec(struct lruvec * lruvec, struct scan_control * sc)
{
    unsigned long nr[NR_LRU_LISTS];
    unsigned long targets[NR_LRU_LISTS];
    unsigned long nr_to_scan;
    enum lru_list lru;
    unsigned long nr_reclaimed = 0;
    unsigned long nr_to_reclaim = sc->nr_to_reclaim;
    bool proportional_reclaim;
    struct blk_plug plug;

    get_scan_count(lruvec, sc, nr);    //1
    memcpy(targets, nr, sizeof(nr));

    proportional_reclaim = (!cgroup_reclaim(sc) && !current_is_kswapd() &&
            sc->priority == DEF_PRIORITY);

    blk_start_plug(&plug);
    while (nr[LRU_INACTIVE_ANON] || nr[LRU_ACTIVE_FILE] ||
                nr[LRU_INACTIVE_FILE]) {    //标签 1
        unsigned long nr_anon, nr_file;

        for_each_evictable_lru(lru) {    //标签 2
            if (nr[lru]) {
                nr_to_scan = min(nr[lru], SWAP_CLUSTER_MAX);
                nr[lru] -= nr_to_scan;
                nr_reclaimed += shrink_list(lru, nr_to_scan,    //2
                        lruvec, sc);
            }
        }

        cond_resched();

        if (nr_reclaimed < nr_to_reclaim || proportional_reclaim)    //标签 3
            continue;
```

```
        nr_file = nr[LRU_INACTIVE_FILE] + nr[LRU_ACTIVE_FILE];
        nr_anon = nr[LRU_INACTIVE_ANON] + nr[LRU_ACTIVE_ANON];
        if (!nr_file || !nr_anon)    //标签 4
            break;

        //重新计算 nr[],省略
    }
    blk_finish_plug(&plug);
    sc->nr_reclaimed += nr_reclaimed;
}
```

shrink_lruvec 的逻辑比较清晰，总共分两步。

第 1 步，调用 get_scan_count 计算各类 lru 需要扫描的页数，保存在 nr 数组中。它根据 sc->file_is_tiny、sc->cache_trim_mode 和 sc->may_swap 等参数计算需要扫描的匿名页和文件页的比例，然后根据系统中符合条件的某个类型的 lru 总页数右移 sc->priority 得到该类型 lru 需要扫描的页数。

"符合条件的某个类型的 lru 总页数"是由 lruvec_lru_size 函数计算得来的，以 LRU_INACTIVE_ANON 为例，计算的过程就是将 node 中所有符合条件的 zone（zone 的 index 小于要求的 zone_idx）的 INACTIVE_ANON 页加在一起（统计在 zone -> vm_stat［NR_ZONE_INACTIVE_ANON］中）。

第 2 步，循环调用 shrink_list，每次扫描一种类型 lru 链表，尝试回收内存，每次最多扫描 SWAP_CLUSTER_MAX 页。

关于第 2 步的循环，有以下几点需要说明。

1）循环继续下去的一个条件是 LRU_INACTIVE_ANON、LRU_ACTIVE_FILE 和 LRU_INACTIVE_FILE 这 3 种 lru 还需要继续扫描（标签 1），这并不意味着不扫描 LRU_ACTIVE_ANON lru，只意味着在只剩下 LRU_ACTIVE_ANON lru 没完成任务的情况下循环退出。看来 LRU_ACTIVE_ANON 的地位特殊，可能是换出、换入成本较大。

2）for_each_evictable_lru，实际上就是按照 LRU_INACTIVE_ANON、LRU_ACTIVE_ANON、LRU_INACTIVE_FILE 和 LRU_ACTIVE_FILE 顺序遍历这 4 种 lru，所以每一轮 while 循环实际上都是尝试回收这 4 种内存页，如果需要的话。本节讨论的扫描对象就是它们了。

3）在没有达到预期（nr_reclaimed >= nr_to_reclaim）之前，不会重新计算扫描页数，继续 while 循环。在内存压力较小的情况下（proportional_reclaim 为真），即使达到了预期也继续 while 循环（标签 3）。

4）当匿名页或者文件页的二者其一完成了扫描任务后，停止扫描（标签 4），否则接下来循环扫描剩下的那个就变成"报复性"的了。

5）程序能执行到标签 4 和"重新计算 nr[]"的一个前提条件是 nr_reclaimed >= nr_to_reclaim && ! proportional_reclaim。这时候已经达到预期了，但是扫描任务还没有完成（nr[] 数组不满足退出条件），这种情况下重新计算 nr[] 是为了减轻任务。

接下来就是 shrink_list 了，它根据传递的参数调用 shrink_inactive_list 和 shrink_active_list 分别处理 inactive 和 active 的 lru 链表。

9.4 扫描 inactive 链表

shrink_inactive_list 函数负责扫描 inactive lru 链表，主要逻辑如下。

```
unsigned long shrink_inactive_list(unsigned long nr_to_scan,
        struct lruvec *lruvec, struct scan_control *sc,
        enum lru_list lru)
{
    LIST_HEAD(folio_list);
    unsigned long nr_scanned;
    unsigned int nr_reclaimed = 0;
    bool file = is_file_lru(lru);
    struct pglist_data *pgdat = lruvec_pgdat(lruvec);

    lru_add_drain();

    nr_taken = isolate_lru_folios(nr_to_scan, lruvec, &folio_list,
                &nr_scanned, sc, lru);

    nr_reclaimed = shrink_folio_list(&folio_list, pgdat, sc, &stat, false);

    move_folios_to_lru(lruvec, &folio_list);

    free_unref_page_list(&folio_list);

    return nr_reclaimed;
}
```

以上代码经过了极大简化，每一行都是核心逻辑。

lru_add_drain 强制将还在 lru cache 中的页放入 lru 中。

系统中有 4 个可能非空的 lru 链表，它们管理的页有可能被插入、删除，有些情况下，active 和 inactive 的变动导致页从一个链表上移动到另一个，每一次变动都要内核同步，是一个很大的开销。为此内核采用了 batch 的思想，维护一个可以容纳 15 个页的 cache，达不到 15 就先放到这个 cache 里面，达到 15 个才会锁住链表再去更新它们。lru_add_drain 会强制将 cache 中的页添加到目标链表中，接下来扫描不至于漏掉。

9.4.1　页隔离

isolate_lru_folios 用来隔离将要被扫描的页，所谓的隔离，实际上是将它们从 lru list 中删除，添加到临时的 folio_list 链表中，这样接下来它们就不会被再次扫描到了。并不是所有的页都可以被隔离的，代码如下。

```
static unsigned long isolate_lru_folios(unsigned long nr_to_scan,
        struct lruvec *lruvec, struct list_head *dst,
        unsigned long *nr_scanned, struct scan_control *sc,
        enum lru_list lru)
{
    struct list_head *src = &lruvec->lists[lru];
    unsigned long nr_taken = 0;
    unsigned long nr_zone_taken[MAX_NR_ZONES] = { 0 };
    unsigned long nr_skipped[MAX_NR_ZONES] = { 0, };
    unsigned long skipped = 0;
    unsigned long scan, total_scan, nr_pages;
```

```
    LIST_HEAD(folios_skipped);

    total_scan = 0;
    scan = 0;
    while (scan < nr_to_scan && ! list_empty(src)) {
        struct list_head * move_to = src;
        struct folio * folio;
        folio = lru_to_folio(src);       //标签 1

        nr_pages = folio_nr_pages(folio);
        total_scan += nr_pages;

        if (folio_zonenum(folio) > sc->reclaim_idx) {     //标签 2
            nr_skipped[folio_zonenum(folio)] += nr_pages;
            move_to = &folios_skipped;
            goto move;
        }

        scan += nr_pages;

        if (! folio_test_lru(folio))
            goto move;
        if (! sc->may_unmap && folio_mapped(folio))       //标签 3
            goto move;

        if (unlikely(! folio_try_get(folio)))
            goto move;

        if (! folio_test_clear_lru(folio)) {
            folio_put(folio);
            goto move;
        }

        nr_taken += nr_pages;
        nr_zone_taken[folio_zonenum(folio)] += nr_pages;
        move_to = dst;
move:
        list_move(&folio->lru, move_to);
    }

    if (! list_empty(&folios_skipped)) {
        list_splice(&folios_skipped, src);
    }
    * nr_scanned = total_scan;
    update_lru_sizes(lruvec, lru, nr_zone_taken);
    return nr_taken;
}
```

所有的 goto move 都是隔离失败的场景，典型的比如内存页不在要求的 zone 范围内（标签 2）、没有权限 unmap 已经 map 的页（标签 3）。

除了 isolate_lru_folios 本身的逻辑之外，我们单独讨论它还有两个特殊原因。

一个原因是 src 是我们将要扫描的 lru，扫描的方向是从链表尾部向头部，这个细节被隐藏在 lru_to_folio 中。

```
struct folio * lru_to_folio(struct list_head * head)
{
    return list_entry((head)->prev, struct folio, lru);
}
```

为什么要从尾部开始扫描，下文中我们会看到回收失败的页被放回链表的时候是放在链表头的，这样会为了避免短时间内重复扫描。

另一个原因是函数本身的名字，在 5.x 的内核中，它的名字叫 isolate_lru_pages，folios 替代了 pages。

9.4.2 folio 的原理

将 folio 单独作为一个小节与本章内容看似不太搭，但由于这里是它第一次出现，而在本章后面的章节中也会经常出现，因此此处稍作强调。

folios 其实并不完全是一个新的概念，内核中之前就有类似的概念叫作复合页（Compound Page），意思就是将物理上连续的页视为一个单元，统一管理。folio_alloc 函数可以解释它们的关系，如下。

```
struct folio * folio_alloc(gfp_t gfp, unsigned order)
{
    struct page * page = alloc_pages(gfp | __GFP_COMP, order);

    if (page && order > 1)
        prep_transhuge_page(page);
    return (struct folio *)page;
}
```

folio_alloc 从以下两个角度阐述了 folio 和 page 的关系。

1）folio 是通过 alloc_pages 得到的，而且还置位了 __GFP_COMP，所以这种情况下（并不是所有情况），本质上它就是 Compound Page，包含的页数是 2 的整数次幂（2^order）。

2）alloc_pages 得到的是 page 对象，最终通过强制转换变成了 folio。从数据结构角度来看，folio 和 page 是在某种程度上可以兼容的，二者在内存的部分结构是一致的，区别仅在某些字段的名字不同。

folio 目前正在逐步替代 page，在当前的内核中，page、Compound Page 和 folio 同时存在，我们可以从 page 和 folio 的定义中找到它的原理。

抛开具体字段，page 和 folio 的定义如下。

```
struct page {                          struct folio {
    unsigned long flags;                   union {
    union {                                    struct {
        struct {                                   unsigned long flags;
            //lru、buddy 等字段                      //lru、buddy 等字段
        };                                     };
        struct {                               struct page page;
            //compound 相关字段                 }
```

```
        };                                  union {
        struct {                                struct {
            //hugetlb 相关字段                       //compound 相关字段
        };                                      };
    };                                          struct page __page_1;
    //...                                   }
}                                           union {
                                                struct {
                                                    //hugetlb 相关字段
                                                };
                                                struct page __page_2;
                                            }
                                        }
```

继续以 folio_alloc 为例，我们得到的实际上是 Compound Page，物理上是连续的，得到的 page 对象也是连续的，是个 page 数组（记为 pages）。

返回 page 之前，prep_new_page 函数看到 __GFP_COMP 会调用 prep_compound_page 为 compound 的 page 的字段赋值。假设总共有 nr_pages，pages[0] 是 compound 的首页（head），后面的 page 都是尾页（tail），内核会对它们做以下特殊处理。

1）首页 pages[0] 的 flags 会被置位 PG_head（__SetPageHead）。

2）所有尾页（pages[1] 到 pages[nr_pages − 1]）的 compound_head 会被赋值为（unsigned long）pages[0] + 1（prep_compound_tail 函数），这样通过 compound 的任何一页都可以找到首页，0 位置 1 也可以用来判断它是尾页。

3）page[1] 的 compound_dtor、compound_order、compound_mapcount 等 compound 相关的字段会被赋值（prep_compound_head 函数），用来记录 compound 的信息。

由此我们得到 compound 在内存中的布局，如图 9-5 所示。

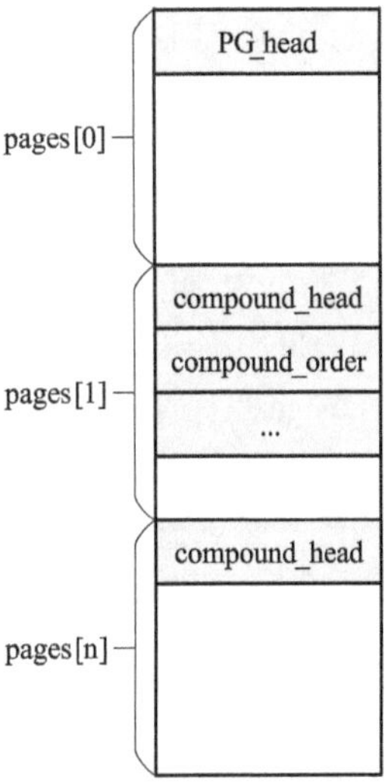

这不就是 folio 的前 2 个 union 吗？类似的，如果的页是独立的一页，对应的就是 folio 的第 1 个 union，如果是 hugetlb 的页，对应的就是 folio 的前 3 个 union。所以 folio 本质上是按照一个或者一组页在内存中的布局融合而成的结构体，在具体的场景中确保只能访问 folio 中有效的字段就可以了，比如 Compound Page 场景中不能 folio 第 3 个 union 的字段。

这么做的一个明显好处是 folio 与首页 pages[0] 在很大程度上等同了，代码上 folio->page 得到的就是首页，以前只有 page 的情况下，需要先判断是不是尾页，如果是还需要通过 compound_head 字段解析首页。

回到页的扫描和回收话题中，扫描一个 folio 会影响到计数，比如 isolate_lru_pages 计算扫描页数的时候，扫描一个 folio 在数量上会加上 folio_nr_pages，也就是 folio 包含了多少页。

图 9-5　compound page 内存布局

9.4.3　回收隔离页

现在进入"麻药已生效，接下来开始手术"的阶段，由 shrink_folio_list 函数处理隔离页。shrink_folio_list 的代码解决 500 行，去掉非核心逻辑和边界情况后（我们集中讨论 folio 单页的情况，本章的页与 folio 基本是等同的），简化如下。

```
static unsigned int shrink_folio_list(struct list_head *folio_list,
        struct pglist_data *pgdat, struct scan_control *sc,
        struct reclaim_stat *stat, bool ignore_references)
{
    LIST_HEAD(ret_folios);
    LIST_HEAD(free_folios);
    unsigned int nr_reclaimed = 0;

    memset(stat, 0, sizeof(*stat));
    cond_resched();

retry:
    while (!list_empty(folio_list)) {  //隔离后的页在 folio_list 上
        struct address_space *mapping;
        struct folio *folio;
        enum folio_references references = FOLIOREF_RECLAIM;
        bool dirty, writeback;
        unsigned int nr_pages;

        cond_resched();
        folio = lru_to_folio(folio_list);    //1
        list_del(&folio->lru);

        nr_pages = folio_nr_pages(folio);
        sc->nr_scanned += nr_pages;

        if (folio_test_writeback(folio)) {    //2
            folio_unlock(folio);
            folio_wait_writeback(folio);
            list_add_tail(&folio->lru, folio_list);
            continue;
        }

        if (!ignore_references)
            references = folio_check_references(folio, sc);    //3
        switch (references) {
        case FOLIOREF_ACTIVATE:
            goto activate_locked;
        case FOLIOREF_KEEP:
            stat->nr_ref_keep += nr_pages;
            goto keep_locked;
        case FOLIOREF_RECLAIM:
        case FOLIOREF_RECLAIM_CLEAN:
            ;  /* try to reclaim the folio below */
        }

        if (folio_test_anon(folio) && folio_test_swapbacked(folio)) {    //4
            if (!folio_test_swapcache(folio)) {
```

```
            if (!(sc->gfp_mask & __GFP_IO))
                goto keep_locked;
            add_to_swap(folio);
        }
    }

    if (folio_mapped(folio)) {
        enum ttu_flags flags = TTU_BATCH_FLUSH;
        try_to_unmap(folio, flags);    //5
    }

    mapping = folio_mapping(folio);
    if (folio_test_dirty(folio)) {
        if (folio_is_file_lru(folio) &&
            (!current_is_kswapd() ||
            !folio_test_reclaim(folio) ||
            !test_bit(PGDAT_DIRTY, &pgdat->flags))) {
            folio_set_reclaim(folio);
            goto activate_locked;
        }

        if (references == FOLIOREF_RECLAIM_CLEAN)
            goto keep_locked;
        if (!may_enter_fs(folio, sc->gfp_mask))
            goto keep_locked;
        if (!sc->may_writepage)
            goto keep_locked;

        try_to_unmap_flush_dirty();
        switch (pageout(folio, mapping, &plug)) {    //6
        case PAGE_KEEP:
            goto keep_locked;
        case PAGE_ACTIVATE:
            goto activate_locked;
        case PAGE_SUCCESS:
            if (folio_test_writeback(folio))
                goto keep;
            if (folio_test_dirty(folio))
                goto keep;
            mapping = folio_mapping(folio);
            fallthrough;
        case PAGE_CLEAN:
            ; /* try to free the folio below */
        }
    }
    //put folio ref
    if (folio_test_anon(folio) && !folio_test_swapbacked(folio)) {
        if (!folio_ref_freeze(folio, 1))
            goto keep_locked;
```

```
        } else if (!mapping || !__remove_mapping(mapping, folio, true,
                    sc->target_mem_cgroup))
            goto keep_locked;
free_it:
        nr_reclaimed += nr_pages;
        list_add(&folio->lru, &free_folios);     //7
        continue;
activate_locked:
        if (folio_test_swapcache(folio) &&
            (mem_cgroup_swap_full(folio) || folio_test_mlocked(folio)))     //8
            folio_free_swap(folio);
        if (!folio_test_mlocked(folio)) {     //9
            folio_set_active(folio);
        }
keep_locked:
        folio_unlock(folio);
keep:
        list_add(&folio->lru, &ret_folios);
    }     //while 循环在这里结束

    try_to_unmap_flush();
    free_unref_page_list(&free_folios);     //9

    list_splice(&ret_folios, folio_list);     //10

    return nr_reclaimed;
}
```

在不影响理解的情况下，这里已经将代码简化到极致了，还剩下 100 多行，可以分为 10 步。
shrink_folio_list 先定义了 free_folios 和 ret_folios 两个局部链表，算上第 1 个参数 folio_list，总共 3 个链表（实际上省略掉的代码中还有一个）。

- folio_list 是 isolate_lru_folios 成功隔离的页组成的 list，while 循环就是遍历它，直到它为空。
- free_folios 的 free 并不是空闲，而是释放，符合回收条件的页会添加到 free_folios。
- ret_folios 是相对 free_folios 而言的，不符合回收条件的页会添加到 ret_folios，因为它是局部变量，函数返回前会将它的元素移到 folio_list 上（移动之前 folio_list 已经为空），所以 folio_list 既是输入也是输出。

第 1 步，调用 lru_to_folio 获得 folio，并将其从 lru_to_folio 删除。需要再次强调的是，lru_to_folio 是从链表尾部开始向头部遍历的，和第 2 步呼应起来。

第 2 步，如果页正在写回过程中（folio_test_writeback），等待页写完，然后将它重新插入 lru_to_folio 链表尾部，下轮循环依然处理它。

第 3 步，调用 folio_check_references 检查 folio 的访问情况，来决定它的活跃程度。它是理解内存回收的核心知识点，核心逻辑如下。

```
enum folio_references folio_check_references(struct folio * folio,
                        struct scan_control * sc)
{
    int referenced_ptes, referenced_folio;
    unsigned long vm_flags;
```

```
referenced_ptes = folio_referenced(folio, 1, sc->target_mem_cgroup,
                                 &vm_flags);
referenced_folio = folio_test_clear_referenced(folio);

if (referenced_ptes) {
   folio_set_referenced(folio);

   if (referenced_folio || referenced_ptes > 1)
       return FOLIOREF_ACTIVATE;

   if ((vm_flags & VM_EXEC) && folio_is_file_lru(folio))     //标签 1
       return FOLIOREF_ACTIVATE;

   return FOLIOREF_KEEP;
}

if (referenced_folio && folio_is_file_lru(folio))
   return FOLIOREF_RECLAIM_CLEAN;

return FOLIOREF_RECLAIM;
}
```

folio_check_references 先调用 folio_referenced 计算自从上次扫描到现在，访问物理页（我们讨论的是 folio 单页的情况）的映射的数量。图 9-6 所示的访问，如果只通过 PTE1 或者 PTE2 二者其一访问了物理页，folio_referenced 返回 1；如果二者都访问了，返回 2；如果都没有访问，返回 0。

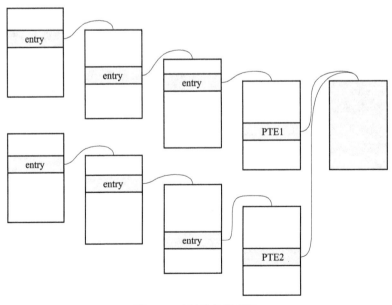

图 9-6　映射路径示意图

需要强调的是，这里计算的并不是物理页被访问的次数，通过一个映射路径访问无论多少次也只能算作一次。理论上难道不是访问次数更能反映活跃程度吗？这得从 folio_referenced 的原理说起。

x86/x86_64 CPU 访问（读或者写）内存后，会将页表（Page Table，PT，最靠近物理页的一级页表）项（PTE）的 Accessed（A）bit 置 1。

- 不会记录访问的次数。
- 不是自动将 A 清零。
- 软件上可以将 A 清零。

也就是说，通过同样的映射再次访问之前 A 被置 1 的页，A 不会变化，还会是 1，所以 CPU 只能告诉软件物理页有没有（0 或者 1）通过某个路径被访问过。同时 A 被记录 PTE 中，所以通过不同的映射访问物理页的情况下，每个访问过的映射路径的 PTE 的 A 都会被置 1。

硬件的原理清晰了，那么下一个问题是软件上如何遍历所有的映射呢？答案是反向映射，详情见下文。

看起来活跃程度与 folio_referenced 的返回值密切相关了，实际上活跃程度可以分为两个维度：active 与否和 referenced 与否。

基于我们现在扫描的是 inactive lru 这个前提，folio_check_references 的结果和相应的回收行为的总结见表 9-2。

表 9-2　folio_check_references 结果表

扫描前页的状态	folio_referenced 的返回值	结　果
inactive，unreferenced	0	FOLIOREF_RECLAIM，尝试回收
inactive，unreferenced	1	inactive、referenced
，	> 1	active、referenced
inactive，referenced	0	inactive、unreferenced FOLIOREF_RECLAIM_CLEAN 或者 FOLIOREF_RECLAIM，尝试回收
inactive，referenced	1	active、referenced

除此之外，可执行文件的映射（标签 1，多为代码段）是有优待的，只要被访问，就会变成 active，这么做主要是考虑到代码段加载到内存中可能会频繁访问。

active 与否决定了 folio 在哪个链表（active/inactive）上，同一个链表上分为 referenced 和 unreferenced 两种状态。

表 9-2 中并没有出现 active、unreferenced 的状态，它出现在 shrink_active_list 函数的流程中。

活跃程度的完整状态机我们在分析完 shrink_active_list 后再总结，这里只需要关心 folio_check_references 的结果即可，只有返回 FOLIOREF_RECLAIM 或者 FOLIOREF_RECLAIM_CLEAN 的情况下，shrink_folio_list 才会继续尝试回收 folio，否则会在第 10 步将它重新放入 folio_list 返回。

shrink_folio_list 从第 4 步开始尝试回收 folio，走到这里的 folio 都是回收的候选。第 4 步处理匿名页，folio_test_swapbacked 表示 folio 可以被交换，在交换之前需要决定将它的内容写到哪里（对应一个 swap entry 表示它的内容在哪里可以找到，如图 9-7 所示）。如果还没有决定好（！folio_test_swapcache 为真），调用 add_to_swap 做准备。

add_to_swap 会在 swap 分区中找到空闲位置，准备 swap entry，然后调用 folio_set_swapcache 表示 folio 的 swap entry 已经准备好了。因为 folio 的内容是要写到 swap 分区的，add_to_swap 会调用 folio_mark_dirty 表示内容需要写回。

第 5 步，调用 try_to_unmap 尝试取消 folio 之前的映射。

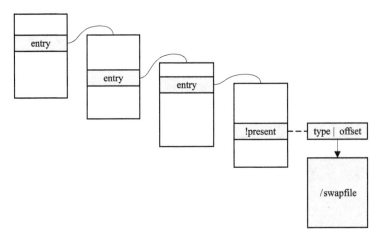

图 9-7　swap entry 示意图

接下来即将回收 folio，folio 原来的映射（虚拟地址到物理页）就无效了，同时 folio 原有的内容不能丢失，所以我们还需要将寻找数据的线索保存下来，行之有效的办法就是更新每一个映射了 folio 的页表项（PTE）。显然，这里还是需要反向映射遍历 PTE。

匿名页和文件页的处理策略是不同的。

- 匿名页需要在 PTE 中记录数据写到了 swap 分区的哪个位置。
- 文件页只需要在数据已更新的情况下写回到文件即可，需要写回的情况下，try_to_unmap 会调用 folio_mark_dirty 记录下来。

那么文件页是如何判断数据已更新的呢？与 PTE 的 Accessed（A）bit 类似，它还有一个 Dirty（D）bit，每次通过某映射更新页的时候都会将 D 置 1，这里依然是使用反向映射遍历 PTE 查看它们的 D bit 的。

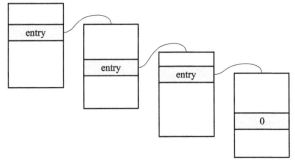

针对匿名页和文件页，try_to_unmap（图中简称 ttu）处理完成后 PTE 的内容如图 9-8 所示。

图 9-8　文件页 ttu PTE 示意图

第 6 步，处理 folio dirty 的情况，符合写回条件的情况下由 pageout 函数完成，如下。

pageout 前面几个条件，除了 references == FOLIOREF_RECLAIM_CLEAN 都比较直观，FOLIOREF_RECLAIM_CLEAN 的意图是 reclaim if clean，并不是 reclaim and clean，写回是非 clean 的情况，所以回收失败，goto keep_locked。

```
pageout_t pageout(struct folio * folio, struct address_space * mapping,
        struct swap_iocb **plug)
{
    if (mapping->a_ops->writepage == NULL)
        return PAGE_ACTIVATE;

    if (folio_clear_dirty_for_io(folio)) {
        int res;
        struct writeback_control wbc = {
```

```
            .sync_mode = WB_SYNC_NONE,
            .nr_to_write = SWAP_CLUSTER_MAX,
            .range_start = 0,
            .range_end = LLONG_MAX,
            .for_reclaim = 1,
            .swap_plug = plug,
        };

        folio_set_reclaim(folio);
        res = mapping->a_ops->writepage(&folio->page, &wbc);
        if (res < 0)
            handle_write_error(mapping, folio, res);
        if (res == AOP_WRITEPAGE_ACTIVATE) {
            folio_clear_reclaim(folio);
            return PAGE_ACTIVATE;
        }

        if (!folio_test_writeback(folio)) {
            folio_clear_reclaim(folio);
        }
        return PAGE_SUCCESS;
    }

    return PAGE_CLEAN;
}
```

pageout 的代码相对清晰，这里将其列出来一个直接的原因在于它的第二个参数 mapping，是通过 folio_mapping 函数获得的，类型是 struct address_space *。在后面的章节会详细讨论 address_space，这里需要强调的是，匿名页的 address_space 是无效的，但是前面的 add_to_swap 会将匿名页置为 dirty，这里使用的 mapping 又是从哪里来的呢？实际上这里匿名页的 mapping 并不属于 folio，而是属于 swap 分区的（swap 也是以文件的形式呈现的），代码如下。

```
struct address_space * folio_mapping(struct folio * folio)
{
    struct address_space * mapping;

    if (unlikely(folio_test_swapcache(folio)))      //匿名页使用 swap 的 mapping
        return swap_address_space(folio_swap_entry(folio));

    mapping = folio->mapping;
    if ((unsigned long)mapping & PAGE_MAPPING_FLAGS)
        return NULL;

    return mapping;
}
```

pageout 会调用 mapping->a_ops->writepage，由具体的文件系统实现写回，sync_mode 等于 WB_SYNC_NONE，表示异步写，不需要等待写完成。

- 写操作未完成的情况下，writepage 会 set writeback 表示正在写回。

- 写完成的情况下，writepage 会 clear writeback 表示写回已完成。

pageout 返回 PAGE_CLEAN 会回收 folio，返回 PAGE_SUCCESS 的情况下，如果页在写回过程中，会将页放回 lru，等待下一轮扫描继续回收。

第 7 步，将经过层层准备和验证的符合回收条件的 folio 插入到 free_folios 上，在第 9 步调用 free_unref_page_list 回收。

第 8 步和第 9 步处理的是中间回收没有成功，且成功晋升为 active 的 folio，它们会在第 10 步重新插入 folio_list 返回。

9.4.4 扫尾

路远且杂，别绕晕了，shrink_folio_list 是被 shrink_inactive_list 调用的，再回到 shrink_inactive_list。shrink_folio_list 返回后，它的第一个参数 folio_list 上的 folio 存在以下几种情况。

- shrink_folio_list 回收失败（比如正在写回、sc 给的权限不足等）的 folio，会被重新放回 inactive lru 的 folio。
- 有过访问（Accessed），需要重新放回 inactive lru 的 folio。
- 访问活跃，被提升为 active，将要被插入 active lru 的 folio。

接下来调用 move_folios_to_lru 给这几种 folio 该有的归宿，过程中如果发现有的 folio 没有有效引用了，则调用 free_unref_page_list 将它们释放。

shrink_inactive_list 和 shrink_folio_list（被前者调用）都调用了 free_unref_page_list，但请区分二者的应用场景。

- shrink_folio_list 释放的是回收成功（unmap、pageout 等都成功）的页。
- shrink_inactive_list 是在调用 move_folios_to_lru 的过程中，发现某些 folio 没有引用了（folio _put_testzero（folio）返回值非 0），将其释放。

folio_put_testzero 调用 put_page_testzero，将 folio-> page->_refcount 减 1，然后判断是否等于 0。每次调用 move_folios_to_lru 都减 1，岂不是早晚都会被没有引用吗？这点不用担心，我们在 isolate_lru_folios 中已经调用了 folio_try_get 给它加 1 了。

9.5 扫描 active 链表

读到这里，读者千万别绕晕了，我们现在还在 shrink_lruvec 函数遍历各类 lru 的过程中，遍历顺序是先匿名页，后文件页，先 inactive 后 active，本节分析 active 的情况。

shrink_active_list 的整体结构与 shrink_inactive_list 类似，核心逻辑如下。

```
void shrink_active_list(unsigned long nr_to_scan,
                        struct lruvec * lruvec,
                        struct scan_control * sc,
                        enum lru_list lru)
{
    unsigned long nr_taken;
    unsigned long nr_scanned;
    unsigned long vm_flags;
    LIST_HEAD(l_hold);/* The folios which were snipped off */
    LIST_HEAD(l_active);
    LIST_HEAD(l_inactive);
    int file = is_file_lru(lru);
```

```
    struct pglist_data *pgdat = lruvec_pgdat(lruvec);

    lru_add_drain();    //1

    nr_taken = isolate_lru_folios(nr_to_scan, lruvec, &l_hold,
                        &nr_scanned, sc, lru);    //2

    while (!list_empty(&l_hold)) {
        struct folio *folio;

        cond_resched();
        folio = lru_to_folio(&l_hold);
        list_del(&folio->lru);

        if (folio_referenced(folio, 0, sc->target_mem_cgroup,    //3
                        &vm_flags) != 0) {
            if ((vm_flags & VM_EXEC) && folio_is_file_lru(folio)) {
                list_add(&folio->lru, &l_active);
                continue;
            }
        }

        folio_clear_active(folio);
        list_add(&folio->lru, &l_inactive);
    }

    move_folios_to_lru(lruvec, &l_active);    //4
    move_folios_to_lru(lruvec, &l_inactive);
    list_splice(&l_inactive, &l_active);

    free_unref_page_list(&l_active);    //5
}
```

shrink_active_list 看起来比 shrink_inactive_list 简单，实际上也是如此，active 的 folio 不会直接被回收（第 5 步 free_unref_page_list 释放的只是没有被引用的 folio），最多被降级到 inactive，所以不涉及 swap/unmap/pageout 等复杂的逻辑。

前 2 步结束后，被成功隔离的 folio 在 l_hold 链表上。接下来的 while 循环遍历 l_hold，调用 folio_referenced 检查 folio 自上次扫描后有没有被访问过。

- 如果被访问过，且 folio 是可执行文件的映射页，继续保持为 active。
- 其他情况，降级为 inactive。

这里有以下两点需要特别说明。

1）即使被访问过，非可执行文件的映射页的 folio 也会被降级。

2）无论继续保持 active，还是被降级，folio 的 reference 状态不会改变。这意味着 active、unreferenced 状态的 folio，会被降级为 inactive、unreferenced 状态，即使这轮扫描它确实被访问了。

active 扫描会无视 reference 状态，那么降级为 inactive、unreferenced 和 inactive、referenced 区别大吗？答案是：会影响 folio 再次提升为 active 的难度。

是时候做个总结了，active/inactive 和 referenced/unreferenced 加上扫描过程中被访问过的情况，这些维度构成的状态机如图 9-9 所示。

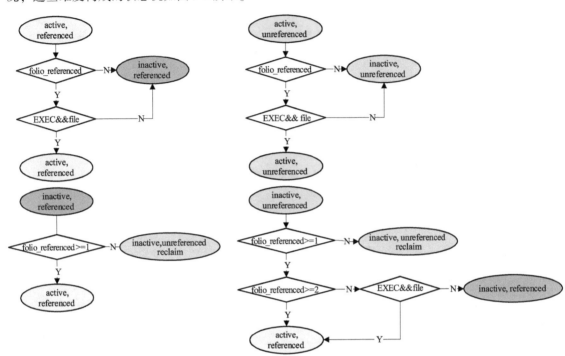

图 9-9　folio 活跃度状态机

从状态机中我们可以看到，active, unreferenced 状态在"自娱自乐"，其他状态的退出状态不会是它，那么它从何而来？在之前分析的流程中，它确实是在"自娱自乐"，但实际上还有其他的场景可以更新 folio 的活跃度状态，比如某些调用 folio_mark_accessed 函数的场景。

shrink_active_list 的第 4 步，将保持 active 和降级为 inactive 的 folio 分别放回对应的 lru，过程中如果发现没有引用的 folio，则第 5 步释放它们。

9.6 【看图说话】反向映射

前面的章节中，扫描和回收 folio 的过程中，不止一次用到了反向映射。所谓反向映射，就是给定一个 folio（page），将映射它的 PTE 找出来。多数情况下，软件和 CPU 都是从 PTE 到 folio，现在是从 folio 到 PTE，就是这里的"反向"。

最直接也是最简单的方式就是给 page 添加链表类型的字段，将所有映射它的 PTE（或者可以表示 PTE 的结构体）链接起来。比较旧版本的内核确实是这么做的，但是问题在于 page 对象数量巨大，添加字段会造成浪费，那么一个合理的替代方式就是利用已有的字段了，它就是 folio->mapping / page->mapping。

mapping 本身的类型是 struct address_space *，但实际上承担多个角色，在匿名映射和文件映射中有不同的任务。

本节会涉及匿名映射、文件映射和匿名页、文件页的特殊情况，那么我们首先要了解内存判断它们的标准。

匿名映射或者文件映射指的是 vma 是否是匿名的，由 vma_is_anonymous 函数决定，返回 true

是匿名映射，如下。

```
bool vma_is_anonymous(struct vm_area_struct * vma)
{
    return !vma->vm_ops; // vma->vm_ops 由文件在映射的过程为其赋值
}
```

匿名页和文件页由 folio_is_file_lru 函数判断，返回 false 为文件页，如下。

```
int folio_is_file_lru(struct folio * folio)
{
    return !folio_test_swapbacked(folio);
}
```

folio_is_file_lru 决定了 folio 会被放在哪个 lru 上，除此之外，folio_test_anon（PageAnon 也是调用它实现的）也会被用来判断 folio 匿名与否，二者在多数情况下等同，少数情况下会有冲突，需要结合具体的代码来理解。可以想象读者学习到这里时会有皱眉的表情，接下来结合具体的场景讨论也许在心里就可以"拨云见日"了。

```
bool folio_test_anon(struct folio * folio)
    {
    return ((unsigned long)folio->mapping & PAGE_MAPPING_ANON) != 0;
}
```

以上几个标准是从内核角度给出的，与用户的直观理解会有一些差异。

9.6.1　匿名映射的 mapping

匿名映射中，mapping 可以用来找到 anon_vma，anon_vma 关联 vma，通过 folio 和 vma，就可以得出映射的虚拟地址 address，最终由 address 和 vma 定位 PTE，如图 9-10 所示。

图 9-10 中基本都是直来直去的关系，除了 anon_vma 和 vma，它们实际上是多对多的关系，由 anon_vma_chain 结构体（以下简称 avc）辅助实现。

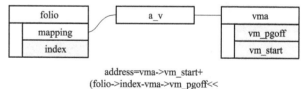

address=vma->vm_start+
(folio->index-vma->vm_pgoff<<
PAGE_SHIFT)

图 9-10　匿名 folio 定位 address 示意图

我们从 mmap 返回，vma 还没有映射任何物理页的情景说起。

第一次访问 vma 区间的地址，导致缺页异常。内核调用 do_anonymous_page，申请一页内存，完成映射。

由于这是 vma 区间内的第一次缺页异常，vma 相关的 anon_vma 和 avc 还不存在，处理异常的过程中会准备好它们，然后调用 page_add_new_anon_rmap 为该 page（folio）建立反向映射，将 anon_vma 赋值给 mapping 字段。关键代码片段如下。

```
struct anon_vma * anon_vma = vma->anon_vma;

anon_vma = (void *) anon_vma + PAGE_MAPPING_ANON;
WRITE_ONCE(page->mapping, (struct address_space *) anon_vma);
page->index = linear_page_index(vma, address);
```

代码中的 address 就是映射的虚拟地址，page->index 实际上是 page offset，该 page 在文件中的偏移量，也就是映射的是文件的第几页，计算代码如下。

```
pgoff = (address - vma->vm_start) >> PAGE_SHIFT;
pgoff += vma->vm_pgoff;
return pgoff;
```

vma->vm_pgoff 是 vma 的起始地址对应的文件的 page offset。

匿名映射没有对应文件，它的 vma->vm_pgoff 等于 vma->vm_start >> PAGE_SHIFT。

这里需要明确一下，从内核的角度看，我们以 MAP_ANONYMOUS 调用 mmap 等完成的映射并不一定是匿名映射。置位 MAP_SHARED 的情况下，内核会生成"假"（pseudo）文件与之对应（shmem_zero_setup），就不是匿名的了，vma->vm_pgoff 等于 0。只有 MAP_ANONYMOUS 和 MAP_PRIVATE 同时置位的情况下才是内核承认的匿名映射（可参考后面 9.6.2 节的表 9-3）。

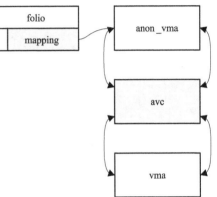

这里有以下两点需要注意。

1）整个 vma 可能会有多个页，它们的 mapping 字段是相等的，不等的是 index 字段。

2）anon_vma 和 vma 的关系并不依赖 page，哪怕是 vma 映射中的其中一部分 page 改变映射了，从 anon_vma 到 vma 的路径并不会变。

单个进程的反向映射建立了，如图 9-11 所示。anon_vma 到 vma 实际上是通过区间树（Interval Tree）实现的，为了看起来简洁些图中使用链表代替。

图 9-11　匿名映射单个进程反向映射示意图

接下来考虑创建子进程的场景。在新进程创建的过程中，有些情况会调用 dup_mmap 复制原进程的内存空间，dup_mmap 会复制 vma，然后调用 anon_vma_fork。anon_vma_fork 会为新进程申请 anon_vma，建立反向映射，完成后如图 9-12 所示。

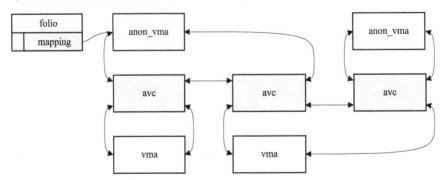

图 9-12　创建子进程后匿名映射示意图

新进程创建完成后，从 page->mapping 出发，就可以遍历所有映射它的 PTE 了。

再考虑 COW 的场景，缺页异常申请新的一页，将原页的内存复制到新页中，然后使用新页更新映射，根据前文中"需要注意的第 2 点"可以得出如图 9-13 所示的结果。

可以看到，从原页依然可以遍历到没有映射它的 vma（请仔细理解 anon_vma 和 vma 的关系并不依赖 page），从新页出发倒是没有这个烦恼。

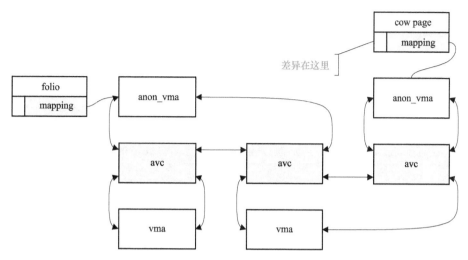

图 9-13　COW 发生后匿名映射示意图

我们肯定不希望操作原页的时候会影响到没有映射它的 vma，所以得到某个 vma 后，需要做进一步检查，原理是拿原页的 pfn 区间（一个 folio 可能包含多个连续的物理页）和 vma 映射的物理页的 pfn 做比较，落在区间内才是有效的，由 check_pte 实现。

有了以上的铺垫，我们可以分析匿名页的反向映射了，由 rmap_walk_anon 实现，核心逻辑如下。

```
void rmap_walk_anon(struct folio * folio,struct rmap_walk_control * rwc, bool locked)
{
    struct anon_vma * anon_vma;
    pgoff_t pgoff_start, pgoff_end;
    struct anon_vma_chain * avc;

    if (locked) {
        anon_vma = folio_anon_vma(folio);      //1
    } else {
        anon_vma = rmap_walk_anon_lock(folio, rwc);
    }

    pgoff_start = folio_pgoff(folio);     //2
    pgoff_end = pgoff_start + folio_nr_pages(folio) - 1;
    anon_vma_interval_tree_foreach(avc, &anon_vma->rb_root,
            pgoff_start, pgoff_end) {
        struct vm_area_struct * vma = avc->vma;
        unsigned long address = vma_address(&folio->page, vma);    //3

        if (rwc->invalid_vma && rwc->invalid_vma(vma, rwc->arg))     //4
            continue;
        if (!rwc->rmap_one(folio, vma, address, rwc->arg))
            break;
        if (rwc->done && rwc->done(folio))
            break;
    }
```

```
    if (!locked)
        anon_vma_unlock_read(anon_vma);
}
```

第 1 步，获得 anon_vma，是给 anon_vma->mapping 赋值（见前文代码片段）的反过程。

第 2 步，调用 folio_pgoff 得到 pgoff_start，然后根据 folio 的页数得到 pgoff_end，用作遍历 interval tree 的时候筛选 vma。folio_pgoff 返回 folio->index，赋值过程也见前文代码片段。

第 3 步，根据 folio 和 vma 计算得到虚拟地址，不考虑多页的情况下，计算过程如下。

```
pgoff_in_vma = page->index - vma->vm_pgoff
address = vma->vm_start + (pgoff_in_vma << PAGE_SHIFT)
```

这个计算过程对匿名映射和文件映射都适用。vma->vm_pgoff 是 vma 基于文件的 page offset，vma->vm_start 是 vma 区间的起始虚拟地址，加上当前页在 vma 内的 offset 就可以得到虚拟地址了。匿名映射没有文件，vma->vm_pgoff 等于 vma->vm_start >> PAGE_SHIFT，用来做计算也是没有问题的。

这里 anon_vma_interval_tree_foreach 会筛选树上符合 pgoff_start、pgoff_end 区间的 vma，难道 anon_vma 上的 vma 可以有不同的 pgoff 区间吗？答案是肯定的，为了简化问题，我们之前回避了 anon_vma 的重复利用问题，同一个进程符合条件的 vma 是可以共享 anon_vma 的（find_mergeable_anon_vma）。从这个角度看，vma->vm_pgoff 等于 vma->vm_start >> PAGE_SHIFT 是合理的，同一个进程不同的 vma 计算得到的 vma->vm_pgoff 也不同。

第 4 步，调用 rmap_walk_control（代码中简称 rwc）提供的回调函数。rmap_walk_anon 提供了遍历 vma 的方法，至于对每个 vma 做什么，是由调用它的函数决定的，比如 folio_referenced 函数希望遍历 PTE，查看 folio 被不同 PTE 访问的次数，它的 rwc 定义如下。

```
struct folio_referenced_arg pra = {
    .mapcount = folio_mapcount(folio),
    .memcg = memcg,
};
struct rmap_walk_control rwc = {
    .rmap_one = folio_referenced_one,
    .arg = (void *)&pra,
    .anon_lock = folio_lock_anon_vma_read,
    .try_lock = true,
};
```

另外，rmap_walk_anon 给出了 vma、address 和 folio，但没有得到 PTE，这个任务只能由 rwc 的回调函数自行完成，不过内核提供了 page_vma_mapped_walk 函数辅助完成该任务。

9.6.2　文件映射的 mapping

mapping 的类型是 struct address_space *，文件映射中，mapping 的确被用作 address_space。它的 i_mmap 字段是 rb_root_cached 类型，实际上是 interval tree 的根，树上的节点是 vma。

与匿名映射定位 PTE 的过程类似，mapping->i_mmap 可以用来遍历 vma，通过 folio 和 vma 就可以得出映射的虚拟地址 address，最终由 address 和 vma 定位 PTE。

与匿名映射不同的地方在于 anon_vma 和 vma 是多对多的关系，address_space 和 vma 是一对多的关系，address_space 是属于文件的，映射了同一个文件的 vma 都会在 address_space 的 interval tree 上。

显然，address_space 的 interval tree 上的 vma 都是文件映射，但是这些 vma 关联的页有可能是匿名页。前面提到过，MAP_ANONYMOUS 和 MAP_SHARED 的情况下，实际上是文件映射。

文件映射对应的 folio 可以是匿名的，典型的场景是写以 MAP_PRIVATE 和 PROT_WRITE 映射的内存。这种情况下，缺页异常会调用 do_cow_fault 申请一页内存 cow_page，将文件的内容复制到 cow_page，之后 cow_page 和文件没有任何关系。

我们将匿名和文件的错综复杂的关系进行汇总，见表 9-3（fd 表示非 MAP_ANONYMOUS）。

表 9-3　mmap 的 vma 和 folio 映射方式表

mmap 的方式	vma	folio
fd、MAP_SHARED	文件映射	文件页
fd、MAP_PRIVATE、write	文件映射	匿名页（cow_page）
fd、MAP_PRIVATE、read	文件映射	文件页
MAP_ANONYMOUS、MAP_SHARED	文件映射	模棱两可
MAP_ANONYMOUS、MAP_PRIVATE	匿名映射	匿名页

比较有趣的是 MAP_ANONYMOUS、MAP_SHARED 的情况，经过了以下两次反转。

1）映射方式是 MAP_ANONYMOUS，但属于文件映射，这点在计算匿名映射的 vma->vm_pgoff 的时候已经解释过了，因为是 MAP_SHARED，所以内核会调用 shmem_zero_setup 创建一个文件为该映射服务。

2）作为文件映射，相关的内存的类型却是模棱两可的。这点与 cow_page 的反转不同，cow_page 在内容复制后与文件其实并没有关系，当作匿名页是合理的。

理解第 2 次反转的关键在 shmem_zero_setup 创建的文件中。它的 file_operations 被赋值为 shmem_file_operations，mmap 回调函数是 shmem_mmap，shmem_mmap 会为 vma->vm_ops 赋值，即 vma->vm_ops = &shmem_vm_ops。

shmem_vm_ops.fault 被赋值为 shmem_fault，在缺页异常处理的过程中被调用，它完成了以下两个看似矛盾的任务。

1）调用 shmem_alloc_folio 申请 folio，成功后调用 __folio_set_swapbacked。folio_is_file_lru 会返回 false，folio 会出现在匿名 lru 上。

2）调用 shmem_add_to_page_cache，将文件的 address_space 赋值给 folio->mapping，folio_test_anon 返回 false。

回顾 folio 的回收过程，folio_test_anon 可以用来控制是否需要为 folio 准备 swap entry，这里的 folio 背后有文件，应该由文件来决定如何回收，所以不需要准备，folio_test_anon 返回 false 是合理的。

另一方面，folio 背后的文件并不是基于磁盘的，但由于回收 folio 的时候又要将它的内容写入磁盘，因此只能将它的内容写入 swap 分区，调用 __folio_set_swapbacked 也是合理的。

既然不会直接 swap，又要写到 swap，那就只能是在 pageout 的过程中做手脚了，答案在 folio->mapping->a_ops->writepage（在 pageout 的过程中被调用）中。

该文件的 mapping->a_ops 被赋值为 shmem_aops，shmem_aops.writepage 则被赋值为 shmem_writepage。shmem_writepage 会调用 folio_alloc_swap、add_to_swap_cache 和 swap_writepage 等函数完成 swap。

更有趣的是，folio 会出现在匿名 lru 上，反向映射的时候调用的是 rmap_walk_file，folio_test_anon 返回 true 的情况下才会调用 rmap_walk_anon。

rmap_walk_file 负责文件页的反向映射，核心代码如下。

```
void rmap_walk_file(struct folio * folio,
        struct rmap_walk_control * rwc, bool locked)
{
    struct address_space * mapping = folio_mapping(folio);
    pgoff_t pgoff_start, pgoff_end;
    struct vm_area_struct * vma;

    pgoff_start = folio_pgoff(folio);
    pgoff_end = pgoff_start + folio_nr_pages(folio) - 1;
    if (! locked) {
        if (i_mmap_trylock_read(mapping))
            goto lookup;
        i_mmap_lock_read(mapping);
    }
lookup:
    vma_interval_tree_foreach(vma, &mapping->i_mmap,
            pgoff_start, pgoff_end) {
        unsigned long address = vma_address(&folio->page, vma);

        if (rwc->invalid_vma && rwc->invalid_vma(vma, rwc->arg))
            continue;
        if (! rwc->rmap_one(folio, vma, address, rwc->arg))
            goto done;
        if (rwc->done && rwc->done(folio))
            goto done;
    }

done:
    if (! locked)
        i_mmap_unlock_read(mapping);
}
```

rmap_walk_file 与 rmap_walk_anon 的结果基本一致，都是遍历 interval tree，调用 rwc 的回调函数。

文件系统篇

推荐阅读：	必读
侧重阅读：	第 10 章
难度：	★★★★
难点：	第 12 章
特点：	面向对象的设计思想
核心技术：	Virtual File System
关键词：	mount、open、ioctl、proc 文件系统、devtmpfs 文件系统、sysfs 文件系统、ext4 文件系统

第10章

虚拟文件系统

文件系统是 Linux 的基础，可以说"一切皆文件"。对多数程序员而言，能够使用文件系统即可满足日常工作，但理解文件系统是知识进阶的必要环节，也是写出高效程序的前提。

文件系统是内核的核心之一，也是难点之一，绝大多数程序都离不开文件操作。我们从本章开始讨论文件系统的原理和常见的文件系统，主要涉及 sysfs、proc 和 ext4 等，但不涉及网络相关的文件系统。

10.1 数据结构

文件系统官方的定义为操作系统中负责管理和存储文件信息的软件机构，也称为文件管理系统，通俗一点讲就是按照同一个规则组织起来的文件的组成的系统，这个规则由文件系统提供。

计算机中的文件要从两个维度去理解，文件本身的属性和文件的内容，属性包含创建、更改时间、大小、名字等，内容就是能读到的信息，二者的关系就像容器和它盛放的液体一样。

操作文件本身，比如操作磁盘中的普通文件（删除、更改属主等，针对文件本身，不包括其内容），应用程序不会直接操作磁盘，而它又在磁盘中，所以需要一个抽象作为它的代表，这个代表会把操作最终传递至磁盘。

同样的，如果需要操作文件的内容（读、写等 IO 操作），也应该先找到它或者它的代表，获取操作内容的方法和数据，然后对它的内容进行读写等。

以上提到了几个概念，文件系统、文件本身、文件的代表和文件的内容，它们在内核中都有对应的数据结构，对应关系见表 10-1。

表 10-1　文件系统和结构体关系表

概　　念	数　据　结　构
文件系统	super_block
文件本身	inode
文件的代表	dentry
文件的内容	file

super_block 结构体表示一个文件系统，主要字段见表 10-2。

表 10-2　super_block 字段表

字　　段	类　　型	描　　述
s_list	list_head	将该 super_block 链接到 super_blocks 变量指向的链表中
s_blocksize	unsigned long	系统中文件的最小块的大小
s_blocksize_bits	unsigned char	表示 s_blocksize 需要的位数

（续）

字　段	类　型	描　述
s_type	file_system_type *	提供文件系统的 mount、init_fs_context 等回调函数
s_op	super_operations *	提供 alloc_inode、destroy_inode 等回调函数
s_root	dentry *	文件系统的 root 文件
s_inodes	list_head	文件系统的 inode 组成的链表的头
s_instances	hlist_node	将它链接到同一种文件系统组成的链表
s_mounts	list_head	挂载它的 mount 对象组成的链表的头
s_fs_info	void *	私有数据

系统中的文件系统并不具备唯一性，也并不一定只存在于内存中，比如某个计算机上有两块分区格式化完毕的 ext4 格式的磁盘，就可以说系统中存在两个 ext4 文件系统，一个磁盘就是一个文件系统。即使关闭计算机的电源，文件系统依然存在于磁盘中。也许有人会问，关闭电源后，super_block 对象不就不存在了吗？实际上，对基于磁盘的文件系统而言，super_block 只是物理文件系统在内存中的抽象。

两个 ext4 文件系统，对应两个 super_block，它们属于同一种文件系统。文件系统的种类由 file_system_type 结构体表示，常用字段见表 10-3。

表 10-3　file_system_type 字段表

字　段	类　型	描　述
name	char *	名字，比如 sysfs
mount	回调函数	执行 mount 文件系统的操作
kill_sb	回调函数	释放文件系统
next	file_system_type *	将它链接到 file_systems 变量指向的单向链表中
fs_supers	hlist_head	同一种文件系统的 super_block 组成的链表的头

在使用 file_system_type 前需要先调用 register_filesystem 将其注册到系统中，后者将它链接到 file_systems 变量指向的单向链表中，使用时将它的名字作为参数调用 get_fs_type 即可获取。

所有可用的 file_system_type 组成一个链表，同一种文件系统（super_block）链接到 file_system_type 的 fs_supers 字段表示的链表中，如图 10-1 所示。

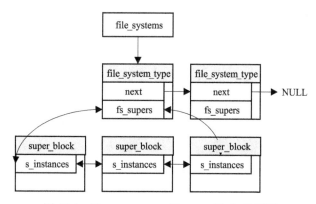

图 10-1　file_system_type 和 super_block 关系图

inode 表示文件本身，对文件的操作最终由它完成，主要字段见表 10-4。

表 10-4　inode 字段表

字　　段	类　　型	描　　述
i_mode	umode_t	文件的类型
i_uid i_gid	kuid_t kgid_t	文件的属主
i_op	inode_operations *	inode 的操作，lookup、mkdir 等
i_sb	super_block *	指向 inode 所属的 super_block 的指针
i_mapping	address_space *	见附录（电子书）
i_ino	unsigned long	inode 的序号
i_atime i_mtime i_ctime	timespec64	access/modify/change time
i_fop	file_operations *	定义文件内容相关的操作
i_hash	hlist_node	将 inode 链接到哈希链表中
i_sb_list	list_head	将 inode 链接到 super_block 的链表中
i_dentry	hlist_head	文件的硬链接的 dentry 组成的链表的头
i_nlink	unsigned int	文件的链接数目
i_private	void *	私有数据
i_link	char *	链接的目标文件的路径

i_mode 表示文件的类型，见表 10-5。

表 10-5　文件类型表

类　　型	判　　断
S_IFIFO	S_ISFIFO（m）fifo
S_IFCHR	S_ISCHR（m）字符设备文件
S_IFDIR	S_ISDIR（m）目录
S_IFBLK	S_ISBLK（m）块设备文件
S_IFREG	S_ISREG（m）普通文件，regular
S_IFLNK	S_ISLNK（m）链接
S_IFSOCK	S_ISSOCK（m）socket

i_op 提供针对文件本身（容器）的操作，比如 create、link 和 mkdir 等，i_fop 提供的是针对文件内容（容器盛放的液体）的操作，比如 open、read 和 write 等。需要注意的是，inode 并不表示文件的内容，它只提供了访问文件内容的方法。

i_ino 是一个 inode 的序号，在同一个文件系统中，它应该是唯一的。内核维护了 inode 组成的一组哈希链表，由 inode_hashtable 变量表示，某个 super_block 的序号为 i_ino 的 inode，它所在的链表的头为 inode_hashtable + hash（super_block，i_ino），hash 函数由内核定义。

i_atime/i_mtime/i_ctime 分别表示 access/modify/change inode 的时间，modify 指的是更改文件的内容，change 指的是文件本身的变动。

很明显，super_block 和 inode 是一对多的关系，逻辑上也应如此，文件系统管理属于它的文件。

观察整个 inode 结构体，会发现它并不能直接表示文件间的关系，比如一个目录包含哪些文件，一个文件的父目录是谁，也就是文件的层级结构。实际上，要表示文件间的层级结构仅靠 inode 是不够的，文件系统可能需要定义自己需要的结构体。dentry 也可以协助解决这个问题，它的主要字段见表 10-6。

表 10-6　dentry 字段表

字　　段	类　　型	描　　述
d_parent	dentry *	指向父目录的 dentry
d_name	qstr	名字和哈希值等信息
d_inode	inode *	所属的 inode
d_iname	char[ ]	短名字
d_op	dentry_operations *	定义 dentry 相关的操作
d_child	list_head	将其链接到兄弟 dentry 组成的链表中（名字取得有些歧义）
d_subdirs	list_head	子 dentry 组成的链表的头
du.d_alias	hlist_node	将 dentry 链接到文件的硬链接链表中
d_hash	hlist_bl_node	将 dentry 链接到哈希链表中
d_fsdata	void *	具体文件系统定义的数据

d_name 的类型为 qstr，全称为 quick string，将文件的名字，名字的长度和哈希值保存，避免每次使用都需要计算一次。d_iname 是一个字符数组，大小有限，如果足够存下文件的名字，就存入该字段，否则需要申请内存，将名字存入 d_name，d_name 的 name 字段指向最终存储名字的位置。

du.d_alias 字段与文件的硬链接有关，ln 可以用来创建文件的链接，通过下面一个小实验可以帮助读者清楚地理解什么是链接。

```
$ echo 1 > a       #创建一个文件 a,内容任意
$ ls -i            #-i 用来查看文件的 inode 号
  2252315 a
$ ln a b           #给 a 创建一个硬链接 b
$ ls -i
  2252315 a   2252315 b
```

我们看到，a 和 b 的 inode 号相等，所以它们共用同一个 inode，也就是说 a 和 b 的 dentry 对应同一个 inode。除了硬链接，还有软链接，我们会在链接一节讨论。inode 和 dentry 是一对多的关系，与一个人和他（她）的多重身份类似。某人，是 A 公司的 CEO，又是 B 公司的创始人，这个人就是 inode，CEO 和创始人对应 dentry。

前面说过 inode 不足以表示文件的层级结构，但 dentry 可以。它的 d_parent 和 d_subdirs 表示当前 dentry 的父和子，不过 d_subdirs 一般只是用来遍历 dentry 的子 dentry，查找 dentry 的子 dentry 由哈希链表完成。像 inode 一样，内核维护了一组由 dentry_hashtable 指向的哈希链表，dentry 的 d_hash 字段会将它链接到由 dentry_hashtable 和 d_name 的 hash 字段计算得到的哈希链表中。

dentry 存在于内存中，它不可能凭空存在，必须有 inode 与之对应（假的文件除外，通常是

调用 xxx_pseudo 函数生成的），由它表示的层级结构也不是一开始就有的。比如目录结构 a/b/c，第一次访问路径 a/b，会创建与 a 和 b 的 inode 对应的两个 dentry，然后访问 a/b/c，因为 a 和 b 的 dentry 都是有效的，所以只需要创建一个与 c 的 inode 对应的 dentry，它的 parent 为 b 的 dentry。访问了 a/b 后，仅靠 dentry 是不可能知道 c 的存在的，还是要通过 inode 访问文件系统来确定，如图 10-2 所示。所以 dentry 只不过是反映了文件系统的层级结构，结构的维护由文件系统完成。

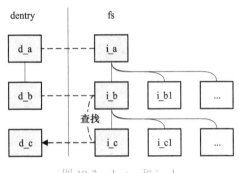

图 10-2　dentry 和 inode

请记住，系统中，某一个文件系统可能有两套层级结构，一套存在于文件系统内部，由其自行维护；另一套由 dentry 表示，它来源于文件系统内部，可能只是文件系统内部的层级结构的冰山一角，二者冲突时，以前者为准。

inode 作为一个结构体，显然也是存在于内存中的，但是与 dentry 不同的是，它与实际的文件直接对应，也提供了访问实际文件的函数。很多情况下，文件系统会定义一个更大的结构体（包含 inode），来提供更多的信息供文件系统内部使用。综合 inode 和 dentry 的讨论，印证了 inode 是文件本身，dentry 是文件的代表的说法。

file 结构体对应文件的内容，并不是说它包含了文件的内容，而是说它记录了文件的访问方法和访问状态，主要字段见表 10-7。

表 10-7　file 字段表

字　　段	类　　型	描　　述
f_path	path	文件的路径
f_inode	inode *	所属的 inode
f_op	file_operations *	文件的操作
f_count	atomic_long_t	引用计数
f_pos	loff_t	当前位置
private_data	void *	私有数据

f_op 是由 inode 的 i_fop 获取的，它包含了操作文件的常用函数，open、read、write、mmap 和 poll 等。private_data 一般是操作文件需要的额外数据，有了操作的方法和数据，操作文件就不需要再次访问 inode 了，所以我们才可以把文件和文件的内容分开讨论。

10.2　【图解】文件系统的挂载

文件系统可以分为三类，基于磁盘的文件系统、基于内存的文件系统和网络文件系统，我们重点讨论前面两类。文件系统从逻辑上可以分为两部分：虚拟文件系统（Virtual File System，VFS）和挂载到 VFS 的实际文件系统。内核提供了 VFS，一个实际的文件系统满足了 VFS 的要求才可以被使用，通俗一点讲 VFS 是实现文件系统的基本架构，文件系统（ext4、sysfs 等）是基于这个架构的具体实现。此处先讨论 VFS，然后在此基础上讨论具体的文件系统。

上一节讨论的数据结构实际上都是 VFS 的一部分，VFS 采用了较多面向对象程序的设计模式, 比如 command、template method 等, 有兴趣的读者可以先了解下它们, 对理解文件系统的结构会有帮助。

一个文件系统首先要挂载到系统中才能被看到, 这就是第一个操作 mount。用户空间可以调用 mount 函数挂载文件系统, 它的函数原型 (用户空间) 如下。

```
int mount (const char * dev_name, const char * dir_name, const char * fstype,
        unsigned long flags, const void * data)
例如 mount("sysfs", "/sys", "sysfs", 0, NULL);
    mount("/dev/sda1", "a", "ext4", 0, NULL);
```

例子中, sysfs 是基于内存的文件系统, 它本身并不对应实际的设备, 所以 dev_name 没有要求。ext4 是基于磁盘的文件系统, dev_name 必须对应实际存在的磁盘设备, 否则 mount 会失败。

mount 本身是一个系统调用, 它先将参数从用户空间复制到内核, 然后调用 do_mount。

do_mount 首先根据 dir_name 找到目标目录, 以 path 对象形式返回, 它包含目标对应的 dentry 和它的 mount 信息, 查找的具体过程我们在后续章节讨论, 这里专注于 mount 的核心逻辑, 整个过程的函数调用如图 10-3 所示。其中 legacy_get_tree 是内核提供的默认实现, 和 xxx_get_tree 二选一。

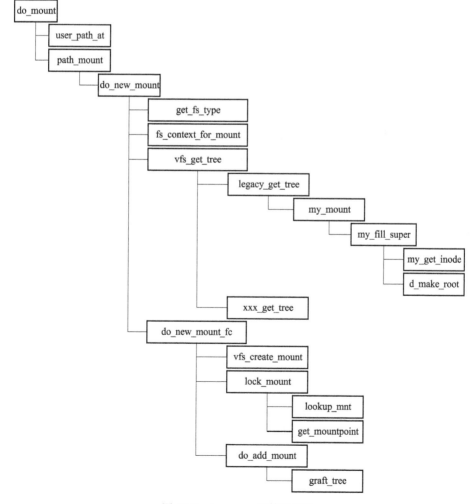

图 10-3 do_mount 函数调用图

找到目标目录后，执行 do_new_mount（我们分析最常见的情况：新挂载一个文件系统，类似的还有 remount、move 等），do_new_mount 的主要逻辑如下。

```
int do_new_mount(struct path *path, const char *fstype, int sb_flags,
          int mnt_flags, const char *name, void *data)
{
    struct file_system_type *type;
    struct fs_context *fc;

    type = get_fs_type(fstype);     //1

    fc = fs_context_for_mount(type, sb_flags);     //2
    put_filesystem(type);
    if (!err && name)
        err = vfs_parse_fs_string(fc, "source", name, strlen(name));
    if (!err)
        err = vfs_get_tree(fc);     //3
    if (!err)
        err = do_new_mount_fc(fc, path, mnt_flags);     //4

    put_fs_context(fc);
    return err;
}
```

第 1 步，根据 fstype 参数找到对应的 file_system_type 对象。

第 2 步，初始化 fs_context（简称 fc）。申请 fc，并调用 fs_type->init_fs_context 为其初始化，如果 fs_type->init_fs_context 没有定义，则调用系统默认的 legacy_init_fs_context。其中最重要的任务是定义 fc->ops（fs_context_operations，fc 操作）。

fs_context_operations 需要文件系统定义几个 mount 相关的回调函数，其中 parse_param 用来解析用户空间传递的参数，get_tree 用来获取文件系统的 root 对应的 dentry。如果文件系统未定义，内核也提供了默认实现（legacy_parse_param 和 legacy_get_tree 等）。

第 3 步，vfs_get_tree 回调 fc->ops->get_tree，legacy_get_tree 会回调 fs_type->mount（具体的文件系统在实现过程中可能会有差异）。

mount 的返回值是 dentry 类型的指针，该 dentry 对应文件系统的 root 文件（文件结构树的根文件，一般名字为/）。mount 的实现依赖于具体的文件系统，但一般至少需要完成两个任务：获得 super_block 和它的 s_root，模板如下。

```
static struct dentry *my_mount(struct file_system_type *fs_type,
    int flags, const char *dev_name, void *data)
{
    struct my_data *my_data;
    struct super_block *sb;
    int error;

    //获取 my_data

    sb = sget(fs_type, my_test_super, my_set_super, flags, my_data);
    if (IS_ERR(sb))
        return ERR_CAST(sb);
```

```
    if (!sb->s_root) {
        error = my_fill_super(sb, data, flags & MS_SILENT ? 1 : 0);
        if (error) {
            return ERR_PTR(error);
        }
        sb->s_flags |= MS_ACTIVE;
    }
    return dget(sb->s_root);
}
```

sget 用来获取 super_block，已经挂载的文件系统的 super_block 都会链接到 fs_type 的 fs_supers 为头的链表中，sget 遍历链表，检查链表中是否存在 super_block 对象可以满足当前 mount 的需求，如果存在，则返回它，否则调用 alloc_super 创建一个新的 super_block 并回调 my_set_super 将其初始化并返回。链表中某个 super_block 对象 sb 是否可以满足 mount 的需求是由 my_test_super 决定的，它有 sb 和 sget 传递的 my_data 两个参数，满足则返回 1，否则返回 0。

super_block 代表文件系统，my_test_super 要根据实际的逻辑来决定返回值。比如系统中某个磁盘/dev/sda1，第一次 mount 的时候（比如 mount 到目录 a）需要创建一个 super_block 来表示它，第二次把它 mount 到目录 b，两次 mount 的参数没有冲突的情况下，不应该再创建一个新的 super_block，因为它们是同一个文件系统。

my_fill_super，顾名思义，就是 fill super_block 的，它是 mount 的核心，主要包括两个任务：根据文件系统的实际配置为 super_block 赋值和获取文件系统的 root 文件，模板如下。

```
static int my_fill_super(struct super_block *sb, void *data, int silent)
{
    struct inode *inode;
    struct dentry *root;

    //完善 sb

    /* get root inode */
    inode = my_get_inode(sb);        //my_root
    if (!inode) {
        return -ENOMEM;
    }
    /* instantiate and link root dentry */
    root = d_make_root(inode);
    if (!root) {
        return -ENOMEM;
    }
    sb->s_root = root;
    return 0;
}
```

文件系统需要提供获取文件的 inode 的途径，模板中的 my_get_inode 就是实现这个功能的。

内核提供了 iget_locked 函数来获取 inode，它接受 super_block 和文件的 inode 号作为参数，首先查看要找的 inode 是否已经存在，如果存在直接返回，否则调用 alloc_inode 生成一个新的 inode。如果 super_block 提供了 s_op.alloc_inode 回调函数，则调用它，否则调用 alloc_inode_sb 申请存放 inode 的内存；然后调用 inode_init_always 完成初始化。

文件系统内部可以定义一个内嵌 inode 的更大的结构体 my_inode，这种情况下一般需要为 super_block 提供 s_op.alloc_inode 回调函数，在函数中创建 my_inode，返回内嵌的 inode。

d_make_root 先后调用 d_alloc_anon 和 d_instantiate，创建一个名字为/的 dentry，根据 super_block 和 inode 完成初始化，将它链接到 inode 的 i_dentry 为头的链表上，最终将它返回。得到 dentry 后为 super_block 的 s_root 字段赋值，my_fill_super 结束。

至此 file_system_type 的 mount 字段表示的回调函数分析完毕，它主要获取 super_block，得到 root 文件。

第 4 步，do_new_mount_fc 分 3 步完成最终的挂载。

第 4.1 步，调用 vfs_create_mount 根据得到的 super_block 和 root 文件为 mount 对象赋值（这里是 mount 结构体，前面的 mount 字段表示的是回调函数，读者别绕晕了）。mount 结构体的常用字段见表 10-8。

表 10-8 mount 字段表

字　段	类　型	描　述
mnt_hash	hlist_node	将 mount 链接到哈希链表中
mnt_parent	mount *	父 mount
mnt_mountpoint	dentry *	mountpoint
mnt	vfsmount	内嵌的 vfsmount 结构体
mnt_instance	list_head	将 mount 链接到 super_block 的 s_mounts 字段表示的链表中

vfsmount 表示文件系统的挂载信息，字段见表 10-9。

表 10-9 vfsmount 字段表

字　段	类　型	描　述
mnt_root	dentry *	root 文件的 dentry
mnt_sb	super_block *	super_block
mnt_flags	int	flags

mnt_root 和 mnt_sb 就是 mount 回调函数（或者文件系统自定义的 get_tree）返回的 root 文件和 super_block。

此时，文件系统的基本结构已经完成，但它仍不可见，因为还没有挂载到挂载点（mountpoint）上，这就是接下来第 4.2 步要做的事情。

在继续讨论之前，我们先做个实验。

```
$mkdir test
$sudo mount -t sysfs sysfs test
$ls test                                    #1
   block  bus  class  dev  devices  firmware ...
$sudo mount -t proc proc test
$ls test                                    #2
   1  ... 936  buddyinfo  ioports ...
$ls test/class                              #3
   ls: cannot access test/class: No such file or directory
$sudo umount test
$ls test                                    #4
   block  bus  class  dev  devices  firmware ...
```

先挂载 sysfs 文件系统到 test，ls 可以看到 sysfs 的文件（#1），然后挂载 proc 文件系统到 test，文件变成了 proc 文件系统的（#2）。ls test/class 失败，sysfs 的文件不可访问（#3）。umount test 后，sysfs 的文件又重新可见（#4）。由此可以总结以下几个规则，在同一个 mountpoint（实验中的 test 目录）上可以挂载多次，后一次挂载会覆盖前一次挂载，前一次挂载只是被隐藏，并未消失。

第 4.2 步完成两个任务，首先调用 lock_mount 找到 mountpoint，然后调用 do_add_mount，do_add_mount 继续 graft_tree 完善 mount 的关系，lock_mount 主要逻辑如下。

```
struct mountpoint * lock_mount(struct path * path)
{
    struct vfsmount * mnt;
    struct dentry * dentry = path->dentry;
    //省略出错处理等
retry:
    mnt = lookup_mnt(path);
    if (likely(!mnt)) {
        struct mountpoint * mp = get_mountpoint(dentry);
        return mp;
    }
    path->mnt = mnt;
    dentry = path->dentry = dget(mnt->mnt_root);
    goto retry;
}
```

内核维护了一组哈希链表，由 mount_hashtable 变量指向，所有的 mount 都会插入链表上。

lock_mount 是一个循环，不断调用以 path 作为参数调用 lookup_mnt，lookup_mnt 判断是否有挂载到（path->mnt, path->dentry）上的文件系统。记 mount 为 m，遍历检查 mount_hashtable 对应链表上的元素，满足 &m->mnt_parent->mnt == path->mnt && m->mnt_mountpoint == path->dentry 即找到。如果找到，则返回该 vfsmount 信息，继续查找是否有挂载到它上的文件系统。如此反复，直到找不到为止。

此处的逻辑有点绕，下面以我们的实验中挂载 proc 到 test 目录为例协助读者进行理解。

test 首先是 ext4 文件系统的一个目录，然后我们挂载了 sysfs 文件系统。所以进入 lock_mount 时 path 的 mnt 和 dentry 分别为（ext4, test），lookup_mnt 查找链表，在链表上找到了（sysfs, root）。需要解释的是为什么使用 m->mnt_parent->mnt 和 path->mnt 比较，调用 lookup_mnt 时 path 等于（ext4, test），计算哈希值（mount_hashtable 的下标）使用的也是它，但插入链表上的是（sysfs, root），而（ext4, test）是（sysfs, root）的父 mount，也就是说一个 mount 插入的链表在 mount_hashtable 内的下标由它的父 mount 决定。

找到（sysfs, root）后，以它计算哈希值，然后在链表上查找它的子 mount，没有找到，lookup_mnt 返回 NULL，然后使用 sysfs 的 root 调用申请一个 mountpoint。

mount 一次就像是给原 path 的墙后面垒上了一堵墙，我们要做的就是穿过一堵堵墙，走到墙的尽头，垒起属于我们的新的墙，如图 10-4 所示。

为什么要垒在墙的尽头？因为只有最后面那堵墙才可见，其他的都将被隐藏。那又为什么要隐藏？不隐藏会有逻辑问题，如果两个挂载到 test 的文件系统有两个同名文件，就产生矛盾了。

mountpoint 的核心字段是 m_dentry 和 m_count，分别表示挂载的 dentry 和 dentry 被 mount 的次数。get_mountpoint 判断 dentry 对应的 mountpoint 是否已经存在，如果存在直接返回，否则创建一个新的并将其初始化返回。

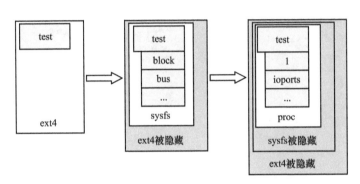

图 10-4　mount 过程示意图

得到了 mountpoint 之后，graft_tree 就可以建立 mount 与 mountpoint 和它的父 mount 的关系了。从一个 mount 出发，可以访问它的子 mount 和父 mount，一直访问直到 root 和 leaf，实际上是一个树形结构。

总结，mount 包括两个步骤，第 1 步获得 super_block 和 root，调用 file_system_type 的 mount 回调函数来完成。第 1 步完成之后，文件系统并不可直接访问，需要调用 do_new_mount_fc 将 mount 对象挂载到它的 parent 上。

挂载的反操作是卸载（umount），它执行 mount 的相反操作，此处不做详细分析。

10.3　文件查找

文件系统的多数操作都离不开查找（lookup），比如 mount -t sysfs sysfs /home/uname/a，需要先找到 /home/uname/a，比如 mkdir a/b/c，需要先查找到 a/b，然后创建 c 目录。

分析代码之前，我们先分析查找一个路径需要考虑哪些因素。首先，要查找的是绝对路径还是相对路径，也就是 /a/b/c 和 a/b/c，绝对路径要从 root 开始查找，相对路径在当前工作目录中查找。其次，考虑两个操作，mount -t sysfs sysfs a/b/c 和 mkdir a/b/d，第一个操作中，c 应该存在，第二个操作中，d 应该不存在。它们分别对应不同的查找策略，怎么能够达到最大化的复用呢？利用它们逻辑上有共同点，那就是可以先找到 a/b，然后它们再处理各自的"尾巴" c 和 d，如图 10-5 所示。实际上，代码中就是这么做的。

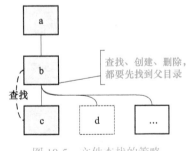

图 10-5　文件查找的策略

查找某个路径一般包括三步，设置起点，查找中间路径，处理"尾巴"，对应的函数一般为 path_init、link_path_walk 和 xxx_last，下面以 path_lookupat 为例分析每一步的逻辑。函数调用栈比较深，核心函数调用如图 10-6 所示。

path_lookupat 核心代码如下。

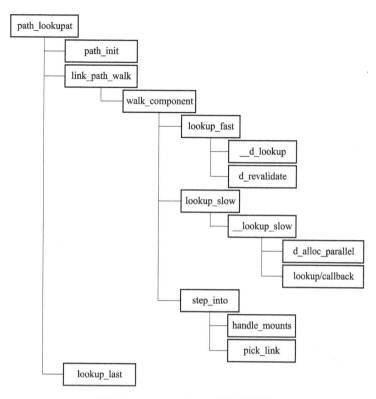

图 10-6　path_lookupat 函数调用图

```
int path_lookupat(struct nameidata * nd, unsigned flags, struct path * path)
{
    const char * s = path_init(nd, flags);

    while (!(err = link_path_walk(s, nd))
        && (s = lookup_last(nd)) != NULL)
        ;   //no code
    if (!err)
        err = complete_walk(nd);
    if (!err && nd->flags & LOOKUP_DIRECTORY)
        if (!d_can_lookup(nd->path.dentry))
            err = -ENOTDIR;
    if (!err) {
        *path = nd->path;
        nd->path.mnt = NULL;
        nd->path.dentry = NULL;
    }
    terminate_walk(nd);
    return err;
}
```

　　path_lookupat 的第一个参数 nd 的 dfd 字段表示工作目录，也就是前面考虑的第一个因素，一般为 AT_FDCWD（Current Work Directory，当前工作目录），也可以是一个正整数，表示 fd（文件描述符），并没有 AT_FDROOT，路径以/字符开始即表示 root。nd->name->name 字段表示路径名，比如 a/b/c。第三个参数 path 是输出参数，flags 是查找标志，常见的标志见表 10-10。

表 10-10　查找标志表

标　　志	描　　述
LOOKUP_FOLLOW	follow link
LOOKUP_DIRECTORY	查找的是目录
LOOKUP_PARENT	查找中间路径，不处理"尾巴"
LOOKUP_REVAL	存储的 dentry 不可信，进行 real lookup
LOOKUP_RCU	RCU 查找

与 RCU 查找对应的是 REF 查找，官方名字分别为 rcu-walk 和 ref-walk，二者的区别在于查找过程中使用的同步机制不同，前者使用 rcu 同步机制，不需要使用 lock，后者需要使用 lock。LOOKUP_PARENT 比较常用，比如 mkdir a/b/d，d 应该是不存在的，所以只需要 path_lookupat 查找到 a/b 即可。

path_init 设置查找的起点，给 nd 与文件相关的字段赋初值。

这里只分析绝对路径（*name=='/'）和当前路径（dfd == AT_FDCWD）两种情况，不考虑是否为 LOOKUP_RCU 和同步保护的情况下，path_init 可以精简为如下代码。

```
struct fs_struct *fs = current->fs;
if (*name=='/') {
    nd->root = fs->root;
    nd->path = nd->root;
} else if (dfd == AT_FDCWD) {
    nd->path = fs->pwd;
}
nd->inode = nd->path.dentry->d_inode;
```

path_init 中又出现了 nameidata 结构体的多个字段，它是查找过程中的一个辅助结构，表示一轮查找返回的信息（可以将 path_init 当作一次查找，只不过是查找起点），主要字段见表 10-11。

表 10-11　nameidata 字段表

字　　段	类　　型	描　　述
path	path	找到的 path
last	qstr	找到的文件的名字信息
root	path	root 对应的 path
inode	inode*	文件的 inode
last_type	int	文件的类型
flags	unsigned int	查找标志位
depth	unsigned	陷入链接的层次
stack	saved*	保存查找信息

last_type 有 4 种选择：LAST_NORM、LAST_ROOT、LAST_DOT 和 LAST_DOTDOT，分别对应正常文件、root、. 和 ..。

path_init 并没有改变查找的路径，它只设置了查找的起点。进入 link_path_walk 函数前，nd 的 path 和 inode 等字段已经指向了查找的起点文件。以/开始的路径名，nd 此时表示的是/，否则

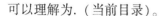

可以理解为. (当前目录)。

link_path_walk 可以被用来查找中间的路径，比如 a/b/c 中的 a/b，主要逻辑如下。

```
int link_path_walk(const char *name, struct nameidata *nd)
{
    //省略部分变量的定义和出错处理
    int depth = 0;
    for(;;) {
        const char *link;
        hash_len = hash_name(nd->path.dentry, name);

        type = LAST_NORM;
        nd->last.hash_len = hash_len;
        nd->last.name = name;
        nd->last_type = type;

        name += hashlen_len(hash_len);     //tag1
        if (!*name)
            goto OK;
        do {
            name++;
        } while (unlikely(*name == '/'));     //tag2
        if (unlikely(!*name)) {     //1
OK:
            if (!depth)
                return 0;
            name = nd->stack[--depth].name;
            link = walk_component(nd, 0);
        } else {     //2
            link = walk_component(nd, WALK_MORE);
        }
        if (err < 0)
            return err;

        if (unlikely(link)) {     //3
            if (IS_ERR(link))
                return PTR_ERR(link);
            nd->stack[depth++].name = name;
            name = link;
            continue;
        }
        if (unlikely(!d_can_lookup(nd->path.dentry))) {
            return -ENOTDIR;
        }
    }
}
```

这里的代码已经精简过了，去掉了一些特殊情况，比如路径中的.和..。

link_path_walk 在 while 循环中遍历中间路径上的每一个单元，调用 walk_component 依次查找它们。walk_component 失败时返回表示错误的负值，成功时返回值 NULL 或者字符串（char *），等于 NULL 表示查找一个单元结束，字符串则表示查找到的文件是一个符号链接，需要在下一次循环中处理。

符号链接相关的逻辑会在文件的链接一节继续分析，此处只考虑非链接文件的情况，也就是 depth 始终等于 0。

tag1 和 tag2 之间的代码保证了 link_path_walk 不会处理路径的"尾巴"，无论查找的是 a/b/c 还是 a/b/c/ 最后的 c 都不会在函数中查找。因此，函数中查找的每一个单元都应该是一个目录，需要满足 d_can_lookup。

walk_component 用来查找路径的中间单元，主要逻辑如下。

```
int walk_component(struct nameidata *nd, int flags)
{
    struct dentry *dentry;
    dentry = lookup_fast(nd);  //1
    if (IS_ERR(dentry))
        return ERR_CAST(dentry);
    if (unlikely(!dentry)) {
        dentry = lookup_slow(&nd->last, nd->path.dentry, nd->flags);  //2
        if (IS_ERR(dentry))
            return ERR_CAST(dentry);    //3
    }

    return step_into(nd, &path, flags, inode, seq);    //4
}
```

walk_component 的第一个参数 nd 的 path 字段表示上一次查找的结果（第一次调用时由 path_init 指定），也就是本轮查找的 dentry 的 parent。我们在文件系统的数据结构一节说过，dentry 可以表示文件系统的层级结构，所以可以先根据 dentry 来查找目标文件，这就是 lookup_fast 做的事情。

但是 dentry 并不是一开始就存在于内存中的，比如目录 a 下有 b、c 和 d 三个文件，访问过 a/b 之后，b 的 dentry 就在内存中了，下次可以不用在文件系统内部查找，直接查找 dentry 就可以找到 b 了，但如果查找的是 c，靠 dentry 是不够的。

dentry 查不到的文件，并不意味着不存在，这就需要深入文件系统内部查找了，这就是 lookup_slow 做的事情，如图 10-7 所示。如果 lookup_fast 和 lookup_slow 都没有找到文件，那就表示目标文件不存在（第 3 步）。

就像去超市买苹果，如果您在这家超市买过苹果，就可以直接去挑苹果并买单。如果您不知道苹果的摊位，那就只能在超市的水果区内找到它。

lookup_fast 顾名思义就是快速查找，它根据当前存在的 dentry 组成的层级结构来查找目标文件，如果查找不到 dentry，返回值等于 NULL，接下来就由 lookup_slow 继续查找。

lookup_slow 的流程的主要逻辑分为两部分，在 dentry 的层级结构中再次尝试查找目标（__d_lookup_rcu）；调用 d_alloc 申请新的 dentry，调用

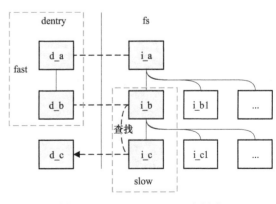

图 10-7　lookup fast/slow 示意图

parent（nd->last）的 inode 提供的 lookup 回调函数（inode->i_op->lookup）深入文件系统内部查找。

walk_component 的第 4 步，调用 step_into 处理查找得到的 dentry。step_into 完成以下两个任务。

1）调用 handle_mounts "穿墙"，找到了 dentry，并不能直接使用，因为它有可能是某个文件系统的挂载点，而被隐藏。前面说过，mount 一次就相当于在当前的路径后面垒了一堵墙，handle_mounts的任务就是穿墙了，它们的逻辑与文件系统的挂载一节的 lock_mount 类似，就是找到最后的那堵没有被隐藏的墙。

2）如果最终得到的 dentry 不是软链接，返回 NULL，否则调用 pick_link 获得链接的路径（字符串）。

walk_component 调用 lookup_fast 和 lookup_slow 找到文件、"穿墙"，找不到文件函数出错返回；找到文件，如果文件是一个符号链接（symlink），返回链接路径由 link_path_walk 继续处理，否则为 nameidata 对象赋值作为本次查找的结果，返回 NULL，link_path_walk 以得到的 nameidata 继续查找下一个单元。

有关 walk_component 返回符号链接路径的例子如下。

```
$ls -l /sys/class/misc/
    lrwxrwxrwx ... fuse -> ../../devices/virtual/misc/fuse/
    lrwxrwxrwx ... hpet -> ../../devices/virtual/misc/hpet/
    ...
```

/sys/class/misc/hpet 是符号链接，它链接到/sys devices/virtual/misc/hpet/，所以访问前者实际上就是访问后者，比如/sys/class/misc/hpet/dev，实际是/sys devices/virtual/misc/hpet/dev。所以当 link_path_walk 找到/sys/class/misc/hpet 目录时，会导向/sys devices/virtual/misc/hpet（符号链接相关的代码逻辑稍后分析）。

经过了查找、"穿墙" 和符号链接处理后，一个单元的查找终于结束，link_path_walk 继续以该单元为 parent 查找下一个单元，直到倒数第二个单元，并将查找结果返回，由 path_lookupat 处理 "尾巴"（最后一个单元）。

如果用户需要 path_lookupat 处理 "尾巴"（LOOKUP_PARENT 清零），它会负责查找最后一个单元，查找的逻辑与 link_path_walk 的一轮查找并没有本质区别。既然二者没有本质区别，为什么没有合并起来呢？我们在前面的第二个考虑因素中说过，是为了复用。

下面用一个具体的例子来总结查找的整个过程。

```
$mkdir -p a/b                                          #命令 1
$sudo mount -t proc proc a/b                           #命令 2
$sudo mount -t sysfs sysfs a/b                         #命令 3
#下面分析查找 a/b/class/rtc/rtc0/power/control 的过程      # 4
```

查找过程如下。

1）路径并不是绝对路径（以/开始），path_init 设置查找起始点为当前工作目录（./）。

2）在当前工作目录下，查找 a，如果命令 1 之后未执行删除等操作，a 和 b 的 dentry 都已经存在于层级结构中了，lookup_fast 可找到 a。当然，如果查找过程中出现删除等操作，查找会失败，不做展开讨论。

3）找到 a 后，在 a 下面找到 b 的 dentry，lookup_fast 可以找到它。但 b 是一个挂载点，所以需要 "穿墙"，从当前的 b，拆到（proc，root），再到（sysfs，root）。

4）从（sysfs，root）开始查找，依次找到 class、rtc 和 rtc0（dentry 已经存在则 lookup_fast，否则 lookup_slow 深入 sysfs 内部查找它们），rtc0 是一个符号链接，（rtc0 -> ../../devices/pnp0/00:02/rtc/rtc0/），所以查找 rtc0 返回前，定位到 ../../devices/pnp0/00:02/rtc/rtc0/。

5）在 ../../devices/pnp0/00:02/rtc/rtc0/下像查找 class、rtc 一样继续查找 power，link_path_walk 并不处理"尾巴"（最后的 control），至此结束。

6）xxx_last 在 power 下找到 control，查找过程至此结束。

查找是很多操作的基础，掌握了它，后面的学习效率将会事半功倍。

10.4　文件操作

本节开始讨论对文件的操作，包括 open、close、mkdir、rmdir、link 和 symlink 等，需要注意的是，这些是针对文件本身的操作，并不直接涉及文件内容的操作。另外，本节所谓的操作指的并不是 shell 命令，而是内核提供的可以供用户空间使用的系统调用。阅读了本节读者就会发现，无论是文件系统的挂载，还是下面讨论的文件的操作，VFS 只是提供了一个通用架构，具体实现由各个实际的文件系统决定，面向对象的思想体现得淋漓尽致。

10.4.1　软链接和硬链接

link 和 symlink 分别为文件创建硬链接和符号链接（又称软链接），对应的 shell 命令是 ln，示例如下。

```
$ln a b                    #(1)创建硬链接
$ls -i
 2252072 a   2252072 b
$ln -s a c                 #(2)创建符号链接
$ls -i
 2252072 a   2252072 b   2252316 c
$rm b                      #(3)
$ls -l
 -rw-rw-r-- ... a
 lrwxrwxrwx ... c -> a
$rm a                      #(4)
$cat c
 cat: c: No such file or directory
```

ln 创建了硬链接，ln -s 创建了符号链接，通过上面的结果可以看出，a 和它的硬链接 b 的 inode 号相等，和它的符号链接 c 的 inode 号不等。我们说过，一个文件对应一个 inode，所以硬链接并没有创建新的文件，符号链接创建了新的文件。

删除 b，而 a 仍然存在，说明 a 和 b 虽然对应同一个文件，但它们都不是文件的"完全体"（删除 a，b 也会存在）。删除 a，则 c 无效，说明符号链接不能独立存在。符号链接容易理解，它类似于游戏中的传送门，传送门会将访问者导向目的地。至于硬链接，我们先要搞清楚一个问题，a 的本质是什么。

创建了硬链接 b 后，b 和 a 是等同的，它们拥有同一个 inode 号，显然其背后是同一个文件，我们以 inode 号 2252072 称之。既然等同，就无所谓谁先谁后，如果 b 先存在，创建的硬链接是 a，对 2252072 而言没有差别；再创建一个硬链接 d，它们 3 个也同样等同，所以与 b 和 d 相比，a

没有特殊之处，a 本身就是一个硬链接。

符号链接就像是传送门，硬链接就像是对文件的引用。即使没有使用 ln 为文件创建硬链接，硬链接也存在，链接数为 1，引用数为 1。创建一个硬链接，会给文件增加了一个引用。

内核提供了 link 和 linkat 创建硬链接，它们都是系统调用，都通过 do_linkat 实现，主要逻辑如下。

```
int do_linkat(int olddfd, struct filename *old, int newdfd,
      struct filename *new, int flags)
{
    struct dentry *new_dentry;
    struct path old_path, new_path;
    //省略出错处理
    error = filename_lookup(olddfd, old, how, &old_path, NULL);
    //省略
    new_dentry = filename_create(newdfd, new, &new_path,
          (how & LOOKUP_REVAL));
    error = -EXDEV;
    if (old_path.mnt != new_path.mnt)  //标号 1
        goto err; //省略
    error = vfs_link(old_path.dentry, mnt_userns, new_path.dentry->d_inode,
          new_dentry, &delegated_inode);//省略
    return error;
}
```

do_linkat 的逻辑比较清晰，先调用 filename_lookup 找到目标文件，然后调用 filename_create 在新的路径下创建 dentry，最后调用 vfs_link 完成 link，代码如下。

```
int vfs_link(struct dentry *old_dentry, struct user_namespace *mnt_userns,
      struct inode *dir, struct dentry *new_dentry,
      struct inode **delegated_inode)
{
    struct inode *inode = old_dentry->d_inode;
    unsigned max_links = dir->i_sb->s_max_links;
    //省略
    if (IS_APPEND(inode) ||IS_IMMUTABLE(inode))  //标号 2
        return -EPERM;
    if (!dir->i_op->link)  //标号 3
        return -EPERM;
    if (S_ISDIR(inode->i_mode))  //标号 4
        return -EPERM;
    if (inode->i_nlink == 0 && !(inode->i_state & I_LINKABLE))
        error = -ENOENT;
    else if (max_links && inode->i_nlink >= max_links)
        error = -EMLINK;
    else
        error = dir->i_op->link(old_dentry, dir, new_dentry);
    //省略
    return error;
}
```

可以看到 vfs_link 最终会调用 dir->i_op->link，link 由文件系统自由实现，主要涉及以下几点。

首先，链接并不是创建文件，文件已经存在，就是 old_dentry->d_inode，要做的肯定不是在 dir 下面创建新的文件，而是让文件"归属"于 dir。其次，old_dentry 和 new_dentry 最终都要与 old_dentry->d_inode 关联（hlist_add_head（&dentry->d_u.d_alias, &inode->i_dentry）），可以调用 d_instantiate 实现。最后，link 还需要调整文件的硬链接数目（inode 的 __i_nlink 字段）。

其次创建硬链接有诸多限制，以上代码段中可以看到，硬链接不能跨文件系统（标号 1），不能给目录创建硬链接（标号 4）等。

为什么不能跨文件系统，因为会发生逻辑错误，创建的硬链接和已有的硬链接对应同一个文件，它们的 inode 也是同一个。但两个文件系统，它们的文件的 inode 是独立的；假设我们的系统中有两个磁盘，磁盘 1 的 2252072 是 a，磁盘 2 的 2252072 可以不存在，也可以是其他文件或者目录，但不会是 a 对应的文件。

为什么不能给目录创建硬链接呢？因为有可能出现闭环链接关系，这样遍历的时候可能会陷入死循环中。比如 dir 是一个目录，在 dir 下创建一个它的硬链接 dir1，需要迭代访问 dir 下面的每一个文件的时候，就会陷入无限循环。

前面说过，Linux 并没有刻意区分普通文件和目录，普通文件的 inode 的 i_nlink（__i_nlink 与 i_nlink 组成一个 union，前者写，后者读）字段表示硬链接数目，目录的 inode 也有 i_nlink 字段，表示什么意义呢？我们先看下面这个例子。

```
$mkdir dir1
$ls -lai dir1
  2252319 drwxrwxr-x 2 (省略) .
  2252060 drwxrwxr-x 3 (省略) ..
$mkdir dir1/dir2
$ls -lai dir1
  2252319 drwxrwxr-x 3 (省略) .
  2252060 drwxrwxr-x 3 (省略) ..
  2252315 drwxrwxr-x 2 (省略) dir2
$ls -lai dir1/dir2
  2252315 drwxrwxr-x 2 (省略) .
  2252319 drwxrwxr-x 3 (省略) ..
```

list 列出的信息的第三列的值与文件的 i_nlink 字段相等，可以看到 dir1 下没有创建任何文件或目录的情况下，第三列的值为 2，在 dir1 下创建了子目录 dir2 后，dir1 的第三列值增加了 1。另外，dir1/.和 dir1/dir2/..的 inode 号相同，都是 2252319；dir1/dir2 和 dir1/dir2/.的 inode 号也相同，这实际上也是一种硬链接。只不过目录的硬链接是由文件系统创建的，使用 ln 命令是无法创建的。

目录下没有创建任何文件的时候 i_nlink 字段的值为 2，创建一个子目录值则加 1，为什么呢？拿 dir1 来讲，../dir1 和 dir1/.都是 dir1，inode 号相等，所以在没有创建文件的情况下，它的 i_nlink 字段的值为 2；创建了 dir2 后，dir1/dir2/..也是 dir1，所以 i_nlink 字段的值变为 3，实际上每创建一个子目录，i_nlink 字段的值都会加 1。所以目录的 inode 的 i_nlink 字段可以理解为目录的硬链接数，也可以理解为直接指向该目录的目录数。

symlink 和 symlinkat 系统调用用来创建符号链接，二者都调用 do_symlinkat 实现。在计算机领域，有一个概念与符号链接很相似，就是 Windows 系统的快捷方式。快捷方式是如何实现的呢，新建一个快捷方式，右键单击快捷方式图标，选择 properties 命令，在弹出的 shortcut 选项卡中有一行 Target，相应的文本框的内容就是目标文件的路径。打开快捷方式，其实就是读取 Target 指定的目标文件信息，打开目标文件。所以，快捷方式是一个包含了目标文件路径信息的文件。

这包含两层含义，首先快捷方式本身是一个文件，其次这个文件包含目标文件路径信息。所以创建快捷方式，就是在快捷方式指定的目录下创建一个文件，将目标文件的路径信息"塞"进去。

符号链接的逻辑与快捷方式类似，我们先看看 VFS 是如何访问一个符号链接的吧。接查找一节，step_into 调用 pick_link 查找符号链接的目标文件的路径，pick_link 先查看 inode->i_link 字段，不为空的情况下直接使用它，否则调用 inode->i_op->get_link 得到目标文件的路径。

得到路径后，接下来继续调用 walk_component 找到目标文件，该路径中可能还会存在符号链接，这种情况下继续调用 pick_link 和 walk_component，直到找到最终的目标文件。

需要注意的是，VFS 对一次查找过程中可以递归查找符号链接的次数和出现的符号链接总数都是有最大限制的，超过限制即使文件存在也会失败。

整个过程与定位快捷方式的目标文件的过程类似，找到目标文件的路径信息，根据路径查找目标文件。

理解了查找过程，创建符号链接的逻辑就非常简单了。do_symlinkat 调用 filename_create 函数返回一个新的 dentry，然后调用 vfs_symlink 深入文件系统创建符号链接并为 dentry 赋值。

记父目录的 inode 为 parent，vfs_symlink 先判断 parent->i_op->symlink 是否为空，如果为空则表明文件系统不支持 symlink 操作，返回-EPERM，否则调用 parent->i_op->symlink 由文件系统创建 symlink 并为 dentry 赋值。

symlink 需要在 parent 目录下创建一个符号链接类型的文件，并根据文件系统自身的策略将目标文件的路径反映（不一定是保存）出来，这与快捷方式的创建过程也是类似的。

需要注意的是，创建符号链接的过程中，并没有验证目标文件是否存在，也就是说可以成功地给一个不存在的文件创建符号链接，我们甚至可以先创建符号链接，再创建文件，如下。

```
$ln -s ab abc  #ab 文件并不存在,创建一个 abc 符号链接
$echo a > ab  #创建 ab,内容为 a
$cat abc  #读取符号链接文件
  a  #可以读到 a
```

为什么可以为目录创建符号链接，而不用担心死循环的问题呢？因为符号链接本身就是一种文件类型（S_IFLNK），即使链接到目录，它也不是目录，并不支持目录的操作。

10.4.2 创建和删除目录

一般来讲，都是先有目录后有文件，所以我们从目录开始分析。mkdir 和 rmdir 分别用来创建和删除目录，它们的函数原型（用户空间）如下。

```
int mkdir(const char *pathname, mode_t mode);
int mkdirat(int dirfd, const char *pathname, mode_t mode);
int rmdir(const char *pathname);
```

mkdirat 的第一个参数等于 AT_FDCWD 的情况下与 mkdir 等同，pathname 为相对路径时，dirfd 表示该路径所在的目录的 fd，pathname 为绝对路径时，dirfd 被忽略。

需要说明的是，Linux 并没有从概念上区分普通文件和目录，统称为文件，书中提到的文件

也是如此。它们的区别在于所接受的操作不同，比如目录有 mkdir、lookup 等操作，普通文件不可能支持；可以为普通文件创建硬链接（link），目录却不可以。

创建一个文件（包括目录），如何才算成功？很显然，答案是文件有了有效的 inode。实现这个目标，一般的做法是创建一个新的 dentry，深入文件系统内部创建文件，并返回 inode，为 dentry 赋值。为什么要涉及 dentry，一是为了方便后续的访问，二是有的操作确实需要 dentry，比如 open 创建文件时返回的 file 对象的字段（f_path.dentry）就指向 dentry。

mkdir 和 mkdirat 系统调用用来创建目录，都调用 do_mkdirat 实现。主要逻辑是调用 filename_create 函数返回一个新的 dentry，然后调用 vfs_mkdir 深入文件系统创建目录并为 dentry 赋值。

父目录的 inode 记为 parent，vfs_mkdir 先判断 parent->i_op->mkdir 是否为空，如果为空则表明文件系统不支持 mkdir 操作，返回-EPERM，否则调用 parent->i_op->mkdir 由文件系统创建目录并为 dentry 赋值。

请不要怀疑，有些文件系统确实不支持 mkdir 操作，那么它们的文件从何而来？在此要明确一点，我们讨论的 mkdir、rmdir 和 open 这些操作，是给文件系统的用户使用的，文件系统内部并不一定依赖这些操作来维护文件的层级结构，如图 10-8 所示。这类文件系统的意图是让用户去操作文件的内容，而不是文件本身。至于文件本身，文件系统会给出合适的函数，由其他模块维护它们，稍后分析的 sysfs 就是一个典型例子。

rmdir，也是系统调用，由 do_rmdir 函数实现，它先调用 filename_parentat 找到目标目录的父目录，然后调用 __lookup_hash 找到目录的 dentry，最后调用 vfs_rmdir 删除目录。与 vfs_mkdir 类似，vfs_rmdir 先判断 parent->i_op->rmdir 是否为空，如果为空则表明文件系统不支持 rmdir 操作，返回-EPERM，否则调用 parent->i_op->rmdir 删除目录。另外，如果要删除的目录上挂载了文件系统，vfs_rmdir 会返回-EBUSY，rmdir 失败。

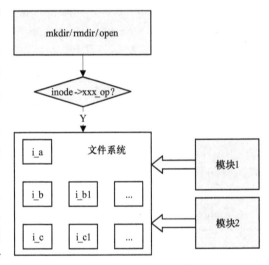

图 10-8　文件的系统的维护

如果文件系统本身不支持用户创建、删除文件，即使是 root 用户也无能为力。本节可以帮助读者纠正两个误区，一是文件都是用户创建的，二是 root "无所不能"。

mkdir 和 rmdir 都是先找到文件（前者找 parent，后者找 parent 和目标目录），然后调用 parent（inode）的 i_op 提供的回调函数完成操作。整个过程中，VFS 负责维护 dentry 组成的层级结构，同时通知文件系统维护其内部的层级结构，二者的桥梁就是 inode。所以 inode 除了表示它对应的文件之外，还是 VFS 与文件系统沟通的枢纽。

从软件设计的角度看，VFS 构建了一个框架，具体做事情的是文件系统，这是典型面向对象的设计思想。

10.4.3　打开和关闭文件

open 用来打开或者创建一个文件，close 关闭文件。open，多数人对它并不陌生，函数原型（用户空间）如下。

```
int open(const char * pathname, int flags);
int open(const char *pathname, int flags, mode_t mode);//可变参数
int creat(const char *pathname, mode_t mode);
int openat(int dirfd, const char *pathname, int flags);
int openat(int dirfd, const char *pathname, int flags, mode_t mode);//可变参数
```

open 可以用来打开已存在的文件，也可以创建新的文件，mode 表示被创建的文件的访问权限，可以是以下几种标志的组合，见表 10-12。mode 不能用来改变已存在文件的访问权限（使用 chmod 改变文件的访问权限），文件存在的情况下，它会被忽略。

表 10-12　文件权限表

标　　志	描　　述
S_IRWXU	R, read；W, write；X, exec；U USR, user；G GRP group；O OTH other. 文件所有者可读可写可执行
S_IRUSR	文件所有者可读
S_IWUSR	文件所有者可写
S_IXUSR	文件所有者可执行
S_IRWXG	文件用户组可读可写可执行
S_IRGRP	文件用户组可读
S_IWGRP	文件用户组可写
S_IXGRP	文件用户组可执行
S_IRWXO	其他用户组可读可写可执行
S_IROTH	其他用户组可读
S_IWOTH	其他用户组可写
S_IXOTH	其他用户组可执行

flags 用来指定文件打开的模式，可以由几种标志组合而成，见表 10-13。

表 10-13　文件打开模式标志表

标　　志	描　　述
O_RDONLY	以只读模式打开文件
O_WRONLY	以只写模式打开文件
O_RDWR	以读写模式打开文件
O_CREAT	若文件不存在，创建文件
O_EXCL	若 O_CREATE 置位，且文件已存在，返回-EEXIST
O_TRUNC	打开时清空文件内容，需要写模式
O_APPEND	以追加写模式打开文件
O_NONBLOCK	把文件的 I/O 设置为非阻塞模式
O_DSYNC	写操作等待物理 I/O 完成，fdatasync
O_SYNC	写操作等待物理 I/O 完成，文件属性更新完毕，fsync
O_DIRECT	直接 I/O，绕过缓冲，直接输出到文件
O_CLOEXEC	close-on-exec，调用 exec 成功后，自动关闭
O_NOFOLLOW	don't follow links，取消链接
O_DIRECTORY	如果目标文件不是目录，打开失败

create 等同于以 O_CREAT ｜ O_WRONLY ｜ O_TRUNC 标志调用 open。

如果打开文件成功，open 返回一个非负整数，一般称之为文件描述符（file descriptor，fd）。

一个进程打开某个文件，返回的文件描述符具有唯一性，所以内核需要记录哪些文件描述符已被占用，哪些未被使用，由位图实现（files_struct.fdt->open_fds）。files_struct.next_fd 记录着下一个可能可用的文件描述符，在 alloc_fd 调用 find_next_fd 的时候，以它作为起始点（也可以指定一个大于它的起始点），在位图中查找下一个可用的文件描述符，避免从头开始查找。

在用户空间中可以使用文件描述符定位已打开的文件，内核维护了它和文件本身数据结构的对应关系：files_struct.fdt 的 fd 字段是一个 file 结构体指针的数组，以文件描述符作为下标即可得到文件的 file 对象（current->files->fdt->fd［fd］），files_struct 的更多字段分析见 13.2.5 节。

open 系统调用，调用 do_sys_open（openat 也是如此），后者则调用 do_sys_openat2。do_sys_openat2 主要完成 3 个任务：首先调用 get_unused_fd_flags（由 alloc_fd 实现）获得一个新的可用的文件描述符，然后调用 do_filp_open 获得文件的 file 对象，最后调用 fd_install 建立文件描述符和 file 对象的关系。函数调用具体过程如图 10-9 所示。

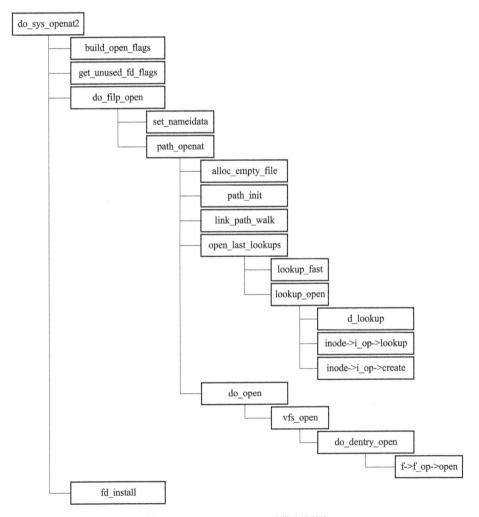

图 10-9　do_sys_openat2 函数调用图

do_filp_open 和它调用的 path_openat 函数主要逻辑与查找类似，分为 3 部分：首先调用 path_ init 设置查找起点，然后调用 link_path_walk 查找路径的中间单元，最后调用 open_last_lookups 和 do_open 处理 "尾巴"。简单地讲就是，先找到目标文件的父目录，然后处理文件。

　　path_init 和 link_path_walk 已经分析过了，open_last_lookups 和 do_open 的主要逻辑如下。

```
const char * open_last_lookups(struct nameidata * nd,
          struct file * file, const struct open_flags * op)
{
    struct dentry * dir = nd->path.dentry;
    int open_flag = op->open_flag;
    bool got_write = false;
    struct dentry * dentry;
    const char * res;

    if (! (open_flag & O_CREAT)) {
        if (nd->last.name[nd->last.len])
            nd->flags |= LOOKUP_FOLLOW | LOOKUP_DIRECTORY;
        dentry = lookup_fast(nd);     //1
        if (likely(dentry))
            goto finish_lookup;
    }

    dentry = lookup_open(nd, file, op, got_write);     //2
    if (! IS_ERR(dentry) && (file->f_mode & FMODE_CREATED))
        fsnotify_create(dir->d_inode, dentry);

    if (file->f_mode & (FMODE_OPENED | FMODE_CREATED)) {     //3
        dput(nd->path.dentry);
        nd->path.dentry = dentry;
        return NULL;
    }

finish_lookup:
    res = step_into(nd, WALK_TRAILING, dentry);     //4
    return res;
}

int do_open(struct nameidata * nd,
          struct file * file, const struct open_flags * op)
{
    struct user_namespace * mnt_userns;
    int open_flag = op->open_flag;
    int acc_mode;

    if (open_flag & O_CREAT) {
        if ((open_flag & O_EXCL) && ! (file->f_mode & FMODE_CREATED))
            return -EEXIST;
        if (d_is_dir(nd->path.dentry))
            return -EISDIR;
    }
    if ((nd->flags & LOOKUP_DIRECTORY) && ! d_can_lookup(nd->path.dentry))
```

```
        return -ENOTDIR;

    acc_mode = op->acc_mode;
    if (file->f_mode & FMODE_CREATED) {
        open_flag &= ~O_TRUNC;
        acc_mode = 0;
    } else if (d_is_reg(nd->path.dentry) && open_flag & O_TRUNC) {
        error = mnt_want_write(nd->path.mnt);
        do_truncate = true;
    }
    error = may_open(mnt_userns, &nd->path, acc_mode, open_flag);
    if (!error && !(file->f_mode & FMODE_OPENED))
        error = vfs_open(&nd->path, file);      //5
    return error;
}
```

以上代码片段省略了很多非核心逻辑和变量，它们处理路径的"尾巴"，抛开 O_CREATE 不谈，主要逻辑与查找过程的 xxx_last 类似。第一个参数 nd 包含了上一次查找的结果，可以理解为目标文件的父目录，这里的主要任务是建立 file 对象和目标文件的关系。

第 1 步，显然是要找到目标文件，如果 O_CREAT 没有置位，使用 lookup_fast 查找文件，找到则进入第 4 步。如果 O_CREAT 置位，或者 lookup_fast 没有找到文件（提醒下，没有找到和出错是不同的，可参考 10.3 节的介绍），进入 lookup_open。

lookup_open 先尝试在父目录中查找文件，调用 d_lookup 在 dentry 层级结构中查找，记父目录的 inode 为 parent，找不到则调用 parent->i_op->lookup 深入文件系统内部查找，仍未找到则说明文件不存在。如果文件不存在（（!dentry->d_inode），且 O_CREAT 置位，parent->i_op->create 为空则表明文件系统不支持 create 操作，返回 -EACCES，否则调用 parent->i_op->create 由文件系统创建文件并为 dentry 赋值。

lookup_open 实际上并没有 open 的动作，主要逻辑只是查找文件，如果文件不存在，需要的情况下，创建文件并返回。

第 3 步，如果文件是新创建的（file->f_mode | = FMODE_CREATED），那么它不可能是某个文件系统的挂载点（mountpoint），也不可能是一个符号链接（symlink，由 symlink 创建，而不是 open），open_last_lookups 就可以返回 NULL 表示路径上最后一个文件不是链接。

如果文件不是新创建的，那么它有可能是某个文件系统的挂载点，也有可能是一个符号链接，由第 4 步 step_into 处理。如果它是符号链接，step_into 返回链接路径，path_openat 继续调用 link_path_walk 和 open_last_lookups，如此循环，直到找到最终的目标文件，代码片段如下。

```
    const char *s = path_init(nd, flags);
    while (!(error = link_path_walk(s, nd)) &&
            (s = open_last_lookups(nd, file, op)) != NULL)
        ;
    if (!error)
        error = do_open(nd, file, op);
```

open_last_lookups 的循环结束后，要么出错，要么已经找到了目标文件。

第 5 步，do_open 调用 vfs_open，后者调用 do_dentry_open，为 file 对象赋值，调用文件系统的 open 回调函数，如下。

```
//dentry, 目标文件的 dentry; f, file;
    f->f_inode = inode;
    f->f_mapping = inode->i_mapping;
    if (f->f_mode & FMODE_WRITE && !special_file(inode->i_mode)) {
        error = get_write_access(inode);
        error = __mnt_want_write(f->f_path.mnt);
        f->f_mode |= FMODE_WRITER;
    }
    f->f_op = fops_get(inode->i_fop);
    // f->f_mode 的初始值是由 open 时的 flags 参数决定的
    f->f_mode |= FMODE_LSEEK | FMODE_PREAD | FMODE_PWRITE;
    if(f->f_op->open)    //其中一种情况
        f->f_op->open(inode, f);
    f->f_mode |= FMODE_OPENED;
    if ((f->f_mode & FMODE_READ) &&
        likely(f->f_op->read || f->f_op->read_iter))
        f->f_mode |= FMODE_CAN_READ;
    if ((f->f_mode & FMODE_WRITE) &&
        likely(f->f_op->write || f->f_op->write_iter))
        f->f_mode |= FMODE_CAN_WRITE;
    f->f_flags &= ~(O_CREAT | O_EXCL | O_NOCTTY | O_TRUNC);
```

至此，do_sys_open 的第二个任务完成，接下来它调用 fd_install 建立 fd 和 file 对象的对应关系，open 结束。

open 意为"打开"，但文件本身没有开关，所谓的"打开"就不是开与关的意思了。它完善 file 对象和文件本身（inode）的关系，返回对应的文件描述符到用户空间。这样后续对文件内容的操作就不需要查找文件等操作，可以直接使用 file 对象提供的回调函数和数据操作文件，如图 10-10 所示。有点像给朋友介绍对象，朋友（用户空间）经过你（查找、dentry）与对方（文件、inode）认识（得到文件描述符），后面他们再次约会就不需要你继续做中间人了。

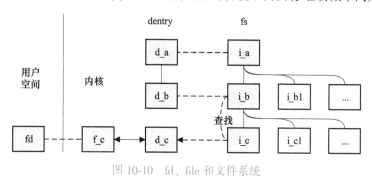

图 10-10　fd、file 和文件系统

close 比 open 简单许多，这与现实生活类似，创造一个东西千辛万苦，"毁掉"它却非常简单。close 的逻辑与 open 相反，回收文件描述符，毁掉 open 建立的关系，释放 file。它也是系统调用，主要逻辑如下。

```
__put_unused_fd(current->files, fd);            (1) //pick_file
if (filp->f_op->flush)                          (2)
    retval = filp->f_op->flush(filp, id);
if (atomic_long_dec_and_test(&file->f_count)) {  (3) //fput
```

```
        //in delayed work
        if (unlikely(file->f_flags & FASYNC)) {
            if (file->f_op && file->f_op->fasync)
                file->f_op->fasync(-1, file, 0);                    (4)
        }
        if (file->f_op && file->f_op->release)                     (5)
            file->f_op->release(inode, file);
        dput(dentry);
        mntput(mnt);
        file_free(file);
    }
```

如果 file 对象的引用数（file->f_count 字段）不小于 2，说明除了当前文件描述符外，还有其他文件描述符使用它，此时不能将其释放，将 f_count 的值减 1 然后返回。只有当 file 对象所有的文件描述符都 close 的情况下，才需要继续 3 之后的步骤（file 对象和文件描述符实际上并不是 1 对 1 的关系）。

flush 会执行并等待设备文件完成未完的操作，fasync 用于异步通知。dput 判断是否还有其他 file 对象引用 dentry（dentry->d_lockref.count > 1），如果有，则说明 dentry 需要继续存在，直接返回；否则根据 dentry 的状态和文件系统的策略对其处理。

close 的逻辑比较简单，但这里有一个值得深入讨论的问题，close 之后，没有被引用的文件（dentry->d_lockref.count == 0），是否应该将它的 dentry 释放？

dentry 维护了一个层级结构，我们肯定希望尽可能地把它留在内存中，否则下次再次使用文件就需要深入文件系统再查询一次。

一般在两种情况下删除 dentry，第一种是文件被删除（d_unhashed），dentry 无效，第二种是 dentry->d_op->d_delete（如果有定义）返回值非 0。很多文件系统并没有定义 d_delete 操作，所以 close 一般不会将 dentry 删除；而如果需要定义 d_delete 操作，返回值要慎重，否则会给 VFS 增加负担。

10.4.4 创建节点

mknod 从名字就可以看出主要用来创建节点，函数原型（用户空间）如下。

```
int mknod(const char *pathname, mode_t mode, dev_t dev);
int mknodat(int dirfd, const char *pathname, mode_t mode, dev_t dev);
```

它们对应 mknod 和 mknodat 两个系统调用，二者都由 do_mknodat 实现。下面通过具体的代码分析所谓的节点包括哪些文件，do_mknodat 的逻辑如下。

```
long do_mknodat(int dfd, const char __user *filename, umode_t mode,
        unsigned int dev)
{
    //跳过变量定义和出错处理等,dev 是设备号
    dentry = filename_create(dfd, name, &path, lookup_flags);
    switch (mode & S_IFMT) {
    case 0: case S_IFREG:
        error = vfs_create(mnt_userns, path.dentry->d_inode,
                dentry, mode, true);
        break;
    case S_IFCHR: case S_IFBLK:
```

```
        error = vfs_mknod(mnt_userns, path.dentry->d_inode,
                dentry, mode, new_decode_dev(dev));
        break;
    case S_IFIFO: case S_IFSOCK:
        error = vfs_mknod(mnt_userns, path.dentry->d_inode,
                dentry, mode, 0);
        break;
    }
    //...
}
```

do_mknodat 先调用 filename_create 找到需要创建的节点所在的目录，并创建文件的 dentry，然后创建文件。可以创建的包含普通文件 S_IFREG、字符设备文件 S_IFCHR、块设备文件 S_IFBLK、FIFO 文件 S_IFIFO 和 Socket 文件 S_IFSOCK，所以所谓的节点也就是这几种文件的代称。

如果目标是普通文件，则调用 vfs_create 创建它，与 open 创建普通文件无异。实际上，mknod 的初衷并不是创建普通文件，而是后面 4 种文件，如果需要创建普通文件，使用 open 更好，这样不会引起误解。

如果目标是后 4 种文件，则调用 vfs_mknod 创建它们，vfs_mknod 先判断 parent->i_op->mknod（parent 是目录的 inode）是否为空，为空则表明文件系统不支持 mknod 操作，返回-EPERM，否则调用 parent->i_op->mknod 创建文件。

10.4.5　删除文件

open 可以创建文件，unlink 和 unlinkat 系统调用则用来删除文件。unlinkat 可以用来删除目录，它的第三个参数 flag 的 AT_REMOVEDIR 标志如果置位，表示删除目录，会调用 do_rmdir（只是套用了 rmdir）。删除普通文件由 do_unlinkat 函数实现，有了以上几种操作的分析，读者应该可以猜到，它无非也是先找到文件，然后调用文件的回调函数。

的确如此，do_unlinkat 的主要逻辑是调用 filename_parentat 找到文件的父目录，然后调用 __lookup_hash 找到文件，最后调用 vfs_unlink 深入文件系统执行 unlink 操作。

vfs_unlink 先判断 dir->i_op->unlink 是否为空，为空则表明文件不支持 unlink 操作，返回-EPERM，否则调用 dir->i_op->unlink 由文件系统执行 unlink 操作。如果成功返回，会调用 d_delete 处理 dentry，d_delete 会将 dentry 从哈希链表中删除，这样 do_unlinkat 调用的 dput 才会将 dentry 彻底删除。

unlink 执行完毕后，实际的文件是否还存在呢？unlink 删除的是什么，比如我们创建两个硬链接 a 和 b，然后 unlink b，vfs_unlink 中使用的是 b 的 dentry，所以对 a 没有影响，那么被删掉的只是硬链接 b。既然 unlink 删除的只不过是硬链接，文件系统的 unlink 操作就需要判断硬链接被删除后文件是否还有硬链接存在，如果有，则不能删除文件，否则就需要将文件删除，如图 10-11 所示。

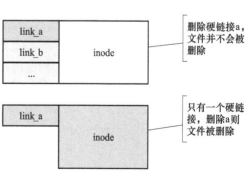

图 10-11　unlink 删除文件

10.5　文件的 IO

上节讨论的都是针对文件本身的操作，而多数程序更关心的是文件的内容，本节讨论文件内存的操作，多数为文件的 IO 操作，所以我们讨论的都是文件打开之后的操作。

在讨论 open 的时候说过，open 就像是给朋友介绍对象，双方彼此认识之后，就没有介绍人的事情了。事实也确实如此，open 建立了文件描述符和 inode 的关系，之后读写文件等操作就与 dentry 这些"介绍人"没有关系了。

文件描述符是给用户空间使用的，内核的 file 对象与之对应，再由 file 找到 inode，所以 file 对象是二者沟通的桥梁，就像经朋友介绍的两个人约会的媒介一样。本节介绍的操作（系统调用）基本都是由用户空间传递文件描述符到内核，默认情况下，各系统调用会第一时间根据文件描述符找到 file 对象，所以下面讨论它们的时候都会跳过这个步骤，从找到了 file 对象开始讨论。

10.5.1　读写

终于到了大家熟悉的读写了，read 和 write 都是系统调用，用于从文件读或者向文件写数据。它们都从当前的读写位置开始读写，成功则返回读或者写的字节数，失败则返回出错原因。与前面的系统调用一样，VFS 只给出了框架，细节由文件系统自行实现。

read 系统调用先调用 file_ppos 获取 file 对象当前的读写位置，然后调用 vfs_read 读文件，最后更新读写位置。

读写位置是属于 file 对象的，而不是属于文件的，由 file->f_pos 字段表示。读者观察如下程序运行后会产生什么结果呢？

```
int fd1 = open("f.txt", O_RDWR | O_CREAT);
int fd2 = open("f.txt", O_RDWR | O_CREAT);

char buf1[] = "abcdefg";
char buf2[] = "hijkl";
write(fd1, buf1, strlen(buf1));          //(1)
close(fd1);                              //(2)
write(fd2, buf2, strlen(buf2));          //(3)
close(fd2);                              //(4)
```

open 同一个文件两次之后，fd1 和 fd2 对应两个不同的 file 对象。fd1 的 file 对象的 fp 在 write 之后，得到了更新，文件的内容为 abcdefg；fd2 的 file 对象的 fp 在（2）结束后仍然为 0，所以（3）写到了文件的开头，最终的结果是 hijklfg。

vfs_read 需要文件系统至少实现 file->f_op->read 和 file->f_op->read_iter 二者之一。如果文件系统定义了 read，则调用 read；否则调用 new_sync_read，后者调用 read_iter。

write 像极了 read，先调用 file_ppos 获取 file 对象当前读写位置，然后调用 vfs_write 写文件，最后调用更新读写位置。vfs_write 也与 vfs_read 类似，如果文件系统实现了 file->f_op->write，则调用它；否则调用 new_sync_write，new_sync_write 调用 filp->f_op->write_iter 实现写操作。

对文件读写实际上是一个复杂的过程，VFS 仅仅是调用文件系统的回调函数，具体的逻辑由文件系统自行决定。

Linux 的 3.10 版内核并没有 read_iter 和 write_iter，有的是 aio_read 和 aio_write，它们的功能类似。a 表示 asynchronized，意思是异步 I/O，所谓的异步 I/O 就是不等 I/O 操作完成即返回，操作

完成再行处理。new_sync_read 和 new_sync_write 中的 new, 是相对于 do_sync_read 和 do_sync_write 而言的。Linux 的 3.10 版内核中, 以 read 为例, 如果文件系统定义了 read, 则调用 read; 否则调用 do_sync_read, 后者调用 aio_read 实现。

无论是 new_sync_xxx 还是 do_sync_xxx 都是 synchronized, 同步的, 也就是等待 I/O 操作完成。aio_xxx 是实现异步读写的, xxx_iter 可以实现同步、异步读写, 也就是说 new_sync_xxx 和 do_sync_xxx 通过可以实现异步读写的操作来实现。

逻辑上看似有些矛盾, 实际上, do_sync_xxx 调用 aio_xxx 后并不会直接返回, 如果 aio_xxx 的返回值等于-EIOCBQUEUED (iocb queued, 表示已经插入 I/O 操作), 它会调用 wait_on_sync_kiocb 等待 I/O 操作结束再返回。

至于 new_sync_xxx 调用 xxx_iter, 内核不允许它们在这种情况下返回-EIOCBQUEUED, 也就是说文件系统定义 xxx_iter 的时候需要区分当前的请求是同步 I/O, 还是异步 I/O, 根据请求决定策略, 内核提供了 is_sync_kiocb 函数辅助判断请求是否为同步 I/O。

需要说明的是, 异步 I/O 和读写置位了 O_NONBLOCK 的文件并不是一回事, 异步 I/O 并不要求进行实际的 I/O 操作, O_NONBLOCK 的意思是进行 I/O 操作时, 发现"无事可做", 不再等待, 它描述的问题是是否需要阻塞 (Block)。比如要买菜市场的菜, 您可以在网上点外送然后继续忙其他事情, 这是异步 I/O; 也可以去楼下, 发现去早了, 菜市场还没开门, 继续等待是阻塞, 不等待则是非阻塞。只要您去了, 就是同步 I/O, 不管有没有买到菜。

同步/异步、阻塞/非阻塞的场景见表 10-14。

表 10-14　同步和阻塞表

	阻 塞	非 阻 塞
同步	read/write	read/write with O_NONBLOCK
异步	poll/select	aio

10.5.2　ioctl 操作

ioctl (IO Control) 顾名思义, 它可以用来控制设备的 IO 等操作, 函数原型 (用户空间) 如下。

```
int ioctl(int fd, unsigned long cmd, ...)
```

它也是内核提供的系统调用, 调用 do_vfs_ioctl 和 vfs_ioctl 实现, do_vfs_ioctl 先处理内核定义的普遍适用的 cmd, 比如 FIOCLEX 将文件描述符的 close_on_exec 置位; 其他情况调用 vfs_ioctl 处理文件的 ioctl 定义专属的命令, vfs_ioctl 函数调用 filp->f_op->unlocked_ioctl 完成, unlocked_ioctl 函数的模板如下。

```
static long my_ioctl(struct file * filp, unsigned int cmd, unsigned long arg)
{
    //...
    switch (cmd) {
    case MY_CMD1:
        //...
        break;
    case MY_CMD2:
```

```
    //...
    break;
  //...
  }
  return 0;
}
```

问题的关键是 MY_CMD1 和 MY_CMD2 这些命令，需要保证它们的唯一性，而且内核和应用程序使用的同一个命令的 cmd 必须相等，二者包含同一份头文件可以满足这个条件。另外，内核提供了_IO、_IOR、_IOW 和_IOWR 等宏，可以使用它们定义命令来保证唯一性。

从 ioctl 的实现来看，它不仅可以用来控制设备的 IO，实际上，它的功能可以十分强大。理论上定义一个命令、实现这个命令的动作就可以为文件的 ioctl 添加一个新的功能。虽然如此，我们在使用过程中还是不要强加功能，给它一些难以理解的逻辑，比如加个 read。

VFS 分析完毕，在详细讨论具体的文件系统之前，我们先讨论要快速理解一个文件系统可以从哪几个方面入手。

首先，是文件系统的挂载，我们在文件系统的挂载一节已经分析过了，这个过程一般涉及文件系统的 xxx_mount、xxx_fill_super 和 xxx_get_inode（xxx_new_inode）等函数。

其次，文件系统的文件支持哪些操作，主要包括目录、普通文件和符号链接等文件的 inode 的 i_op 字段，了解这些有助于理解文件系统是如何一步步建立起来的。一般情况下，一个文件系统创建新的 inode 后会为它初始化，多半也会在这里根据创建的文件的类型定义文件支持的操作，所以查看 xxx_get_inode 等函数即可。

对目录而言，i_op 是重点，因为目录的主要职责是建立和维护文件系统内部的文件层级结构，mkdir 和 create 操作都由 i_op 定义。如果文件系统没有定义这些操作，说明文件系统提供了其他方式由内核创建文件，用户空间不能直接创建文件。对普通文件而已，重点是 i_fop，因为它的主要职责是 IO，相关的操作基本都定义在 i_fop 中。

再次，也是最重要的一点，文件系统是如何维护它内部的文件层级结构的，前面说过一个文件系统有两套层级结构，一套由 dentry 表示，另一套由文件系统维护，前者是表，后者是里。

所谓的文件层级结构目录和它的子目录以及它的普通文件的关系，要解开这个问题，一般查看文件系统目录的 inode 的 i_op 的 lookup 回调函数即可（也可以查看目录的 create，但有些文件系统没有定义它），在查找一节已经介绍过，它的作用是在目录下查找某个名字的文件。

最后，文件的 IO 操作，也就是文件的内容是如何组织的。

VFS 统一了文件系统的实现逻辑，所以如果只是使用一个文件系统，了解 VFS 提供的操作就够了，但要理解一个文件系统，甚至是动手写一个文件系统，掌握以上 4 个方面是有必要的。

10.6 【看图说话】proc 文件系统

proc 文件系统也是一个基于内存的文件系统，方便用户空间访问内核数据结构、更改内核某些设置。它一般挂载到/proc 上，包含内存、进程的信息、终端和系统控制参数等多方面信息，可谓包罗万象。

proc 定义了一个贯穿始终的结构体 proc_dir_entry（以下简称 de）。虽然名字是 dir，但实际上除了目录之外，它还对应了 proc 文件系统的普通文件和符号链接，主要字段见表 10-15。

表 10-15　proc_dir_entry 字段表

字　　段	类　　型	描　　述
low_ino	unsigned int	对应文件的 inode 号
mode	umode_t	访问权限控制
proc_iops	inode_operations *	inode 操作
parent	proc_dir_entry *	父 de
subdir	rb_root	子 de 组成的红黑树的根
subdir_node	rb_node	将其插入父 de 维护的红黑树
namelen	u8	名字的长度
name	char *	名字

不同类型的文件 proc_iops 的值不同，见表 10-16。

表 10-16　proc 文件 inode 操作表

文 件 类 型	取　　值	接受的操作
目录	proc_dir_inode_operations	lookup、getattr、setattr
普通文件	proc_file_inode_operations	setattr
符号链接	proc_link_inode_operations	get_link

目录的 proc_iops 为 proc_dir_inode_operations，只定义了 lookup、getattr 和 setattr 三个操作，没有 create 和 mkdir，所以 proc 文件系统不支持用户空间直接创建文件。

显然，proc 的文件都是内核各个模块创建的，proc 提供了创建文件的函数供各模块使用，见表 10-17。

表 10-17　创建 proc 文件函数表

函　　数	效　　果
proc_mkdir proc_mkdir_mode proc_mkdir_data	创建目录
proc_create proc_create_data	创建普通文件，需要提供 file_operations 作为 proc_fops
proc_symlink	创建符号链接
proc_remove remove_proc_entry remove_proc_subtree	删除文件

实际上，内核的模块调用这些函数维护了 de 的结构，如图 10-12 所示。

与 sysfs 一样（见第 11.1 节），上图中 inode 和 de 并不是一一对应的，实际情况的确如此，这些 inode 只有在被访问的时候才会创建。

最后，proc 文件系统有很多有用的文件，可以用来查看系统信息或调试驱动等，见表 10-18。

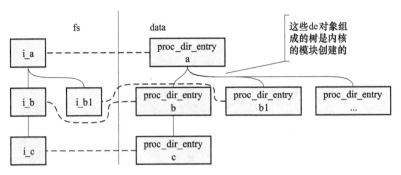

图 10-12　de 的维护

表 10-18　proc 文件作用表

文　　件	作　　用
/proc/cmdline	内核的启动参数
/proc/interrupts	查看系统中各中断的信息，包括中断在各 CPU 上发生的次数、中断的触发方式和名称等，调试设备的中断时较为常用
/proc/softirqs	软中断信息
/proc/irq/{num}/	各中断的信息
/proc/filesystems	支持的文件系统信息
/proc/mounts	文件系统的挂载信息
/proc/fs/{fs_name}/	文件系统的信息
/proc/meminfo	内存的总体状况
/proc/zoneinfo	内存 zone 的信息
/proc/mtrr	内存的 mtrr 信息
/proc/{num}/	进程的信息，num 是进程号

第11章
sysfs文件系统

sysfs 是一个基于内存的文件系统，使用频率很高，它将设备的层级结构反映到用户空间中，用户空间的程序可以读取它的文件来获取设备的信息和状态，还可以通过读写它的文件控制设备等。比如挂载到 pci 总线的设备罗列在/sys/bus/pci/devices 目录下，每一个子目录对应一个设备，比如当前计算机中有一个子目录为 0000:29:00.0，该目录下有一些文件，其中有一个名为 enable，cat enable 得到 1，可能说明设备处于运行状态；echo 0 > enable，可能会将设备关闭。

sysfs 可以用来帮助程序员 debug 驱动的问题，我们可以在设备的驱动中创建 sysfs 文件或目录，机器启动完毕，如果创建的文件或目录存在，起码可以说明创建文件之前的操作没有问题。我们也可以创建一些可以读取设备当前状态的文件，读取它们就可以知道设备是否正常工作，如果出错了，还可以创建文件打印出错信息。

控制设备，反应设备的状态，这些 ioctl 也可以做。的确，二者在很多方面的功能类似，驱动工程师可以任选其一，但它们还是有一些区别的，如图 11-1 所示。

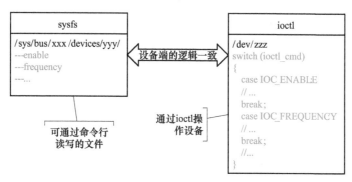

图 11-1　sysfs 和 ioctl

首先，从实现的角度，sysfs 是一个文件系统，用户空间都是通过文件来与内核沟通的，添加一个功能，需要新建一个文件；ioctl 通过设备文件的函数实现，添加一个功能，需要函数中多加一个分支（switch case）。从这个角度比较，二者各有优劣，ioctl 在不断添加新功能的过程中，可能导致函数复杂度过高难以维护。sysfs 将一个个功能分割开来，彼此相对独立，但如果添加的功能过多，文件会变多，也会对用户造成困扰。

其次，文件是所见即所得的，ioctl 则需要编写程序才能操作，比如我们突然需要查看设备的状态，如果该功能由 sysfs 实现，直接 cat 读文件就可以完成，如果选择的是 ioctl，就需要编写程序了，所以 sysfs 在调试程序方面更加方便。

再次，因为 sysfs 的功能最终都要通过文件来完成，使用每个功能都需要查找文件，open 和 close 等操作，而 ioctl 将功能统一到一个文件中，效率可能会更高。

最后，二者可以共存，我们可以根据某个功能的使用频率、访问方式来选择使用哪种方式。

11.1 基本框架

sysfs 的实现随着内核更新发生了很大变化，旧一点的内核版本中，sysfs 的逻辑基本由其自行实现。较新的内核版本中，sysfs 使用 kernfs 模块实现。

kernfs 是一个通用的模块，协助其他模块实现文件系统，除了 sysfs 之外，cgroup2 文件系统也是借助它实现的。

下面我们按照快速理解一个文件系统的 4 个问题（见 10.5.2 节）分析 sysfs。

第 1 个问题，sysfs 的 mount 操作调用 kernfs_get_tree 实现，中规中矩，基本按照文件系统的挂载一节的模板函数来理解即可。

第 2 个问题，sysfs 的文件支持哪些操作。kernfs_get_inode 调用 iget_locked 获取新的 inode，然后调用 kernfs_init_inode 为其赋值，读者关心的逻辑如下。

```
inode->i_mapping->a_ops = &ram_aops;
inode->i_op = &kernfs_iops;
switch (kernfs_type(kn)) {
case KERNFS_DIR:
    inode->i_op = &kernfs_dir_iops;
    inode->i_fop = &kernfs_dir_fops;
    break;
case KERNFS_FILE:
    inode->i_size = kn->attr.size;
    inode->i_fop = &kernfs_file_fops;
    break;
case KERNFS_LINK:
    inode->i_op = &kernfs_symlink_iops;
    break;
default:
    BUG();
}
```

可以看到 kernfs 将它的文件分为 KERNFS_DIR、KERNFS_FILE 和 KERNFS_LINK 三类。请注意，这三类只是 kernfs 内部的划分，与文件系统的文件类型是不同的，但它们有对应关系，KERNFS_DIR 对应目录，KERNFS_LINK 对应 symlink，KERNFS_FILE 对应普通文件。

目录的 inode 的 i_op 操作为 kernfs_dir_iops，它定义了 lookup、mkdir 和 rmdir 等操作，没有定义 create，mkdir 操作需要文件系统定义 kernfs_syscall_ops.mkdir，sysfs 没有定义它，所以实际上 mkdir 也是不支持的。

这说明 sysfs 文件系统是不支持用户空间直接创建文件的（文件从何而来，稍后分析）。

第 3 个问题，sysfs 是如何维护内部的文件层级结构的。

kernfs_iop_lookup 包括两步，第一步调用 kernfs_find_ns 找到目标 kernfs_node 对象，第二步调用 kernfs_get_inode 创建文件。

真正的查找动作由 kernfs_find_ns 执行，它的第一个参数表示父目录，第二个参数是要查找的"文件"的名字。给"文件"二字加上双引号，是因为实际的文件这时候可能还不存在，存在的最多是代表文件的 kernfs_node 对象，简称 kn。如果找到了 kn，再调用 kernfs_get_inode 申请 inode 并使用 kn 为其赋值，文件才算存在，函数才算成功返回。

在这里我们发现了一个基于内存的文件系统的策略，就是可以推迟为文件创建 inode，在文件被访问之前，只需要维护能够代表它的数据即可。甚至可以说被访问之前，文件是不存在的，存在的只是生成文件所需的数据，如图 11-2 所示。就像放在冰箱里的饺子皮和馅（数据）一样，它们还不是食物，想吃的时候，包、蒸煮之后才是食物（文件）。

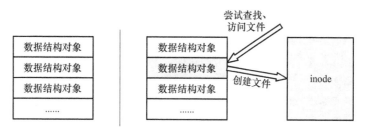

图 11-2　推迟创建文件

kernfs_find_ns 在父目录下面查找对应名字的 kn，如下。

```
struct kernfs_node * kernfs_find_ns(struct kernfs_node * parent,
                        const unsigned char * name,
                        const void * ns)
{
    struct rb_node * node = parent->dir.children.rb_node;

    hash = kernfs_name_hash(name, ns);
    while (node) {
        struct kernfs_node * kn;

        kn = rb_to_kn(node);
        result = kernfs_name_compare(hash, name, ns, kn);
        if (result < 0)
            node = node->rb_left;
        else if (result > 0)
            node = node->rb_right;
        else
            return kn;
    }
    return NULL;
}
```

显然，parent->dir.children 是红黑树的根，红黑树上每一个结点都表示一个 kn（kn = rb_to_kn（node）），函数遍历红黑树，查找符合条件的 kn，找到则返回，否则返回 NULL。

第 3 个问题得解了，sysfs 的文件层级结构是靠 kernfs_node 维护的，每一个文件，无论是否已经有 inode 与之对应，都对应一个 kernfs_node 对象 kn，父与子的关系由红黑树表示，父目录是红黑树的根，子目录和文件是红黑树的结点。

11.2　数据结构

为了更透彻地理解 sysfs 的 IO，在此引入 4 个 sysfs 定义的数据结构，见表 11-1。

表 11-1　sysfs 目录和文件的结构体表

数 据 结 构	描述（文件系统角度）
kobject	目录
kset	一组 kobject 的集合，也对应一个目录
attribute	KERNFS_FILE 类型的文件
bin_attribute	KERNFS_FILE 类型的文件，binary（二进制）

需要说明的是，以上 4 个结构体的作用远超出"描述"一栏所列，稍后的章节会再行分析，这里所列的内容只是从文件系统角度来分析的。前面说过，sysfs 文件系统的每一个文件都对应一个 kernfs_node 对象，所以上面 4 个数据结构实际上都直接或间接的关联 kernfs_node。

为什么要定义两套数据结构？kernfs_node 只在文件系统内部使用，用来维护文件层级结构，但它无法表示 4 类文件的特性，分别定义结构体来表示它们，方便其他模块使用，如图 11-3 所示。我们不妨将 kernfs 当作一个类库来理解。

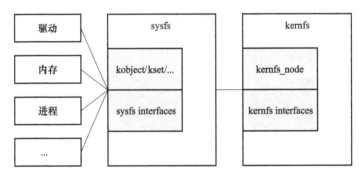

图 11-3　sysfs 和 kernfs

kobject 与 sysfs 的目录对应，主要字段见表 11-2。

表 11-2　kobject 字段表

字　　段	类　　型	描　　述
name	const char *	名字
entry	list_head	将 kobject 链接到它所属的 kset
parent	kobject *	父 kobject
kset	kset *	所属的 kset
ktype	kobj_type *	kobject 的属性
sd	kernfs_node *	对应的 kn
kref	kref	引用计数

sd 字段的原意是 3.10 版内核中的 sysfs_dirent，被弃用后，新版内核并没有改掉它的名字。

kobject 有指向其父的指针，但没有组织其子的字段，所以 kobject 无法完整地表达目录的层级结构。它的属性由 kobj_type 对象描述，后者定义了可以使用的回调函数，其中最重要的字段是 sysfs_ops，它提供了 show 和 store 两个回调函数，在文件的 IO 中使用。

kset 逻辑上是一组 kobject，这些 kobject 共用同一种 uevent 操作，主要字段见表 11-3。

表 11-3　kset 字段表

字　　段	类　　型	描　　述
list	list_head	属于 kset 的 kobject 组成的链表的头
kobj	kobject	内嵌的 kobject
uevent_ops	kset_uevent_ops *	uevent 操作

　　kset 是一个集合，list 字段将所属的 kobject 链接起来，同时它内嵌了一个 kobject，所以本身在 sysfs 文件系统中以一个目录的形式存在。

　　attribute 本身没有什么特别，它主要有 name 和 mode 两个字段，name 表示名字，mode 表示文件的访问权限。使用它的模块可以定义一个更大的结构体 xxx_attribute，创建文件时，传递 attribute 到 sysfs，在回调函数中，得到 attribute 后，再利用 container_of 得到 xxx_attribute。

　　bin_attribute，bin 是 binary 的缩写，适用于二进制文件 IO，它内嵌 attribute 结构体，定义了文件 IO 的回调函数。

11.3　创建文件

　　我们已经知道，用户空间不能创建 sysfs 的文件。它的文件由内核各个模块创建，sysfs 提供了函数供它们使用，见表 11-4。前面已经分析过，在被访问之前，文件是不存在的，所以这里所说的创建文件的函数更多的作用是创建并初始化代表文件的数据。

表 11-4　创建 sysfs 文件函数表

函　　数	效　　果
kset_create_and_add	在 parent 目录下创建 name 目录（数据而已，下同）
kset_register kset_unregister	注册/注销 kset，回收资源
kobject_create_and_add(name, parent)	在 parent 目录下创建 name 目录
kobject_init(kobj, ktype) kobject_add(kobj, parent, fmt,…)	在 parent 目录下创建 name 目录 一般配对使用，init 加 add
kobject_put	注销 kobject，回收资源
sysfs_create_file(kobj, attr)	在 kobj 目录下创建文件
sysfs_remove_file(kobj, attr)	删除文件
sysfs_create_bin_file(kobj, bin_attr)	在 kobj 目录下创建文件
sysfs_remove_bin_file(kobj, bin_attr)	删除文件
sysfs_create_link(kobj, target, name)	在 kobj 目录下创建符号链接文件，名为 name，链接到 target
sysfs_remove_link(kobj, name)	删除文件

　　假设 sysfs 挂载到/sys 目录上，下面举几个使用以上函数的直观的例子，见表 11-5。

表 11-5　sysfs 函数使用实例表

代　　码	效　　果
kset_create_and_add ("devices", &device_uevent_ops, NULL);	/sys/devices，parent 为 NULL，devices 直接出现在/sys 下
dev_kobj = kobject_create_and_add ("dev", NULL);	/sys/dev，parent 为 NULL，dev 直接出现在/sys 下
kobject_create_and_add ("block", dev_kobj);	/sys/dev/block，parent 为 dev_kobj (/sys/dev 目录)

sysfs 的重要性与设备驱动是分不开的，它与 Linux 的设备驱动模型（Linux Device Driver，LDD）完美地契合。LDD 定义了 device 和 device_attribute 结构体，它们分别内嵌了 kobject 和 attribute结构体；同时还封装了 sysfs，定义了一套额外的函数供驱动使用。

利用以上函数创建文件无非是根据父目录、文件名和文件类型初始化一个 kernfs_node 对象的过程，值得一提的是用来创建普通文件的 sysfs_create_file 和 sysfs_create_bin_file，它们关系到文件的 IO。二者最终都调用__kernfs_create_file 函数完成，主要区别在于传递给函数的参数不同。

最终文件的 kernfs_ops 取决于文件的类型和 bin_attribute 的操作等多个因素，不同的 kernfs_ops 会有不同的文件 IO 过程。

11.4 文件的 IO

继续之前的内容，开始讨论第 4 个问题，文件的 IO。kernfs 为普通文件提供的文件操作为 kernfs_file_fops，包括 open、read、write 和 mmap 等操作。

以 write 为例，由于 kernfs_file_fops 没有定义 write，写文件调用的是 kernfs_file_fops.write_iter，也就是 kernfs_fop_write_iter 函数，由它出发，最终是如何调用到我们为 attribute 或者 bin_attribute 定义的相关操作的呢？

第 1 步，kernfs_fop_write_iter 调用 kernfs_ops 的 write 操作，代码如下。

```
struct kernfs_open_file *of = kernfs_of(iocb->ki_filp);
const struct kernfs_ops *ops;
ops = kernfs_ops(of->kn);    //of 在 open 中初始化
if (ops->write)
    len = ops->write(of, buf, len, iocb->ki_pos);
```

ops->write 有 sysfs_kf_write 和 sysfs_kf_bin_write 两种取值，分别对应 attribute 和 bin_attribute，如下。

```
//sysfs_kf_write
const struct sysfs_ops *ops = sysfs_file_ops(of->kn);
struct kobject *kobj = of->kn->parent->priv;

return ops->store(kobj, of->kn->priv, buf, count);
```

```
//sysfs_kf_bin_write
struct bin_attribute *battr = of->kn->priv;
struct kobject *kobj = of->kn->parent->priv;
loff_t size = file_inode(of->file)->i_size;

return battr->write(of->file, kobj, battr, buf, pos, count);
```

对 bin_attribute 而言，最终调用的就是我们为它定制的 write。

对 attribute 而言，sysfs_ops（函数中的 ops）的 store 回调函数触发了写文件操作。store 的第二个参数是指向 attribute 对象的指针，也就是 kn->priv。

对 KERNFS_DIR 文件而言，kn->priv 是指向 kobject 的指针。对 KERNFS_FILE 文件而言，kn->priv 指向 attribute。store 定义了写目录所属文件的方法（sysfs_ops 是属于目录的），模板如下。

```
static ssize_t my_attr_store(struct kobject *kobj, struct attribute *attr,
          const char *buf, size_t count)
{
```

```
    struct xxx_attribute *my_attr = container_of(attr, struct xxx_attribute, attr);
    ret = xxx_attr->xxx_store(xxx_attr, buf, count, ...);
    return ret;
}
```

xxx_attribute 是一个我们在模块中定义的内嵌了 attribute 结构体的结构体，除了内嵌的 attribute 之外，一般还需要两个字段完成文件的读和写，字段名随意（比如 xxx_store）。比如设备驱动中使用的 device_attribute，除了 attr 字段外，还定义了 show 和 store 两个字段。

模块可以根据自身需求定义 xxx_attribute，sysfs 创建文件时使用的只是它内嵌的 attribute 结构体而已。读写发生时，sysfs_ops 传递至模块的参数也只是 attribute 指针，使用 container_of 宏就可以得到创建文件时传递至 sysfs 的 xxx_attribute 对象了。

bin_attribute 也内嵌了 attribute 结构体，它是 sysfs 为方便其他模块使用而定义的。它与我们在模块中定义的 xxx_attribute 结构体的地位不同，自定义的结构体 sysfs 是看不到的，所以靠内嵌的 attribute 传递参数。bin_attribute 可以直接在模块和 sysfs 中使用。

另外，如果我们为 bin_attribute 定义了 mmap 操作，文件的 kernfs_ops 会被赋值为 sysfs_bin_kfops_mmap，也就是说它是支持 mmap 操作的。直接使用 attribute 创建的 sysfs 文件是没有 mmap 操作的。

11.5　【看图说话】sysfs 和驱动

之前强调过 sysfs 和 Linux 设备驱动完全契合，一个主要的方面体现在驱动的 bus、device 和 device_driver（见 20.1 节）可以完全展现在 sysfs 文件系统内，从而帮助我们很直观地看到它们的关系，如图 11-4 所示。

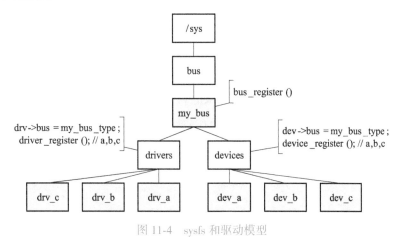

图 11-4　sysfs 和驱动模型

在上图中的示例中，调用 bus_register 注册了自定义的 my_bus，成功后就可以看到/sys/bus/my_bus 目录。类似的，如果成功调用 device_register 注册了 dev_a，就可以看到/sys/bus/my_bus/devices/dev_a，如果有驱动与 dev_a 适配成功，那么在 dev_a 目录下还可以看到驱动的信息。

第12章

ext4文件系统

ext4 是一个基于磁盘的文件系统，全称是 Fourth Extended Filesystem，为第 4 代扩展文件系统，ext3 的后续版本。它的复杂度是前面几个文件系统不可比的，本文主要分析它的精髓。虽然复杂，但它本质上也只是围绕第 11 章讨论的 4 个问题展开的一系列规则，我们整体上也继续按照这个思路分析。希望读者不要跳过这部分，掌握了它对理解文件系统的架构甚至是设计一个文件系统大有帮助，这里尽量让内容变得有趣易懂。

12.1 【图解】ext4 布局

在分析代码之前，先介绍 ext4 的原理和物理布局，代码都是为它们服务的，理解了它们对于学习可以产生事半功倍的效果。一个格式化为 ext4 格式的磁盘就是一个 ext4 文件系统，无论它是否被插在主板上，也就是说所有必要信息都已经存在磁盘上。剩下的问题就是，存在磁盘上的包含哪些信息，以及这些信息的布局。

磁盘格式化的时候，系统按照 ext4 制定的布局规则写入这些信息，磁盘挂载的时候，按照约定的布局规则读取信息。后续的使用过程中，软件则进行继续按照规则维护这些信息，更新或者获取文件的内容等。所以从文件系统的维护和使用角度来分，ext4 的数据可以分为两类，一类是文件的内容，另一类称之为 metadata（元数据），包括文件系统的布局、文件的组织等信息。

就像以页为单位管理内存一样，ext4 按照块（block）为单位管理磁盘，一般情况下，块的大小为 4KB，除非特别说明，下文均在假设块大小为 4KB 的情况下分析。为了减少碎片，并使一个文件的内容可以落在相邻的块中以便提高访问效率，ext4 引入了 block group，每个 block group 包含多个 block，其中一个 block 用来存放它包含的 block group 的使用情况，这个 block 中每个 bit 对应一个 block，为 0 说明 block 空闲，为 1 则被占用。所以一个 block group 最多有 4KB * 8 = 32,768 个 block，大小最大为 32858 * 4KB = 128MB。

一个 block group 典型的布局如图 12-1 所示（为了不引起歧义，下文中 block group 的布局相关的名称均以全部大写表示）。

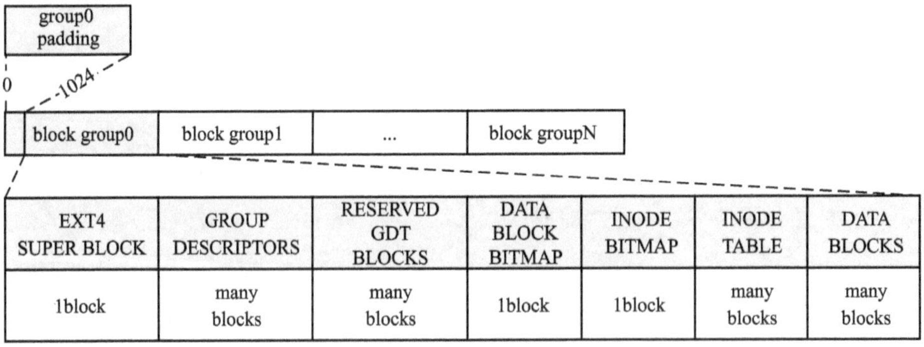

EXT4 SUPER BLOCK	GROUP DESCRIPTORS	RESERVED GDT BLOCKS	DATA BLOCK BITMAP	INODE BITMAP	INODE TABLE	DATA BLOCKS
1block	many blocks	many blocks	1block	1block	many blocks	many blocks

图 12-1　ext4 整体布局图

GROUP 0 PADDING 是第一个 block group 特有的，它的前 1024 字节，可以用于存放 x86 的启动信息等，其他的 block group 没有 padding。EXT4 SUPER BLOCK 包含整个磁盘文件系统的信息，起始于第 1024 字节。GROUP DESCRIPTORS 包含所有 block group 的信息，占用的 block 数目由磁盘大小决定。RESERVED GDT BLOCKS 留作未来扩展文件系统，占多个 block。EXT4 SUPER BLOCK 和 GROUP DESCRIPTORS 理论上只需要一份就足够，但为了防止 block group 0 坏掉而丢失数据，需要保持适当的冗余。如果 ext4 的 sparse_super 特性被使能，标号为 0、1 和 3、5、7、9 的整数次方的 block group 会各保留一份 ext4 super block 和 Group Descriptors 的拷贝；否则每一个 block group 都会保留一份。

如果一个 block group 没有 EXT4 SUPER BLOCK 和 GROUP DESCRIPTORS，它直接从 DATA BLOCK BITMAP 开始，如图 12-2 所示。

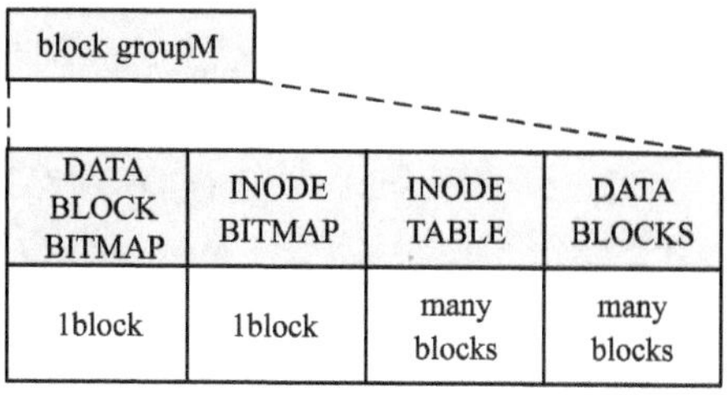

DATA BLOCK BITMAP 就是存放 block group 包含的 block 的使用情况的区域，占 1 个 block。INODE BITMAP 与 DATA BLOCK BITMAP 的作用类似，只不过它描述的是 inode 的使用情况，占 1 个 block。INODE TABLE 描述 block group 内的所有 inode 的信息，它占用的大小等于

图 12-2　block group 布局图

block group 的 inode 的数目与 inode 大小（下文的 Inode size）的乘积。这里所说的 inode，指的是一个文件在磁盘中的信息，并不是内存中的 inode 结构体。最后剩下的就是 DATA BLOCKS 了，它存放的是文件的内容。

ext4 引入了一个新特性，flexible block groups，它把几个相邻的 block group 组成一组，称之为 flex_bg。一个 flex_bg 中的所有 block group 的 DATA BLOCK BITMAP、INODE BITMAP 和 INODE TABLE 均存放在该 flex_bg 的第一个 block group 中。flex_bg 可以让一个 flex_bg 中除了第一个 block group 之外大多数可以只包含 DATA BLOCKS（有些可能要包含冗余的 EXT4 SUPER BLOCK 和 GROUP DESCRIPTORS 等信息），这样可以形成更大的连续的数据块，有利于集中存放大文件或 metadata，从而提高访问效率。

dumpe2fs 工具可以用来 dump 一个 ext4 文件系统 super block 和各 block group 的信息，直接 dumpe2fs device 即可，比如 dumpe2fs /dev/sda1。我 dump 了计算机上其中一个 device，super block 主要信息如下。

```
Filesystem UUID:          c694caa2-b518-49ed-b7b6-a614cb4935a0
Filesystem magic number:  0xEF53
Filesystem revision #:    1 (dynamic)
Filesystem features:      has_journal ext_attr resize_inode dir_index filetype needs_recovery
extent flex_bg sparse_super large_file huge_file uninit_bg dir_nlink extra_isize      //(1)
...
Inode count:              30531584
Block count:              122096646
Reserved block count:     6104832
Free blocks:              30652281
Free inodes:              29811131
First block:              0
Block size:               4096           //(2)
Fragment size:            4096           //(3)
```

```
Reserved GDT blocks:        994
Blocks per group:           32768      //(4)
Fragments per group:        32768      //(5)
Inodes per group:           8192       //(6)
Inode blocks per group:     512        //(7)
Flex block group size:      16         //(8)
Reserved blocks uid:        0 (user root)
Reserved blocks gid:        0 (group root)
First inode:                11         //(9)
Inode size:                 256        //(10)
```

这些信息都是存在磁盘上的，dumpe2fs 只不过读取它们并解读出来。Block size 等于 4096
（4KB）；Inode size 等于 256，说明磁盘上描述一个 inode 需要 256 字节的空间，Inodes per group 等
于 8192，说明每个 block group 最多 8192 个 inode，所以 inode Table 的大小为 8192 * 256 / 4096
等于 512 个 block，也就是 Inode blocks per group 的值。Flex block group size 等于 16，说明一个
flex_bg 包含 16 个 block group。

First inode 等于 11，为什么不是 0 呢？因为 0 到 10 的 inode 号都被占用了，对应的特殊文件
见表 12-1。

表 12-1　ext4 特殊文件表

inode	含义和内核中对应的宏
0	不存在
1	List of defective blocks, EXT4_BAD_INO
2	Root directory, EXT4_ROOT_INO
3	User quota, EXT4_USR_QUOTA_INO
4	Group quota, EXT4_GRP_QUOTA_INO
5	Boot loader, EXT4_BOOT_LOADER_INO
6	Undelete directory, EXT4_UNDEL_DIR_INO
7	Reserved group descriptors inode, EXT4_RESIZE_INO
8	Journal inode, EXT4_JOURNAL_INO
9	内核中暂无定义
10	内核中暂无定义

除了 super block 的信息，dumpe2fs 还 dump 了每个 block group 的信息，下面列出了笔者的磁
盘的前 3 个 block group 的信息。

```
Group 0: (Blocks 0-32767) [ITABLE_ZEROED]
  Checksum 0x3f5c, unused inodes 8180
  Primary superblock at 0, Group descriptors at 1-30
  Reserved GDT blocks at 31-1024
  Block bitmap at 1025 (+1025), Inode bitmap at 1041 (+1041)
  Inode table at 1057-1568 (+1057)
  22966 free blocks, 8180 free inodes, 1 directories, 8180 unused inodes
  Free blocks: 9252-9253, 9275-11791, 11826-11895, 12391-32767
  Free inodes: 13-8192
Group 1: (Blocks 32768-65535) [INODE_UNINIT, ITABLE_ZEROED]
```

```
Checksum 0x4687, unused inodes 8192
Backup superblock at 32768, Group descriptors at 32769-32798
Reserved GDT blocks at 32799-33792
Block bitmap at 1026 (bg #0 + 1026), Inode bitmap at 1042 (bg #0 + 1042)
Inode table at 1569-2080 (bg #0 + 1569)
308 free blocks, 8192 free inodes, 0 directories, 8192 unused inodes
Free blocks: 33900-33919, 60960-60991, 61184-61439
Free inodes: 8193-16384
Group 2: (Blocks 65536-98303) [INODE_UNINIT, ITABLE_ZEROED]
Checksum 0xe72e, unused inodes 8192
Block bitmap at 1027 (bg #0 + 1027), Inode bitmap at 1043 (bg #0 + 1043)
Inode table at 2081-2592 (bg #0 + 2081)
2277 free blocks, 8192 free inodes, 0 directories, 8192 unused inodes
Free blocks: 68748-69119, 77276-77311, 81377-81919, 84993-85503, 85505-86015, 91856-92159
Free inodes: 16385-24576
```

笔者的磁盘中 Flex block group size 等于 16，所以 block group 0 至 block group 15 是一组，我们可以看到 Group 0 包含的 BLOCK BITMAP 是从 1025 到 1040，共 16 个 block，INODE BITMAP 是从 1041 到 1056，共 16 个 block。其中，每一个 block group 对应一个 block。

Group 1 包含了冗余 Backup SUPER BLOCK 和 GROUP DESCRIPTORS，Block bitmap at 1026（bg #0 + 1026）的意思是它的 BLOCK BITMAP 位于 Group 0 的 1026 block，与 Group 0 的 Block bitmap 位置 1025 相邻，Inode bitmap 也是如此。Inode table at 1569-2080（bg #0 + 1569）的意思是它的 INODE TABLE 起始于 Group 0 的 1569 block，至 2080 block 结束，共 512 blocks；Group 0 的 Inode table 的范围是 1057~1568，二者也相邻。

Group 2 没有包含冗余，也没有任何 metadata，实际上只包含了 Data Blocks。

前 3 个 block group 的布局如图 12-3 所示。

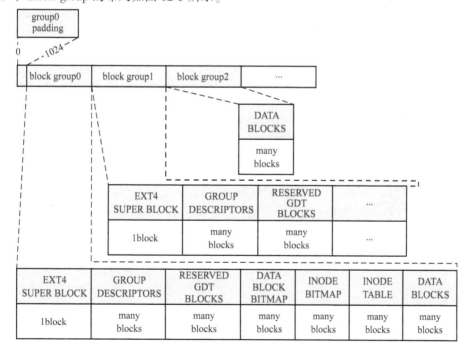

图 12-3　block group 0/1/2 布局图

一个 flex_bg 中，DATA BLOCK BITMAP、INODE BITMAP 和 INODE TABLE 是分别按照 block group 的顺序集中存放在它的第一个 block group 中的。

只分析理论可能会令读者感觉枯燥无比，下文还会按照这个思路参考一些具体的数据，均以这个磁盘上的数据为例，大家可以根据自己手头的磁盘的数据做调整。下面先介绍几个 ext4 可能用到的特性。

1. Meta Block Groups

block 大小为 4KB 的情况下，一个 block group 最大为 128MB，假设描述一个 block group 需要 32 字节（group descriptor），文件系统所有的 group descriptors 只能存在一个 block group 中，所以整个文件系统最大为 128MB/ 32 * 128MB 等于 512TB 字节。

为了解决这个限制，ext3 就引入了 META_BG, Meta Block Groups。引入 META_BG 特性后，整个文件系统会被分成多个 metablock groups，每一个 metablock group 包含多个 block group，它们的 group descriptors 存储在各自的第一个 block group 中。这样 block group 的数目就没有了 128MB/ 32 的限制，在 32 位模式下，文件系统最大为 128MB * 2^32 等于 512PB 字节。

2. Lazy Block Group Initialization

每个 block group 均包含 DATA BLOCK BITMAP、INODE BITMAP 和 INODE TABLE，比如笔者的磁盘中，它们总共占用 1 + 1 + 512 等于 514 个 block。格式化（mkfs）磁盘的时候，需要初始化这些 block 的数据，但这会使格式化的时间变得漫长。Lazy Block Group Initialization 可以有效解决这个问题，它实际上只是引入了 BLOCK_UNINIT、INODE_UNINIT 和 INODE_ZEROED 三个标志。BLOCK_UNINIT 标志表示 DATA BLOCK BITMAP 没有被初始化，INODE_UNINIT 标志表示 INODE BITMAP 没有被初始化，INODE_ZEROED 标志则表示 INODE TABLE 已经初始化（参考 ext_group_desc 的 bg_flags 字段）。

磁盘格式化过程中，对绝大多数 block group 而言，将 BLOCK_UNINIT 和 INODE_UNINIT 置位，将 INODE_ZEROED 清零，就可以跳过 1 + 1 + 512 = 514 个 block 的初始化，消耗的时间会大大减少。在后续的使用过程中，内核负责根据情况更新这些标志。比如笔者的磁盘上的 Group 1893 并没有被使用过，只有 inode Table 已经初始化，它的 3 个标志均被置位，如下。

```
Group 1893: (Blocks 62062592-62095359) [INODE_UNINIT, BLOCK_UNINIT, ITABLE_ZEROED]
...
  32768 free blocks, 8192 free inodes, 0 directories, 8192 unused inodes
  Free blocks: 62062592-62095359
  Free inodes: 15515649-15523840
```

3. bigalloc

块的默认大小是 4KB，如果一个文件系统是更多的是较大的文件，以多个块（一簇，Cluster）为单元管理磁盘可以减少碎片化，也可以减少 metadata 占用的空间，所以 ext4 引入了 bigalloc。用户在格式化磁盘的时候可以设置这个单元的大小（Block Cluster Size），之后 Data Block Bitmap 的一位表示一个单元的状态。当然了，申请数据块也以一个单元作为最小单位，即使文件需要的空间可能很小。

12.2 数据结构

dumpe2fs 或者驱动读到 metadata 后，是如何解释它的呢？比如我们已经知道了，ext4 super block 的内容是从磁盘第 1024 字节开始的，从磁盘获取了这部分数据后，应该如何解读？

可以肯定的是，磁盘的驱动或者应用程序必须按照统一的规则来解释、更新数据。ext4 上做的很直接，直接按照数据结构的形式，将数据写入磁盘，从磁盘读取的数据也是数据结构，并不需要任何转换，甚至可以称之为"磁盘中的"数据结构。

ext4 为自己量身定义了几种常用的数据结构，它们在内核中都可以找到。

12.2.1　ext4_super_block 结构体

ext4_super_block 结构体表示文件系统的整体信息，它的对象存储在磁盘第 1024 字节，也就是布局中的 EXT4 SUPER BLOCK 部分。磁盘中其他 block group 还会存储它的冗余拷贝，前面已经介绍过了。它的大小为 1024 字节，字段见表 12-2（字段的偏移量是连续的，省略部分字段）。

表 12-2　ext4_super_block 字段表

字　段	类　型	偏移量	描　述
s_inodes_count	__le32	0	inode 的总数
s_blocks_count_lo	__le32	0x4	block 数目的低 32 位
s_free_blocks_count_lo	__le32	0xc	空闲的 block 数目的低 32 位
s_free_inodes_count	__le32	0x10	可用的 inode 数目的低 32 位
s_first_data_block	__le32	0x14	前 1024 个字节存放 x86 的启动信息，所以如果 block 大小是 1KB，应该为 1，其余情况一般为 0
s_log_block_size	__le32	0x18	block 大小 2 ^（10 + s_log_block_size）
s_log_cluster_size	__le32	0x1c	bigalloc 使能的情况下，cluster 大小为 2 ^ s_log_cluster_size；否则该字段值为 0
s_blocks_per_group	__le32	0x20	每个 block group 包含的 block 数
s_clusters_per_group	__le32	0x24	每个 block group 包含的 clusters 数
s_inodes_per_group	__le32	0x28	每个 block group 包含的 inode 数
s_creator_os	__le32	0x48	OS，0 表示 linux
s_first_ino	__le32	0x54	第一个非预留的 inode 号，一般为 11
s_inode_size	__le16	0x58	ext4 的 inode 结构体的大小，此 inode 并非 VFS 定义的 inode
s_feature_compat	__le32	0x5c	支持的兼容（compatible）特性的标志
s_feature_incompat	__le32	0x60	支持的不兼容（incompatible）特性的标志
s_feature_ro_compat	__le32	0x64	支持的只读的兼容（readonly-compatible）特性的标志
s_desc_size	__le16	0xfe	64bit 模式下，group descriptor 的大小
s_blocks_count_hi	__le32	0x150	block 数目的高 32 位
s_free_blocks_count_hi	__le32	0x154	空闲的 block 数目的高 32 位
s_log_groups_per_flex	__u8	0x174	一个 flex_bg 包含的 block group 的数目等于 2 ^ s_log_groups_per_flex

s_feature_compat、s_feature_incompat 和 s_feature_ro_compat 比较拗口，区别在于如果文件系统在它们的字段上置位了某些其不支持的标志，产生的结果不同：s_feature_compat，仍然可以继续，不当作错误；s_feature_incompat，会当作错误，mount 失败；s_feature_ro_compat，也会当作错误，但可以 mount 成只读文件系统。它们支持的标志集分别为 EXT4_FEATURE_COMPAT_SUPP、

EXT4_FEATURE_INCOMPAT_SUPP 和 EXT4_FEATURE_RO_COMPAT_SUPP。

在此引入第二个工具 hexdump，可以用来读取磁盘上合法偏移处的信息（需要 sudo），比如我们需要读取 ext4_super_block。

```
hexdump /dev/sdXX -s 1024 -n 1024
```

-s 表示偏移量，-n 表示读取的大小。

第 1024 字节开始的共 1024 个字节，就是 ext4_super_block 的内容，直观的结果如下。

```
#地址 内容 每行 16 字节
0000400 e000 01d1 0c06 0747 2700 005d b779 01d3
0000410 e1bb 01c6 0000 0000 0002 0000 0002 0000
0000420 8000 0000 8000 0000 2000 0000 8e4f 59be
0000430 8e4f 59be 03e3 ffff ef53 0001 0001 0000
0000440 7163 5804 0000 0000 0000 0000 0001 0000
0000450 0000 0000 000b 0000 0100 0000 003c 0000
0000460 0246 0000 007b 0000 94c6 a2ca 18b5 ed49
0000470 b6b7 14a6 49cb a035 0000 0000 0000 0000
0000480 0000 0000 0000 0000 682f 6d6f 2f65 6a79
0000490 6169 676e 2f31 6873 7261 0065 0000 0000
...
```

详细解读部分字段，见表 12-3。

表 12-3　ext4_super_block 部分字段解析表

字段名，偏移量	内　容	值
s_inodes_count, 0	e000 01d1	30531584
s_blocks_count_lo, 4	0c06 0747	122096646
s_free_blocks_count_lo, 0xc	b779 01d3	30652281
s_free_inodes_count, 0x10	e1bb 01c6	29811131
s_blocks_per_group, 0x20	8000 0000	32768

回顾 dumpe2fs 的结果

```
Inode count:        30531584
Block count:        122096646
Free blocks:        30652281
Free inodes:        29811131
Blocks per group:   32768
```

由此可见，dumpe2fs 就是读取磁盘中的数据，按照 ext4_super_block 结构体的定义解释它，其实驱动中也是如此。

12.2.2　ext4_group_desc 结构体

每一个 block group 都有一个 group descriptor 与之对应，由 ext4_group_desc 结构体表示。没有使能 META_BG 的情况下，所有的 group descriptors 都按照先后以数组的形式存放在 block group 的 GROUP DESCRIPTORS 中，紧挨着 EXT4 SUPER BLOCK。

32 位模式下，group descriptor 大小为 32 字节，64 位模式下，大小为 64 字节到 1024 字节。ext4_group_desc 结构体本身大小为 64 字节，也就是说 32 位模式下，读写的只是它的前 32 字节包含的字段；而 64 位模式下，除了它本身外，还可以包含其他信息。

64 位模式下，group descriptor 的大小由 ext4_super_block 的 s_desc_size 字段表示，32 位模式下，该字段一般等于 0。

ext4_group_desc 结构体的主要字段见表 12-4。

表 12-4　ext4_group_desc 字段表

字　　段	类　　型	偏 移 量	描　　述
bg_block_bitmap_lo	__le32	0	block group 的 block bitmap 所在的 block 号的低 32 位
bg_inode_bitmap_lo	__le32	0x4	block group 的 inode bitmap 所在的 block 号的低 32 位
bg_inode_table_lo	__le32	0x8	block group 的 inode table 所在的 block 号的低 32 位
bg_free_blocks_count_lo	__le16	0xc	空闲的 block 数目
bg_free_inodes_count_lo	__le16	0xe	空闲的 inode 数目
bg_used_dirs_count_lo	__le16	0x10	目录的数目
bg_flags	__le16	0x12	block group 的标志
bg_itable_unused_lo	__le16	0x1c	没有被使用的 inode table 项的数目的低 16 位
bg_block_bitmap_hi	__le32	0x20	
bg_inode_bitmap_hi	__le32	0x24	
bg_inode_table_hi	__le32	0x28	
bg_free_blocks_count_hi	__le16	0x2c	以上各项的高位
bg_free_inodes_count_hi	__le16	0x2e	
bg_used_dirs_count_hi	__le16	0x30	
bg_itable_unused_hi	__le16	0x32	

bg_flags 字段可以是 3 种标志的组合，EXT4_BG_INODE_UNINIT（0x1）表示 block group 的 INODE BITMAP 没有初始化，EXT4_BG_BLOCK_UNINIT（0x2）表示 BLOCK BITMAP 没有初始化，EXT4_BG_INODE_ZEROED（0x4）表示 INODE TABLE 已经初始化。

bg_free_inodes_count_lo 和 bg_itable_unused_lo 的用途不同，前者反应 inode 的使用情况，后者用在 block group 的 INODE TABLE 初始化过程中，如果已使用的项数（ext4_super_block->s_inodes_per_group - bg_itable_unused）为 0，只需要将整个 INODE TABLE 清零即可，否则要跳过已使用项占用的 block。

在笔者的磁盘中，group descriptor 大小为 32 字节，GROUP DESCRIPTORS 始于 block 1，block group 2 的 group descriptor 偏移量为 4096 + 32 * 2 = 4160。使用 hexdump 将 block group 2 的信息 dump 出来（hexdump /dev/sdXX -s 4160 -n 32），如下。

```
0001040 0403 0000 0413 0000 0821 0000 08e5 2000
0001050 0000 0005 0000 0000 0000 0000 2000 e72e
部分解读
0001040 0403 0000 # bg_block_bitmap_lo,它的 Block Bitmap 在 block 1027
        0413 0000 # bg_inode_bitmap_lo,它的 inode Bitmap 在 block 1043
        0821 0000 # bg_inode_table_lo,它的 inode Table 始于 block 2081
0001050 0000 # 0 个目录
        0005 # INODE_UNINIT、INODE_ZEROED

与 dumpe2fs 得到的 Group 2 的描述完全吻合
```

```
Group 2: (Blocks 65536-98303) [INODE_UNINIT, ITABLE_ZEROED]
  Checksum 0xe72e, unused inodes 8192
  Block bitmap at 1027 (bg #0 + 1027), Inode bitmap at 1043 (bg #0 + 1043)
  Inode table at 2081-2592 (bg #0 + 2081)
  2277 free blocks, 8192 free inodes, 0 directories, 8192 unused inodes
```

12.2.3 ext4_inode 结构体

ext4 定义了 ext4_inode 结构体描述文件（inode），block group 的 ext4_inode 以数组的形式存放在它的 INODE TABLE。ext4_inode 结构体的主要字段见表 12-5。

表 12-5 ext4_inode 字段表

字　段	类　型	偏移量	描　述
i_mode	__le16	0	访问权限和文件类型
i_uid	__le16	0x2	所有者 uid 的低 16 位
i_size_lo	__le32	0x4	文件大小（单位为字节）的低 32 位
i_atime	__le32	0x8	文件最后的访问时间，access time
i_ctime	__le32	0xc	最后修改 ext4_inode 的时间，inode change time
i_mtime	__le32	0x10	最后修改文件内容的时间，modification time
i_dtime	__le32	0x14	删除的时间，deletion Time
i_gid	__le16	0x18	gid 的低 16 位
i_links_count	__le16	0x1a	硬链接的数目
i_blocks_lo	__le32	0x1c	占用的 blk 数目的低 32 位
i_flags	__le32	0x20	文件的标志，EXT4_xxx_FL
i_block	__le32 [15]	0x28	60 字节，见下文
i_size_high	__le32	0x6c	文件大小（单位为字节）的高 32 位
osd2.linux2.l_i_blocks_high	__le16	0x74	占用的 blk 数目的高 16 位
i_extra_isize	__le16	0x80	extra size
i_crtime	__le32	0x90	文件的创建时间

i_links_count 表示文件的硬链接数目，默认情况下，ext4 一个文件不能超过 65000（EXT4_LINK_MAX）个硬链接。目录也是如此，也就意味着一个目录最多有 64998 个直接子目录；但如果文件系统支持 EXT4_FEATURE_RO_COMPAT_DIR_NLINK（readonly-compatible feature 的一种）特性，对直接子目录不再有数目限制。

i_blocks_lo 和 i_blocks_high 的值最终被转换为 512 字节大小的块的数目，如果文件系统没有使能 huge_file（EXT4_FEATURE_RO_COMPAT_HUGE_FILE，readonly-compatible feature 的一种）特性，文件占用 i_blocks_lo 个 512 字节块；如果文件系统支持 huge_file，文件本身没有置位 EXT4_HUGE_FILE_FL 标志（i_flags 字段），文件占用 i_blocks_lo + (i_blocks_hi << 32) 个 512 字节块；EXT4_HUGE_FILE_FL 标志也被置位，文件占用 i_blocks_lo + (i_blocks_hi << 32) 个 block，以 block 大小等于 4096 为例，最终等于（i_blocks_lo + (i_blocks_hi << 32)）* 8 个 512 字节块。为什么以 512 字节为单位，因为传统的磁盘一个扇区大小为 512 字节。

ext4 中一个文件的 inode（为了与 VFS 的 inode 结构体区分开，下文称之为 inode_on_disk，它不等同于 ext4_inode，如图 12-4 所示）占用的空间可以比 sizeof（struct ext4_inode）大，也可以比它小（只包含 ext4_inode 的前 128——EXT4_GOOD_OLD_INODE_SIZE 个字节），由 ext4_super_block 的 s_inode_size 字段表示，一般为 256 字节。256 个字节中，ext4_inode 仅占 160 个字节，其余字节可以留作他用。i_extra_isize 表示 inode_on_disk 的大小超过 128 字节的部分，在当前的例子中，它的值等于 sizeof(ext4_inode)−128 = 32。

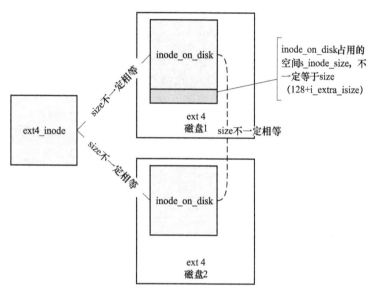

inode_on_disk占用的空间s_inode_size，不一定等于size（128+i_extra_isize）

图 12-4　ext4_inode 和 inode_on_disk

inode_on_disk 的大小，是在文件被创建时决定的，而文件有可能是在其他系统中创建的，不一定与当前系统的 ext4 版本一致，所以我们不能假设 inode_on_disk 与 ext4_inode 是一样的。

内核中，访问前 128 字节之外的字段时，需要先判断该字段是否在 128 + i_extra_isize 范围内，由 EXT4_FITS_IN_INODE 宏实现，比如访问 i_crtime。这主要是为了兼容为旧版本的内核，使用旧版本的内核创建的 ext4 文件系统可能并没有新版内核定义的某些字段，访问之前需要确保合法。

给定一个 inode 号为 ino 的文件，它所属的 block group 号为（ino − 1）/ ext4_super_block->s_inodes_per_group，它在 block group 内的索引号 index 为（ino − 1）% ext4_super_block->s_inodes_per_group，所以文件的 inode_on_disk 在 block group 的 INODE TABLE 的偏移量为 index * ext4_super_block->s_inode_size 字节。没有 inode 0，笔者的磁盘中 s_inodes_per_group 为 8192，group 0 的 inode 号范围是［1-8192］，group 1 的 inode 号范围是［8193-16384］。

i_block 字段大小为 60 字节，与文件的内容有关，使用比较复杂，下文中将陆续介绍。此处介绍一种最简单的用法：一个符号链接文件，如果它链接的目标路径长度不超过 59 字节（最后一个字节为 0），就可以将路径存入 i_block 字段。

下面给出一个在笔者的磁盘上运行的例子，来说明获取文件的 ext4_inode，顺便验证下 i_block字段在符号链接中的用法。

```
$touch target #创建文件
$ln -s target sym #创建符号链接
$ls -i
   30015491 sym  30015490 target
```

1）sym 的 inode 号 ino 为 30015491，它所属的 block group 号为（30015491 − 1）/ 8192 = 3664，在 group 内的 index 为（2252319 − 1）% 8192 = 2。

2）查找 group 3664 的 ext4_group_desc。GROUP DESCRIPTORS 始于第一个 BLOCK，每个 desc 占 32 字节，所以 group 3664 的 ext4_group_desc 在磁盘中的偏移量为 4096 + 3664 * 32 = 121344 字节。

3）hexdump /dev/sdXX -s 121344 -n 32 得到结果如下。

```
001da00 0000 0728 0010 0728 0020 0728 5fdf 1ffd
001da10 0001 0004 0000 0000 0000 0000 1ffd cee3
```

4）从 dump 的信息得知，group 3664 的 INODE TABLE 始于磁盘的 block 0x7280020，步骤 1 得出的 index 等于 2，所以 sym 的 inode 在磁盘中的偏移量为 0x7280020 * 4096 + 2 * 256 = 491773886976 字节。

5）hexdump /dev/sdXX -s 491773886976 -n 256 -C 得到结果如下。

```
#-C 会添加一列 ASCII 码，{offset values ASCII}
ff a1 e8 03 06 00 00 00  02 84 c3 59 ff 83 c3 59   |...........Y...Y|
ff 83 c3 59 00 00 00 00  e8 03 01 00 00 00 00 00   |...Y............|
00 00 00 00 01 00 00 00  74 61 72 67 65 74 00 00   |........target..|
00 00 00 00 00 00 00 00  00 00 00 00 00 00 00 00   |................|
*
00 00 00 00 c0 39 19 09  00 00 00 00 00 00 00 00   |.....9..........|
00 00 00 00 00 00 00 00  00 00 00 00 00 00 00 00   |................|
1c 00 00 00 48 6a c4 67  48 6a c4 67 44 32 1f 0e   |....Hj.gHj.gD2..|
ff 83 c3 59 48 6a c4 67  00 00 00 00 00 00 00 00   |...YHj.g........|
00 00 00 00 00 00 00 00  00 00 00 00 00 00 00 00   |................|
```

我们得到了 256 字节的 inode_on_disk，其中前 160 字节对应 ext4_inode 结构体，i_block 字段的偏移量为 0x28，所以 74 61 72 67 65 74 00...是它的值，右列的 ASCII 码可以看到，它就是目标文件的名字 target。

以上的寻找过程，与内核根据 ino 寻找 inode_on_disk 的过程类似，区别在于上面传递了目标在磁盘中的偏移量至 hexdump，由它来读取一定长度的数据，而内核一次读取一个 block，然后根据目标在 block 内的偏移量，得到数据。

以上 3 个数据结构，最终都是存在磁盘中的，内核 ext4 模块也有它们的定义，负责解读、修改并更新（写回）它们。它们与 VFS 没有任何关联，所以 ext4 定义了中间的辅助数据结构 ext4_sb_info 和 ext4_inode_info，建立 VFS 的 super_block 和 inode 等数据结构和它们的关联关系，如图 12-5 所示。

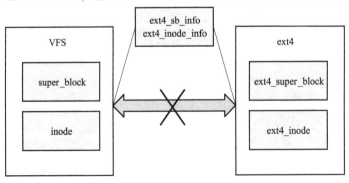

图 12-5 VFS 和 ext4

12.2.4　ext4_sb_info 结构体

ext4_sb_info（ext4 super block infomation）结构体关联 VFS 的 super_block 和 ext4_super_block，同时它还保存了文件系统的一些通用信息，主要字段见表 12-6。

表 12-6　ext4_sb_info 字段表

字　　段	类　　型	描　　述
s_es	ext4_super_block *	指向 ext4_super_block 对象
s_sb	super_block *	指向 super_block 对象
s_desc_size	unsigned long	group descriptor 占磁盘空间大小，32 位模式下值为 32
s_inodes_per_block	unsigned long	每个 block 包含的 inode 数
s_blocks_per_group	unsigned long	每个 block group 包含的 block 数
s_inodes_per_group	unsigned long	每个 block group 包含的 inode 数
s_itb_per_group	unsigned long	每个 block group 对应的 INODE TABLE 的 block 数
s_gdb_count	unsigned long	GROUP DESCRIPTORS 包含的 block 数
s_desc_per_block	unsigned long	每个 block 包含的 group descriptor 数
s_groups_count	ext4_group_t	文件系统的 block group 数
s_group_desc	buffer_head **	指向一个指针数组，该数组的元素指向 GROUP DESCRIP-TORS 各 block 的数据
s_inode_size	int	inode_on_disk 的大小
s_kobj	kobject	kobject
s_log_groups_per_flex	unsigned int	与 ext4_super_block 的同名字段相同

ext4_sb_info 和 ext4_super_block 的很多字段相似（此处没有把二者放在一起，因为 ext4_super_block、ext4_group_desc 和 ext_inode 逻辑上更紧密），前者的字段的值很多是根据后者的字段计算得到的，比如 s_inodes_per_block，就是通过 block 大小除以 s_inode_size 得到的。虽然通过 ext4_sb_info 可以找到 ext4_super_block，从而得到需要的值，但定义这些看似重复的字段可以省略重复的计算。

super_block 结构体的 s_fs_info 字段（文件系统的私有数据）指向 ext4_sb_info，EXT4_SB 宏就是通过该字段获取 ext4_sb_info 的。ext4_sb_info 的 s_sb 和 s_es 字段分别指向 super_block 和 ext4_super_block，构成了 VFS 和 ext4 磁盘数据结构之间的通路。

s_groups_count 字段表示 block group 数，是由 block 总数除以每个 block group 的 block 数得到的，采用的是进一法。s_gdb_count 则是根据 s_groups_count 的值除以 s_desc_per_block 得到的，采用的同样是进一法。s_group_desc 字段指向一个指针数组，数组的元素个数与 s_gdb_count 字段的值相等，每一个元素都指向 GROUP DESCRIPTORS 相应的 block 中的数据，如下。

```
db_count = (sbi->s_groups_count + EXT4_DESC_PER_BLOCK(sb) - 1) /
      EXT4_DESC_PER_BLOCK(sb);
for (i = 0; i < db_count; i++) {
    block = descriptor_loc(sb, logical_sb_block, i);
    ext4_sb_breadahead_unmovable(sb, block);
}
```

```
for (i = 0; i < db_count; i++) {
    block = descriptor_loc(sb, logical_sb_block, i);
    bh = ext4_sb_bread_unmovable(sb, block);
    rcu_dereference(sbi->s_group_desc)[i] = bh;
}
sbi->s_gdb_count = db_count;
```

由于 group descriptor 访问非常频繁，系统运行过程中，除非遇到意外错误或者对磁盘执行 umount 操作，各元素指向的内存数据会一直保持，提高访问效率。

12.2.5　ext4_inode_info 结构体

VFS 的 inode 结构体与 ext4_inode 结构体之间也需要一座桥梁，就是 ext4_inode_info 结构体，主要字段见表 12-7。

表 12-7　ext4_inode_info 字段表

字　　段	类　　型	描　　述
i_data	__le32［15］	与 ext4_inode 的 i_block 字段的数据意义相同
i_block_group	ext4_group_t	包含文件的 inode_on_disk 的 block group 的号
i_flags	unsigned long	文件的标志，与 ext4_inode 的 i_flags 字段意义相同
i_disksize	loff_t	文件占的磁盘空间大小
vfs_inode	inode	内嵌的 inode
i_extra_isize	__u16	与 ext4_inode 的 i_extra_isize 相同

ext4_inode_info 内嵌了 inode，可以通过传递 inode 对象到 EXT4_I 宏来获得 ext4_inode_info 对象，但它并没有定义可以使它直接访问 ext4_inode 的字段，只是拷贝了后者的 i_block 和 i_flags 等字段。同时，inode 结构体也包含了与 ext4_inode 的字段类似的字段，比如 i_atime、i_mtime 和 i_ctime 等。所以它们 3 者的关系可以理解为 ext4_inode_info 内嵌了 inode，二者一起"瓜分"了 ext4_inode 的信息。

12.3　ext4 的挂载

ext4 文件系统的挂载通过 ext4_get_tree 完成，后者调用 get_tree_bdev（block device）实现，get_tree_bdev 判断两次挂载是否为同一个文件系统的依据在于是否为同一个块设备（test_bdev_super_fc），也就是同一个块设备只有一个 super_block 与之对应，即使挂载多次。

挂载 ext4 文件系统最终由 ext4_fill_super 完成，它先调用 ext4_alloc_sbi 申请并初始化 ext4_sb_info，然后调用__ext4_fill_super。__ext4_fill_super 会读取磁盘中的 ext4_super_block，创建并初始化 ext4_sb_info 对象，建立它们和 super_block 的关系。它的实现比较复杂，主要逻辑如下。

```
int __ext4_fill_super(struct super_block * sb, struct fs_context * fc)
{
    //省略出错处理等
    struct ext4_super_block * es = NULL;
    struct ext4_sb_info * sbi = EXT4_SB(sb);;

    //下面是 ext4_load_super 函数的代码片段
```

```
blocksize = sb_min_blocksize(sb, EXT4_MIN_BLOCK_SIZE/*1024*/);      //1
if (blocksize != EXT4_MIN_BLOCK_SIZE) {
    logical_sb_block = sb_block * EXT4_MIN_BLOCK_SIZE;
    offset = do_div(logical_sb_block, blocksize);
} else {
    logical_sb_block = sb_block;
}
bh = ext4_sb_bread_unmovable(sb, logical_sb_block);
es = (struct ext4_super_block *)(bh->b_data + offset);
sbi->s_es = es;
blocksize = BLOCK_SIZE << le32_to_cpu(es->s_log_block_size);       //2
if (sb->s_blocksize != blocksize) {
    brelse(bh);
    sb_set_blocksize(sb, blocksize);
    logical_sb_block = sbi->s_sb_block * EXT4_MIN_BLOCK_SIZE;
    offset = do_div(logical_sb_block, blocksize);
    bh = ext4_sb_bread_unmovable(sb, logical_sb_block);
    es = (struct ext4_super_block *)(bh->b_data + offset);
    sbi->s_es = es;
}
sbi->s_sbh = bh; //ext4_load_super 函数结束
//省略，为 ext4_sb_info 字段赋值   //3

//下面是 ext4_geometry_check 函数的代码片段
blocks_count = (ext4_blocks_count(es) -le32_to_cpu(es->s_first_data_block) +
        EXT4_BLOCKS_PER_GROUP(sb) - 1);
do_div(blocks_count, EXT4_BLOCKS_PER_GROUP(sb));
sbi->s_groups_count = blocks_count; //ext4_geometry_check 函数结束
//下面是 ext4_group_desc_init 函数的代码片段
db_count = (sbi->s_groups_count + EXT4_DESC_PER_BLOCK(sb) - 1) /
        EXT4_DESC_PER_BLOCK(sb);
rcu_assign_pointer(sbi->s_group_desc,
            kvmalloc_array(db_count, sizeof(struct buffer_head *), GFP_KERNEL));
for (i = 0; i < db_count; i++) { //Pre-read
    block = descriptor_loc(sb, logical_sb_block, i);
    ext4_sb_breadahead_unmovable(sb, block);
}
for (i = 0; i < db_count; i++) {
    block = descriptor_loc(sb, logical_sb_block, i);
    bh = ext4_sb_bread_unmovable(sb, block);
    rcu_dereference(sbi->s_group_desc)[i] = bh;
}
sbi->s_gdb_count = db_count;
if (!ext4_check_descriptors(sb, &first_not_zeroed)) {      //4
    goto err;
} //ext4_group_desc_init 函数结束
sb->s_op = &ext4_sops;
root = ext4_iget(sb, EXT4_ROOT_INO, EXT4_IGET_SPECIAL);     //5
if (!S_ISDIR(root->i_mode) ||! root->i_blocks ||! root->i_size) {
    goto err;
```

```
    }
    sb->s_root = d_make_root(root);
    ext4_setup_super(sb, es, sb_rdonly(sb));
    if (ext4_has_feature_flex_bg(sb))
        ext4_fill_flex_info(sb);
    //...
    return 0;
err:
    //...
}
```

ext4_fill_super 的运行过程可以分为 5 步，均用标号标出。

第 1 步，读取 ext4_super_block 对象，此时并不知道文件系统的 block 大小，也不知道它起始于第几个 block，只知道它起始于磁盘的第 1024 字节（前 1024 字节存放 x86 启动信息等）。所以在第 1 步中先给定一个假设值，一般假设 block 大小为 1024 字节，ext4_super_block 始于 block 1（sb_block）。由 sb_min_blocksize 计算得到的 block 大小如果小于 1024 字节，就以它作为新的 block 大小得到 block 号 logical_sb_block 和 block 内的偏移量 offset。

读取 logical_sb_block 的内容，加上计算得到的偏移量得到的就是 ext4_super_block 对象（es），但因为 block 大小可能小于 1024 字节，所以有可能读到的只是 ext4_super_block 的一部分，所以为了保险起见，只能访问它的一部分字段，主要是一些简单的验证工作。

所幸 s_log_block_size 字段的偏移量 0x18 并不大，步骤 1 完成后，可以得到实际的 block 大小（$2 \wedge (10 + s\_log\_block\_size)$），进入步骤 2。block 大小最小为 1024 字节，最大为 65536 字节，笔者的磁盘中为 4096 字节，所以步骤 2 会重新计算 logical_sb_block 和 offset，分别为 0 和 1024 字节。然后读取 block 0，得到的数据加上 1024 字节就是完整的 ext4_super_block 对象。

第 3 步，根据得到 es 为 ext4_sb_info 字段赋值，代码段中保留了 s_group_desc 字段的赋值过程，其余字段省略。

第 4 步，检查所有的 group descriptors 数据的合法性，初始化 flex_bg 相关的信息。

第 5 步，调用 ext4_iget 获取 ext4 的 root 文件，并调用 d_make_root 创建对应的 dentry，为 sb->s_root 赋值。

ext4 的 root 文件的 inode 号 ino 为 2（EXT4_ROOT_INO），ext4_iget 函数可以根据 ino 获得文件的 inode。

ext4_iget 只针对已存在的文件有效，随意传递一个 ino 给它是没有意义的，创建一个新的文件应该使用 __ext4_new_inode（见下）函数。ext4_iget 调用 __ext4_iget 主要包括 3 个步骤，如下。

```
struct inode *__ext4_iget(struct super_block *sb, unsigned long ino,
            ext4_iget_flags flags, const char *function, unsigned int line)
{
    struct ext4_iloc iloc;
    struct ext4_inode_info *ei;
    struct ext4_inode *raw_inode;
    struct inode *inode = iget_locked(sb, ino);      //(1)
    if (!(inode->i_state & I_NEW))
        return inode;
    ei = EXT4_I(inode);
    ret = __ext4_get_inode_loc_noinmem(inode, &iloc);
    raw_inode = ext4_raw_inode(&iloc);
```

```
//省略,ei 字段赋值和检查   //(2)

if (S_ISREG(inode->i_mode)) {     //(3)
    inode->i_op = &ext4_file_inode_operations;
    inode->i_fop = &ext4_file_operations;
    ext4_set_aops(inode);
} else if (S_ISDIR(inode->i_mode)) {
    inode->i_op = &ext4_dir_inode_operations;
    inode->i_fop = &ext4_dir_operations;
} else if (S_ISLNK(inode->i_mode)) {
    //省略
    if (ext4_inode_is_fast_symlink(inode)) {
        inode->i_link = (char *)ei->i_data;
        inode->i_op = &ext4_fast_symlink_inode_operations;
    }
} else if (S_ISCHR(inode->i_mode) ||S_ISBLK(inode->i_mode) ||
    S_ISFIFO(inode->i_mode) ||S_ISSOCK(inode->i_mode)) {
    inode->i_op = &ext4_special_inode_operations;
}

brelse(iloc.bh);
unlock_new_inode(inode);
return inode;
}
```

第 1 步，获取 ext4_inode，首先调用__ext4_get_inode_loc_noinmem 计算它所在的 block 并读取 block 的数据，它的逻辑与我们在前文中使用 hexdump 寻找 ext4_inode 相似，如下。

```
// gdp: ext4_group_desc *
iloc->block_group = (inode->i_ino - 1) / EXT4_INODES_PER_GROUP(sb);
gdp = ext4_get_group_desc(sb, iloc->block_group, NULL);
inodes_per_block = EXT4_SB(sb)->s_inodes_per_block;
inode_offset = ((inode->i_ino - 1) %EXT4_INODES_PER_GROUP(sb));
iloc->offset = (inode_offset % inodes_per_block) * EXT4_INODE_SIZE(sb);

block = ext4_inode_table(sb, gdp) + (inode_offset / inodes_per_block);
bh = sb_getblk(sb, block);
//...
iloc->bh = bh;
```

首先计算文件所处的 block group 号，然后根据它计算出 ext4_group_desc 处在 GROUP DIS-CRIPTORS 的 block 号 block_no，以及 block 内的偏移量，该 block 的数据由 ext4_sb_info->s_group_desc[block_no]给出，加上偏移量得到 ext4_group_desc（ext4_get_group_desc 函数的逻辑）。

该 block group 的 INODE TABLE 起始 block 号由 ext4_group_desc 的字段给出（ext4_inode_table），根据 ino 计算出 ext4_inode 在 INODE TABLE 的第几个 block，以及 block 内的偏移量，读取 block，将其数据返回，偏移量由 iloc->offset 返回。

内核获取 ext4_inode 的过程与使用 hexdump 的例子中的过程有所不同，我们在 hexdump 的例子中传递给 hexdump 的偏移量都是基于磁盘的，后续的读数据工作由 hexdump 完成，但内核中每

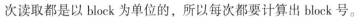

次读取都是以 block 为单位的，所以每次都要计算出 block 号。

得到了目标 block 的数据和偏移量之后，给数据加上偏移量即可得到 ext4_inode（ext4_raw_inode）。

第 2 步，为 ext4_inode_info 字段赋值，检查合法性。

第 3 步，文件支持的操作，顺便解答了我们的第二个问题。查看 ext4_file_operations、ext4_dir_inode_operations 等，它们支持大部分操作，这么一看，可以说 ext4 简直就是个"万花筒"。

12.4 【图解】ext4 目录结构

ext4 文件系统内部的文件层级结构是如何组织的，按照惯例，应该查看 ext4_lookup 函数（ext4_dir_inode_operations.lookup），本节不直接讨论函数，而是分析目录的结构，函数的逻辑是围绕这个原理展开的。

目录也是文件，它也拥有属于自己的 block，只不过普通文件的 block 存放的是文件的内容，目录的 block 中存放的是目录包含的子文件的信息。多说一句，无论是普通文件的内容，还是目录的子文件的信息，都是它们的数据，不属于 metadata，所以下文开始不再刻意区分普通文件和目录的 block。关于如何定位文件的 block、block 中存放的数据和 block 的管理等，会在下一节文件的 IO 中讨论，这里姑且认为目录的 block 存储的只是子文件的信息。

12.4.1 线性目录

ext4 的目录有两种组织方式，第一种是线性方式，每一个 block 都按照数组形式存放 ext4_dir_entry 或者 ext4_dir_entry_2 对象。

ext4_dir_entry 和 ext4_dir_entry_2 是可以兼容的，它们的字段分别见表 12-8 和表 12-9。

表 12-8　ext4_dir_entry 字段表

ext4_dir_entry 的字段	类　型	偏　移　量	描　　述
inode	__le32	0	文件的 inode 号
rec_len	__le16	0x4	dir entry 的长度
name_len	__le16	0x6	文件名字的长度
name	char [·]	0x8	文件的名字

因为支持的名字最大长度为 255，只需要一个字节（2^8 = 256）即可表示，所以拆分 name_len 的两个字节，得到 ext4_dir_entry_2。

表 12-9　ext4_dir_entry_2 字段表

ext4_dir_entry_2 的字段	类　型	偏　移　量	描　　述
inode	__le32	0	文件的 inode 号
rec_len	__le16	0x4	dir entry 的长度
name_len	__u8	0x6	文件名字的长度
file_type	__u8	0x7	文件的类型，0 为 unknown
name	char [ ]	0x8	文件的名字

结构体的 0x7 字节的值为 0，结构体的类型为 ext4_dir_entry，否则为 ext4_dir_entry_2，它们的第一个字段 inode 表示对应文件的 inode 号，name_len 字段表示文件的名字的长度，name 字段

则表示文件的名字。一个 entry 占用磁盘空间包括结构体的前 8 个字节、文件的名字和额外的对齐三部分，值由 rec_len 字段表示。

看到 name 和 inode 字段，读者应该明白 lookup 的原理了，目录的所有子文件都对应一个 entry，如果某个 entry 的 name 字段与当前查找的文件名字匹配，它的 inode 字段的值就是我们要查找的文件的 inode 号 ino，有了 ino 就可以得到目标文件了。

下面做个实验来验证以上的分析。

```
$mkdir a
$cd a
$touch b c d  #创建目录a,并在a下面创建b c d三个文件
$ls -i ../
  30015492 a
$ls -i
  30015493 b   30015494 c   30015495 d
```

a 的 inode 号为 30015492，计算得到它的 inode_on_disk 的偏移量为 491773887232，hexdump /dev/sdb -s 491773887232 -n 256，得到 inode_on_disk，进而得到 a 的 block（我们在下一节分析该过程），偏移量为 491807444992（基于笔者的磁盘）。

```
# hexdump /dev/sdb -s 491807444992 -n 256 -C
7282021000  04 00 ca 01 0c 00 01 02  2e 00 00 00 01 00 ca 01  |................|
7282021010  0c 00 02 02 2e 2e 00 00  05 00 ca 01 0c 00 01 01  |................|
7282021020  62 00 00 00 06 00 ca 01  0c 00 01 01 63 00 00 00  |b...........c...|
7282021030  07 00 ca 01 d0 0f 01 01  64 00 00 00 00 00 00 00  |........d.......|
7282021040  00 00 00 00 00 00 00 00  00 00 00 00 00 00 00 00  |................|
```

b、c 和 d 确实都在 block 中，拆分以上内容成一个个 entry，如下。

```
#inode      #rec_len #name_len #type #name      #padding
04 00 ca 01  0c 00      01       02    2e (.)     00 00 00
01 00 ca 01  0c 00      02       02    2e 2e (..) 00 00
05 00 ca 01  0c 00      01       01    62 (b)     00 00 00
06 00 ca 01  0c 00      01       01    63 (c)     00 00 00
07 00 ca 01  d0 0f      01       01    64 (d)     00 00 00 …
```

目录的前两个 entry 分别为 . 和 ..，其 inode 字段分别等于当前目录和上级目录的 inode 号，b、c 和 d 的各项名字和 inode 号与文件也完全匹配，如图 12-6 所示。

值得注意的是，最后一个 entry，它的 rec_len 字段等于 0xfd0 = 0x1000 - 0xc * 4，也就是说最后一个 entry 的 rec_len 等于 block 被前面所有 entry 占用后剩下的空间大小。这是为了方便插入新的 entry，不需要累加各 entry 计算 block 已经被占用的空间，只需要查看最后一个 entry 即可。

针对线性方式，掌握了以上原理，基本就掌握了 lookup 和创建新文件的过程，创建新文件只不过是申请到可用的 inode 号，初始化后创建一个 entry 添加到目录的 block 的 entry 数组的末尾，只不过一个 block 满了，可能要申请新的 block。

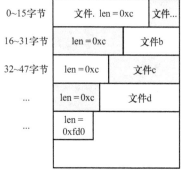

图 12-6　线性目录示意图

12.4.2　哈希树目录

继续上面的实验，在目录 a 下执行下面的命令。

```
$python  ## ...之后的空格不要增删,python 对此敏感
>>> for i in range(1000):
...     fname = 'e' + str(i)
...     f = open(fname, 'a+')
...     close(f)
...
```

以上命令在目录下创建了 1000 个文件，名字为 e0、e1、…、e999。再次 dump 出来 a 的 block 信息，如下。

```
#hexdump /dev/sdb -s 491807444992 -n 128
7282021000   04 00 ca 01 0c 00 01 02  2e (.)00 00 00 01 00 ca 01   |................|
7282021010   f4 0f 02 02 2e 2e (..)00 00  00 00 00 00 01 08 00 00   |................|
7282021020   fc 01 04 00 01 00 00 00  28 ea ef 3f 03 00 00 00   |........(..?....|
7282021030   70 dd bf 80 02 00 00 00  54 f2 33 c3 04 00 00 00   |p.......T.3.....|
```

1000 个文件，按照线性目录方式，一个 block 无法包含所有 entry，但 block 的内容格式不会变。从 dump 的信息可以看到，. 和 .. 之后，不再是 b、c 和 d 了，这说明目录 a 组织子文件的方式变了，实际上变成了哈希树目录。

如果文件系统支持 dir_index 特性（EXT4_FEATURE_COMPAT_DIR_INDEX），目录有线性和哈希树两种选择，若它的 ext4_inode 的 flags 字段的 EXT4_INDEX_FL 置位，则它采用的是哈希树方式，否则是线性方式。

一般情况下，目录的子文件不会太多，一个 block 足够满足它们的 entry 对磁盘空间的需要，搜索某一个 entry 的代价不会太大，但如果子文件多了起来，需要多个 block 的情况下，搜索一个 entry 可能要搜多个 block，最坏的情况下，搜索一个不存在的 entry，要把每一个 block 都遍历一遍，导致效率非常低。

于是，ext 文件系统引入了 dir_index 特性，它的主要目的就是为了解决子文件太多的情况下，线性目录的搜索效率低下的问题。它根据子文件的名字，计算得到哈希值，根据哈希值来判断文件的 entry 可以存入哪个 block，如果 block 满了，存入相关 block，查找的时候同样根据这个哈希值查找相关的 block，不需要每一个 block 查找。何为"相关"block，本书不展开讨论，有需要的读者可以参考 ext4_dx_add_entry 函数。

某个目录选择的方式并不是一成不变的，一般情况下，目录的子文件的 entry 不超过一个 block 的情况下，选择线性方式；超过一个 block，内核会自动切换成哈希树方式，更新它的 block。

ext4 为哈希树目录定义了几个结构体，表示整个树结构。dx_root 表示树的根，主要字段见表 12-10。

表 12-10　dx_root 字段表

字　　段	类　　型	偏 移 量	描　　述
dot.inode	__le32	0	. 的 inode 号
dot.rec_len	__le16	0x4	12

（续）

字　段	类　型	偏移量	描　述
dot.name_len	u8	0x6	1
dot.file_type	u8	0x7	2
dot_name	char［4］	0x8	.\0\0\0
dotdot.inode	__le32	0xc	.. 的 inode 号
dotdot.rec_len	__le16	0x10	12
dotdot.name_len	u8	0x12	1
dotdot.file_type	u8	0x13	2
dotdot_name	char［4］	0x14	..\0\0
info.reserved_zero	__le32	0x18	0
info.hash_version	u8	0x1c	根据文件名计算哈希值的方法
info.info_length	u8	0x1d	info 的长度
info.indirect_levels	u8	0x1e	树的深度
info.unused_flags	u8	0x1f	NA
limit		__le16	0x20	dx_entry 的数量限制
count	entries［0］	__le16	0x22	包含它本身在内，dx_entry 的数量
block		__le32	0x24	哈希值为 0 时，对应的文件内的 block 号
entries		dx_entry［］	0x28	线性分布的 dx_entry

　　dx_root 存放在目录的第一个 block，开头按照 ext4_dir_entry_2 格式存储 . 和 .. 两个文件的信息。0x18 加上 info.info_length 就是 entries 的开始，entries［0］的 block 表示哈希值为 0 时，对应的 block 号，该号并不是基于磁盘的，而是文件的第几个 block。由此开始，基于文件的 block，我们称之为逻辑 block，其余 block 除非特别说明均为基于磁盘的。dx_entry 有 hash 和 block 两个字段，分别表示哈希值和对应的 block 号。entries［0］的 hash 字段被拆分成 dx_countlimit 结构体的 limit 和 count 字段，表示 dx_entry 的数量限制和当前数量。

　　info.indirect_levels 表示树的深度，该字段的最大值为 1，表示最多有一层中间结点。当它为 0 时，dx_entry 的 block 字段对应的 block 中存放的是 ext4_dir_entry_2 的线性数组。当它等于 1 时，dx_root 的 dx_entry 的 block 字段对应的 block 中存放的是 dx_node 对象，字段见表 12-11。

表 12-11　dx_node 字段表

字　段	类　型	偏移量	描　述
fake.inode	__le32	0	0
fake.rec_len	__le16	0x4	block 大小
fake.name_len	u8	0x6	0
fake.file_type	u8	0x7	0
limit		__le16	0x8	dx_entry 的数量限制
count	entries［0］	__le16	0xa	包含它本身在内，dx_entry 的数量
block		__le32	0xc	哈希值为 block 中最小时，对应的文件内的 block 号
entries		dx_entry［］	0x10	线性分布的 dx_entry

dx_node 包含的 dx_entry 的 block 字段对应的 block 按照线性方式存放 ext4_dir_entry_2。
按照以上哈希树结构解析下目录 a 添加了 1000 个文件后 dump 的信息。

```
04 00 ca 01 0c 00 01 02 2e (.) 00 00 00
01 00 ca 01 f4 0f 02 02 2e 2e (..) 00 00
00 00 00 00 01 08 00 00  #info.hash_version: 1, .info_length: 8, indirect_levels: 0
fc 01 04 00 01 00 00 00  #limit: 0x1fc, count: 4, block: 1
28 ea ef 3f 03 00 00 00  #entries[1]: {0x3fefea28, 0x3}
70 dd bf 80 02 00 00 00  #entries[2]: {0x80bfdd70, 0x2}
54 f2 33 c3 04 00 00 00  #entries[3]: {0xc333f254, 0x4}
```

info. indirect_levels 值为 0，说明 dx_entry 指向的 block 包含的是 ext4_dir_entry_2 线性数组，哈希值 0xc333f254 对应目录 a 的 block 4，dump 部分信息显示如下。

```
52 00 ca 01 0c 00 03 01   65 37 34 00 e2 00 ca 01   |R.......e74.....|
0c 00 04 01 65 32 31 38   99 02 ca 01 0c 00 04 01   |....e218........|
65 36 35 37 b8 00 ca 01   0c 00 04 01 65 31 37 36   |e657........e176|
18 00 ca 01 0c 00 03 01   65 31 36 00 36 02 ca 01   |........e16.6...|
0c 00 04 01 65 35 35 38   29 01 ca 01 0c 00 04 01   |....e558).......|
65 32 38 39 c0 01 ca 01   0c 00 04 01 65 34 34 30   |e289........e440|
9a 01 ca 01 0c 00 04 01   65 34 30 32 87 00 ca 01   |....e402....|
0c 00 04 01 65 31 32 37   4b 00 ca 01 0c 00 03 01   |....e127K.......|
```

可以看到，e74、e218、e657 等子文件的 entry 存在该 block 中，如图 12-7 所示。

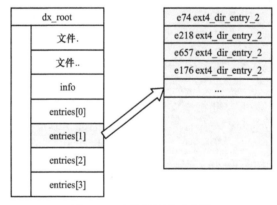

图 12-7　哈希树目录示意图

哈希树目录的结构比线性目录复杂得多，但最终还是使用 ext4_dir_entry_2 来表示子文件的 entry。

12.4.3　硬链接

趁热打铁，此处插入一节有关硬链接的讨论，虽然它与第 3 个问题没有直接关系，但它与 ext4 目录结构关系密切，在目录 a 下继续上面的实验。

```
$mkdir ln
$cd ln
$touch ln0
$ln ln0 ln1
$ls -i
30015497 ln0  30015497 ln1
```

使用 hexdump dump 目录 ln 的 block。

```
#hexdump /dev/sdb -s 491807465472 -n 4096 -C
7282026000  08 00 ca 01 0c 00 01 02  2e 00 00 00 04 00 ca 01  |................|
7282026010  0c 00 02 02 2e 2e 00 00  09 00 ca 01 0c 00 03 01  |................|
7282026020  6c 6e 30 00 09 00 ca 01  dc 0f 03 01 6c 6e 31 00  |ln0.........ln1.|
7282026030  00 00 00 00 00 00 00 00  00 00 00 00 00 00 00 00  |................|
```

单独分析 ln0 和 ln1。

```
09 00 ca 01 0c 00 03 01 6c 6e 30 00 #ln0
09 00 ca 01 dc 0f 03 01 6c 6e 31 00 #ln1
```

此时，我们已经得到了问题的真相，建立一个硬链接，只不过在目标目录下插入了一个 ext4_dir_entry_2 对象，其 inode 字段的值与原文件的 inode 号相等，它们共享同一个 ext4_inode。只要 inode 号相同，名字和路径无论怎么变，最终都是同一个文件。

12.5　【图解】ext4 文件的 IO

本书不讨论读写磁盘某个 block 的过程，它属于磁盘驱动的范畴，那么读操作就是找到文件的 block，写操作还可能包括申请新的 block，将其与文件关联起来。接下来讨论，文件的 block。正如目录一节的说明，本节关于 block 的讨论，对普通文件和目录都适用。

文件的 block 是由 ext4_inode 的 i_block 字段表示的，该字段是个数组，长 60 字节（__le32 [15]），用来表示文件的 block 时，有 Direct/Indirect Map 和 Extent Tree（区段树）两种使用方式。如果文件的 EXT4_EXTENTS_FL 标记清零，使用的是前者，否则使用的是后者。

12.5.1　映射

60 个字节，如果每 4 个字节映射一个 block 号，最多只能有 15 个 block，ext2 和 ext3 开始，将 60 个字节分为两部分，数组的前 12 个元素共 48 个字节，每个元素各自直接映射一个 block，后三个元素分别采用 1、2 和 3 级间接映射。

所谓间接映射的意思是，元素映射的 block 中存放的并不是文件的内容或者目录的子信息，而是一个中间的映射表（Indirect Block）。4096 个字节，每 4 个字节映射一个下级 block，可达 4096 / 4 = 1024 项。下级 block 中存放的是数据还是中间的映射表，由映射的层级决定。

i_block[12] 采用一级间接映射，i_block[12] 到 block_l1（level 1）完成了间接映射，所以 block_l1 映射的 block 中存放的是文件的数据。

i_block[13] 采用二级间接映射，i_block[13] 到 block_l1 再到 block_l2 才能完成间接映射，所以 block_l1 映射的 block 中存放的是 block_l2，block_l2 映射的 block 中存放的是文件的数据。

i_block[14] 采用三级间接映射，所以 block_l1 映射的 block 中存放的是 block_l2，block_l2 映射的 block 中存放的是 block_l3，block_l3 映射的 block 中存放的才是文件的数据。

每 4 个字节（__le32）映射一个 block，采用的是直接映射，4 个字节的整数值就是基于磁盘的 block 号，所以采用这种方式的文件，它的 block，包括中间参与映射的 block，都必须在 2^32 block 内。

文件的逻辑 block 与项（4 字节为一项）的索引值是一致的，比如文件的 block 1 对应 i_block [1]，block 20 对应 i_block［12］指向的 block_l1 的第 8 项。block 大小为 4096 字节的情况下，对应关系见表 12-12。

表 12-12　i_block 和 block 范围表

i_block 数组下标	对应的文件的 block 范围
0~11	0~11
12	[12, 12 + 4096 / 4 − 1 = 1035]
13	[1036, 1036 + (4096 / 4) ^ 2 − 1 = 1049611]
14	[1049612, 1049612 + (4096 / 4) ^ 3 − 1 = 1074791436]

12.5.2　区段树

ext4 由 Direct/Indirect Map 切换到了 Extent Tree，前者一个项对应一个 block，比较浪费空间，Extent 单词的意思是区间，不言而喻，Extent Tree 就是一些表示 block 区间的数据结构组成的树。一个数据结构对应一个区间的 block，而不再是 Map 中的一个项对应一个 block 的关系。

Extent Tree 有点特别，它的每一个中间结点对应的 block 存放的都是一棵树，ext4 定义了 ext4_extent_header、ext4_extent_idx 和 ext4_extent 三个结构体表示树根、中间结点和树叶，以下分别简称为 header、idx 和 extent，一种可能的关系组合如图 12-8 所示。

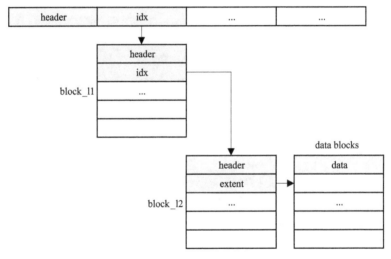

图 12-8　header、idx 和 extent 关系图

ext4_extent_header 结构体表示树根，共 12 个字节，主要字段见表 12-13。

表 12-13　ext4_extent_header 字段表

字　　段	类　　型	偏　移　量	描　　　　述
eh_magic	__le16	0	0xF30A
eh_entries	__le16	0x2	header 后 entry 的数量
eh_max	__le16	0x4	header 后 entry 的最大数目
eh_depth	__le16	0x6	树的中间结点高度
eh_generation	__le32	0x8	generation，ext4 未使用

第一个 header 对象存在 i_block 的前 12 个字节，后面 48 个字节可以存放 idx 或者 extent， eh_entries字段表示 header 后跟随的 entry 的数量，eh_max 字段表示 header 后跟随的 entry 的最大数量，eh_depth 字段表示树的中间结点高度，如果为 0，说明紧随其后的是 extent，最大值为 5。

ext4_extent_idx 结构体表示树的中间结点，主要字段见表 12-14。

表 12-14 ext4_extent_idx 字段表

字　　段	类　　型	偏　移　量	描　　述
ei_block	__le32	0	idx 对应的逻辑 block 号
ei_leaf_lo	__le32	0x4	idx 指向的 block 的 block 号的低 32 字节
ei_leaf_hi	__le16	0x8	idx 指向的 block 的 block 号的高 16 字节
ei_unused	__u16	0xa	NA

ei_leaf_lo 和 ei_leaf_hi 组成目标块的 block 号，共 48 位，块中包含的是中间结点还是树叶由 header 的 eh_depth 字段决定，eh_depth 大于 0 为中间结点，等于 0 则为树叶。ei_block 表示该 idx 涵盖的文件的逻辑 block 区间的起始值。

ext4_extent 结构体表示树叶，它指向文件的一个 block 区间，主要字段见表 12-15。

表 12-15 ext4_extent 字段表

字　　段	类　　型	偏　移　量	描　　述
ee_block	__le32	0	extent 涵盖的文件的逻辑 block 区间的起始值
ee_len	__le16	0x4	extent 涵盖的 block 的数量
ee_start_hi	__le16	0x6	extent 指向的第一个 block 的 block 号的高 16 字节
ee_start_lo	__u32	0x8	extent 指向的第一个 block 的 block 号的低 32 字节

extent 表示的 block 区间是连续的，ee_len 字段表示该区间的 block 的数量，如果它的值不大于 32768，extent 已经初始化，实际的 block 数量与该值相等；如果大于 32768，则 extent 并没有初始化，实际的 block 数量等于 ee_len - 32868。ee_start_hi 和 ee_start_lo 组成起始块的 block 号，也是 48 位，所以采用 Extent Tree 的文件的 block 都应该在 2^{48} block 内。

下面来看几个具体的例子。

```
#example 1
$mkdir example1/test
$sudo hexdump /dev/sdb -s offset -n 256
得到

41fd 03e8 1000 0000 e306 59da e306 59da
e306 59da 0000 0000 03e8 0003 0008 0000
0000 0008 0002 0000
header
magic entries max  depth generation
f30a  0001  0004  0000 0000 0000
extent
block   len  start_hi start_lo
0000 0000 0001 0000  2023 0728
```

header 的 depth 为 0，所以紧随其后的是 extent，extent 包含了 example1 目录的逻辑 block 0 开始的 1 个 block，起始的 block 号为 0x7282023，偏移量为 491807453184。

```
$ sudo hexdump /dev/sdb -s 491807453184 -n 256
0004 01ca 000c 0201 002e 0000 (.)
0001 01ca 000c 0202 2e2e 3800 (..)
0005 01ca 0fe8 0204 6574 7473 (test)
...
```

第一个例子中没有 idx，第二个例子中笔者的磁盘上有一个 8GB 左右的文件（可以使用 dd 命令创建一个指定大小的文件），名为 bigfile，如下。

```
$ ls -lai bigfile
30015498 -rw-r--r-- 1 ... 8589935104 ... bigfile
```

得到 bigfile 的 inode_on_disk，如下。

```
$ sudo hexdump /dev/sdb -s 491773888768 -n 256
81a4 03e8 0200 0000 00f1 59ce 0105 59ce
0105 59ce 0000 0000 03e8 0001 0010 0100
0000 0008 0001 0000
header
magic entries max  depth  generation
f30a  0001   0004  0001   0000 0000
idx
block     leaf_lo  leaf_hi unused
0000 0000 8000 0728 0000   005e
...
```

header 的 depth 为 1，大于 0，说明紧随其后的是 idx，idx 指向的 block 号为 0x7288000，偏移量为 491907973120，dump 其中的一部分。

```
$ sudo hexdump /dev/sdb -s 491907973120 -n 256
header
magic entries max  depth  generation
f30a  014e   0154  0000   0000 0000
extent
block      len   start_hi  start_lo
0000 0000  0800  0000      d000 005e
0800 0000  0800  0000      9000 0060
1000 0000  0800  0000      1800 0061
1800 0000  1000  0000      0000 0062
2800 0000  2000  0000      6000 0062
4800 0000  0800  0000      f000 0062
5000 0000  2000  0000      d000 0062
7000 0000  5000  0000      b000 0063
c000 0000  1000  0000      0800 0064
d000 0000  1000  0000      2000 0064
e000 0000  1000  0000      2800 0065
...
```

block 内，header 的 depth 为 0，说明紧随其后的是 extent，解读如下。

```
block      len   start_hi  start_lo
0000 0000  0800  0000      d000 005e
//文件的逻辑 block 区间[0, 0 + 0x800)在磁盘中的 block 区间为[0x5ed000, 0x5ed000 + 0x800)
```

```
0800 0000   0800   0000   9000 0060
...
1000 0000   0800   0000   1800 0061
...
1800 0000   1000   0000   0000 0062
//文件的逻辑 block 区间[0x1800, 0x1800 + 0x1000)在磁盘中的 block 区间为[0x620000, 0x620000 + 0x1000)
2800 0000   2000   0000   6000 0062
//文件的逻辑 block 区间[0x2800, 0x2800 + 0x2000)在磁盘中的 block 区间为[0x626000, 0x626000 + 0x2000)
```

ext4 文件系统比较复杂，内核中的代码数以万计，本章介绍了它的精髓，很多细节都没有讨论，比如 checksum 和 inline data 等，工作中涉及细节的读者请参照本书自行阅读代码。

对于学习 VFS 而言，也许它有点过于复杂，但它包含了一般文件系统的绝大多数操作，掌握了它，VFS 自然不在话下，希望本书能够帮助读者更加轻松地理解它。

12.6　【看图说话】文件的恢复

无论是 VFS，还是 ext4，都将文件分为文件本身的信息和文件的内容两部分来管理。有一个有趣的相关话题，就是文件的删除恢复，理解了两部分的思想之后，我们不难想象，文件的删除一般不会将文件的内容清除，对 ext4 而言删除的只不过是 Meta data，如图 12-9 所示。

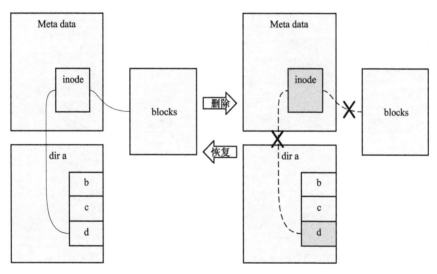

图 12-9　文件的删除恢复

所以恢复删除的文件其实就是反过程，将 Meta data 恢复。同样的，在很多安全级别要求比较高的场景中，删除文件并不能完全防止信息泄露，要通过特殊的手段将文件的数据覆盖。

进程管理篇

第13章

进　程

　　进程管理是一个让人兴奋的话题，有一部分原因就是进程管理本身的复杂性。它的复杂之处一方面在于涵盖的话题多，进程本身的概念、进程调度和进程通信等每一个都是难点。另一方面，进程管理涉及很多相关模块，内存管理、文件系统和网络等。有了前面章节的铺垫，我们从本章开始讨论进程管理。

　　在传统教科书上，进程的概念是，进程是一次程序的执行，是一个程序及其数据在处理机上顺序执行时所发生的活动，是程序在一个数据集合上运行的过程，是系统进行资源分配和调度的一个独立单位。从程序员的角度来看，以上概念包含两层意思，首先进程应该包含一个执行流，也就是代码，其次进程拥有属于它的资源，是资源的载体。那么，内核是如何实现进程的呢?

13.1　概述

　　进程复杂，涉及的数据结构也比较复杂，这些结构体的很多字段本身就足以构成一个单独的话题。

13.1.1　数据结构

　　内核定义了 task_struct 结构体表示一个进程，它的字段非常之多（结构体定义本身代码包括注释超过 800 行），我们在此仅列举一些常用的字段供读者查阅，见表 13-1，其他字段如果需要再结合具体场景介绍。

表 13-1　task_struct 字段表

字　　段	类　　型	描　　述
__state	unsigned int	进程的状态
stack	void *	进程的内核栈
flags	unsigned int	进程的标记
cpu	unsigned int	进程所属的 CPU
prio static_prio normal_prio	int	进程的优先级
rt_priority	unsigned int	进程的优先级
se	sched_entity	进程调度相关
rt	sched_rt_entity	
dl	sched_dl_entity	
sched_class	sched_class *	进程所属的 sched_class

（续）

字 段	类 型	描 述
tasks	list_head	将进程链接到以 init_task.tasks 为头的链表中
mm active_mm	mm_struct *	进程的内存信息
exit_state exit_code exit_signal	int	进程退出（注销）相关的字段
pid	pid_t	进程的 id
tgid	pid_t	进程所属的线程组的 id
real_parent parent	task_struct *	进程的父进程
children	list_head	进程的子进程组成的链表的头
sibling	list_head	将进程链接到兄弟进程组成的链表中，链表头为父进程的 children 字段
group_leader	task_struct *	进程所处的线程组的领导进程
thread_pid	pid *	进程对应的 pid
pid_links	hlist_node [PIDTYPE_MAX]	link
thread_group	list_head	将进程链接到线程组中，链表的头为线程组领导进程的 thread_group 字段
real_cred cred	cred *	credentials
fs	fs_struct *	文件系统相关的信息
files	files_struct *	进程使用的文件等信息
nsproxy	nsproxy *	管理进程的多种 namespace
signal	signal_struct *	信号处理
sighand	sighand_struct *	信号处理
blocked real_blocked	sigset_t	信号处理
pending	sigpending	信号处理
thread	thread_struct	平台有关的信息

以上字段有些是用来表示进程状态和标志的，也有一些表示进程使用的资源，还有一些涉及进程调度、信号处理和进程通信等，后面的章节会结合具体场景做深入分析，在此仅简单介绍进程的状态和标志。

1. 进程的状态

进程的状态由 task_struct 的 __state 字段表示，常见的取值见表 13-2。

表 13-2　进程状态表

状 态	描 述
TASK_RUNNING	进程正在执行或正准备执行
TASK_INTERRUPTIBLE	阻塞状态

（续）

状　态	描　述
TASK_UNINTERRUPTIBLE	与 TASK_INTERRUPTIBLE 一致，但不能由信号唤醒
__TASK_STOPPED	停止执行
__TASK_TRACED	被监控
EXIT_ZOMBIE	僵尸进程，执行被终止，但父进程还没有使用 wait( ) 等系统调用来获知它的终止信息
EXIT_DEAD	进程已退出
TASK_DEAD	进程已死亡，可以进行资源回收
TASK_WAKEKILL	在接收到致命信号时唤醒进程
TASK_WAKING	进程正在被唤醒
TASK_PARKED	进程处于 PARKED 状态，主要用于内核线程
TASK_NOLOAD	进程不计算在负载中（task_contributes_to_load 为假）
TASK_NEW	新创建的进程
TASK_FROZEN	进程被冻结

EXIT_ZOMBIE 和 EXIT_DEAD 还可以出现在 task_struct 的 exit_state 字段中，意义相同。PARKED，就像车存入车库中一样，理解为"停泊"。

2. 进程的标志

进程的标志由 task_struct 的 flags 字段表示，常见的取值见表 13-3。

表 13-3　进程标志表

标　志	描　述
PF_IDLE	idle 进程
PF_EXITING	进程正在退出
PF_VCPU	进程运行在虚拟 CPU 上
PF_WQ_WORKER	进程是一个 workqueue 的 worker
PF_SUPERPRIV	进程拥有超级用户权限
PF_SIGNALED	进程被某个信号杀掉
PF_NOFREEZE	进程不能被 freeze
PF_KTHREAD	进程是一个内核线程

注：PF 是 Process Flags 的缩写。

13.1.2　扩展讨论

task_struct 的字段描述中出现了新的概念，比如内核栈、线程组和领导进程等，接下来结合它们讨论一些有趣的话题，作为理解后续章节的基础。

1. 内核栈

既然有内核栈，那么对应的，也会有用户栈。进程本身也有用户态和内核态之分，进程在执行应用程序时处于用户态，中断发生，或者进程执行了系统调用，进程需要切换至内核态。

顾名思义，内核栈就是进程在内核态下使用的栈，用户栈则是进程在用户态下使用的栈。除此之外，与用户栈相比，内核栈有其特殊性。

首先是大小，等于 THREAD_SIZE，x86 上内核栈一般为 8KB，x86_64 上一般为 16KB，用户栈可以很大。进程创建时，它的内核栈就已经分配，由进程管理。

其次，每次由用户栈切换到内核栈时，内核栈为空。切换至内核栈后，内核处理完中断或者进程的系统调用返回用户态时，内核栈中的信息对进程已毫无价值，进程也绝不会期待某个时间点以此刻的状态继续执行，所以没有必要保留内核栈中的信息，每次切换后，内核栈都是空的。当然了，所谓的空并不是指将数据清零，而是每次都会回到栈起始的地方。

2. 线程、线程组、进程组和会话

讨论进程自然逃避不了线程的话题，Linux 实际上并没有从本质上将进程和线程分开，线程又被称为轻量级进程（Low Weight Process，LWP），何为轻量级，我们会在下一节进程的创建进行讨论。

线程组、进程组和会话（session）都是一组进程的集合，一个进程组可以有多个线程组，一个会话可以有多个进程组。一般情况下，会话开始于用户登录，而调用 setsid 函数也可以创建一个会话。

我们以下面的实验为例讲述它们的关系。

```c
//test_process1.c
#include <unistd.h>
#include <pthread.h>
#include <stdlib.h>
#include <stdio.h>

void * thread_1(void *p)
{
    while (1) {
        sleep(2);
        printf("thread 1\n");
    }
}
void * thread_2(void *p)
{
    while (1) {
        sleep(2);
        printf("thread 2\n");
    }
}

int main()
{
    pid_t pid;
    pthread_t id_1,id_2;
    int ret;

    if ((pid = fork()) < 0) {
        return EXIT_FAILURE;
    } else if (pid == 0) { /* child */
        ret=pthread_create(&id_1, NULL, thread_1, NULL);
```

```
        if (ret != 0) {
            return EXIT_FAILURE;
        }
        ret=pthread_create(&id_2, NULL, thread_2, NULL);
        if (ret != 0) {
            return EXIT_FAILURE;
        }
        pthread_join(id_1, NULL);
        pthread_join(id_2, NULL);
    } else {
        while (1) {;} /* parent */
    }
    return 0;
}
```

```
$gcc test_process1.c -lpthread -o test_process1
另起一个 terminal,运行
$ps -eLo pid,ppid,pgid,sid,lwp,nlwp,comm
   PID  PPID  PGID   SID   LWP NLWP COMMAND
25285 25195 25195 25195 25285    1 sshd
25286 25285 25286 25286 25286    1 bash
25601 25286 25601 25286 25601    1 test_process1
25602 25601 25601 25286 25602    3 test_process1
25602 25601 25601 25286 25603    3 test_process1
25602 25601 25601 25286 25604    3 test_process1
```

test_process1.c 的代码的逻辑如下。

1）调用 fork 创建一个子进程，然后在当前进程执行 while 循环，这样进程不会退出（直接使用 while 只是为了简化问题，实际应用应做调整）。

2）子进程调用 pthread_create 创建两个线程，它们也执行 while 循环，目的同样是保证不会退出。

ps 得到的结果中各列的含义见表 13-4。

表 13-4　ps 结果含义表

PID	PPID	PGID	SID	LWP	NLWP	COMMAND
进程 id	父进程 id	进程组 id	会话 id	线程 id	线程组的线程数	程序名

从得到的结果中可以看到，执行 test_process1 的进程 id 为 25601，fork 得到的子进程的 id 为 25602，子进程创建的两个线程的进程 id 也等于 25602，但它们拥有不同的线程 id（25602、25603 和 25604），实际上它们属于同一个线程组。所有 4 个 test_process1 相关的进程都属于同一个进程组，id 为 25601，25601 为领导进程。整个会话由 bash 创建，会话 id 为 25286。

25602、25603 和 25604 的进程 id 是相同的，都等于 25602，这可能与读者想象的不同。进程 id 实际上等同于线程组 id，同一个线程组内的线程，它们的进程 id 是相同的，等于领导进程的 id。对于一个单线程进程而言（如 25601），它的线程 id 与进程 id 相等，对于一个多线程进程而言，每个线程都有一个不同的线程 id，但进程 id 是相同的。

所谓 Linux 的进程和线程并没有本质差别，指的是二者的实现，但二者的地位并不等同。比如提起进程 id，线程（轻量级进程）不被当作进程看待，类似的地方还有很多，在这类场景中，提起进程，不包含轻量级进程，而有些场景却是可以包含的。究其原因，Linux 有自身的特性，但为了程序的可移植性，它必须遵循 POSIX 等一系列标准。比如 getpid 系统调用 POSIX 规定返回进程 id，如果一个轻量级进程调用它返回的是线程 id，那么在 Linux 上可以正常运行的程序，移植到其他操作系统就需要很多额外的工作。为了不引起歧义，在此约定，本书中"进程 id"指的是线程组 id，而"进程的 id"也可以是线程 id。

最后，同一个线程组的线程，它们的 task_struct 都通过 thread_group 字段链接到同一个链表中，链表的头为线程组领导进程的 task_struct 的 thread_group 字段，可以据此来遍历线程组，如图 13-1 所示。

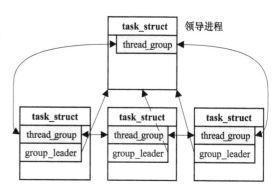

图 13-1　线程组结构图

3. 进程的查找

我们在用户空间引用或者使用进程的时候不能直接使用 task_struct，一般情况下使用的是进程 id，比如发送信号使用的 kill 系统调用（SYSCALL_DEFINE2（kill, pid_t, id, int, sig））。pid_t 实际是一个整数，那么整数 id 是如何查找到进程的 task_struct 的呢？

内核定义了 pid 结构体作为 id 和 task_struct 的桥梁，它的主要字段见表 13-5。

表 13-5　pid 字段表

字　　段	类　　型	描　　述
count	refcount_t	引用计数
level	unsigned int	pid 的层级
tasks	hlist_head［PIDTYPE_MAX］	链表数组，见下
numbers	upid［］	每个层级的 upid 的信息

upid 结构体存储每个层级的 id 和命名空间等信息，它的主要字段见表 13-6。

表 13-6　upid 字段表

字　　段	类　　型	描　　述
nr	int	id
ns	pid_namespace*	命名空间

命名空间稍后讨论，在此读者只需要知道进程的 id 是有空间的，不同的空间中相同的 id 也可能表示不同的进程。幸运的是多数情况下，进程都在一个 level 等于 0 的命名空间（pid_namespace）中。假设需要查找的进程就在该命名空间中，那么 pid 的 level 字段等于命名空间的层级，也等于 0；numbers 字段是 upid 数组，数组元素个数为 level + 1，等于 1。

upid 的 nr 字段的值等于进程的 id。pid_namespace 结构体定义了类型为 idr 的 idr 字段，由它维护 id 和 pid 之间的一对一关系，这样使用 id 在 pid_namespace 内查找即可得到 upid，再通过 upid 即可找到 pid（利用 container_of 宏）。

从 id 到 pid 的道路已通，剩下的就是从 pid 到 task_struct。

pid 的 tasks 字段表示 4 个链表的头，它们分别对应 PIDTYPE_PID（进程）、PIDTYPE_TGID

（线程组）、PIDTYPE_PGID（进程组）和 PIDTYPE_SID（会话）4 种类型（pid_type）；task_struct 的 pid_links 字段是 hlist_node 数组，也分别对应这 4 种类型，可以分别将进程链接到 4 个目标进程的 pid 的对应的链表中。

一个进程拥有一个 pid，也拥有一个 task_struct，从这个角度来讲，pid 和 task_struct 是一对一的关系。pid->tasks［PIDTYPE_PID］是进程自身组成的链表的头，该链表上仅有一个元素，就是进程的 task_struct->pid_links［PIDTYPE_PID］，所以根据 pid 定位 task_struct 是可行的，内核提供了 pid_task 函数完成该任务。

另外，从 task_struct 到 pid 也有其他通路，task_struct 的 signal->pids 字段是 pid ＊类型的数组，维护着 4 种类型对应的进程的 pid。除此之外，还可以通过 task_struct 的 thread_pid 字段访问进程的 pid。

内核提供了丰富的函数完成 id、pid 和 task_struct 的转换，下文中介绍 pid_namespace 后继续讨论。

4. 进程间的关系

进程往往都不是孤立的，它们需要彼此合作完成任务，本节讨论它们的亲属关系和所属关系。

1）亲属关系，包括父子和兄弟两种。进程的 task_struct 有 real_parent 和 parent 两个字段表示它的父进程，其中 real_parent 指向它真正的父进程，这个父进程在进程被创建时就已经确定了，parent 多数情况下与 real_parent 是相同的，但在进程被 trace 的时候，parent 会被临时改变。

另外，进程的父进程并不是一直不变的，如果父进程退出，进程会被指定其他的进程作为父进程。

进程的 task_struct 会通过 sibling 字段链接到父进程的链表中，链表的头为父进程的 task_struct 的 children 字段，链表上的其他进程都是同父的兄弟进程。

2）所属关系，进程属于一个线程组、进程组和会话的关系，其中线程组关系的表达方式上一节已经介绍。

我们已经知道，pid 的 tasks 字段表示 4 个链表的头，上一节中分析了 PIDTYPE_PID 类型的链表，剩下的 3 个链表，PIDTYPE_PGID 类型的链表由同一个进程组中的进程组成，它们通过 task_struct->pid_links［PIDTYPE_PGID］链接到 pid->tasks［PIDTYPE_PGID］链表中，pid 对应的进程为进程组的领导进程。类似的，PIDTYPE_SID 类型的链表由同一个会话中的进程组成，它们通过 task_struct->pid_links［PIDTYPE_SID］链接到 pid->tasks［PIDTYPE_ SID］链表中，pid 对应的进程为会话的领导进程。PIDTYPE_TGID 类型的链表在旧版本的内核中是不存在的，虽然名为线程组，但实际上只有线程组的领导进程的 pid 上存在该链表，而它本身是该链表的唯一元素。

进程组关系如图 13-2 所示。

需要强调的是，线程并不是由进程组和会话管理的，它们由领导进程管理，所以线程的 task_struct 并没有链接到进程组和会话的链表中。

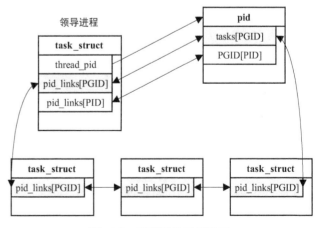

图 13-2　进程组关系示意图

5. current

内核定义了一个使用频率很高的宏 current，它是指向当前进程的 task_struct 的指针。

current 的实现方式与平台有关，在 x86 上是通过每 CPU 变量实现的，变量的名字为 pcpu_hot.current_task，current 通过获取当前 CPU 上变量的值得到。

13.2　进程的创建

内核提供了不同的函数来满足创建进程、线程和内核线程的需求。它们都调用 kernel_clone 函数实现，区别在于传递给函数的参数不同。

_do_fork 的主要逻辑如下。

```
pid_t kernel_clone(struct kernel_clone_args *args)
{
    u64 clone_flags = args->flags;
    struct task_struct *p;
    struct pid *pid;
    pid_t nr;

    p = copy_process(NULL, trace, NUMA_NO_NODE, args);
    pid = get_task_pid(p, PIDTYPE_PID);
    nr = pid_vnr(pid);

    if (clone_flags & CLONE_PARENT_SETTID)
        put_user(nr, parent_tidptr);

    if (clone_flags & CLONE_VFORK) {
        p->vfork_done = &vfork;
        init_completion(&vfork);
        get_task_struct(p);
    }

    wake_up_new_task(p);
    if (clone_flags & CLONE_VFORK) {
        wait_for_vfork_done(p, &vfork);
    }
    put_pid(pid);
    return nr;
}
```

这里跳过了参数检查、错误处理等，可以看到 kernel_clone 的逻辑并不复杂，真正完成复杂任务的是 copy_process。把这段代码单独拿出来是为了强调它的返回值，这与后面讨论的一个话题有关（见 13.3.1 节），在此加深印象。

copy_process 的实现比较复杂，逻辑上可以分成多个部分，每一部分都可能是一个复杂的话题，接下来将它拆分成几节分开讨论。

copy_process 的第 4 个参数 args ->flags 可以是多种标志的组合，它们在很大程度上决定了函数的行为，常用的标志见表 13-7。

表 13-7 copy_process 常用标志表

标　　志	描　　述
CLONE_VM	与当前进程共享 VM
CLONE_FS	共享文件系统信息
CLONE_FILES	共享打开的文件
CLONE_PIDFD	创建一个匿名文件与新进程的 pid 对应，设置 fd
CLONE_PARENT	与当前进程共有同样的父进程
CLONE_THREAD	与当前进程同属一个线程组，也意味着创建的是线程
CLONE_SYSVSEM	共享 sem_undo_list
CLONE_VFORK	新进程会在当前进程之前"运行"，见_do_fork 函数
CLONE_SETTLS	设置新进程的 TLS（Thread Local Storage，线程局部存储）
CLONE_PARENT_SETTID	创建新进程成功，则存储它的 id 到 parent_tidptr
CLONE_CHILD_CLEARTID	新进程退出时，将 child_tidptr 指定的内存清零
CLONE_NEWUTS	
CLONE_NEWIPC	
CLONE_NEWUSER	新进程拥有新的 UTS、IPC、USER、PID 和 NET 空间
CLONE_NEWPID	
CLONE_NEWNET	

抛开 CLONE_VFORK 等几个与资源管理没有直接关系的标志，其他的标志从名字上把它们分为两类：CLONE_XXX 和 CLONE_NEWXXX，通常，CLONE_XXX 标志置 1 的情况下，新进程才会与当前进程共享相应的资源；CLONE_NEWXXX 则相反。

13.2.1 dup_task_struct 函数

既然要创建进程，必然需要创建新的 task_struct 与之对应。此外，新进程由当前进程创建，当前进程会被作为参考模板。copy_process 在参数和权限等检查后，调用 dup_task_struct 创建新进程的 task_struct，这里的 dup 就是 duplicate 的意思。

dup_task_struct 主要逻辑展开如下。

```
struct task_struct *dup_task_struct(struct task_struct *orig, int node)
{
    struct task_struct *tsk;
    unsigned long *stack;
    unsigned long *stackend;
    //省略部分变量定义和出错处理,展开部分函数
    tsk = alloc_task_struct_node(node);

    err = arch_dup_task_struct(tsk, orig);

    err = alloc_thread_stack_node(tsk, node);

    setup_thread_stack(tsk, orig);
    clear_tsk_need_resched(tsk);
```

```
stackend = end_of_stack(tsk); // set_task_stack_end_magic
* stackend = STACK_END_MAGIC;/* for overflow detection */
return tsk;
}
```

alloc_task_struct_node 申请内存, 得到 task_struct 对象。alloc_thread_stack_node 申请内存, 得到内核栈。

内核栈与 thread_info 的关系密切。

旧版本的内核中, thread_info 对象存在于内核栈中。内核栈默认情况下大小为 8KB 字节 (x86), 8KB 字节的开始 (低地址) 存放的是 thread_info 对象。

新版本的内核中, CONFIG_THREAD_INFO_IN_TASK 为真的情况下, thread_info 变成了 task_struct 的一个字段。x86 平台上该宏默认为真, 下面的讨论也假设它为真。

arch_dup_task_struct 与平台有关, 但它一般至少要包含 * tsk = * orig, 也就是将当前进程的 task_struct 的值复制给 tsk, 相当于给新的 tsk 继承了当前进程的值。

x86 平台上已经将 thread_info 的作用弱化, setup_thread_stack 实际为空。

栈的增长方向是从高地址到低地址, 所以在 end_of_stack (task_struct->stack) 处写入 0x57AC6E9D (STACK_END_MAGIC) 可以检查栈溢出, 如图 13-3 所示。

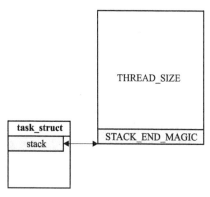

图 13-3　进程和内核栈

13.2.2　复制 creds

接下来 copy_process 的主要任务就是为 tsk 的字段赋值了, 首先调用 copy_creds, 涉及 cred 结构体 (cred 为 credentials 的缩写)。

cred 结构体表示进程安全相关的上下文 (context), 记录着进程的 uid (user)、gid (group) 和 capability 等信息, 本节的主要目的是让读者对进程有概括的认识, 不扩展讨论 cred。

copy_creds 函数的主要逻辑如下。

```
int copy_creds(struct task_struct *p, unsigned long clone_flags)
{
    struct cred * new;
    //省略出错处理等
    if (clone_flags & CLONE_THREAD) {                    //1
        p->real_cred = get_cred(p->cred);
        get_cred(p->cred);
        return 0;
    }

    new = prepare_creds();                               //2

    if (clone_flags & CLONE_NEWUSER) {                   //3
        ret = create_user_ns(new);
        ret = set_cred_ucounts(new);
    }
```

```
    p->cred = p->real_cred = get_cred(new);                    //4
    return 0;
}
```

如果 clone_flags 的 CLONE_THREAD 标志置 1（创建线程），新进程（实际是轻量级进程）与当前进程共享凭证。新进程的 task_struct 的 cred 字段已经指向目标 cred（请注意，dup_task_struct 函数已经复制了当前进程的 task_struct 到新进程，二者的字段的值相等），所以调用 get_cred 增加 cred 的引用计数即可返回。

如果 CLONE_THREAD 标志没有置位，新进程需要拥有自己的凭证。首先调用 prepare_creds 创建 cred，prepare_creds 为新的 cred 申请内存，复制当前进程的 cred 给它赋值，并设置它的引用计数，第 2 步结束。

CLONE_NEWUSER 表示需要创建新的 user namespace，很少使用，不做过多讨论。

这并不是意味着 user namespace 不存在，而是所有的 cred 使用同一个 user namespace，init_user_ns。

是时候讨论 namespace 了，除了 user namespace，还有 pid、ipc 和 net 等一系列 namespace。熟悉 C++的读者对 namespace 并不陌生，而实际上它在 C++中和在内核中的作用逻辑上是一样的。namespace 直译为命名空间，也就是名字的空间，作用是限定名字的范围：不同范围的名字，毫不相干。比如使能 user namespace 的情况下，namespace a 的用户 ZhangSan 和 namespace b 的用户 ZhangSan 虽然名字相同，但不是同一个用户。

第 4 步，使用新的 cred 为新进程的 task_struct 的 cred 和 real_cred 字段赋值。real_cred 和 cred 都指向 cred 对象，前者表示进程实际的凭证，后者表示进程当前使用的凭证。二者大多数情况下是一致的，少数情况下，cred 字段会被临时更改。

13.2.3 设置时间

task_struct 有几个与时间相关的字段，见表 13-8。

表 13-8 task_struct 与时间有关的字段表

字　　段	类　　型	描　　述
utime	u64	进程在用户态下经历的节拍数
utimescaled	u64	进程在用户态下经历的节拍数，以处理器的频率为刻度
stime	u64	进程在内核态态下经历的节拍数
stimescaled	u64	进程在内核态下经历的节拍数，以处理器的频率为刻度
gtime	u64	以节拍数计算的虚拟 CPU 运行时间
start_time	u64	起始时间
real_start_time	u64	起始时间，将系统的睡眠时间计算在内

以上字段中，u 表示 user，s 表示 system，g 表示 guest，copy_process 将 CPU 时间清零，并设置正确的启动时间，如下。

```
    p->utime = p->stime = p->gtime = 0;
    p->utimescaled = p->stimescaled = 0;
    //...
```

```
//得到 pid 后
p->start_time = ktime_get_ns();
p->start_boottime = ktime_get_boottime_ns();
```

上面提到了虚拟 CPU，如何判断进程是否执行在虚拟 CPU 上呢？13.1.1 节已经给出了答案，如果 task_struct 的 flags 字段标志了 PF_VCPU，则表明进程是运行在虚拟 CPU 上的。

13.2.4　sched_fork 函数

copy_process 接下来调用 sched_fork 函数，从函数名就可以看出来，sched_fork 和进程调度有关（sched 为 schedule 的缩写），事实也确实如此，如下。

```
void sched_fork(unsigned long clone_flags, struct task_struct * p)
{
    //省略同步等非核心逻辑
    __sched_fork(clone_flags, p);     //1
    p->__state= TASK_NEW;
p->prio = current->normal_prio;
    if (unlikely(p->sched_reset_on_fork)) {     //2
        if (task_has_dl_policy(p) ||task_has_rt_policy(p)) {
            p->policy = SCHED_NORMAL;
            p->static_prio = NICE_TO_PRIO(0);
            p->rt_priority = 0;
        } else if (PRIO_TO_NICE(p->static_prio) < 0)
            p->static_prio = NICE_TO_PRIO(0);

        p->prio = p->normal_prio = p->static_prio;
        set_load_weight(p , false);
        p->sched_reset_on_fork = 0;
    }

    if (dl_prio(p->prio))     //3
        return -EAGAIN;
    else if (rt_prio(p->prio))
        p->sched_class = &rt_sched_class;
    else
        p->sched_class = &fair_sched_class;

    p->on_cpu = 0;
}
```

第 1 步，sched_fork 先调用 __sched_fork 初始化 task_struct 的 se、dl 和 rt 字段，它们都与进程调度有关，然后将新进程的状态置为 TASK_NEW。

第 2 步，如果 task_struct 的 sched_reset_on_fork 字段为 1，需要重置（reset）新进程的优先级和调度策略等字段为默认值。sched_reset_on_fork 的值是从当前进程复制来的，也就是说如果一个进程的 sched_reset_on_fork 为 1，由它创建的新进程都会经历重置操作。p->sched_reset_on_fork = 0 表示新进程不会继续重置由它创建的进程。有关进程优先级字段的讨论见 14.8 节。

第 3 步，选择新进程的 sched_class，具体分析见 14.2.1 节。

13.2.5 复制资源

copy_process 接下来执行一系列 copy 动作复制资源，我们一一介绍。

1. 复制 semundo

semundo 与进程通信有关，在此不必深究，我们会在进程通信的章节详细讨论，此处只关心 copy 相关的逻辑，如下。

```
int copy_semundo(unsigned long clone_flags, struct task_struct *tsk)
{
    struct sem_undo_list *undo_list;
    int error;

    if (clone_flags & CLONE_SYSVSEM) {
        error = get_undo_list(&undo_list);
        refcount_inc(&undo_list->refcnt);
        tsk->sysvsem.undo_list = undo_list;
    } else
        tsk->sysvsem.undo_list = NULL;

    return 0;
}
```

如果 clone_flags 的 CLONE_SYSVSEM 标志被置位，新进程与当前进程共享 sem_undo_list，先调用 get_undo_list 获取 undo_list，get_undo_list 会先判断当前进程的 undo_list 是否为空，为空则申请一个新的 undo_list 赋值给当前进程并返回，否则直接返回。得到了 undo_list 后，赋值给新进程，达到共享的目的。

如果 CLONE_SYSVSEM 标志没有置位，直接将新进程的 undo_list 置为 NULL。

最后，线程并不具备独立的 sem_undo_list，所以创建线程的时候 CLONE_SYSVSEM 是被置位的。

2. 复制 files

copy_files 涉及进程的文件管理，行为同样与 clone_flags 的值有关。

如果 clone_flags 的 CLONE_FILES 标志被置位，新进程与当前进程共享 files_struct，增加引用计数后直接返回。

CLONE_FILES 没有被置位的情况下，copy_files 调用 dup_fd 为新进程创建 files_struct 并复制当前值为其赋值，如下。

```
struct files_struct *dup_fd(struct files_struct *oldf, unsigned int max_fds, int *errorp)
{
    struct files_struct *newf;
    struct file **old_fds, **new_fds;
    int open_files, size, i;
    struct fdtable *old_fdt, *new_fdt;
    //省略非核心逻辑、出错处理和同步等
    newf = kmem_cache_alloc(files_cachep, GFP_KERNEL);    //1

    atomic_set(&newf->count, 1);
    newf->next_fd = 0;
    new_fdt = &newf->fdtab;
```

```
    new_fdt->max_fds = NR_OPEN_DEFAULT;
    new_fdt->close_on_exec = newf->close_on_exec_init;
    new_fdt->open_fds = newf->open_fds_init;
    new_fdt->fd = &newf->fd_array[0];

    old_fdt = files_fdtable(oldf);   // (oldf)->fdt     //2
    open_files = sane_fdtable_size(old_fdt);
    while (unlikely(open_files > new_fdt->max_fds)) {
        if (new_fdt != &newf->fdtab)
            __free_fdtable(new_fdt);
        new_fdt = alloc_fdtable(open_files - 1);
        old_fdt = files_fdtable(oldf);
        open_files = sane_fdtable_size(old_fdt);
    }
    copy_fd_bitmaps(new_fdt, old_fdt, open_files);     //3

    old_fds = old_fdt->fd;
    new_fds = new_fdt->fd;

    for (i = open_files; i != 0; i--) {
        struct file * f = *old_fds++;
        if (f) {
            get_file(f);
        } else {
            __clear_open_fd(open_files - i, new_fdt);
        }
        rcu_assign_pointer(*new_fds++, f);
    }

    memset(new_fds, 0, (new_fdt->max_fds - open_files) * sizeof(struct file *));    //4

    rcu_assign_pointer(newf->fdt, new_fdt);
    return newf;
}
```

　　dup_fd 的逻辑初看并不是十分清晰, 深藏了很多细节, 为了理解它, 我们先介绍两个相关的结构体作为背景知识。

　　task_struct 的 files 字段是 files_struct 指针类型的, 该结构体表示进程使用的文件的信息, 字段见表 13-9。

表 13-9　files_struct 字段表

字　　段	类　　型	描　　述
count	atomic_t	引用计数
fdt	fdtable *	指向实际的 fdtable 对象
fdtab	fdtable	内嵌的 fdtable
next_fd	unsigned int	从 next_fd 开始查找空闲 fd
close_on_exec_init	unsigned long [1]	默认的 close_on_exec 位图

（续）

字　段	类　型	描　述
open_fds_init	unsigned long［1］	默认的 open_fds 位图
full_fds_bits_init	unsigned long［1］	默认的 full_fds_bits 位图
fd_array	file ∗［NR_OPEN_DEFAULT］	file 指针组成的数组

fdtable 结构体与 files_struct 结构体关系紧密，字段见表 13-10。

表 13-10　fdtable 字段表

字　段	类　型	描　述
max_fds	unsigned int	支持的 fd 的最大数量
fd	file ∗∗	指向存放 file 指针的内存区域，可以理解为 file 指针数组，数组的下标与打开文件的描述符 fd 相等
close_on_exec	unsigned long ∗	指向表示文件 close on exec 属性的位图
open_fds	unsigned long ∗	指向表示文件打开状态的位图
full_fds_bits	unsigned long ∗	指向位图，每一个位表示一个 BITS_PER_LONG 大小的位置是否已满

max_fds 字段表示进程当前可以打开文件的最大数量，默认值为 NR_OPEN_DEFAULT，等于 BITS_PER_LONG。close_on_exec 和 open_fds 指向两个位图，位图中的一位表示一个文件的信息，位的偏移量与文件的 fd 相等，前者表示文件的 close on exec 属性，后者表示文件的打开状态。full_fds_bits 可以理解为指向一个高级位图，举个例子，假设 BITS_PER_LONG 等于 32，当前进程 max_fds 等于 32 ∗ 3 = 96，那么 full_fds_bits 只需要使用 3 个位，第 0 位置 1 表示 fd 等于［0, 31］的文件全部打开（full 的含义），否则第 0 位清零，也就是 full_fds_bits 的 1 个位表示 open_fds 的 32 个位。

files_struct 结构体内嵌了 fdtable 和 file 指针数组，数组的元素数等于 BITS_PER_LONG，close_on_exec_init、open_fds_init 和 full_fds_bits_init 可以表达的位数也等于 BITS_PER_LONG。看到这几点读者也许猜到了两个结构体的另一层关系。默认情况下，也就是新建 files_struct 的情况下，它的 fdt 指向其 fdtab；fdtable 的 fd 指向 files_struct 的 fd_array，close_on_exec、open_fds 和 full_fds_bits 指向 files_struct 的 close_on_exec_init、open_fds_init 和 full_fds_bits_init，这就是 dup_fd 中第 1 步的含义。

这种预留内存的技巧可以快速满足多数需求，但如果进程打开的文件数超过 NR_OPEN_DE-FAULT，它就无法满足进程的需要了。这时候 files_struct 内嵌的 fdtable、file 指针数组和两个位图均不再使用，内核需要调用 alloc_fdtable 申请新的 fdtable 对象，并为它申请内存存放 file 指针和两种位图，最终更新 max_fds 字段的值并将 fdtable 对象赋值给 files_struct 的 fdt 字段，第 2 步正是该意图。

表面上，按照当前进程使用文件的情况申请了 fdtable，应该就可以满足条件，while 循环岂不多此一举？实际上，在申请 fdtable 的时候，当前进程的文件使用情况可能已经发生变化，得到 fdtable 后需要判断是否能够应对这些变化。

当前进程不是在创建新进程吗，文件使用情况怎么会变化？就像我们在 copy_files 函数中所说，files_struct 是线程组共享的，即使当前进程无暇变动，其他线程做的改动也会有影响。

dup_fd 需要复制当前进程的文件信息给新进程，第 2 步中先调用 count_open_files 通过 open_fds

字段指向的位图计算需要复制多少个文件的信息。有一个特殊情况需要考虑，进程打开过的文件关闭了，可能会在位图中间留下一个 0，因为位图中位的偏移量与文件的描述符 fd 是相等的，所以必须将中间的 0 也复制给新进程。所以 sane_fdtable_size 计算得到的 open_files 并不是已打开的文件的数量，而是总共需要复制多少位的数据，不要被 open 这个名字蒙蔽。另外，3 个位图字段都是 unsigned long * 型的，所以位图操作也是以 long 为单位的（进 1 法），复制的位数也应该是 BITS_PER_LONG 的整数倍。

第 2 步是复制之前的准备工作，第 3 步开始复制操作，首先由 copy_fd_bitmaps 函数复制 3 个位图，接下来 for 循环复制 file 指针（fd 字段）。我们在文件系统的 open 一节分析过，打开一个需要 3 步，第 1 步是调用 get_unused_fd_flags 获取一个新的可用的文件描述符 fd，第 2 步是查找文件获得 file，第 3 步是调用 fd_install 建立 fd 和 file 对象的关系，第 1 步完成后 fd 就已经被标记为占用了，而且 fd 被占用并不表示文件已经被打开。所以 for 循环会判断 fd 是否对应有效的 file，如果没有，清除 fd 的占用标记。

第 4 步就是扫尾工作了，前面只复制了前 open_files 个文件的信息，还需要将剩余部分的文件信息清零，共 max_fds - open_files 个。

dup_fd 完成后，copy_files 整个逻辑基本结束，将得到的新 files_struct 赋值给 task_struct 的 files 字段即可。一句话总结，就是新线程共享当前进程的文件信息，新进程复制当前进程的文件信息。共享和复制？类似于传址与传值，共享意味着不独立，修改对彼此可见，类似函数传址；复制，此刻相同，但此后彼此独立，互不干涉，类似函数传值。

3. 复制 fs

copy_files 复制的是文件信息，copy_fs 则复制文件系统的信息。

与 copy_files 的逻辑类似，如果 clone_flags 的 CLONE_FS 标志被置位，新进程与当前进程共享 fs_struct，增加引用计数后直接返回。

fs_struct 表示进程与文件系统相关的信息，由 task_struct 的 fs 字段表示，它的主要字段见表 13-11。

表 13-11　fs_struct 字段表

字　　段	类　　型	描　　述
users	int	引用计数
in_exec	int	进程是否在 load 可执行文件
root	path	进程的 root 路径
pwd	pwd	进程的当前工作目录路径

如果 CLONE_FS 标志没有被置位，则调用 copy_fs_struct 函数创建新的 fs_struct 并复制 old_fs 的值给它，最后把它赋值给当前进程 task_struct 的 fs 字段。创建进程需要复制多种资源，为了节省篇幅，从本节开始，不再罗列类似逻辑的简单代码。

4. 复制 sighand 和 signal

copy_sighand 和 copy_signal，看名字就可以知道它们和信号处理有关。前者涉及 sighand_struct 结构体，由 tast_struct 的 sighand 字段指向，sighand 可以理解为 signal handler。copy_signal 涉及 signal_struct 结构体，由 tast_struct 的 signal 字段指向，表示进程当前的信号信息。

我们会在信号处理一章（第 16 章）会专门讨论它们，此处不扩展讨论，本节只需要掌握 copy 的逻辑。

总结前面所讲的 copy，如果 CLONE_XXX 标志被置位，资源会被共享，复制操作并不会发生。如果 CLONE_XXX 标志没有被置位，copy_semundo 会给新进程的相关字段赋初值，copy_files 和 copy_fs 则会复制当前进程的值给新进程的相关字段，也就是说第一种方式是重置，第二种方式是复制。

实际采取哪种方式，取决于逻辑需要。

copy_sighand 和 copy_signal，前者采用的是复制，后者采用的是重置。从逻辑上是可以讲通的，sighand 表示进程处理它的信号的手段，新进程复制当前进程的方式符合大多数需求；而 signal 是当前进程的信号信息，这些信号并不是发送给新进程的，新进程立起炉灶为妙。

最后，copy_sighand 和 copy_signal 检查的标志分别为 CLONE_SIGHAND 和 CLONE_THREAD，标志置 1 的情况下，不会复制或重置；标志没有置位的情况下，前者复制，后者重置。

5. 复制 mm

进程与内存管理之间的故事，由 copy_mm 开启，又一个有趣的话题，如下。

```
int copy_mm(unsigned long clone_flags, struct task_struct *tsk)
{
    struct mm_struct *mm, *oldmm;
    //省略非核心逻辑和出错处理等
    tsk->mm = NULL;
    tsk->active_mm = NULL;

    oldmm = current->mm;    //1
    if (!oldmm)
        return 0;

    if (clone_flags & CLONE_VM) {    //2
        atomic_inc(&oldmm->mm_users);
        mm = oldmm;
    } else {
        mm = dup_mm(tsk);    //3
        if (!mm)
            return -ENOMEM;
    }
    tsk->mm = mm;
    tsk->active_mm = mm;
    return 0;
}
```

task_struct 的 mm 和 active_mm 两个字段与内存管理有关，它们都是指向 mm_struct 结构体的指针，前者表示进程所管理的内存的信息，后者表示进程当前使用的内存的信息。何解？所属不同，mm 管理的内存至少有一部分是属于进程本身的；active_mm 进程使用的内存，可能不属于进程。二者有可能不相等。

我们在 7.3 节已经介绍过 mm_struct 的两个字段了，此处总结，见表 13-12。

表 13-12　mm_struct 字段表

字　　段	类　　型	描　　述
mm_mt	maple_tree	进程的 vma 组成的链表的头
mm_users	atomic_t	引用计数

（续）

字　段	类　型	描　述
mm_count	atomic_t	引用计数
pgd	pgd_t *	指向 pgd
context	mm_context_t	平台相关的信息
exe_file	file *	进程执行的文件，可以为 NULL

（1）mm_users 和 mm_count

mm_users 和 mm_count 都是引用计数，但它们保护的对象不同，前者保护的是 mm_struct 涉及的部分内存资源，后者保护的是 mm_struct 对象本身和剩下的资源。下面可以结合具体场景理解它们。

我们在创建线程的时候会将 CLONE_VM 标志置 1，这种情况下 copy_mm 增加了 mm_users 的引用计数，然后赋值返回。mm_users 的作用其实就是表示共享当前内存资源的线程数，但此时 mm_count 并没有增加，也就是说一个线程组，实际上给 mm_count 带来的增益只是 1，线程数增加对它没有影响。如果线程组的线程不再使用内存，mm_users 减为 0，会释放部分资源，mm_count 的值减 1。

回到 active_mm 字段的讨论，它表示进程当前使用的内存的信息，不一定等于 mm 字段，也就是说进程可以借用内存信息。假设进程 A 借用了进程 B 的内存信息，进程 B 的 mm_count 加 1。在进程 A 借用的这段时间，进程 B 是不能释放 mm_struct 的（mm_count 等于 0 才可以释放），但如果进程 B 的线程组不再使用内存，它可以释放一部分内存资源。

它们的关系可以由 mmput 函数完美地阐述，代码展开后的主要逻辑如下。

```
void mmput(struct mm_struct *mm)
{
    if (atomic_dec_and_test(&mm->mm_users)) {  //展开_mmput 函数
        exit_aio(mm);
        ksm_exit(mm);
        khugepaged_exit(mm); /* must run before exit_mmap */
        exit_mmap(mm);
        mm_put_huge_zero_page(mm);
        set_mm_exe_file(mm, NULL);
        if (!list_empty(&mm->mmlist)) {
            list_del(&mm->mmlist);
        }
        if (mm->binfmt)
            module_put(mm->binfmt->module);
        if (unlikely(atomic_dec_and_test(&mm->mm_count))){  //展开 mmdrop 函数
            //展开__mmdrop 函数
            mm_free_pgd(mm);
            destroy_context(mm);
            put_user_ns(mm->user_ns);
            free_mm(mm);
        }
    }
}
```

mm_users 为 0 的时候释放的是 aio、mmap 和 exe_file 等，mm_count 为 0 的时候，释放的是 pgd、context 和 mm_struct 本身。它们能够释放的，也是它们负责保护的。另外，mmdrop 函数不一定非由 mmput 调用，其他模块可以单独调用它。

copy_mm 的第 1 步，如果当前进程的 mm 字段为 NULL，则直接返回。难道存在一种进程，它们没有自己管理的内存？确实存在，它们就是内核线程（见 13.3.2 节）。

copy_mm 的第 3 步，调用 dup_mm 新建一个 mm_struct 并复制当前进程的 mm_struct 的值。首先调用 allocate_mm 申请新的 mm_struct 对象，然后复制 current->mm 的字段的值给它（memcpy）。最后依次调用 mm_init 和 dup_mmap 等为新 mm_struct 对象的字段赋值，下面依次介绍它们。

（2）mm_init 函数

mm_init，就如它的名字一样，主要的作用是初始化 mm_struct 的一些字段，它的复杂之处在于调用了 mm_alloc_pgd 初始化进程的 pgd，这是一个非常重要的话题，很多模块都会涉及，下面详细分析。

第 1 步，mm_alloc_pgd 调用 pgd_alloc 创建 pgd，赋值给 mm_struct 的 pgd 字段。pgd_alloc 是平台相关的，x86 平台上的实现如下。

```
pgd_t *pgd_alloc(struct mm_struct *mm)
{
    //省略非核心逻辑和出错处理
    pgd_t *pgd;
    pmd_t *pmds[MAX_PREALLOCATED_PMDS];

    pgd = _pgd_alloc();    //1

    mm->pgd = pgd;

    if (sizeof(pmds) != 0)    //2
        preallocate_pmds(mm, pmds, PREALLOCATED_PMDS);

    spin_lock(&pgd_lock);
    pgd_ctor(mm, pgd);    //3
    if (sizeof(pmds) != 0)    //4
        pgd_prepopulate_pmd(mm, pgd, pmds);

    spin_unlock(&pgd_lock);
    return pgd;
}
```

MAX_PREALLOCATED_PMDS 仅在 x86 PAE 的情况下有意义，其他情况（x86 非 PAE 和 x86_64）都等于 0。

x86_64 的情况容易理解，pgd 存的是 p4d 或者 pud，轮不到考虑 pmd，但 x86 上只有使能 PAE 的情况下才会预申请 pmd，为什么呢？

回忆一下，使能 PAE 的情况下，三级页表所能表达的虚拟地址的位数为 2 + 9 + 9，所以总共需要 4 个 pgd 项，也就是最多需要 4 页内存来存放所有的 pmd。x86 非 PAE 情况下，二级页表所能表达的虚拟地址的位数是 10 + 10，预申请则需要最多 1024 页内存；为进程提前申请最多 4 页内存可以接受，1024 页则过多。

除了平台这个影响因素外，还有一个因素会影响 pgd_alloc 的行为，那就是 SHARED_KERNEL_

PMD，它决定的是进程是否共享内核 pmd 表。SHARED_KERNEL_PMD 一般只有在 x86 PAE 上
CPU 不支持 X86_FEATURE_PTI 的情况下为真，否则等于 0。

PREALLOCATED_PMDS 和 PREALLOCATED_USER_PMDS 同样只在定义了 CONFIG_X86_PAE
的情况下才有意义，其他情况下为 0。

如此看来，PREALLOCATED_PMDS 的值不会大于 4，它的值取决于宏 SHARED_KERNEL_
PMD 的值。SHARED_KERNEL_PMD 为 1，意味着进程默认会共享内核 pmd 页，所以只需要预申
请 3 页内存即可，PREALLOCATED_PMDS 等于 3。如果 SHARED_KERNEL_PMD 为 0，PREALLO-
CATED_PMDS 则等于 4，见表 13-13。

表 13-13　平台与 PREALLOCATED_PMDS 取值表

	x86 PAE		x86 non PAE / x86_64
MAX_PREALLOCATED_PMDS	4		0
PREALLOCATED_PMDS	SHARED_KERNEL_PMD	3	0
	! SHARED_KERNEL_PMD	4	

pgd_alloc 在第 1 步中申请内存，用来存放 pgd 项。

第 2 步，preallocate_pmds 预申请存放 pmd 项的内存，省略错误处理后如下。

```
int preallocate_pmds(struct mm_struct *mm, pmd_t *pmds[], int count)
{
    int i;
    gfp_t gfp = GFP_PGTABLE_USER;
    for (i = 0; i < count; i++) {
        pmd_t *pmd = (pmd_t *)__get_free_page(gfp);
        pmds[i] = pmd;
    }
    return 0;
}
```

申请 PREALLOCATED_PMDS 页内存，分别对应 pgd 的前 PREALLOCATED_PMDS 项。

第 3 步，pgd_ctor 复制内核对应的 pgd 项，如下。

```
void pgd_ctor(struct mm_struct *mm, pgd_t *pgd)
{
    if (CONFIG_PGTABLE_LEVELS == 2 ||
        (CONFIG_PGTABLE_LEVELS == 3 && SHARED_KERNEL_PMD) ||
        CONFIG_PGTABLE_LEVELS >= 4) {
        clone_pgd_range(pgd + KERNEL_PGD_BOUNDARY,
                swapper_pg_dir + KERNEL_PGD_BOUNDARY,
                KERNEL_PGD_PTRS);
    }

    if (!SHARED_KERNEL_PMD) {
        pgd_set_mm(pgd, mm);
        pgd_list_add(pgd);    //标签 1
    }
}
```

PAGETABLE_LEVELS 和 CPU 配置的关系见表 13-14。

表 13-14　PAGETABLE_LEVELS 和 CPU 配置关系表

PAGETABLE_LEVELS	硬　件
2	x86 none PAE
3	x86 PAE
4（5）	x86_64

一个进程的所有的 pgd 项存放在一页内存中，但只有内存后部分的项才与内核对应，前面的部分对应的是用户空间，它们的分界点就是 KERNEL_PGD_BOUNDARY，从第 KERNEL_PGD_BOUNDARY 项开始的项属于内核项，共 KERNEL_PGD_PTRS 项。

clone_pgd_range 从 swapper_pg_dir 复制 KERNEL_PGD_PTRS 个内核项到进程的 pgd 内存页，偏移量为 KERNEL_PGD_BOUNDARY * sizeof（pgd_t）字节。swapper_pg_dir 是系统第一个进程的 pgd，稍后讨论。结合表 13-14 可以得出，在 x86_84、x86 none PAE、x86 PAE 且 SHARED_KERNEL_PMD 的情况下都会执行 clone_pgd_range 复制 swapper_pg_dir 的 pgd 的内核部分。

pgd_alloc 的第 2 步申请得到的存放 pmd 项的内存页并没有与 pgd 产生关联，这就是第 4 步 pgd_prepopulate_pmd 的作用，如下。

```
void pgd_prepopulate_pmd(struct mm_struct *mm, pgd_t *pgd, pmd_t *pmds[])
{
    p4d_t *p4d;
    pud_t *pud;
    int i;
    p4d = p4d_offset(pgd, 0);
    pud = pud_offset(p4d, 0);
    for (addr = i = 0; i < PREALLOCATED_PMDS; i++, pud++) {
        pmd_t *pmd = pmds[i];
        if (i >= KERNEL_PGD_BOUNDARY)
            memcpy(pmd, (pmd_t *)pgd_page_vaddr(swapper_pg_dir[i]),    //标签 2
                    sizeof(pmd_t) * PTRS_PER_PMD);

        pud_populate(mm, pud, pmd);
    }
}
```

总结以上几种情况。

x86 PAE 且 SHARED_KERNEL_PMD 的情况，preallocate_pmds 得到 3 页内存，分别调用 pud_populate 将内存页的地址写入 pgd 的前 3 项。最后一项对应内核，共享了 swapper_pg_dir 的第 3 项（项从 0 开始计算）指定的 pmd，如图 13-4 所示。

x86 PAE 且 ! SHARED_KERNEL_PMD 的情况，preallocate_pmds 得到 4 页内存，分别调用 pud_populate 将内存页的地址写入 pgd 的前 4 项。第 4 页对应内核，pgd_prepopulate_pmd 复制 swapper_pg_dir 的内核 pmd 页给它（标签 2）。这种情况的策略是复制，而不是共享，如图 13-5 所示。

x86 none PAE 和 x86_64 的情况，PREALLOCATED_PMDS 等于 0，内核空间的 pgd 项在 pgd_ctor 中完成了复制，共享 swapper_pg_dir 的 pgd 内核项指定的页表。

无论哪种情况，都尝试在创建进程的时候与 swapper_pg_dir 的内核部分保持一致，但是随着系统的运行，swapper_pg_dir 的内核页表会发生变化，比如 vmalloc（见 8.1.2 节）可能会修改

swapper_pg_dir，这种情况下当前进程可能与它的内容不一致。

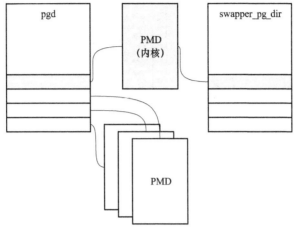

图 13-4　x86 PAE 且 SHARED_KERNEL_PMD 示意图

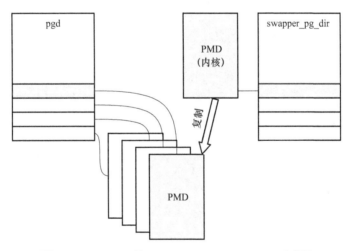

图 13-5　x86 PAE 且 ! SHARED_KERNEL_PMD 示意图

SHARED_KERNEL_PMD 的情况（x86 PAE）下，swapper_pg_dir 只有一页内核 pmd（pgd 的第 3 项），新进程与之共享，而且 pgd 的该项运行时不会随着 vmalloc 变化，所以不会出现不一致的情况。

! SHARED_KERNEL_PMD 的情况下，pgd_list_add（标签 1）会将 pgd 对应的 page 对象添加到 pgd_list 全局链表中，需要同步 swapper_pg_dir 变动的情况下，会遍历该链表尝试同步。

如果在同步未完成的情况下，进程尝试访问新的映射，会触发缺页异常，由 vmalloc_fault 函数完成同步（见 8.3 节）。新版本的内核中，vmalloc_fault 被限制为 CONFIG_X86_32 范围，这意味着 x86_64 上不会触发该缺页异常。

x86_64 做了什么改动呢，与 SHARED_KERNEL_PMD 的情况类似，提前把 pgd 中可能被 vmalloc 影响的项填上不变的值即可，内存初始化的过程中由 preallocate_vmalloc_pages 函数完成。因为新进程复制了 swapper_pg_dir pgd 的内核部分，自然不会再触发缺页异常，如图 13-6 所示。这个优化可以有效地减少缺页异常，提高性能（x86 上没有这样做是因为内存资源更紧张）。

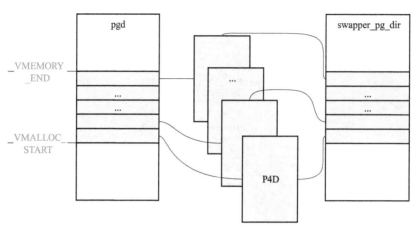

图 13-6　preallocate_vmalloc_pages 优化示意图

（3）dup_mmap 函数

dup_mmap 的作用是复制当前进程的内存映射信息给新进程，主要逻辑如下。

```
int dup_mmap(struct mm_struct * mm, struct mm_struct * oldmm)
{
    struct vm_area_struct * mpnt, * tmp;
    LIST_HEAD(uf);
    MA_STATE(old_mas, &oldmm->mm_mt, 0, 0);
    MA_STATE(mas, &mm->mm_mt, 0, 0);
    mas_expected_entries(&mas, oldmm->map_count);
    mas_for_each(&old_mas, mpnt, ULONG_MAX) {
        struct file * file;

        if (mpnt->vm_flags & VM_DONTCOPY) {
            continue;
        }
        tmp = vm_area_dup(mpnt);     //1
        tmp->vm_mm = mm;
        anon_vma_fork(tmp, mpnt);
        tmp->vm_flags &= ~(VM_LOCKED | VM_LOCKONFAULT);
        //省略中间过程
        mas.index = tmp->vm_start;
        mas.last = tmp->vm_end - 1;
        mas_store(&mas, tmp);     //2

        mm->map_count++;
        if (!(tmp->vm_flags & VM_WIPEONFORK))
            retval = copy_page_range(mm, oldmm, mpnt);     //3

        if (tmp->vm_ops && tmp->vm_ops->open)
            tmp->vm_ops->open(tmp);
    }
    arch_dup_mmap(oldmm, mm);
    return 0;
}
```

mm_struct 的 mm_mt 字段是进程的 vma（vm_area_struct 对象）组成的 maple_tree, dup_mmap 的 for 循环遍历 maple_tree, 把符合条件的 vma 复制给新进程。

第 1 步申请新的 vma, 复制并赋值，第 2 步将 vma 插入新进程的 maple_tree, 第 3 步复制当前进程该 vma 涉及的 pgd、p4d、pud、pmd 和 pte 项给新的进程，调用 copy_page_range 完成。

至此，copy_mm 分析完毕，一句话总结就是新线程与当前进程共享内存，新进程复制当前进程的内存映射信息（复制），与当前进程共享内存的内核部分（共享），用户空间部分二者相互独立（重置），copy_mm 比前几个 copy 都要复杂。

6. 复制 namespaces

我们在 copy_creds 一节已经讨论过 namespace（命名空间）了，copy_namespaces 涉及的 namespace 包括 mnt、uts、ipc、pid、net、cgroup 和 time 七种，它们各自对应一种 clone_flags 的标志，分别为 CLONE_NEWNS、CLONE_NEWUTS、CLONE_NEWIPC、CLONE_NEWPID、CLONE_NEWNET、CLONE_NEWCGROUP 和 CLONE_NEWTIME，均属于 CLONE_NEWXXX 类型，也就是说只有标志置 1 的情况下才会复制或重置，默认为共享。

这几种 namespace 由 nsproxy 结构体统一管理，每一种 namespace 对应它的一个字段，见表 13-15。

表 13-15　nsproxy 字段表

字　　段	类　　型
uts_ns	uts_namespace *
ipc_ns	ipc_namespace *
mnt_ns	mnt_namespace *
pid_ns_for_children	pid_namespace *
net_ns	net *
cgroup_ns	cgroup_namespace *
time_ns	time_namespace *

copy_namespaces 实现比较简单，如下。

第 1 步，根据标志检查是否需要新的 namespace, 如果不需要则返回。

第 2 步，验证权限，创建新的 namespace 需要 admin 的权限。

第 3 步，调用 create_new_namespaces 创建新的 nsproxy 对象，create_new_namespaces 会依次调用 copy_mnt_ns、copy_utsname、copy_ipcs、copy_pid_ns、copy_cgroup_ns、copy_net_ns 和 copy_time_ns, 它们再根据各自标志是否置位决定创建新的 namespace 还是共享当前进程的 namespace。

这些 copy 其实在工作中很少使用，但为了完成逻辑上的闭环 pid namespace 是不得不讲的，我们在进程的查找一节已经提及它，稍后也会用到。其他几个 namespace 此处不做展开讨论。

pid namespace 由 pid_namespace 结构体表示，主要字段见表 13-16。

表 13-16　pid_namespace 字段表

字　　段	类　　型	描　　述
idr	idr	管理 pid 的 id
child_reaper	task_struct *	pid_namespace 的 init 进程
pid_cachep	kmem_cache *	cache

（续）

字　　段	类　　型	描　　述
level	unsigned int	pid namespace 的层级
parent	pid_namespace *	parent
user_ns	user_namespace *	本书中为 init_user_ns

child_reaper 字段指向 pid_namespace 的 init 进程，也就是"托孤"进程。

pid namespace 由 copy_pid_ns 函数 copy，它检查 CLONE_NEWPID 标志是否置位，没有置位则增加引用计数并返回，否则调用 create_pid_namespace 创建新的 pid namespace。create_pid_namespace 的主要逻辑如下。

```
struct pid_namespace * create_pid_namespace(struct user_namespace * user_ns,
    struct pid_namespace * parent_pid_ns)
{
    struct pid_namespace * ns;
    unsigned int level = parent_pid_ns->level + 1;
    int i;
    //省略出错处理和检查
    ns = kmem_cache_zalloc(pid_ns_cachep, GFP_KERNEL);    //1

    idr_init(&ns->idr);    //2

    ns->pid_cachep = create_pid_cachep(level);    //3

    refcount_set(&ns->ns.count, 1);    //4
    ns->level = level;
    ns->parent = get_pid_ns(parent_pid_ns);
    ns->user_ns = get_user_ns(user_ns);

    return ns;
}
```

pid_namespace 按照父子关系分层级，由 level 字段表示，子 namespace 的 level 比父 namespace 的大 1，第一个 namespace 为 init_pid_ns（又称为全局 pid namespace），它的 level 为 0。

第 3 步创建的 cache 用作分配 pid 对象，pid 结构体的 numbers 字段是一个数组，数组的元素数等于 level + 1，所以 pid 结构体并不是定长的，因此需要为其量身定制 cache。

第 4 步，字段赋值。除了 init_pid_ns 外，pid_namespace 中的进程的 id 都是从 1 开始的，init_pid_ns 是个特例，它的 0 进程是 idle 进程。

有了 pid namespace，终于可以完整地介绍 id、pid 和 task_struct 的转换了。

我们在进程的查找和进程间的关系两节中介绍了 pid 结构体，内核提供了丰富的函数来完成 id、pid 和 task_struct 之间的转换。

task_struct 到 pid 见表 13-17。

表 13-17　task_struct 到 pid 函数表

函　　数	描　　述
task_pid（struct task_struct *）	进程的 pid
task_tgid（struct task_struct *）	进程所在的线程组的领导进程的 pid

（续）

函　　　数	描　　　述
task_pgrp（struct task_struct ＊）	进程所在的进程组的领导进程的 pid
task_session（struct task_struct ＊）	进程所在的会话的领导进程的 pid

注：此处的进程可以是线程。

task_struct 到 pid 是由 task_struct 的 signal 字段完成的，类型为 signal_struct 指针，signal_struct 的 pids 字段就是指向 pid 的指针数组，表 13-17 中后 3 个函数就是利用这点实现的，task_pid 则直接返回 task_struct 的 thread_pid 字段。

task_struct 到 id 见表 13-18。

表 13-18　task_struct 到 id 函数表

函　　　数	描　　　述
task_pid_nr（task）	
task_pid_nr_ns（task，ns）	
task_pid_vnr（task）	task 的类型为 task_struct ＊
task_tgid_nr（task）	ns 的类型为 pid_namespace ＊
task_tgid_nr_ns（task，ns）	返回的 id 为 pid_t 类型
task_tgid_vnr（task）	task_xxxid_nr 表示进程在全局 pid namespace（init_pid_ns）中的 id
task_pgrp_nr_ns（task，ns）	task_xxid_nr_ns 表示进程在 ns 指定的 pid namespace 中的 id
task_pgrp_vnr（task）	task_xxid_vnr 表示进程在它当前的 pid namespace 中的 id
task_session_nr_ns（task，ns）	
task_session_vnr（task）	

进程当前的 pid namespace 指的是进程的 pid 所属的 pid namespace，也就是 alloc_pid（见 13.2.6 节）时使用的 namespace。从 task_struct 到 pid_namesapce：调用 task_pid 获得进程的 pid，pid->numbers［pid->level］.ns 就是进程当前的 pid_namespace 对象（ns_of_pid 函数），由 task_active_pid_ns 函数实现。

task_xxid_nr_ns 指定的 ns 参数，如果不是进程当前 namespace 的祖先，获得的 id 为 0。

id 到 pid 见表 13-19。

表 13-19　id 到 pid 函数表

函　　　数	描　　　述
find_vpid（nr）	在当前进程的 pid namespace 中查找 id 为 nr 的 pid
find_get_pid（nr）	
find_pid_ns（nr，ns）	在 ns 指定的 pid namespace 中查找 id 为 nr 的 pid

id 到 task_struct 见表 13-20。

表 13-20　id 到 task_struct 函数表

函　　　数	描　　　述
find_task_by_vpid（nr）	在当前进程的 pid namespace 中查找 id 为 nr 的进程
find_get_task_by_vpid（nr）	
find_task_by_pid_ns（nr，ns）	在 ns 指定的 pid namespace 中查找 id 为 nr 的进程

pid 到 id，pid->numbers［pid->level］.nr 即可完成；pid 到 task_struct 调用 pid_task 即可。pid_task 接受 pid 和 pid_type 作为参数，返回 task_struct 指针，使用 pid_task（pid, PIDTYPE_PID）可以得到 pid 对应的 task_struct。

pid_task 是通过查询 pid 的 tasks［pid_type］表示的链表实现的，返回链表的第一个元素。如果 pid 对应的进程是进程组的领导进程，那么 pid_task（pid, PIDTYPE_PGID）返回该领导进程的 task_struct，否则返回 NULL。类似的，如果 pid 对应的进程是会话的领导进程，那么 pid_task（pid, PIDTYPE_SID）返回该领导进程的 task_struct，否则返回 NULL。

7. 复制 io

copy_io 检查 clone_flags 的 CLONE_IO 标志，如果置位则共享当前进程 task_struct 的 io_context，否则为新进程创建 io_context 并重置。

8. 复制 thread

copy_thread 与平台相关，它配置新进程的状态。

copy_thread 在 x86 上的实现变动较大。直接介绍新版本的实现可能让对内核有一定了解的读者有误解，我们先介绍旧版本的实现，主要逻辑如下。

```
int copy_thread(unsigned long clone_flags, unsigned long sp,
    unsigned long arg, struct task_struct *p)
{
    struct pt_regs *childregs = task_pt_regs(p);

    p->thread.sp = (unsigned long) childregs;    //1
    p->thread.sp0 = (unsigned long) (childregs+1);

    if (unlikely(p->flags & PF_KTHREAD)) {    //2
        /* kernel thread */
        memset(childregs, 0, sizeof(struct pt_regs));
        p->thread.ip = (unsigned long) ret_from_kernel_thread;
        childregs->bx = sp;/* function */
        childregs->bp = arg;
        childregs->orig_ax = -1;
        childregs->cs = __KERNEL_CS |get_kernel_rpl();
        return 0;
    }
    *childregs = *current_pt_regs(); //task_pt_regs(current)    //3
    childregs->ax = 0;
    if (sp)
        childregs->sp = sp;

    p->thread.ip = (unsigned long) ret_from_fork;
    return 0;
}
```

task_struct 的 thread 字段是一个内嵌的 thread_struct 结构体，thread_struct 又是平台相关的，我们不深入分析，只介绍几个需要特别注意的字段，见表 13-21。

表 13-21　thread_struct 字段表

字　　段	类　　型	描　　述
sp	unsigned long	内核栈的保存位置
sp0	unsigned long	内核栈的顶端
ip	unsigned long	下次开始执行的代码

sp 类似于 esp 寄存器，可用来保存 esp 寄存器的值，sp0 在我们的讨论中等于内核栈的栈顶减去 8 个字节。

pt_regs 结构体也是平台相关的，是描述一个进程当前在做什么和状态的寄存器集合，会在进程的内核栈的顶部存储一份，task_pt_regs 函数可以用来获取它。

新版内核中，已经去掉了 ret_from_kernel_thread 和 ip 字段。

ret_from_kernel_thread 的逻辑被并入 ret_from_fork。ip 字段的作用由新的结构体 fork_frame 实现，它的 regs 字段就是 pt_regs，frame 字段是 inactive_task_frame 类型，表示目前没有运行的进程的某些寄存器状态。

新的 copy_thread 函数（这个函数在某些内核版本中名字叫作 copy_thread_tls）如下。

```
int copy_thread(struct task_struct *p, const struct kernel_clone_args * args){
    unsigned long clone_flags = args->flags;
    unsigned long sp = args->stack;
    unsigned long tls = args->tls;
    struct pt_regs * childregs = task_pt_regs(p);
    struct fork_frame * fork_frame = container_of(childregs, struct fork_frame, regs);
    struct inactive_task_frame * frame = &fork_frame->frame;
    int err;

    frame->bp = encode_frame_pointer(childregs);
    frame->ret_addr = (unsigned long) ret_from_fork;
    p->thread.sp = (unsigned long) fork_frame;    //1
    memset(p->thread.ptrace_bps, 0, sizeof(p->thread.ptrace_bps));
#ifdef CONFIG_X86_64
    current_save_fsgs();
    p->thread.fsindex = current->thread.fsindex;
    p->thread.fsbase = current->thread.fsbase;
    p->thread.gsindex = current->thread.gsindex;
    p->thread.gsbase = current->thread.gsbase;

    savesegment(es, p->thread.es);
    savesegment(ds, p->thread.ds);
#else
    p->thread.sp0 = (unsigned long) (childregs + 1);
    savesegment(gs, p->thread.gs);
    frame->flags = X86_EFLAGS_FIXED;
#endif
    if (unlikely(p->flags & PF_KTHREAD)) {
        memset(childregs, 0, sizeof(struct pt_regs));
        frame->bx = (unsigned long) args->fn;
#ifdef CONFIG_X86_32
```

```
        frame->di = (unsigned long)arg;
#else
        frame->r12 = (unsigned long)arg;
#endif
    }
    frame->bx = 0;
    //以下与旧版本 copy_thread 第 3 步开始的逻辑相同
    return err;
}
```

至此，一个普通进程运行在内核态时的内核栈有了一个完整的概貌。

copy_thread 在第 1 步中为 sp 和 sp0 字段赋值，sp 紧挨着 pt_regs 或 fork_frame 对象，这也是进程使用内核栈的初始位置，内核栈可用的范围为它和 STACK_END_MAGIC 之间。

第 2 步和第 3 步分别针对内核线程和其他进程对 pt_regs 对象和 thread_struct 对象赋值。需要注意以下几点。

首先，p->thread.ip 和 frame->ret_addr 是新进程执行的起点。

其次，第 3 步中，首先复制了当前进程的 pt_regs 对象的值给新进程，然后将其 ax 字段置为 0，这是一个有趣的问题的答案（见 13.3.1 节）。

最后，childregs->sp = sp，sp 参数实际是传递至 do_fork 的第二个参数，表示新进程的用户栈。

至此，所有的 copy 介绍完毕。

13.2.6　申请 pid

我们在进程的查找一节介绍了 pid 结构体，在 copy_pid_ns 一节介绍了 pid_namespace，本节讨论 pid 的申请过程。

copy_process 相关的代码段如下。

```
//省略出错处理
if (pid != &init_struct_pid) {
    pid = alloc_pid(p->nsproxy->pid_ns_for_children, args->set_tid,
            args->set_tid_size);
}

p->pid = pid_nr(pid); //进程的 id
if (clone_flags & CLONE_THREAD) {
    p->group_leader = current->group_leader;
    p->tgid = current->tgid;
} else {
    p->group_leader = p;
    p->tgid = p->pid;
}
```

alloc_pid 在 ns 中申请 pid（并不一定是 init_pid_ns），如下。

```
struct pid *alloc_pid(struct pid_namespace *ns, pid_t *set_tid,
        size_t set_tid_size)
{
    struct pid *pid;
    enum pid_type type;
```

```
    struct pid_namespace *tmp;
    struct upid *upid;
    //忽略出错处理和部分变量等
    pid = kmem_cache_alloc(ns->pid_cachep, GFP_KERNEL);    //1

    tmp = ns;
    pid->level = ns->level;
    for (i = ns->level; i >= 0; i--) {      //2,省略 set_tid 相关的代码
        int pid_min = 1;
        idr_get_cursor(&tmp->idr);
        nr = idr_alloc_cyclic(&tmp->idr, NULL, pid_min,
                pid_max, GFP_ATOMIC);
        pid->numbers[i].nr = nr;
        pid->numbers[i].ns = tmp;
        tmp = tmp->parent;
    }

    get_pid_ns(ns);
    refcount_set(&pid->count, 1);

    upid = pid->numbers + ns->level;      //3
    for (; upid >= pid->numbers; --upid) {
        idr_replace(&upid->ns->idr, pid, upid->nr);
    }
    return pid;
}
```

第 1 步，从进程的 ns 的 cache 中申请得到 pid 对象，第 2 步为 pid 的 numbers 数组（upid 类型）赋值。从 ns 开始，到它的 parent，直到 init_pid_ns（level 为 0），申请 id，返回给 upid 的 nr 字段，upid 的 ns 字段则等于相应的 namespace。

也就是说，一个进程不仅在它所属的 pid namespace 中占用一个 id，在该 namespace 的父 namespace 中，一直到 init_pid_ns 中，都要占用一个 id。

copy_process 中，进程的 id 等于 pid_nr（pid），后者展开为 pid->numbers[0].nr，也就是进程在 init_pid_ns 中的 id，这与我们期望的一致。

至于线程组 id（tgid），如果创建的是进程，线程组 id 与进程的 id 相等，如果创建的是线程（CLONE_THREAD），新线程与当前进程属于同一个线程组，线程组 id 相同。

13.2.7　重要的杂项

新进程已经基本初始化完毕了，copy_process 函数接下来还需要为一些字段赋值，并建立新进程与其他进程的关系，如下。

```
    if (clone_flags & (CLONE_PARENT|CLONE_THREAD)) {    //1
        p->real_parent = current->real_parent;
        p->parent_exec_id = current->parent_exec_id;
        if (clone_flags & CLONE_THREAD)
            p->exit_signal = -1;
        else
            p->exit_signal = current->group_leader->exit_signal;
```

```
    } else {
        p->real_parent = current;
        p->parent_exec_id = current->self_exec_id;
        p->exit_signal = args->exit_signal;
    }
    if (likely(p->pid)) {
        ptrace_init_task(p, (clone_flags & CLONE_PTRACE) ||trace);
        init_task_pid(p, PIDTYPE_PID, pid);
        if (thread_group_leader(p)) {     //2
            init_task_pid(p, PIDTYPE_TGID, pid);
            init_task_pid(p, PIDTYPE_PGID, task_pgrp(current));
            init_task_pid(p, PIDTYPE_SID, task_session(current));

            if (is_child_reaper(pid)) {
                ns_of_pid(pid)->child_reaper = p;
                p->signal->flags |= SIGNAL_UNKILLABLE;
            }
            list_add_tail(&p->sibling, &p->real_parent->children);
            list_add_tail_rcu(&p->tasks, &init_task.tasks);
            attach_pid(p, PIDTYPE_TGID);
            attach_pid(p, PIDTYPE_PGID);
            attach_pid(p, PIDTYPE_SID);
            __this_cpu_inc(process_counts);
        } else {
            current->signal->nr_threads++;
            atomic_inc(&current->signal->live);
            atomic_inc(&current->signal->sigcnt);
            task_join_group_stop(p);
            list_add_tail_rcu(&p->thread_group,
                    &p->group_leader->thread_group);     //3
            list_add_tail_rcu(&p->thread_node,
                    &p->signal->thread_head);
        }
        attach_pid(p, PIDTYPE_PID);     //4
        nr_threads++;
    }
```

虽然名称为杂项，但实际上每一步都是重点，后续的章节中可能都会用到，请不要忽略。

如果新建的是线程，它的 exit_signal 为 −1，同一个线程组内，只有一个领导进程，它的 exit_signal 大于等于 0。按照时间顺序，第一个进程（非线程）就是领导进程，由它创建的线程都属于它的线程组（exit_signal = −1），但如果它退出，会由其他进程继承领导进程。thread_group_leader 函数可以用来判断一个进程是否是线程组的领导进程，判断的依据就是 p->exit_signal >= 0。

如果创建的是进程，group_leader 就是它自己。如果创建的是线程（CLONE_THREAD），它与当前进程属于同一个线程组，它的 group_leader 等于当前进程的 group_leader（线程组的领导进程）。换个说法，当前进程有可能是线程，也有可能不是，如果不是，那领导进程就是它自己，否则领导进程就是它的领导进程。如果新进程是一个线程，它会在第 3 步被链接到领导进程的 thread_group 字段表示的链表中。

如果 clone_flags 的 CLONE_PARENT 或者 CLONE_THREAD 标志被置位，新进程的 real_parent

被置为当前进程的 real_parent，否则它的 real_parent 就是当前进程。也就是说，新进程的父进程不一定是当前进程，创造它的却不一定是它父亲，这与我们的常识并不一致。

接下来的 ptrace_init_task 会设置新进程 task_struct 的 parent 字段，clone_flags 的 CLONE_PTRACE 标志没有被置位的情况下，parent 保持与 real_parent 一致，否则 parent 会被赋值为 current->parent。

第 2 步，建立线程组、进程组和会话关系。如果新进程是线程组的领导进程（thread_group_leader，exit_signal >= 0），copy_process 将它链接到父进程的链表中，并调用 3 次 attach_pid 将进程链接到线程组、进程组和会话的链表中。有一点需要补充的是，既然新进程有可能继承当前进程的父进程，也可能以当前进程为父进程，那么新进程与当前进程可能有两种关系，一种是父子关系，一种是兄弟关系，它们可能同在父进程的链表中。

请注意第 2 步的前提条件，新进程必须是线程组的领导进程，也就意味着它必须是一个进程，不能是线程。线程不会链接到进程组、会话和父进程的链表中。

第 4 步，调用 attach_pid，将其链接到 pid 的链表中，建立新进程和它的 pid 的关系。

copy_process 就此完毕，主要包括初始化、copys 和一些杂项。

copy_process 之后，kernel_clone 会调用 wake_up_new_task 唤醒新进程，这样新进程才会被调度执行。需要注意的是，唤醒后新进程并不一定马上执行，它和当前进程的执行顺序也无法保证。不过，clone_flags 的 CLONE_VFORK 标志被置位的情况下，如果当前进程在新进程之前得到运行，它会执行 wait_for_vfork_done 等待新进程结束或者调用 execve。所以，CLONE_VFORK 所谓的新进程先"运行"指的是宏观意义上的运行。

13.3 创建进程

无论要创建的是何种进程，最终都通过调用 kernel_clone 函数实现，一般不需要直接调用它，内核为用户提供了不同的函数满足各类需要。

13.3.1 fork/vfork 系统调用

fork 和 vfork 都是系统调用，用来创建新进程，它们的函数原型（用户空间）和内核源码分别如下。

```
pid_t fork(void);
SYSCALL_DEFINE0(fork)
{
    struct kernel_clone_args args = {
        .exit_signal = SIGCHLD,
    };
    return kernel_clone(&args);
}
```

```
pid_t vfork(void);
SYSCALL_DEFINE0(vfork)
{
    struct kernel_clone_args args = {
        .flags = CLONE_VFORK | CLONE_VM,
        .exit_signal = SIGCHLD,
```

```
    };
    return kernel_clone(&args);
}
```

二者的区别仅在于传递给 kernel_clone 的参数不同，vfork 多了 CLONE_VFORK | CLONE_VM 标志。

CLONE_VFORK 意味着调用 vfork 创建的新进程会在当前进程之前"运行"，而 fork 不保证执行顺序。

CLONE_VM 意味着新进程与当前进程共享 mm_struct，而 fork 会复制当前进程的内存信息（页表、mmap 等），这意味着调用 vfork 创建进程需要的代价更小。

vfork 的设计意图是新进程并不依赖当前进程的内存空间，它一般会直接执行 exec 或者 exit，在执行 exec 之前，它一直运行在当前进程的内存空间中，不当的使用会有意想不到的问题。

比如下面这段程序。

```
#include <unistd.h>
#include <stdlib.h>
#include <stdio.h>

int main()
{
    int ret;
    pid_t pid;
    int a = 9;

    if ((pid = vfork()) < 0) {
        return EXIT_FAILURE;
    } else if (pid == 0) { /* child */
        ++a;
        printf("Child Process \n");
        _exit(0);
    } else {/* parent */
        printf("Parent Process %d \n", a);
    }
    return 0;
}
//Output:
Child Process
Parent Process 10
```

变量 a 在 main 函数中，属于局部变量，子进程对它的修改对父进程可见，如图 13-7 所示。

区别讨论完毕，下面的讨论对二者都适用。

进程讨论到此处，书中一直称被创建的进程为新进程，称 current 为当前进程，并没有称它们为子进程和父进程，原因上文已经阐述，如果 CLONE_PARENT 标志被置位，当前进程并不一定是新进程的父进程。fork 和 vfork 都没有置位该标志，所以调用它们创建的新进程确实是子进程。

有人说"fork 调用一次，返回两次"，比如上面 vfork 的例子，pid == 0 和 pid > 0 的情况都得到了执行。其实并不是函数返回了两次，而是同一段代码，两个进程分别执行了两次，父进程执行的时候 fork（vfork）的返回值大于 0，而对子进程而言，fork 的返回值等于 0（子进程并没有调用 fork）。

父进程调用 fork，属于系统调用，成功创建子进程的情况下，返回值为 nr = pid_vnr（pid），也就是子进程在它当前 pid namespace 中的进程 id。fork 系统调用结束，父进程继续执行，else 分支满足它的条件，打印 Parent Process 10。

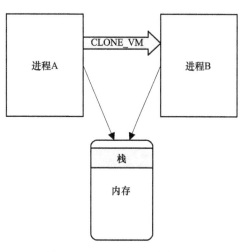

图 13-7　CLONE_VM 共享内存

子进程得到执行后，它的起点为 ret_from_fork，我们在此处不扩展讨论该函数，只需要知道它会根据子进程内核栈中保存的 pt_regs 继续执行。子进程的 pt_regs 是从父进程复制来的，而父进程的 pt_regs 是系统调用导致其切换到内核态时保存的，使它可以恢复到系统调用的下一条语句继续执行。既然是复制的，所以子进程从 ret_from_fork 退出到用户态后，也是接着系统调用的下一条语句继续执行。但是，子进程得到的 fork 的返回值是 0，与父进程的不同，因为它的返回值已经被修改了 childregs->ax = 0（见 13.2.5 节的 8. 复制 thread），如图 13-8 所示。

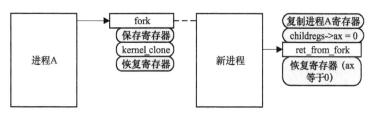

图 13-8　fork "返回" 两次

所以实际上子进程并没有调用 fork，而是从 fork 返回。整个过程就好像是克隆动物一样，新动物（克隆出来的）出生的时候继承了原来动物的属性（父子进程返回到同一个地方），但如果克隆的过程中稍微做了改动，新动物就会有不一样的地方（父子进程的返回值不同）。

13.3.2　创建线程

fork 传递至 kernel_clone 的 args->flags 参数是固定的，所以它只能用来创建进程，内核提供了另一个系统调用 clone，clone 最终也调用 kernel_clone 实现，与 fork 不同的是用户可以根据需要确定 flags，我们可以使用它创建线程，如下（不同平台下 clone 的参数可能不同）。

```
SYSCALL_DEFINE5(clone, unsigned long, clone_flags, unsigned long, newsp,
      int __user *, parent_tidptr, int __user *, child_tidptr, unsigned long, tls){
   struct kernel_clone_args args = {
      .flags         = (lower_32_bits(clone_flags) & ~CSIGNAL),
      .pidfd         = parent_tidptr,
      .child_tid= child_tidptr,
      .parent_tid    = parent_tidptr,
      .exit_signal   = (lower_32_bits(clone_flags) & CSIGNAL),
      .stack         = newsp,
      .tls           = tls,
   };
```

```
    return kernel_clone(&args);
}
```

Linux 将线程当作轻量级进程，但线程的特性并不是由 Linux 随意决定的，应该尽量与其他操作系统兼容，为此它遵循 POSIX 标准对线程的要求。所以，要创建线程，传递给 clone 系统调用的参数也应该是基本固定的。

创建线程的参数比较复杂，庆幸的是 pthread（POSIX thread）为我们提供了函数，调用 pthread_create 即可，函数原型（用户空间）如下。

```
int pthread_create(pthread_t * thread, const pthread_attr_t * attr,
                    void * (*start_routine) (void *), void * arg);
```

第一个参数 thread 是一个输出参数，线程创建成功后，线程的 id 存入其中，第二个参数用来定制新线程的属性。新线程创建成功会执行 start_routine 指向的函数，传递至该函数的参数就是 arg。

pthread_create 究竟如何调用 clone 的呢，大致如下。

```
//来源：glibc
const int clone_flags = (CLONE_VM | CLONE_FS | CLONE_FILES | CLONE_SYSVSEM
                | CLONE_SIGHAND | CLONE_THREAD
                | CLONE_SETTLS | CLONE_PARENT_SETTID
                | CLONE_CHILD_CLEARTID
                | 0);
_clone (&start_thread, stackaddr, clone_flags, pd, &pd->tid, tp, &pd->tid);
```

clone_flags 置位的标志较多，前几个标志表示线程与当前进程（有可能也是线程）共享资源，CLONE_THREAD 意味着新线程和当前进程并不是父子关系。

clone 系统调用最终也通过 kernel_clone 实现，所以它与创建进程的 fork 的区别仅限于因参数不同而导致的差异，有以下两个疑问需要解释。

首先，vfork 置位了 CLONE_VM 标志，导致新进程对局部变量的修改会影响当前进程，clone 也置位了 CLONE_VM，也有这个隐患吗？答案是没有，因为新线程指定了自己的用户栈，由 stackaddr 指定。copy_thread 函数的 sp 参数就是 stackaddr，childregs->sp = sp 修改了新线程的pt_regs，所以新线程在用户空间执行的时候，使用的栈与当前进程的不同，不会造成干扰，如图 13-9 所示。那为什么 vfork 不这么做，请参考 vfork 的设计意图。

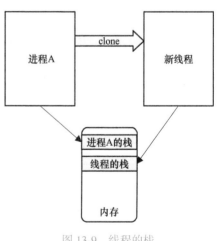

图 13-9　线程的栈

其次，fork 返回了两次，clone 也是一样，但它们都是返回到系统调用后开始执行，pthread_create 如何让新线程执行 start_routine 的？start_routine 是由 start_thread 函数间接执行的，所以我们只需要清楚 start_thread 是如何被调用的。start_thread 并没有传递给 clone 系统调用，所以它的调用与内核无关，答案就在 glibc 的 _clone 函数中。

为了彻底明白新进程是如何使用它的用户栈和 start_thread 的调用过程，有必要分析 _clone 函数了，即使它是平台相关的，而且还是由汇编语言写的。

```
/*i386*/
ENTRY (__clone)
    movl $-EINVAL,%eax
    movlFUNC(%esp),%ecx          /* no NULL function pointers */
    testl%ecx,%ecx
    jz    SYSCALL_ERROR_LABEL
    movlSTACK(%esp),%ecx         /* no NULL stack pointers */    //1
    testl%ecx,%ecx
    jz    SYSCALL_ERROR_LABEL

    andl $0xfffffff0, %ecx       /*对齐*/    //2
    subl $28,%ecx
    movlARG(%esp),%eax           /* no negative argument counts */
    movl%eax,12(%ecx)
    movlFUNC(%esp),%eax
    movl%eax,8(%ecx)
    movl $0,4(%ecx)

    pushl    %ebx    //3
    pushl    %esi
    pushl    %edi

    movlTLS+12(%esp),%esi    //4
    movlPTID+12(%esp),%edx
    movlFLAGS+12(%esp),%ebx
    movlCTID+12(%esp),%edi
    movl $SYS_ify(clone),%eax

    movl%ebx, (%ecx)    //5

    int $0x80    //6
    popl%edi    //7
    popl%esi
    popl%ebx

    test%eax,%eax    //8
    jl    SYSCALL_ERROR_LABEL
    jz    L(thread_start)
    ret    //9
L(thread_start):    //10
    movl%esi,%ebp    /* terminate the stack frame */
    testl $CLONE_VM, %edi
    je    L(newpid)
L(haspid):
    call *%ebx
    /*...*/
```

以__clone（&start_thread，stackaddr，clone_flags，pd，&pd->tid，tp，&pd->tid）为例，FUNC（%esp）对应&start_thread，STACK(%esp)对应 stackaddr，ARG（%esp）对应 pd（新进程传递给

start_thread 的参数）。

第 1 步，将新进程的栈 stackaddr 赋值给 ecx，确保它的值不为 0。

第 2 步，将 pd、&start_thread 和 0 存入新线程的栈，对当前进程的栈无影响。

第 3 步，将当前进程的 3 个寄存器的值入栈，esp 寄存器的值相应减 12。

第 4 步，准备系统调用，其中将 FLAGS+12（%esp）存入 ebx，对应 clone_flags，将 clone 的系统调用号存入 eax。

第 5 步，将 clone_flags 存入新进程的栈中。

第 6 步，使用 int 指令发起系统调用，交给内核创建新线程。截止此处，所有的代码都是当前进程执行的，新线程并没有执行。

从第 7 步开始的代码，当前进程和新线程都会执行。对当前进程而言，程序将它第 3 步入栈的寄存器出栈。但对新线程而言，它是从内核的 ret_from_fork 执行的，切换到用户态后，它的栈已经成为 stackaddr 了，所以其 edi 等于 clone_flags，esi 等于 0，ebx 等于 &start_thread。

系统调用的结果由 eax 返回，第 8 步判断 clone 系统调用的结果，对当前进程而言，clone 系统调用如果成功返回的是新线程在它的 pid namespace 中的 id，大于 0，所以它执行 ret 退出 __clone 函数。对新线程而言，clone 系统调用的返回值等于 0，所以它执行 L（thread_start）处的代码。clone_flags 的 CLONE_VM 标志被置位的情况下，会执行 call * %ebx，ebx 等于 &start_thread，至此 start_thread 得到了执行，它又调用了提供给 pthread_create 的 start_routine，此时程序结束。

13.3.3　创建内核线程

内核线程是一种只存在内核态的进程，它不会在用户态运行，多是一些内核中的服务进程。它们并不需要属于自己的内存，task_struct 的 mm 字段为 NULL，flags 字段的 PF_KTHREAD 标志被置位表示它们的身份。

copy_mm 先判断当前进程 task_struct 的 mm 字段是否等于 NULL，等于 NULL 则直接返回，不等则共享或者复制内存信息。也就是说，如果当前进程不是内核线程，由它创建的进程就不是内核线程，因为无论共享还是复制，mm 字段都不等于 NULL，所以内核线程必须由内核线程创建。另外，如果当前进程是内核线程，那么它创建的进程也是内核线程。

这里有一个矛盾，如果系统的第一个进程不是内核线程，那么第一个内核线程从何而来？如果第一个进程确实是内核线程，那么它创建的进程都是内核线程，普通进程从何而来？第一个进程确实是内核线程，但是内核线程可以变成普通进程，执行 do_execve 即可。

内核线程必须由内核线程创建，所以内核提供了一个内核线程 kthreadd，由它来接受创建内核线程的请求，为其他模块创建内核线程。kthreadd 的创建过程如下。

```
pid = kernel_thread(kthreadd, NULL, CLONE_FS |CLONE_FILES);
kthreadd_task = find_task_by_pid_ns(pid, &init_pid_ns);
```

kernel_thread 也是通过调用 kernel_clone 实现的。

```
pid_t kernel_thread(int (* fn)(void *), void * arg, unsigned long flags)
{
    struct kernel_clone_args args = {
        .flags      = ((lower_32_bits(flags) |CLONE_VM |
                CLONE_UNTRACED) & ~CSIGNAL),
        .exit_signal = (lower_32_bits(flags) & CSIGNAL),
        .fn         = fn,
```

```
        .fn_arg         = arg,
        .kthread        = 1,
    };

    return kernel_clone(&args);
}
```

虽然函数的名字是 kernel_thread，但不要直接使用它来创建内核线程，虽然它成功创建了 kthreadd，但那是因为执行它的进程本身就是内核线程，内核线程必须由内核线程创建的原则不变。不过我们由此得到了一个套路，那就是由内核线程调用 kernel_thread 来创建内核线程，事实上 kthreadd 就是使用这个套路来为用户创建内核线程的。

kthreadd 内核线程会执行 kthreadd 函数，该函数会循环等待其他模块创建内核线程的需求，主要逻辑如下。

```
for (;;) {
    //省略同步
    set_current_state(TASK_INTERRUPTIBLE);
    if (list_empty(&kthread_create_list))
        schedule();
    __set_current_state(TASK_RUNNING);
    while (!list_empty(&kthread_create_list)) {
        struct kthread_create_info *create;
        create = list_entry(kthread_create_list.next,
                struct kthread_create_info, list);
        list_del_init(&create->list);

        create_kthread(create);
    }
}
```

它会查看 kthread_create_list 链表，链表上的每一个元素都表示一个需求，如果链表为空则调用 schedule 让出 CPU，否则遍历链表上的元素，调用 create_kthread 为它们创建内核线程。

create_kthread 调用 kernel_thread 创建内核线程：kernel_thread（kthread，create，CLONE_FS ｜ CLONE_FILES ｜ SIGCHLD），所以新的内核线程会以 create 为参数执行 kthread 函数。

新内核线程执行 kthread，kthread 先通知 kthreadd 内核线程创建成功（complete（&create-> done）），然后 schedule 等待唤醒，根据下一步指示，退出或者在合适的条件下以 create->data 为参数执行 create->threadfn 指向的回调函数。

可以做总结了：首先，系统中的内核线程调用 kernel_thread 创建了 kthreadd 内核线程为我们服务；其次，kthreadd 内核线程等待需求，并在需求到来时调用 kernel_thread 创建新的内核线程，该内核线程执行其他模块期待的回调函数，kthreadd 和其他模块之间依靠 kthread_create_info 对象传递需求。

因此内核提供的函数只需要根据其他模块的参数，产生 kthread_create_info 对象，将它链接到 kthread_create_list 链表，然后唤醒 kthreadd 内核线程即可，见表 13-22。如果成功，它们均返回新内核线程的 task_struct 指针。

表 13-22　创建内核线程函数表

函　　数	描　　述
kthread_create	
kthread_create_on_cpu	创建内核线程
kthread_create_on_node	
kthread_run	创建内核线程，并调用 wake_up_process 将它唤醒

需要注意的是，虽然 kernel_thread 调用的是 kernel_clone，而后者会调用 wake_up_new_task 唤醒新内核线程，但是它被唤醒后执行的是 kthread 函数，进而进入睡眠，所以前 3 个函数返回后，内核线程处于睡眠状态。

13.4　进程"三巨头"

前面部分一直介绍如果使用一个进程创建一个新的进程，有一个问题被一直忽略掉了，那就是第一个进程从何而来。

第一个进程是 idle 进程，它不是动态创建的，程序员写死在系统中的 init_task 变量就是它的雏形。系统初始化过程中，会设置 init_task 的相关成员。如果把整个系统比作一个公司的话，idle 进程就是公司的创始人了，作为创始人也就是第一个员工，是需要把公司一手建立起来的。idle 进程跟创始人一样忙，系统中内存、中断和文件系统等初始化均由它完成。

idle 进程的 task_struct 的部分字段赋值如下。

```
. _state          = 0,
.stack            = init_stack,
.usage            = REFCOUNT_INIT(2),
.flags            = PF_KTHREAD,
.prio             = MAX_PRIO-20,
.static_prio      = MAX_PRIO-20,
.normal_prio      = MAX_PRIO-20,
.policy           = SCHED_NORMAL,
.cpus_allowed     = CPU_MASK_ALL,
.nr_cpus_allowed  = NR_CPUS,
.mm               = NULL,
.active_mm        = &init_mm,
.real_parent      = &init_task,
.parent           = &init_task,
.group_leader     = &init_task,
RCU_POINTER_INITIALIZER(real_cred, &init_cred),
RCU_POINTER_INITIALIZER(cred, &init_cred),
.thread           = INIT_THREAD,
.fs               = &init_fs,
.files            = &init_files,
.signal           = &init_signals,
.sighand          = &init_sighand,
.nsproxy          = &init_nsproxy,
```

可以看到它是一个内核线程（PF_KTHREAD，mm 为 NULL），拥有很多 init_xxx 的变量，特权满满。一般情况下，它的一些 namespace 也是系统中其他进程共享的，比如前面介绍的 init_nsproxy 的 init_pid_ns。

初始化完毕，idle 会功成名就"身退二线"，在此之前，找了两个"得力助手"，其中一个是 init 进程，另一个就是内核线程一节介绍的 kthreadd 内核线程。kthreadd 负责内核线程，init 进程是第一个用户进程，负责其他进程，"两兄弟"齐心合力负责公司绝大多数任务。

init 进程和 kthreadd 都是 idle 进程在 rest_init 函数中调用 kernel_thread 创建的，所以 init 进程最初也是一个内核线程，它都做了什么，又是如何退出内核线程的呢？它被创建后，执行的函数是 kernel_init，答案就在该函数中。

kernel_init 比较复杂，我们只分析其中的两点。

第一点，kernel_init 调用 kernel_init_freeable，后者调用 do_basic_setup，继而调用 do_initcalls。do_initcalls 是一个有趣的话题，它按照如下顺序调用内核中的各种 init（优先级递减）。

```
#define pure_initcall(fn)            __define_initcall(fn, 0)
#define core_initcall(fn)            __define_initcall(fn, 1)
#define core_initcall_sync(fn)       __define_initcall(fn, 1s)
#define postcore_initcall(fn)        __define_initcall(fn, 2)
#define postcore_initcall_sync(fn)   __define_initcall(fn, 2s)
#define arch_initcall(fn)            __define_initcall(fn, 3)
#define arch_initcall_sync(fn)       __define_initcall(fn, 3s)
#define subsys_initcall(fn)          __define_initcall(fn, 4)
#define subsys_initcall_sync(fn)     __define_initcall(fn, 4s)
#define fs_initcall(fn)              __define_initcall(fn, 5)
#define fs_initcall_sync(fn)         __define_initcall(fn, 5s)
#define rootfs_initcall(fn)          __define_initcall(fn, rootfs)
#define device_initcall(fn)          __define_initcall(fn, 6)
#define device_initcall_sync(fn)     __define_initcall(fn, 6s)
#define late_initcall(fn)            __define_initcall(fn, 7)
#define late_initcall_sync(fn)       __define_initcall(fn, 7s)
```

常见的 module_init 的优先级与 device_initcall 相等。实现的原理是编译内核的时候把所有 init 按照同优先级同组、优先级高的组在前的顺序放在一起，do_initcalls 只需要像遍历函数数组一样遍历它们即可（见附录）。

第二点，kernel_init 最终调用了 kernel_execve 执行可执行文件，导致 init 进程退出内核线程。可执行文件有/sbin/init、/etc/init、/bin/init 和/bin/sh 四个，优先级依次降低。init 文件在一个基于 Linux 内核的操作系统中是极为重要的，启动操作系统服务进程，初始化应用程序执行环境都是由它完成的。

13.5 进程退出

进程始于 fork，终于 exit，它所拥有的资源在退出时被回收。本节涉及了一些进程调度和信号处理的知识，读者可以选择暂时跳过，熟悉了后面几章知识之后再回到此处继续阅读。

13.5.1 退出方式

我们最熟悉的进程退出方式是在 main 函数中使用 return，属于正常退出，除此之外，调用

exit 和_exit 也属于正常退出，它们的函数原型（用户空间）如下。

```
void exit(int status);
void _exit(int status);     //unistd.h
void _Exit(int status);     //stdlib.h
```

_exit 和_Exit 是等同的，后者是 c 语言的库函数。

exit 和_exit 的区别在于前者会回调由 atexit 和 on_exit 注册的函数（顺序与它们注册时的顺序相反），刷新并关闭标准 IO 流（stdin、stdout 和 stderr）。exit 也是 c 语言的库函数，最终由_exit 完成。

_exit 由系统调用实现，早期的 glibc 中，调用的是 exit 系统调用，从 glibc 2.3 版本开始，会调用 exit_group 系统调用，线程组退出。

需要注意的是，_exit 使进程退出，是不返回的。

如果 atexit 和 on_exit 注册的函数中，有函数导致进程退出，后面的函数不会继续执行。

与正常退出对应，异常退出常见的方式包含 abort 和被信号终止两种。abort 也是一个 c 语言库函数，它发送 SIGABRT 信号到进程，如果信号被忽略或者捕获（处理），恢复信号的处理策略为 SIG_DFL，再次发送 SIGABRT 信号，实在不行调用_exit 退出进程。颇有一种"一刀砍不死你，再补几刀"的架势。另外，我们在程序中使用的 assert 也是调用 abort 实现的。

13.5.2　退出过程

exit 和 exit_group 两个系统调用完成进程退出操作，前者调用 do_exit，后者对线程组中其他线程发送 SIGKILL 信号强制它们退出（zap_other_threads），然后调用 do_exit。

1. do_exit 函数

do_exit 完成进程退出的主要任务，它不仅仅为以上两个系统调用服务，其他模块也可以调用它。它只有一个参数 code，会赋值给 task_struct 的 exit_code 字段，表示进程退出状态码。

用户空间通过 exit 类函数触发系统调用时传递的参数 status 与 code 有一定的换算关系，code = (status & 0xff) << 8，也就是说 status 的低 8 位有效，且 code 的低 8 位等于 0，这可以与内核中直接调用 do_exit 退出的情况区分开。

do_exit 的逻辑比较清晰，它首先调用一系列的 exit 函数将资源归还给系统，包括 exit_signals、exit_mm、exit_sem、exit_shm、exit_files、exit_fs、exit_task_namespaces、exit_task_work、exit_thread、exit_notify 和 exit_io_context 等，值得一提的是 exit_notify，它的主要逻辑如下。

```
void exit_notify(struct task_struct *tsk, int group_dead)
{
    bool autoreap;
    LIST_HEAD(dead);
    //省略非核心逻辑
    forget_original_parent(tsk, &dead);     //1

    tsk->exit_state = EXIT_ZOMBIE;
    if (thread_group_leader(tsk)) {     //2
        autoreap = thread_group_empty(tsk) &&
            do_notify_parent(tsk, tsk->exit_signal);
    } else {
        autoreap = true;
    }
```

```
    if (autoreap) {
        tsk->exit_state = EXIT_DEAD;
        list_add(&tsk->ptrace_entry, &dead);
    }
    list_for_each_entry_safe(p, n, &dead, ptrace_entry) {
        list_del_init(&p->ptrace_entry);
        release_task(p);
    }
}
```

第 1 步，调用 forget_original_parent 函数处理进程的子进程（线程），它的主要任务如下。

1）为子进程选择新的父进程，由 find_child_reaper 和 find_new_reaper 函数完成，优先选择与当前进程属于同一个线程组的进程，其次是祖先进程中，以 PR_SET_CHILD_SUBREAPER 为参数调用 prctl 将自己设为 child_subreaper 的进程，最差选择是当前 pid_namespace 中的 child reaper 进程，也就是 init 进程。这很像现实中的托孤，优先选择兄妹，然后是有意愿的长辈，最后是孤儿院。

2）遍历父进程的子进程链表（parent->children），针对每一个子进程 p（该链表不包括线程），更改它所管理的线程组中的线程的父进程（包括它自己），并将它插入父进程的链表中。如果它的状态是 EXIT_ZOMBIE（p->exit_state），且它所属的线程组内没有其他线程，调用 do_notify_parent（见下文），由函数的返回值决定立即回收进程还是等待它的父进程回收（reparent_leader 函数）。

3）如果进程的退出导致某些进程组变成孤儿进程组（orphaned pgrp），且之前有被停止的工作（has_stopped_jobs，意味着有进程处于 TASK_STOPPED 状态），发送 SIGHUP 和 SIGCONT 信号给它们，由 kill_orphaned_pgrp 函数完成。SIGHUP 是挂起信号，默认会终止进程，但是处于 TASK_STOPPED 状态的进程只能接收 SIGCONT 信号，配合 SIGCONT 信号，SIGHUP 信号才会起作用（kill_orphaned_pgrp 函数）。

第 2 步，如果进程是线程组的领导进程，当线程组没有其他线程的情况下（请注意这个前提），调用 do_notify_parent（期望发送给父进程的信号是 tsk->exit_signal），函数返回值 true 时，进程的状态置为 EXIT_DEAD，调用 release_task 回收进程；返回 false 时进程状态置为 EXIT_ZOMBIE，等待它的父进程回收。

如果进程不是领导进程（是线程），处理方式与 do_notify_parent 函数返回 true 的情况一样。也就是说，线程是被直接回收的，只有进程才可以被置为 EXIT_ZOMBIE 状态，等待父进程回收。

do_notify_parent 负责以发送信号的方式将进程退出的事件通知父进程，如果父进程对事件不感兴趣，函数返回 true，否则返回 false。父进程是否感兴趣取决于进程发送的信号 sig（进程退出时不同情况下发送的信号可能不同）和父进程的处理策略，以 tsk 表示进程，代码如下。

```
psig = tsk->parent->sighand;
if (!tsk->ptrace && sig == SIGCHLD &&
    (psig->action[SIGCHLD-1].sa.sa_handler == SIG_IGN ||
    (psig->action[SIGCHLD-1].sa.sa_flags & SA_NOCLDWAIT))) {
    autoreap = true; //父进程不感兴趣,函数返回true
}
```

SIGCHLD 的默认处理策略是 SIG_IGN，所以子进程以 SIGCHLD 退出的情况下，只有父进程定义了 sa_handler 的时候，才会被置为 EXIT_ZOMBIE。

执行完以上的各种 exit 后，do_exit 会将进程的状态置为 TASK_DEAD（do_task_dead），然后调用__schedule 进行进程切换，进程切换完毕后，被调度执行的进程在 finish_task_switch 函数中调用 put_task_stack 释放退出进程占用的资源。

2. release_task 函数

do_exit 分析完毕，但有如下一个疑问。

exit_notify 的第 1 步的第 2 条任务，如果退出进程的子进程所在的线程组还有其他线程，即使它的状态是 EXIT_ZOMBIE 也不会被回收。首先，这是合理的，因为线程组中其他线程的 group_leader 字段都依然指向它，不应该被回收。其次，这种情况确实存在，比如一个进程创建了线程组后退出，等待父进程回收时父进程退出了，它被交给了 init 进程，init 进程也不能马上回收它。那么它究竟在何时被回收呢？

release_task 可以解答这个疑问，其中有一段代码处理这种情况。

```
repeat:
    leader = p->group_leader;
    if (leader != p && thread_group_empty(leader) &&
        leader->exit_state == EXIT_ZOMBIE) {
        zap_leader = do_notify_parent(leader, leader->exit_signal);
        if (zap_leader)
            leader->exit_state = EXIT_DEAD;
    }
    if (refcount_dec_and_test(&task->rcu_users))
        call_rcu(&task->rcu, delayed_put_task_struct);
    p = leader;
    if (unlikely(zap_leader))
        goto repeat;
```

当线程组中最后一个线程退出后（thread_group_empty），如果领导进程处于 EXIT_ZOMBIE，调用 do_notify_parent 决定是否回收领导进程，如果是，repeat 的过程会将它回收。也就是说，线程组的领导进程会在组内线程都退出时才会被回收。

13.5.3　使用 wait 等待子进程

上一节提到了父进程可以回收处于 EXIT_ZOMBIE 状态的进程，使用的就是 wait，它们的函数原型（用户空间）如下。

```
pid_t wait(int * wstatus);
pid_t waitpid(pid_t pid, int * wstatus, int options);
int waitid(idtype_t idtype, id_t id, siginfo_t * infop, int options);
```

除了以上 3 个函数之外，还有 wait3 和 wait4，不过它们已经废弃了，不建议直接使用。

wait 是由 wait4 实现的（glibc），等待其中一个子进程退出即返回，wstatus 存储着退出进程的退出状态码。

waitpid 等待子进程的状态发生变化，包括子进程退出、子进程被信号停止（stopped）和子进程收到信号继续（continued）。参数 pid 用于选择考虑的子进程，见表 13-23。

表 13-23　pid 和子进程关系表

pid	子进程
< -1	进程组 id 等于 -pid 的子进程
-1	任意子进程

（续）

pid	子　进　程
0	进程组 id 与当前进程的进程组 id 相等的子进程
> 0	进程的 id 等于 pid 的进程

参数 options 可以是几种标志的组合，见表 13-24。

表 13-24　options 的标志表

标　志	含　义
WNOHANG	即使没有等到有子进程退出也返回
WUNTRACED	有子进程 stopped 即可返回
WSTOPPED	
WCONTINUED	有子进程 continued 即可返回
__WNOTHREAD	仅考虑当前进程的子进程，不考虑同线程组内其他进程的子进程
__WCLONE	置位表示只考虑 clone 的子进程，否则只考虑非 clone 的子进程
__WALL	无论 clone 还是非 clone 的子进程都考虑

clone 的进程，指的是进程退出时不发送信号给父进程，或者发送给父进程的信号不是 SIGCHLD 的进程。fork 得到的进程都不是 clone 的，fork 传递给 do_fork 的第一个参数为 SIGCHLD，会将进程的 exit_signal 字段设置为 SIGCHLD。

我们可以通过 WUNTRACED 和 WCONTINUED 标志控制 waitpid 是否考虑子进程 stopped 和 continued 的情况，子进程退出的情况（WEXITED）是默认必须考虑的，waitpid 系统调用会自动将 WEXITED 置位。但是，使用 waitpid 时不可置位 WEXITED 标志，否则会出错（EINVAL）。

waitid 对参数的控制更加精细，idtype 有 P_ALL、P_PID 和 P_PGID 等，分别表示所有子进程、pid 等于第二个参数 id 的子进程和进程组 id 等于 id 的子进程，P_ALL 会忽略 id，后两种 id 必须大于 0。

参数 options 除了 waitpid 可以接受的 option 外，还可以包括 WNOWAIT 和 WEXITED，其中 WEXITED、WSTOPPED 和 WCONTINUED 至少选其一。

第三个参数 infop 是输出参数，存储子进程状态变化的原因、状态和导致它状态产生变化的信号等信息。

内核定义了 wait4、waitpid 和 waitid 三个系统调用，其中 wait4 和 waitpid 都是通过 kernel_wait4 实现的，三者的主要逻辑都在 do_wait 函数中。逻辑并不复杂，遍历每一个符号条件的子进程，询问它们的状态，由 wait_task_zombie、wait_task_stopped 和 wait_task_continued 判断它们是否符合 WEXITED、WSTOPPED 和 WCONTINUED 条件。如果没有返回条件的子进程，则在 current-> signal->wait_chldexit 等待队列上等待子进程在状态变化时唤醒它。

我们不展开讨论代码，仅在此强调三点细节。

首先，在 exit 一节中讨论过，线程组的领导进程必须等到其他线程退出之后才能回收，所以即便子进程处于 EXIT_ZOMBIE 状态，在调用 wait_task_zombie 之前仍然需要判断线程组内其他线程是否已经退出。由 delay_group_leader 宏实现，线程组内还有其他线程的情况下宏为真。

其次，wait_task_zombie 在 WNOWAIT 标志没有置位的情况下，会调用 release_task 回收子进程。反过来讲，以 WNOWAIT 标志调用 waitid，子进程并没有被回收，还需要 wait。

最后，根据 exit 一节的讨论，对子进程而言，如果它的父进程对 SIGCHLD 的处理方式是 SIG_IGN，或者 sa_flags 字段置位了 SA_NOCLDWAIT 标志，do_notify_parent 返回 true，子进程会被回收。也就是说进程必须捕捉 SIGCHLD，子进程才会在以 SIGCHLD 退出时报告。如果进程没有捕捉 SIGCHLD，wait 会等到所有子进程退出，得到错误（ECHILD）。

13.6 【看图说话】Android 的 thread

Android 定义了 Threads 类作为基类，方便其他模块使用线程，只需要定义一个新的类继承它即可。

创建线程的操作在 Threads 的 run 方法中实现，最终通过 pthread_create 创建线程，传递的参数包括_threadLoop 方法的指针和 this（对象本身的指针）。线程创建成功后，执行_threadLoop（this）。

_threadLoop 方法内部有一个循环，如下。

```
do {
    bool result;
    if (first) {    //1
        first = false;
        self->mStatus = self->readyToRun();
        result = (self->mStatus == NO_ERROR);
        if (result && !self->exitPending()) {
            result = self->threadLoop();
        }
    } else {
        result = self->threadLoop();    //2
    }

    if (result == false ||self->mExitPending) {    //3
        self->mExitPending = true;
        break;
    }
} while(true);
```

以上代码经过简化，去掉了我们不关心的逻辑，代码中的 self 就是 this。

如果线程第一次运行，执行 readyToRun，未出错的情况下执行 threadLoop 方法；如果不是第一次运行，直接执行 threadLoop。

线程在两种情况下可以退出，分别是 threadLoop 返回 false，或者线程主动调用 requestExit 将 mExitPending 置为 true。

所以继承 Threads 的对象只需要根据自身的逻辑定义 threadLoop 方法即可，如图 13-10 所示，只需要控制线程退出的时机，这的确极大地方便了线程的管理。

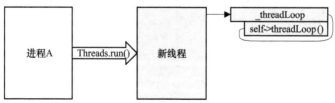

图 13-10 Android 的 thread

第14章

进程调度

一个计算机中可以同时执行的进程的数量是有限的，所以系统不可能让几个进程一直占用 CPU，而让其他进程一直等待，这样有损系统的效率。内核引入了一系列策略调度进程执行，下面一一讨论它们。

14.1　数据结构

进程执行在 CPU 上，所以 CPU 需要记录正在和将要运行在它上的进程的情况，内核以 rq（runqueue）结构体描述它，主要字段见表 14-1。

表 14-1　rq 字段表

字　　段	类　　型	描　　述
nr_running	unsigned int	TASK_RUNNING 状态的进程数
cfs	cfs_rq	完全公平调度 rq
rt	rt_rq	实时调度 rq
dl	dl_rq	最终期限（deadline）rq
curr	task_struct*	当前执行的进程
idle	task_struct*	idle 进程
stop	task_struct*	stop 进程
clock	u64	CPU 累计运行的时间，单位为纳秒
clock_task	u64	进程累计占用 CPU 的时间
cpu	int	对应的 CPU

每个 CPU 都有一个 rq 对象，内核定义了 rq 类型的每 CPU 变量 runqueues 与它们对应。clock_task 字段表示进程累计运行的时间，有可能不包括中断处理等时间（与系统的配置有关），clock 可能比它大。

rq、CPU 和 task_struct 之间的关系见表 14-2。

表 14-2　rq、CPU 和 task_struct 关系表

函　数　和　宏	描　　述
task_cpu（task_struct * p）	进程所属的 CPU
cpu_rq（cpu）	CPU 对应的 rq
task_rq（p）	cpu_rq（task_cpu(p)），进程所属的 rq
cpu_curr（cpu）	（cpu_rq（cpu）->curr），CPU 当前执行的进程

rq 结构体并没有直接与 task_struct 关联的字段，所以进程也并不由它直接管理，实际的管理者是 cfs、rt 和 dl 字段。

cfs_rq 结构体定义了与完全公平调度（Completely Fair Scheduler，cfs）相关的字段，见表 14-3。

表 14-3　cfs_rq 字段表

字　　段	类　　型	描　　述
nr_running	unsigned int	TASK_RUNNING 状态的进程数
min_vruntime	u64	见下文
tasks_timeline. rb_root	rb_root	sched_entity 对象组成的红黑树的根
tasks_timeline. rb_leftmost	rb_node *	红黑树最左边的叶子
curr next	sched_entity *	当前/下一个 sched_entity

cfs_rq 维护了一个由 sched_entity 对象组成的红黑树（下文称之为进程时间轴红黑树），task_struct 的 se 字段就是 sched_entity 类型，正是它关联了 cfs_rq 和 task_struct。

rt_rq 结构体定义了与实时调度（rt，Real Time）相关的字段，见表 14-4。

表 14-4　rt_rq 字段表

字　　段	类　　型	描　　述
active	rt_prio_array	priority array
highest_prio.curr	int	rt 进程的最高优先级
highest_prio.next	int	rt 进程的次高优先级
rt_throttled	int	rt 进程被禁止
rt_time	u64	实时进程累计执行时间
rt_runtime	u64	实时进程最大执行时间

active 字段是 rt_prio_array 类型，定义如下。

```
struct rt_prio_array {
    DECLARE_BITMAP(bitmap, MAX_RT_PRIO+1);
    struct list_head queue[MAX_RT_PRIO];
};
```

MAX_RT_PRIO 等于 100，实时进程的优先级是 1～99，queue 字段定义了 100 个链表，实时进程根据优先级链接到链表上，优先级与 queue 数组的下标相等。queue 数组的链表链接的是 sched_rt_entity 结构体，也就是 task_struct 的 rt 字段。

dl_rq 定义了与最后期限调度相关的字段，见表 14-5。

表 14-5　dl_rq 字段表

字　　段	类　　型	描　　述
root. rb_root	rb_root	sched_dl_entity 对象组成的红黑树的根
root. rb_leftmost	rb_node *	红黑树最左边的叶子
dl_nr_running	unsigned long	TASK_RUNNING 状态的进程数

（续）

字　段	类　型	描　述
earliest_dl.curr	u64	当前/下一个 sched_dl_entity
earliest_dl.next	u64	

与 cfs_rq 和 task_struct 的关系类似，dl_rq 维护了一个由 sched_dl_entity 对象（task_struct 的 dl 字段）组成的红黑树。

rq 的 cfs 管理完全公平调度的进程，rt 管理实时进程，dl 管理最后期限调度的进程。

进程调度还有另外一种以组来管理进程的方式，也就是占用 CPU 时间不以单个进程计算，以一组进程来衡量，以上 3 个结构体都有额外的字段来实现该功能，为了降低问题的复杂度，此处不讨论这个话题。

14.2　进程调度的过程

一个进程从被创建开始，到被调度执行，再到被抢占或者主动让出 CPU，整个过程调度器需要完成将进程纳入管理、调度进程执行和记录进程占用 CPU 的时间等工作。考虑多个进程的情况，还需要完成选择下一个进程、进程从一个 CPU 切换到另一个 CPU 等任务。

内核定义了 sched_class 结构体（调度类、调度器类）表示这些任务，每一个任务对应一个字段（回调函数），常用的字段见表 14-6。

表 14-6　sched_class 字段表

字　段	任务内容或调用时机
enqueue_task	将进程插入可执行队列
dequeue_task	将进程从可执行队列删除
check_preempt_curr	检查是否应该抢占 rq 的当前进程
pick_next_task	确定下一个将要被调度执行的进程
put_prev_task	处理将要被抢占的进程
select_task_rq	为进程选择 CPU
task_woken	进程已被唤醒
task_tick	时钟中断发生
task_fork	新进程被创建
task_dead	进程已死

调度类是调度器的行为指南，逻辑上是调度器的一部分，不同的调度器就需要不同的调度类，一个调度类并不需要实现所有的字段，下文中出现的"调用 sched_class 的 xxx"均建立在它定义了 xxx 的前提下，若未定义则不会调用。内核定义了 stop_sched_class、dl_sched_class、rt_sched_class、fair_sched_class 和 idle_sched_class 分别对应 stop 调度、最后期限调度（或者称为最早截止时间优先调度）、实时调度、完全公平调度和 idle 调度。

接下来详细解析调度类中的任务，首先以下面几个事件（场景）将它们串联起来，然后分别介绍各个调度类的实现。

14.2.1 进程被创建

kernel_clone 创建进程分为两步，首先调用 copy_process 创建新进程，然后调用 wake_up_new_task 唤醒新进程。

copy_process 中间会调用 sched_fork，其中有一个代码段如下。

```
if (rt_prio(p->prio))
    p->sched_class = &rt_sched_class;
else
    p->sched_class = &fair_sched_class;
```

rt_prio 根据 task_struct 的 prio 字段的值是否小于 100（MAX_RT_PRIO）判断进程是否为实时进程，如果不是，那么新进程会选择完全公平调度，sched_class 字段被置为 fair_sched_class。

sched_class 设置完毕后，copy_process 会调用 sched_cgroup_fork，后者调用 sched_class 的 task_fork 字段的回调函数，为新进程设置调度策略相关的初始状态。

wake_up_new_task 用来唤醒新进程，唤醒进程有多种方式，它们有很多相似之处，下面将它们归为一起讨论。

14.2.2 唤醒进程

除了 wake_up_new_task 之外，内核还提供了 wake_up_process（唤醒处于 TASK_NORMAL 状态的进程，TASK_NORMAL 等同于 TASK_INTERRUPTIBLE | TASK_UNINTERRUPTIBLE）和 wake_up_state 唤醒进程，后二者都调用 try_to_wake_up 实现，主要的函数调用栈如图 14-1 所示（图中将 sched_class 缩写为 s_c）。

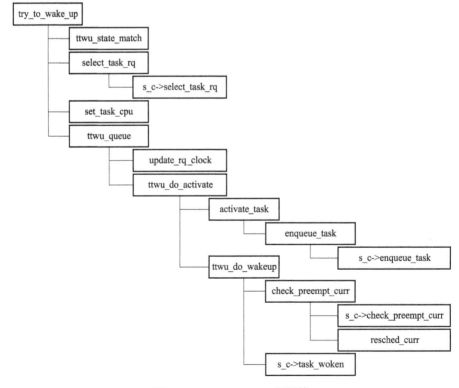

图 14-1 try_to_wake_up 调用栈

try_to_wake_up 的主要逻辑展开如下。

```
int try_to_wake_up(struct task_struct *p, unsigned int state, int wake_flags)
{
    //省略错误处理、同步等
    if (!ttwu_state_match(p, state, &success))    //1
        goto out;
    WRITE_ONCE(p->__state, TASK_WAKING);

    cpu = select_task_rq(p, p->wake_cpu, wake_flags | WF_TTWU);    //2
    if (task_cpu(p) != cpu) {
        wake_flags |= WF_MIGRATED;
        set_task_cpu(p, cpu);
    }

    update_rq_clock(rq);    //3
    //以下 rq 由 cpu_rq(cpu)得到,也就是进程目标 CPU 的 rq
    //函数展开:ttwu_queue---ttwu_do_activate---
    //---activate_task---enqueue_task
    p->sched_class->enqueue_task(rq, p, flags);

    //函数展开:ttwu_queue---ttwu_do_activate---ttwu_do_wakeup
    //ttwu_do_wakeup 的代码段
    check_preempt_curr(rq, p, wake_flags);    //4
    WRITE_ONCE(p->__state, TASK_RUNNING);
    if (p->sched_class->task_woken)
        p->sched_class->task_woken(rq, p);

    return;
}
```

try_to_wake_up 只能唤醒 state 参数指定状态的进程，它可以是几个状态的组合，比如 wake_up_process 传递的 TASK_NORMAL。第 1 步的 ttwu 是 try_to_wake_up 的缩写。

第 2 步，select_task_rq 为进程选择 CPU，它调用 p->sched_class->select_task_rq 计算得到指定的 CPU 号，然后根据 CPU 的状态和进程允许的 CPU 集合等因素调整。

第 3 步，调用 p->sched_class->enqueue_task。

第 4 步，check_preempt_curr 检查被唤醒的进程是否抢占目标 CPU 当前执行的进程，主要逻辑如下。注意，被唤醒的进程将要在目标 CPU 上执行，目标 CPU 不一定是当前正在执行 ttwu 的 CPU，rq 也是目标 CPU 的 rq。

```
void check_preempt_curr(struct rq * rq, struct task_struct *p, int flags)
{
    const struct sched_class * class;

    if (p->sched_class == rq->curr->sched_class) {
        rq->curr->sched_class->check_preempt_curr(rq, p, flags);
    } else if (sched_class_above(p->sched_class, rq->curr->sched_class))
        resched_curr(rq);
}
```

check_preempt_curr 很好地体现了 sched_class 的优先级，sched_class_above 展开后是一个宏：
#define sched_class_above（_a，_b）（（_a）<（_b））。能使用小于号做比较，比较的就是指针咯，
另外 sched_class 的优先级逻辑上应该是固定的，所以 sched_class 对象的存储位置也是有先后顺序
的，通过链接的脚本可以实现这点，如下。

```
#define SCHED_DATA                    \
    STRUCT_ALIGN();                   \
    __sched_class_highest = .;        \
    *(__stop_sched_class)             \
    *(__dl_sched_class)               \
    *(__rt_sched_class)               \
    *(__fair_sched_class)             \
    *(__idle_sched_class)             \
    __sched_class_lowest = .;
```

如果 rq 当前的进程的 sched_class 和被唤醒进程的 sched_class 相同，调用 sched_class->check_
preempt_curr 决定执行顺序；如果被唤醒进程的 sched_class 比 rq 当前的进程的 sched_class 优先级
更高，会调用 resched_curr(rq)。

```
void resched_curr(struct rq * rq)
{
    struct task_struct * curr = rq->curr;

    if (test_tsk_need_resched(curr))
        return;

    cpu = cpu_of(rq);
    if (cpu == smp_processor_id()) {
        set_tsk_need_resched(curr);
        set_preempt_need_resched();
        return;
    }
    if (set_nr_and_not_polling(curr))
        smp_send_reschedule(cpu);
}
```

如果目标 CPU 是当前 CPU，resched_curr 会设置 rq 当前进程的 TIF_NEED_RESCHED 标志，
下一次中断发生时可能会进行进程切换。如果目标 CPU 不是当前 CPU，当前 CPU 会触发一个
CPU 间中断，目标 CPU 处理中断，然后切换进程。

wake_up_new_task 和它的主要逻辑基本一致，如下。

```
void wake_up_new_task(struct task_struct * p)
{
    struct rq_flags rf;
    struct rq * rq;
    WRITE_ONCE(p->_state, TASK_RUNNING);
    __set_task_cpu(p, select_task_rq(p, task_cpu(p), WF_FORK));    //1
    rq = __task_rq_lock(p, &rf);
    update_rq_clock(rq);
    activate_task(rq, p, ENQUEUE_NOCLOCK);    //2
    check_preempt_curr(rq, p, WF_FORK);    //3
```

```
    if (p->sched_class->task_woken)    //4
        p->sched_class->task_woken(rq, p);
}
```

总结，唤醒进程过程中，涉及 sched_class 的 select_task_rq、check_preempt_curr 和 task_waken 等操作。

14.2.3 时钟中断

唤醒进程可能导致进程切换（set_tsk_need_resched），但它本身并不是一个常规可控的事情，还需要一个常规的机制切换进程，就是时钟中断。

传统的处理器（时钟芯片是 PIT/HPET）以 timer_interrupt 函数作为 irqaction 的 hander 注册到内核，时钟中断发生时最终由 timer_interrupt 处理。

现代处理器（时钟是 APIC）的时钟中断处理程序是 asm_sysvec_apic_timer_interrupt（通过 DECLARE_IDTENTRY_SYSVEC 宏定义），保存现场和中断退出与其他中断处理没有区别，核心的逻辑是 local_apic_timer_interrupt 函数负责的。local_apic_timer_interrupt 获得当前 cpu 的 clock_event_device 对象，回调该对象的 event_handler 字段指向的函数。

clock_event_device 对象是由每 cpu 变量 lapic_events 表示的，根据系统运行的阶段和内核的编译选项，event_handler 字段可能有多种取值，我们分析常见的 3 种：tick_handle_periodic、tick_nohz_handler 和 hrtimer_interrupt。这 3 种情况都可以完成更新进程占用 CPU 时间、设置 thread_info 的 flags 字段的 TIF_NEED_RESCHED 标志的任务。

1. tick_handle_periodic 函数

从 periodic 就可以看出 tick_handle_periodic 对应周期性的时钟，它会调用 tick_periodic，后者实现了时钟中断处理的主要逻辑，代码如下。由于这种情况下中断是由硬件周期性产生的，所以软件上并不需要设置下一个中断。

```
void tick_periodic(int cpu)
{
    if (tick_do_timer_cpu == cpu) {
        tick_next_period = ktime_add(tick_next_period, TICK_NSEC);
        do_timer(1);
        update_wall_time();
    }
    update_process_times(user_mode(get_irq_regs()));
    profile_tick(CPU_PROFILING);
}
```

如果当前 cpu 负责更新系统时间，就调用 do_timer（因为是周期性的中断，所以传递给 do_timer 的参数是 1）更新 jiffies，然后调用 update_wall_time 更新时间。

接着由 update_process_times 完成以下几个重要任务。

1）调用 account_process_tick 给进程运行时间加上一个 tick，如果中断前进程运行在用户态，就增加在进程用户态运行时间，否则增加内核态运行时间。如果进程在一个 tick 内在用户态和内核态均运行过，那也只能以中断那一刻的状态为准。

2）调用 run_local_timers 运行 hrtimer 和定时器。

3）调用 scheduler_tick。

scheduler_tick 主要逻辑如下。

```
void scheduler_tick(void)
{
    int cpu = smp_processor_id();
    struct rq * rq = cpu_rq(cpu);
    struct task_struct * curr = rq->curr;

    update_rq_clock(rq);
    curr->sched_class->task_tick(rq, curr, 0);
}
```

scheduler_tick 调用 sched_class 的 task_tick，task_tick 一般需要计算当前进程是否需要已经用光了它的 CPU 时间，如果是则调用 set_tsk_need_resched 置位 thread_info 的 flags 字段的 TIF_NEED_RESCHED 标志。

update_rq_clock 已经出现多次了，它负责更新 rq 的时间，如下。

```
void update_rq_clock(struct rq * rq)
{
    s64 delta;

    delta = sched_clock_cpu(cpu_of(rq)) - rq->clock;
    rq->clock += delta;
    update_rq_clock_task(rq, delta);
}
```

rq->clock 表示该 CPU 累计运行时间，单位为纳秒，update_rq_clock_task 更新进程占用 CPU 的累计时间，传递至它的 delta 有可能会减去中断处理（IRQ_TIME_ACCOUNTING）和 PARAVIRT（PARAVIRT_TIME_ACCOUNTING）占用 CPU 的时间，然后加到 rq->clock_task 字段上，也就是说 rq->clock_task 逻辑上表示进程占用 CPU 的有效时间。

2. tick_nohz_handler 函数

tick_nohz_handler 对应于低精度的时钟状态下 clock_event_device 对象的 event_handler，如下。

```
void tick_nohz_handler(struct clock_event_device * dev)
{
    struct tick_sched * ts = this_cpu_ptr(&tick_cpu_sched);
    struct pt_regs * regs = get_irq_regs();
    ktime_t now = ktime_get();

    tick_sched_do_timer(now);
    tick_sched_handle(ts, regs);

    hrtimer_forward(&ts->sched_timer, now, TICK_NSEC);
    tick_program_event(hrtimer_get_expires(&ts->sched_timer), 1);
}
```

tick_sched_do_timer 会调用 tick_do_update_jiffies64 更新时间，tick_sched_handle 则负责调用 update_process_times 完成上文介绍的任务。最后，调用 tick_program_event 设置下一个时钟中断。

整体上，每次时钟中断发生会由 tick_sched_do_timer 和 tick_sched_handle 实现主要逻辑，然后设置时钟设备来触发下一次中断。

3. hrtimer_interrupt 函数

hrtimer_interrupt 是为 hrtimer（high resolution timer）机制设计的，hrtimer 定时器的执行有 3 种情况：时钟中断、HRTIMER_SOFTIRQ 软中断和 run_local_timers 函数（由 update_process_times 函数调用），前两种情况都涉及 hrtimer_interrupt 函数，下面分析第一种情况。需要说明的是，hrtimer_interrupt 只是负责运行到期的 hrtimer 定时器，并不负责计算进程占用 CPU 的时间，进程调度等任务，有一个专门的 hrtimer 负责该任务。

hrtimer 与 timer 都是定时器，是内核中实现延迟、异步操作的有力工具，在驱动中随处可见，内核的某些机制如工作队列也使用了它们。timer 是软中断的一种，它所能延迟的时间以 jiffy 为单位。hrtimer 既是一个时钟中断相关的概念，又是一种软中断，它所能延迟的时间以纳秒为单位，具体值与时钟设备有关，一般比 jiffy 要小几个数量级，二者的应用场景互补。请注意，本节讨论的 hrtimer 在 nohz 模式中的高精度模式的背景下才有意义。

（1）数据结构

hrtimer 机制共有 3 个关键结构体：hrtimer_cpu_base、hrtimer_clock_base 和 hrtimer。hrtimer_cpu_base 与 hrtimer_clock_base 是一对多的关系，由数组实现；hrtimer_clock_base 与 hrtimer 也是一对多的关系，由红黑树实现。为了叙述简洁，在不引起歧义的情况下，除非特别指明本章下面均以 hrtimer 指代 hrtimer 结构体，以 timer 指代 hrtimer 对象（不要与普通定时器混淆），以 cpu_base 表示 hrtimer_cpu_base 对象，以 clock_base 表示 hrtimer_clock_base 对象。以启动和运行表示 hrtimer 和定时器的两种不同状态，与定时炸弹类似，启动表示定时炸弹开始倒计时，运行表示炸弹爆炸。

hrtimer_cpu_base 对象是由每 cpu 变量 hrtimer_bases 表示的，由 hrtimers_init 函数赋初值。hrtimer_cpu_base 结构体的 clock_base 字段类型为 hrtimer_clock_base 数组，该数组有 8 个元素，每一个元素对应一种类型的 hrtimer_clock_base 对象。这 8 种类型分别为 HRTIMER_BASE_MONOTONIC、HRTIMER_BASE_REALTIME、HRTIMER_BASE_BOOTTIME、HRTIMER_BASE_TAI 和它们 4 个的 XXX_SOFT。

hrtimer_clock_base 包含红黑树的根，可以访问 hrtimer 对象组成的红黑树。它的主要字段见表 14-7。

表 14-7 hrtimer_clock_base 字段表

字 段	类 型	描 述
cpu_base	hrtimer_cpu_base*	指向 cpu_base 的指针
clockid	clockid_t	clock base 的种类
active.rb_root. rb_root	rb_root	红黑树的根
active. rb_leftmost	rb_node*	下一个将要到期的 timer

hrtimer 表示用户的一次定时器申请，主要字段见表 14-8。

表 14-8 hrtimer 字段表

字 段	类 型	描 述
node	timerqueue_node	内部的 node 字段表示红黑树的结点，expires 字段表示到期时间
function	回调函数	到期时执行的回调函数
base	hrtimer_clock_base	指向 clock_base 的指针

（续）

字　段	类　型	描　述
state	u8	当前状态
_softexpires	ktime_t	timer 被执行的最早时间，见下

state 字段有 2 种值：HRTIMER_STATE_INACTIVE 表示 timer 未启动，HRTIMER_STATE_EN-QUEUED 表示 timer 已启动。内核中提供了 hrtimer_active、hrtimer_is_queued 和 hrtimer_callback_running 三个函数来判断 hrtimer 的当前状态，其中 hrtimer_callback_running 表示 timer 在运行。

内核提供了几个使用 hrtimer 常用的函数，见表 14-9。

表 14-9　hrtimer 函数表

函　数	描　述
hrtimer_init	初始化 timer
hrtimer_start	
hrtimer_start_expires	启动 timer
hrtimer_start_range_ns	
hrtimer_forward	将 timer 延期
hrtimer_cancel	取消 timer，如果正运行，等待执行完毕
hrtimer_try_to_cancel	取消 timer，如果正运行，返回 -1；等待运行返回 1；否则返回 0

hrtimer_init 第二个参数 clock_id 表示系统支持的 clock 的 id，比如 CLOCK_REALTIME、CLOCK_MONOTONIC 和 CLOCK_BOOTTIME 等。系统的 clock id 和 clock_base 的类型，有一定的对应关系（参考 hrtimer_clockid_to_base 函数），见表 14-10。

表 14-10　clock id 和 clock_base 的类型对照表

系统 clock id	hrtimer_clock_base 的类型
CLOCK_REALTIME	HRTIMER_BASE_REALTIME
CLOCK_MONOTONIC	HRTIMER_BASE_MONOTONIC
CLOCK_BOOTTIME	HRTIMER_BASE_BOOTTIME
CLOCK_TAI	HRTIMER_BASE_TAI
其他	HRTIMER_BASE_MONOTONIC

hrtimer_init 的第 3 个参数 mode 的类型是 hrtimer_mode，有多种可能：HRTIMER_MODE_ABS 表示绝对时间，HRTIMER_MODE_REL 表示相对时间，HRTIMER_MODE_PINNED 表示 hrtimer 倾向当前 cpu，HRTIMER_MODE_SOFT 表示 timer 会在软中断中执行，HRTIMER_MODE_HARD 则与 HRTIMER_MODE_SOFT 相反。注意，该参数的取值也可以是它们的组合。

clock_id 和 mode 共同决定了 hrtimer 最终归属于哪个 clock_base，一般情况下，如果 mode 包含了 HRTIMER_MODE_SOFT 标志，会选择 soft 版的 clock_base，比如 CLOCK_REALTIME 和 HRTIMER_MODE_ABS_SOFT 的组合会指定 HRTIMER_BASE_REALTIME_SOFT 类型的 clock_base。

hrtimer_startxxx 最终都通过 hrtimer_start_range_ns 实现，主要逻辑展开并简化后如下。

```
void hrtimer_start_range_ns(struct hrtimer *timer, ktime_t tim,
                u64 delta_ns, const enum hrtimer_mode mode)
{
```

```
    struct hrtimer_clock_base *base, *new_base;
    bool first;

    base = lock_hrtimer_base(timer, &flags);
    remove_hrtimer(timer, base);

    if (mode & HRTIMER_MODE_REL)
        tim = ktime_add_safe(tim, base->get_time());
    hrtimer_set_expires_range_ns(timer, tim, delta_ns);

    new_base = switch_hrtimer_base(timer, base,
                          mode & HRTIMER_MODE_PINNED);

    first = enqueue_hrtimer(timer, new_base, mode);
    if (first) {
        hrtimer_reprogram(timer, true);
    }
    unlock_hrtimer_base(timer, &flags);
}
```

传递至该函数的 timer 有可能处于 HRTIMER_STATE_ENQUEUED 状态，果真如此 remove_hrtimer 会将其从它所属的红黑树上删除。

计算后的 tim 表示基准值，会被 hrtimer_set_expires_range_ns 赋值给 timer 的 _softexpires 字段，tim 与 delta_ns 合成后的值表示到期时间，被赋值给 timer 的 node 的 expires 字段。

当前时间不早于 _softexpires 表示的时间 timer 就可以执行，但 expires 才能作为设置时钟中断时间的依据。通俗地讲，_softexpires 是随缘时间，如果时钟中断发生时恰巧满足它的条件就执行 timer；expires 是最后时间，如果没有随缘成功，会依据它来触发时钟中断，多数情况下二者是相同的。

完成赋值后，enqueue_hrtimer 将 timer 插入红黑树，如果新插入的 timer 是整个树中最先到期的（timerqueue_node 的 expires 值最小），返回值 first 就为真。如果 first 为真，调用 hrtimer_reprogram。如果 timer 属于当前 cpu，hrtimer_reprogram 会设置下一个时钟中断。

hrtimer_reprogram 最终会调用 clockevents_program_event（调用栈为 __hrtimer_reprogram → tick_program_event → clockevents_program_event），后者会根据 timer 的到期时间和时钟设备的参数计算得到下一个时钟中断到来的以纳秒为单位的时间间隔 delta，将该时间转化为时钟设备对应的 clock 周期数，最后设置生效，代码片段如下。

```
    clc = ((unsigned long long) delta * dev->mult) >> dev->shift;
    rc = dev->set_next_event((unsigned long) clc, dev);
```

总结，新插入的 timer 以 ktime（一般为纳秒）为单位，而如果 first 为真，软件上会立即根据 timer 的到期时间设置时钟设备的寄存器触发下一个中断，如图 14-2 所示，所以利用 hrtimer 可以实现比 jiffy 小很多的时间间隔，如果硬件支持的话。

（2）hrtimer_interrupt 函数解析

每次时钟中断发生都会执行 hrtimer_interrupt，由它运行之前插入红黑树的已到期的 timer，它会调

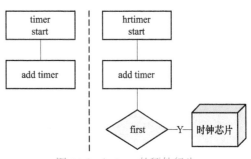

图 14-2 hrtimer 的硬件行为

用__hrtimer_run_queues，主要逻辑展开如下。

```
void hrtimer_interrupt(struct clock_event_device * dev)
{
    struct hrtimer_cpu_base * cpu_base = &__get_cpu_var(hrtimer_bases);
    struct hrtimer_clock_base * base;
unsigned int active;
    ktime_t expires_next, now;
    dev->next_event = KTIME_MAX;

    now = hrtimer_update_base(cpu_base);
    cpu_base->expires_next = KTIME_MAX;

    if (!ktime_before(now, cpu_base->softirq_expires_next)) {
        cpu_base->softirq_expires_next = KTIME_MAX;
        cpu_base->softirq_activated = 1;
        raise_softirq_irqoff(HRTIMER_SOFTIRQ);
    }
    active = cpu_base->active_bases & HRTIMER_ACTIVE_HARD;
    for_each_active_base(base, cpu_base, active) {
        struct timerqueue_node * node;
        ktime_t basenow = ktime_add(now, base->offset);

        while ((node = timerqueue_getnext(&base->active))) {
            struct hrtimer * timer = container_of(node, struct hrtimer, node);
            if (basenow < hrtimer_get_softexpires_tv64(timer))
                break;

            __run_hrtimer(cpu_base, base, timer, &basenow, flags);
            if (active_mask == HRTIMER_ACTIVE_SOFT)
                hrtimer_sync_wait_running(cpu_base, flags);
        }
    }
    expires_next = hrtimer_update_next_event(cpu_base);
    cpu_base->expires_next = expires_next;
    if (!tick_program_event(expires_next, 0)) {
        cpu_base->hang_detected = 0;
        return;
    }
}
```

hrtimer_interrupt 会处理当前 CPU 的 cpu_base 对应的每一个非 soft（HRTIMER_ACTIVE_HARD）clock_base 上的 timer。它首先由 hrtimer_update_base 得到当前时间后计算得到针对各 clock_base 的时间 basenow，然后在 while 循环内按照顺序遍历红黑树上的 timer，如果 basenow 表示的时间不早于 timer 的_softexpires 时间，调用__run_hrtimer 执行 timer，否则就退出循环并根据 timer 的 node.expires 计算得到下一个时钟中断的时间 expires_next。

需要强调的是，hrtimer_interrupt 并不是在软中断环境中，所以不会处理 XXX_SOFT 类型的 clock_base 上的 timer。

注意，timer 插入红黑树的时候排序是以 expires 值为依据的，与_softexpires 的值无关，所以顺序访问 timer 并不代表_softexpires 值也是从小到大访问的。举个例子，timer1:｛［_softexpires:100］，［expires:100］｝，timer2:｛［_softexpires:90］，［expires:110］｝，basenow:95，在红黑树中，timer1 无疑在 timer2 左边，这时 timer1 得不到执行，循环直接退出，即使 timer2 的_softexpires 值小于 base-now。这也是随缘不成功的一种情况。

__run_hrtimer 负责执行 timer，并对 timer 进行处理，主要逻辑如下。

```
void __run_hrtimer(struct hrtimer_cpu_base * cpu_base,
            struct hrtimer_clock_base *base, struct hrtimer *timer,
            ktime_t *now, unsigned long flags)
{
    base->running = timer;
    __remove_hrtimer(timer, base, HRTIMER_STATE_INACTIVE, 0);
    fn = timer->function;
    restart = fn(timer);
    if (restart != HRTIMER_NORESTART &&
        !(timer->state & HRTIMER_STATE_ENQUEUED))
        enqueue_hrtimer(timer, base, HRTIMER_MODE_ABS); //空指令!
    base->running = NULL;
}
```

__run_hrtimer 调用__remove_hrtimer 将 timer 从红黑树上删除，最后将 timer 的状态修改为 HR-TIMER_STATE_INACTIVE，执行 timer 的回调函数后，如果函数返回值不等于 HRTIMER_NORESTART，就重新将 timer 插入红黑树。虽然 timer 的状态被修改为 HRTIMER_STATE_INACTIVE，但是在执行完毕之前，它的状态依然是 active，因为此时 base->running == timer 成立。如果执行完毕后，timer 被重新 enqueue，它的状态又会变成 HRTIMER_STATE_ENQUEUED。所以只有在 timer 执行完毕，并且没有被再次 enqueue 的情况下才是真正 inactive 的。

最后，处理完毕所有到期的 timer 之后，hrtimer_interrupt 会根据计算得到的 expires_next 的值来设置下一个时钟中断。下一个时钟中断到来后，重复该流程。

需要强调的是，timer 的回调函数返回值目前有 HRTIMER_NORESTART 和 HRTIMER_RESTART 两种，返回其他值编译器当然也不会报错，但为了未来的扩展请不要这么做。如果函数返回 HRTIMER_RESTART，函数返回前必须通过调用 hrtimer_forward 函数等方式将 timer 延期，否则程序就成了无限循环，这肯定不是用户想要的结果。原因是 timer 被重新插入红黑树后，它依然会是下一个到期的 timer，且到期时间始终不变。另外，timer 的操作依然是在中断上下文中，需要遵守中断函数的编写原则。

（3）hrtimer 的使用和 sched_timer

hrtimer 的使用与进程调度并没有直接关系，插入本节的原因一方面是 hrtimer 与时钟中断关系密切，另一方面有一个特殊的 hrtimer 定时器与进程调度有关系。

从驱动工程师的角度，使用 hrtimer 只需要负责 timer 的初始化与启动即可，timer 的运行由内核控制。

如果只是需要 timer 在某时间后执行一次，使用 hrtimer_init 和 hrtimer_start 即可。需要注意的是，不要在 my_dev_func 中进行复杂操作，如果需要可以利用工作队列等来实现；my_dev_func 应该返回 HRTIMER_NORESTART，示例代码如下。

```
timer = &my_data->timer;
hrtimer_init(timer, CLOCK_MONOTONIC, HRTIMER_MODE_REL);
timer.function = my_dev_func;
```

```
    my_data->interval = ktime_set(0, ns);
```

```
    hrtimer_start(&my_data->timer, my_data->interval, HRTIMER_MODE_REL);
```

如果需要 timer 每隔一段时间间隔执行一次，有两个方案可以选择，下面分别以 sched_timer 和设备的轮询为例介绍。

前文说过，完成进程调度相关任务的是一个特殊的 timer，它就是每 cpu 变量 tick_cpu_sched（tick_sched 类型）的 sched_timer 字段表示的内嵌 hrtimer，称之为 sched_timer。

sched_timer 在 tick_setup_sched_timer 函数中完成初始化，如下。

```
    hrtimer_init(&ts->sched_timer, CLOCK_MONOTONIC, HRTIMER_MODE_ABS_HARD);
    ts->sched_timer.function = tick_sched_timer;
    hrtimer_set_expires(&ts->sched_timer, tick_init_jiffy_update());
    hrtimer_forward(&ts->sched_timer, now, TICK_NSEC);
    hrtimer_start_expires(&ts->sched_timer, HRTIMER_MODE_ABS_PINNED_HARD);
```

```
enum hrtimer_restart tick_sched_timer(struct hrtimer *timer)
{
    struct tick_sched *ts =
        container_of(timer, struct tick_sched, sched_timer);
    struct pt_regs *regs = get_irq_regs();
    ktime_t now = ktime_get();
    tick_sched_do_timer(now);
    if (regs)
        tick_sched_handle(ts, regs);
    else
        ts->next_tick = 0;
    hrtimer_forward(timer, now, tick_period);
    return HRTIMER_RESTART;
    }
```

tick_sched_timer 在每次 sched_timer 到期的时候执行，它调用 tick_sched_do_timer 和 tick_sched_handle（调用 update_process_times）完成进程调度相关的任务。然后通过 hrtimer_forward 增加到期时间，最后返回 HRTIMER_RESTART 重新加入红黑树。这样，在不进行重新设置的情况下，sched_timer 就会每隔 tick_period 执行一次。

这就是循环使用 hrtimer 的第一种方案：使 timer 的 function 字段的函数返回 HRTIMER_RESTART。

第二种方案通过不断将 timer 插入红黑树实现。

```
    timer = &my_data->timer;
    hrtimer_init(timer, CLOCK_MONOTONIC, HRTIMER_MODE_REL);
    timer.function = my_timer_func;
    my_data->interval = ktime_set(0, ns);
    hrtimer_start(&my_data->timer, my_data->interval, HRTIMER_MODE_REL);
/* work related */
    INIT_WORK(&my_data->work, my_dev_work);
```

```
static enum hrtimer_restart my_timer_func (struct hrtimer *timer)
{
```

```
    struct my_data *my_data = container_of(timer, struct my_data, timer);
    schedule_work(my_data->work);

    return HRTIMER_NORESTART;
}
```

```
// my_data->work
void my_dev_work (struct work_struct * work)
{
    //do my work
    hrtimer_start(&my_data->timer, my_data->interval, HRTIMER_MODE_REL);
}
```

第一种方案相对简洁，但在 timer 的 function 回调函数中不能进行复杂的操作；第二种方案常见于需要 I/O 读写等操作的驱动中用来实现设备的轮询。

最后，必须注意的是在使用普通定时器可以满足需要的情况下，优先选择普通定时器，hrtimer 一般用于满足时间间隔小于 jiffy 的需求，并不是因为"杀鸡焉用牛刀"，而是因为 hrtimer 需要额外进行设置时钟等操作，高精度并不是没有代价的。

总结，时钟中断场景中，涉及 sched_class 的 task_tick 操作。

14.2.4　进程切换

进程切换由 schedule 或者 __schedule 函数实现，前者调用后者实现，当前进程被另一个由调度器指定的进程替代。

schedule 一般在以下几种情况下执行。

第 1 种，进程主动放弃 CPU，如 sleep、等待某事件或条件等。

第 2 种，内核同步的时候，进程无法获得执行权，比如信号量、互斥锁等。

第 3 种，进程处理中断或异常后，如果需要返回用户空间，将要返回用户空间时，如果它的 TIF_NEED_RESCHED 标志被置位，会执行 schedule。

第 4 种，进程处理中断或异常后，如果需要继续在内核空间继续执行，分为以下两种情况。内核是可抢占的（CONFIG_PREEMPT=y），检查抢占是否使能，抢占使能的情况下，可能会执行 schedule。抢占被禁止的情况下，不会执行 schedule。如果内核是不可抢占的（CONFIG_PREEMPT=n），进程在内核态执行不会被抢占。

__schedule 是进程切换的核心，核心逻辑如下。

```
void __schedule(unsigned int sched_mode)
{
    struct task_struct *prev, *next;
    struct rq_flags rf;
    struct rq * rq;
    int cpu;
    cpu = smp_processor_id();
    rq = cpu_rq(cpu);
    prev = rq->curr;

    local_irq_disable();
    rq_lock(rq, &rf);
    update_rq_clock(rq);
```

```
    prev_state = READ_ONCE(prev->_state);
    if (!(sched_mode & SM_MASK_PREEMPT) && prev_state) {      //1
        if (signal_pending_state(prev->state, prev)) {
            WRITE_ONCE(prev->_state, TASK_RUNNING);
        } else {
            deactivate_task(rq, prev, DEQUEUE_SLEEP | DEQUEUE_NOCLOCK);
        }
    }
    next = pick_next_task(rq, prev, &rf);      //2
    clear_tsk_need_resched(prev);
    clear_preempt_need_resched();

    if (likely(prev != next)) {      //3
        rq->nr_switches++;
        RCU_INIT_POINTER(rq->curr, next);

        rq = context_switch(rq, prev, next, &rf);
    }
}
```

如果进程因为占用 CPU 的时间到了（即结束）而被抢占，进程依然会处于可运行状态（TASK_RUNNING），但如果进程是因为等待资源等原因放弃 CPU，一般需要更改它的状态，比如 wait_event_interruptible 会将进程状态置为 TASK_INTERRUPTIBLE，然后调用 schedule，这种情况下进程不能再插入可运行队列。第 1 步就对应这种情况，deactivate_task 会调用 dequeue_task，进而调用 sched_class 的 dequeue_task 将进程从可运行队列删除。

第 2 步，调用 pick_next_task 选择下一个将要占用 CPU 执行的进程。它调用 __pick_next_task 实现，后者的主要逻辑如下。

```
struct task_struct *
pick_next_task(struct rq *rq, struct task_struct *prev, struct rq_flags *rf)
{
    const struct sched_class *class;
    struct task_struct *p;
    if (likely(!sched_class_above(prev->sched_class, &fair_sched_class) &&
            rq->nr_running == rq->cfs.h_nr_running)) {
        p = pick_next_task_fair(rq, prev, rf);
        if (unlikely(p == RETRY_TASK))
            goto restart;
        if (!p) {
            put_prev_task(rq, prev);
            p = pick_next_task_idle(rq);
        }
        return p;
    }
restart:
    put_prev_task_balance(rq, prev, rf);
    for_each_class(class) {
        p = class->pick_next_task(rq);
        if (p)
```

```
        return p;
    }
    BUG();
}
```

pick_next_task 比较有趣，它首先判断 rq 的可运行进程的数量是否与完全公平队列的可运行进程的数量相等，相等则意味着其他几个调度类并没有可运行进程，直接调用 pick_next_task_fair 选择下一个进程即可。

如果其他调度类存在可运行进程，那么按照 sched_class 的优先级顺序先后调用它们的 pick_next_task 选择下一个进程，找到即止。这里又一次体现了 sched_class 的优先级，也实现了进程的优先级机制。比如实时进程和普通进程分别由 rt_sched_class 和 fair_sched_class 管理，rt_sched_class 的优先级更高，所以实时进程一般会优先执行。类似的事情在我们生活中比比皆是，总会有一群人享受优先占用资源的便利，有些情况是为了整体利益最大化，有些则不一定。程序的世界虽然相对简单，内核有一视同仁的准则，但进程的优先级很大程度上掌握在程序员手中，程序员也应该从系统角度出发，不可仅考虑自身模块，还需要一定的"假公济私"。

第 2 步 pick_next_task 完成后，prev 对应当前进程，next 对应下一个将要执行的情况。

第 3 步，context_switch 是整个 __schedule 的核心，主要逻辑如下。

```
struct rq * context_switch(struct rq * rq, struct task_struct * prev,
        struct task_struct * next, struct rq_flags * rf){

    WRITE_ONCE(next->on_cpu, 1); //prepare_task_switch --- prepare_task
    if (!next->mm) {    //3.1
        enter_lazy_tlb(prev->active_mm, next);
        next->active_mm = prev->active_mm;
        if (prev->mm)
            mmgrab(prev->active_mm);
        else
            prev->active_mm = NULL;
    } else {
        membarrier_switch_mm(rq, prev->active_mm, next->mm);
        switch_mm_irqs_off(prev->active_mm, next->mm, next);
        lru_gen_use_mm(next->mm);

        if (!prev->mm) {
            rq->prev_mm = prev->active_mm;    //标签 1
            prev->active_mm = NULL;
        }
    }
    /* Here we just switch the register state and the stack. */
    switch_to(prev, next, prev);    //3.2

    return finish_task_switch(prev);    //3.3
}
```

我们说过内核线程不会独立管理内存，它们的 task_struct 的 mm 字段为 NULL，3.1 判断 next 是否为内核线程，如果是，则以 prev 的有效内存（active_mm）作为它的有效内存，而且不需要切换内存（pgd 等），只需要增加 mm_struct 的 mm_count 的引用计数。内核线程不会访问用户空间的内存，而各进程的内核空间的内存是相同的，所以内核线程使用上一个进程的内存是可行的。

如果 next 不是内核线程，则调用 switch_mm_irqs_off 切换内存。

如果 prev 是内核线程，它将要被 next 替代，所以没有必要再为它保留 active_mm，但是在它之前被调度执行时，mm_count 的引用计数被增加了，可能导致 active_mm 不能被完全释放，rq->prev_mm = prev->active_mm 将它传递给 rq（标签 1），进程切换完成后根据 mm_count 的值做进一步处理。

3.2 步的 switch_to 是精髓，下面逐行分析。考虑到经验丰富的工程师对旧版的 switch_to 比较熟悉，此处保留旧版内核的实现。

1. 3.10 版内核

switch_to 是一个宏，这点很重要，因为宏不像函数需要参数传递，prev、next、prev 三个参数，前两个是输入参数，第三个是输出参数。尽管 3.3 步使用的 prev 与 3.2 步的 prev 是相同的，看似输出参数并没有什么改变，但过程还是有曲折的。

我们假设当前是从进程 A 切换到进程 B，分别以 a 和 b 表示它们的 task_struct，进入 switch_to 之前，a 等于 prev，b 等于 next。

switch_to 与平台相关，以 x86 为例，如下。

```
#define switch_to(prev, next, last)                              \
do {                                                             \
#1  unsigned long ebx, ecx, edx, esi, edi;                       \
#2                                                               \
#3  asm volatile("pushfl\n\t"/* save    flags */                 \
#4          "pushl %%ebp\n\t"/* save    EBP  */                  \
#5          "movl %%esp,%[prev_sp]\n\t"/* save    ESP  */        \
#6          "movl %[next_sp],%%esp\n\t"/* restore ESP  */        \
#7          "movl $1f,%[prev_ip]\n\t"/* save    EIP  */          \
#8          "pushl %[next_ip]\n\t"/* restore EIP  */             \
#9          __switch_canary                                      \
#10         "jmp __switch_to\n"/* regparm call  */               \
#11         "1:\t"\
#12         "popl %%ebp\n\t"/* restore EBP  */                   \
#13         "popfl\n"/* restore flags */                         \
#14                                                              \
#15         /* output parameters */                              \
#16         :[prev_sp] "=m" (prev->thread.sp),                   \
#17          [prev_ip] "=m" (prev->thread.ip),                   \
#18             "=a" (last),                                      \
#19                                                              \
#20          /* clobbered output registers: */                   \
#21          "=b" (ebx), "=c" (ecx), "=d" (edx),                  \
#22          "=S" (esi), "=D" (edi)                               \
#23                                                              \
#24          __switch_canary_oparam                               \
#25                                                              \
#26          /* input parameters: */                              \
#27         :[next_sp]  "m" (next->thread.sp),                   \
#28          [next_ip]  "m" (next->thread.ip),                   \
```

```
#29                                                              \
#30            /* regparm parameters for __switch_to(): */       \
#31            [prev]   "a" (prev),                              \
#32            [next]   "d" (next)                               \
#33                                                              \
#34            __switch_canary_iparam                           \
#35 \
#36            : /* reloaded segment registers */               \
#37            "memory");                                        \
} while (0)
```

第 3~5 行，保存 A 进程的 eflags、ebp 和 esp（Extended Stack Pointer，栈指针）寄存器，其中 eflags 和 ebp 保存在当前的栈中，esp 保存在 a->thread.sp 中，如下。

第 6 行，将之前保存的 b->thread.sp 赋值给 esp 寄存器，这意味着当前栈切换为 B 进程的内核栈，从此开始实际上就已经是 B 在执行了。

第 7 行，将标号 1 处（第 11~13 行）的代码地址存入 a->thread.ip。

第 8 行，将 b->thread.ip 入栈，这样第 10 行 jmp __switch_to 返回之后会执行 b->thread.ip 处的代码。b->thread.ip 可能有两种情况，第一种情况，B 之前被调度过（调用 schedule 被其他进程替换），此时 b->thread.ip 就等于标号 1 处的代码地址（第 7 行）。第二种情况，B 是新进程，第一次被调度执行，此时 b->thread.ip 指向 ret_from_fork（非内核线程）或者 ret_from_kernel_thread（内核线程）。

__switch_to 的核心任务如下。

```
struct task_struct *
__switch_to(struct task_struct *prev_p, struct task_struct *next_p)
{
    int cpu = smp_processor_id();
    struct tss_struct *tss = &per_cpu(init_tss, cpu);
    load_sp0(tss, next);
    this_cpu_write(current_task, next_p);

    return prev_p;
}
```

__switch_to 将 b 赋值给每 cpu 变量 current_task，也就是 x86 上 current 宏的实现原理。函数的返回值是 a，赋值给 eax 寄存器。

从第 6 行开始，代码已经执行在 B 的栈中，不过 prev 是局部变量，它依然属于 a 进程的栈，因为 ebp 寄存器还没有更换（局部变量是通过 ebp + offset 来引用的）。

__switch_to 返回后，执行 b->thread.ip 处的代码，显然也有两种情况。第一种情况，如果 B 被调度过（假设之前替换它执行的是进程 C，以 c 表示它的 task_struct），它接下来执行第 12 行 popl %ebp 更换 ebp 寄存器，局部变量也会跟着切换。B 之前调用 schedule 后，它栈中的局部变量 prev 等于 b，next 等于 c，a 不再是它的局部变量，但 B 后续仍然需要使用 a（3.3 步），__switch_to 返回它（eax 寄存器），然后再赋值给 prev 局部变量（第 18 行，"=a"（last），也就是 switch_to 宏的第 3 个参数）。

switch_to 宏结束后，3.3 步，调用 finish_task_switch，处理 A 被切换后遗留的问题，主要逻辑如下。

```
void finish_task_switch(struct rq * rq, struct task_struct * prev)
{
    struct mm_struct * mm = rq->prev_mm;
    long prev_state;
    rq->prev_mm = NULL;
    prev_state = prev->state;

    if (mm)
        mmdrop(mm);
    if (unlikely(prev_state == TASK_DEAD)) {
        put_task_struct(prev);
    }
}
```

第二种情况，B 是新进程，b->thread.ip 处的代码是 ret_from_fork 或者 ret_from_kernel_thread，ret_from_fork 如下。

```
ENTRY(ret_from_fork)
#1    CFI_STARTPROC
#2    pushl_cfi %eax
#3    call schedule_tail
#4    GET_THREAD_INFO(%ebp)
#5    popl_cfi %eax
#6    pushl_cfi $0x0202        # Reset kernel eflags
#7    popfl_cfi
#8    jmp syscall_exit
#9    CFI_ENDPROC
END(ret_from_fork)
```

a 保存在 eax 寄存器中，第 2 行将其入栈，第 3 行调用 schedule_tail，后者调用 finish_task_switch 和 post_schedule，这点与情况一类似，毕竟切换到 B 后都需要为 A 处理遗留问题。

第 4 行，GET_THREAD_INFO 设置 ebp 寄存器为 B 的内核栈起始地址，宏定义如下。

```
#define GET_THREAD_INFO(reg) \
    movl $-THREAD_SIZE, reg; \
    andl %esp, reg
```

第 8 行，syscall_exit 使 B 到用户空间继续执行。

2. 5.x 版和 6.x 版内核

switch_to 由 __switch_to_asm 实现，如下。

```
#define switch_to(prev, next, last)                              \
do {                                                             \
    ((last) = __switch_to_asm((prev), (next)));                  \
} while (0)
```

__switch_to_asm 也是汇编语言实现的，如下。

```
ENTRY(__switch_to_asm)
#1    pushl    %ebp
#2    pushl    %ebx
#3    pushl    %edi
#4    pushl    %esi
```

```
#5
#6      movl%esp, TASK_threadsp(%eax)
#7      movlTASK_threadsp(%edx), %esp
#8
#9      FILL_RETURN_BUFFER %ebx, RSB_CLEAR_LOOPS, X86_FEATURE_RSB_CTXSW
#10
#11
#12     popl%esi
#13     popl%edi
#14     popl%ebx
#15     popl%ebp
#16
#17     jmp__switch_to
END(__switch_to_asm)
```

整个过程的原理与 3.10 版本的内核一样，不过看起来更加简洁。

前 6 行，保存 prev 的寄存器。

第 7 行，切换至 next 的 esp，栈切换完成。

第 12~15 行，将之前保存在 next 栈中的寄存器值 pop 到对应寄存器。

总结，整个进程切换的过程中，可能会涉及 sched_class 的 dequeue_task、put_prev_task、pick_next_task、post_schedule 和 task_dead 操作。

14.3 stop 调度类

整个进程调度的过程中，涉及了 sched_class 的很多操作，它们在调度过程中扮演着重要的角色。每个 sched_class 都会根据它们代表的进程的需求，针对性地定制这些操作，我们接下来按照优先级顺序逐个分析它们。需要说明的是，这里只是列举了几个常用的事件，不要把思路局限于此，这些操作可能还用于其他使用场景，比如 14.8 节中的 set_user_nice 也会调用 dequeue 和 enqueue等操作。

各 sched_class 定义操作时，使用的函数名基本按照"操作名_class 名"形式，比如 stop_sched_class 的 pick_next_task 对应的函数为 pick_next_task_stop。

stop_sched_class（以下简称 stop 类）代表优先级最高的进程，它实际上只定义了 pick_next_task_stop 和 put_prev_task_stop 等，enqueue_task_stop 和 dequeue_task_stop 也只是操作了 rq 的 nr_running字段而已，其余的绝大多数操作要么没有定义，要么为空。

task_tick_stop 为空，说明时钟中断对 stop 类代表的进程没有影响，理论上占用 CPU 无时间限制。check_preempt_curr_stop 也为空，说明没有进程可以抢占它。

enqueue_task_stop 和 dequeue_task_stop 的策略说明进程不可能通过 wakeup 类函数变成 stop 类管理的进程。实际上，一般只能通过调用 sched_set_stop_task 函数指定进程的 sched_class 为 stop 类，该函数会将进程的 task_struct 赋值给 rq 的 stop 字段，这意味着对一个 rq 而言，同一时刻最多只能有一个 stop 进程。这样一来，新的 stop 进程会将老的顶掉，老的进程的调度类会被指定为 rt_sched_class，也就是实时调度类。

pick_next_task_stop 判断 rq->stop 是否存在，如果存在且 stop->on_rq 等于 TASK_ON_RQ_QUEUED，返回 stop，否则返回 NULL。

总结，只要 stop 进程存在，且没有睡眠，它就是最高优先级，不受运行时间限制，也不会被抢占，鉴于它如此强大的"背景"，一般进程是不可能享受类似待遇的，少数场景如 hotplug 才有可能使用它。

14.4 实时调度类

rt_sched_class（以下简称 rt 类）比 stop_sched_class 的功能丰富许多，它管理实时进程。

之前在 12.2 数据结构一节介绍过，sched_rt_entity 结构体充当 rq 和 task_struct 的媒介，如图 14-3 所示。

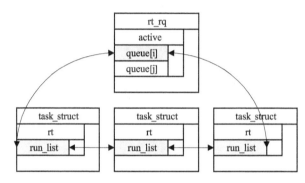

图 14-3　rt_rq 和 task_struct 关系图

14.4.1　优先级和抢占

enqueue_task_rt 的主要任务很显然就是要建立上图中的关系，如下。

```
void enqueue_task_rt(struct rq * rq, struct task_struct *p, int flags)
{
    struct sched_rt_entity * rt_se = &p->rt;
    enqueue_rt_entity(rt_se, flags);
    if (! task_current(rq, p) && p->nr_cpus_allowed > 1)
        enqueue_pushable_task(rq, p);
}
```

enqueue_rt_entity 的任务就是将 rt_se 插入到进程优先级（p->prio）对应的链表中。如果进程不是 rq 当前执行的进程，且它可以在其他 rq 上执行，enqueue_pushable_task 将进程（p->pushable_tasks）按照优先级顺序插入 rq->rt.pushable_tasks 链表中（优先级高的进程在前，链表的处理见下），并根据情况更新 rq->rt.highest_prio.next 字段。

check_preempt_curr_rt 判断进程 p 是否应该抢占目标 rq 当前正在执行的进程，如果 p 的优先级更高，则调用 resched_curr（rq）请求抢占 rq。如果二者优先级相等（意味着都是实时进程），且当前进程的 TIF_NEED_RESCHED 标记没有置位，调用 check_preempt_equal_prio。如果 rq->curr 可以在其他 CPU 上执行（可迁移），而 p 不可以（不可迁移），check_preempt_equal_prio 也会调用 resched_curr（rq），这样 p 可以在目标 CPU 上执行，rq->curr 换一个 CPU 继续执行。

check_preempt_curr_rt 可以抢占普通进程，也可以抢占实时进程。

task_woken_rt 在满足一系列条件的情况下，调用 push_rt_tasks，如下。

```
void task_woken_rt(struct rq * rq, struct task_struct *p)
{
```

```
    if (!task_on_cpu(rq, p) &&
        !test_tsk_need_resched(rq->curr) &&
        p->nr_cpus_allowed > 1 &&
        (dl_task(rq->curr) || rt_task(rq->curr)) &&
        (rq->curr->nr_cpus_allowed < 2 ||
        rq->curr->prio <= p->prio))
        push_rt_tasks(rq);
}
```

注意，此时的 rq 指的并不是当前进程的 rq，而是被唤醒的进程所属的 rq，二者可能不同。

满足以上条件的情况下，push_rt_tasks 循环执行 push_rt_task(rq)直到它返回 0。其中一个条件是 dl_task(rq->curr) || rt_task(rq->curr)，也就是说 task_woken_rt 只会在 rq 正在执行实时进程或者最后期限进程的时候才会考虑 push_rt_tasks。

push_rt_task 选择 rq->rt.pushable_tasks 链表上的进程，判断它的优先级是否比 rq 当前执行的进程优先级高，如果是则调用 resched_curr 请求进程切换，返回 0；否则调用 find_lock_lowest_rq 尝试查找另一个合适的 rq，记为 lowest_rq，找到则切换被唤醒进程的 rq 至 lowest_rq，然后调用 resched_curr（lowest_rq）请求抢占 lowest_rq。

所以，task_woken_rt 可能抢占进程所属的 rq，也有可能抢占其他 rq。当然了，抢占其他 rq 并不是没有要求的，find_lock_lowest_rq 查找 lowest_rq 的最基本要求就是 lowest_rq->rt.highest_prio. curr > p->prio，也就是进程的优先级比 rq 上的进程的优先级都高。

不难发现，内核将可以在多个 CPU 上执行的（p->nr_cpus_allowed > 1）实时进程划为一类，称作 pushable tasks，并给它们定制了特殊的机制。它们比较灵活，如果抢占不了目标 rq，则尝试抢占其他可接受的 rq，也可以在一定的条件下，让出 CPU，选择其他 CPU 继续执行，这样的策略无疑可以减少实时进程的等待时间。

14.4.2 task_tick_rt 函数

task_tick_rt 在时钟中断时被调用，主要逻辑如下。

```
void task_tick_rt(struct rq * rq, struct task_struct *p, int queued)
{
    struct sched_rt_entity * rt_se = &p->rt;

    update_curr_rt(rq);    //1
    update_rt_rq_load_avg(rq_clock_pelt(rq), rq, 1);
    if (p->policy != SCHED_RR)    //2
        return;
    if (--p->rt.time_slice)    //3
        return;

    p->rt.time_slice = sched_rr_timeslice;    //4
    for_each_sched_rt_entity(rt_se) {
        if (rt_se->run_list.prev != rt_se->run_list.next) {
            requeue_task_rt(rq, p, 0);
            resched_curr(rq);
            return;
        }
    }}
```

第 1 步，update_curr_rt 更新时间，主要逻辑如下。

```
void update_curr_rt(struct rq * rq)
{
    //省略变量定义、同步等
    struct task_struct * curr = rq->curr;
    struct sched_rt_entity * rt_se = &curr->rt;
    now = rq->clock_task; //rq_clock_task
    delta_exec = now - curr->se.exec_start;
    curr->se.sum_exec_runtime += delta_exec; //update_current_exec_runtime
    curr->se.exec_start = now;

    if (!rt_bandwidth_enabled())
        return;

    for_each_sched_rt_entity(rt_se) {
        struct rt_rq * rt_rq = rt_rq_of_se(rt_se);
        if (sched_rt_runtime(rt_rq) != RUNTIME_INF) {
            rt_rq->rt_time += delta_exec;
            exceeded = sched_rt_runtime_exceeded(rt_rq);
            if (exceeded)
                resched_curr(rq);
            if (exceeded)
                do_start_rt_bandwidth(sched_rt_bandwidth(rt_rq));
        }
    }
}
```

update_curr_rt 引入了实时进程带宽（rt bandwidth）的概念，为了不让普通进程"饿死"，默认情况下 1 秒（sysctl_sched_rt_period）时间内，实时进程总共可占用 CPU 0.95 秒（sysctl_sched_rt_runtime）。

rt_rq->rt_time 表示一个时间间隔（1s）内，实时进程累计执行的时间，sched_rt_runtime_exceeded判断该时间是否已经超过 0.95s（rt_rq->rt_runtime），如果是，将 rt_rq->rt_throttled 置 1，并返回 1；这种情况下 update_curr_rt 会调用 resched_curr 申请切换进程。

update_curr_rt 只是增加了 rt_rq->rt_time，1s 时间间隔的逻辑是如何实现的呢？答案是有一个 hrtimer 定时器（rt_bandwidth 的 rt_period_timer 字段），它会执行 sched_rt_period_timer 函数，由它来配合调整 rt_rq->rt_time，并在一定的条件下清除 rt_rq->rt_throttled 让实时进程可以继续执行。

task_tick_rt 的第 2 步，如果进程的调度策略不是 SCHED_RR，函数直接返回。实时进程共有 SCHED_FIFO（先到先服务）和 SCHED_RR（时间片轮转）两种调度策略，这说明采用 SCHED_FIFO 策略的进程除了受带宽影响之外，不受执行时间限制。

一个 SCHED_RR 策略的实时进程的时间片由 task_struct 的 rt.time_slice 字段表示，初始值为 sched_rr_timeslice，等于 100 * HZ / 1000，也就是 100ms。每一次 tick，rt.time_slice 就会减 1（第 3 步），如果减 1 后它仍大于 0，说明进程的时间片还没有用完，继续执行；如果等于 0，说明分配给进程的时间片已经用完了。

第 4 步，将 rt.time_slice 恢复至 sched_rr_timeslice，将进程移动到优先级链表（rt_rq->active. queue［prio］）的尾部，这样下次调度优先执行链表中其他进程，然后调用 resched_curr 申请切换进程。

14.4.3 选择下一个进程

pick_next_task_rt 尝试选择一个实时进程，展开如下。

```
struct task_struct *
pick_next_task_rt(struct rq * rq, struct task_struct *prev, struct rq_flags * rf)
{
    struct rt_rq * rt_rq  = &rq->rt;
    struct rt_prio_array * array = &rt_rq->active;
    struct sched_rt_entity * rt_se = NULL;
    struct list_head * queue;

    idx = sched_find_first_bit(array->bitmap);
    queue = array->queue + idx;
    rt_se = list_entry(queue->next, struct sched_rt_entity, run_list);

    p = rt_task_of(rt_se);
    p->se.exec_start = rq->clock_task;
    return p;
}
```

查找优先级链表中优先级最高的非空链表，获取链表上第一个进程，更新它的执行时间，然后将它返回。同一个链表上的进程，按照先后顺序依次执行，呼应了 SCHED_RR 策略（用光了时间片的进程插入到链表尾部）。

14.5 【图解】完全公平调度类

fair_sched_class 用于管理普通进程的调度，它的调度方式又被称为完全公平调度（Completely Fair Scheduler，CFS）。完全公平是理论上的，所有的进程同时执行，每个占用等份的一小部分 CPU 时间。实际的硬件环境中这种假设是不可能满足的，而且进程间由于优先级不同，本身就不应该平均分配，所以 CFS 引入了虚拟运行时间（virtual runtime）的概念。

虚拟运行时间是 CFS 挑选进程的标准，由实际时间结合进程优先级转换而来，由 task_struct 的 se.vruntime 字段表示，vruntime 小的进程优先执行。

该转换与 task_struct 的 se.load 字段有关，类型为 load_weight，它有 weight 和 inv_weight 两个字段，由 set_load_weight 函数设置，精简后如下。

```
void set_load_weight(struct task_struct *p, bool update_load)
{
    int prio = p->static_prio - MAX_RT_PRIO;
    struct load_weight * load = &p->se.load;
    load->weight = scale_load(sched_prio_to_weight[prio]);
    load->inv_weight = sched_prio_to_wmult[prio];
}
```

sched_prio_to_weight 和 sched_prio_to_wmult 两个数组分别如下。

```
static const int sched_prio_to_weight[40] = {
/* -20 */        88761,      71755,      56483,      46273,      36291,
/* -15 */        29154,      23254,      18705,      14949,      11916,
```

```
/* -10 */        9548,       7620,       6100,       4904,       3906,
/*  -5 */        3121,       2501,       1991,       1586,       1277,
/*   0 */        1024,        820,        655,        526,        423,
/*   5 */         335,        272,        215,        172,        137,
/*  10 */         110,         87,         70,         56,         45,
/*  15 */          36,         29,         23,         18,         15,
};
static const u32 sched_prio_to_wmult[40] = {
/* -20 */       48388,      59856,      76040,      92818,     118348,
/* -15 */      147320,     184698,     229616,     287308,     360437,
/* -10 */      449829,     563644,     704093,     875809,    1099582,
/*  -5 */     1376151,    1717300,    2157191,    2708050,    3363326,
/*   0 */     4194304,    5237765,    6557202,    8165337,   10153587,
/*   5 */    12820798,   15790321,   19976592,   24970740,   31350126,
/*  10 */    39045157,   49367440,   61356676,   76695844,   95443717,
/*  15 */   119304647,  148102320,  186737708,  238609294,  286331153,
};
```

数组中的每一个元素对应一个进程优先级，数组的下标与 p->static_prio - MAX_RT_PRIO 相等。普通进程的优先级（static_prio）范围为［100，140），优先级越高，weight 越大，inv_weight 越小，weight 和 inv_weight 的乘积约等于 2^{32}。

以优先级等于 120 的进程作为标准，它的实际时间和虚拟时间相等。其他进程需要在此基础上换算，由 calc_delta_fair 函数完成，片段如下。

```
if (unlikely(se->load.weight != NICE_0_LOAD))
    delta = __calc_delta(delta, NICE_0_LOAD, &se->load);
return delta;
```

NICE_0_LOAD 等于 prio_to_weight［120-100］，也就是 1024，不考虑数据溢出等因素的情况下，__calc_delta 可以粗略简化为 delta *= NICE_0_LOAD/（se->load.weight）。同样的 delta，weight 越大的进程，转换后得到的时间越小，也就是说进程优先级越高，它的虚拟时间增加得越慢，而虚拟时间越小的进程越先得到执行，由此可见，CFS 确实优待了优先级高的进程。

之前在 12.2 数据结构一节说过，task_struct 是通过 sched_entity 结构体与 cfs_rq 建立联系的，事实上 sched_entity 的功能不局限于此，主要字段见表 14-11。

表 14-11　sched_entity 字段表

字　段	类　型	描　述
load	load_weight	load weight，已介绍
run_node	rb_node	将它链接到 cfs_rq 的红黑树中
on_rq	unsigned int	是否在 rq 上
exec_start	u64	上次更新时的时间，实际时间
sum_exec_runtime	u64	总共执行的时间，实际时间
vruntime	u64	virtual runtime，虚拟时间
prev_sum_exec_runtime	u64	被调度执行时的总执行时间，实际时间

有了上面的理论基础，下面分析 fair_sched_class 的操作。

14.5.1 task_fork_fair 函数

task_fork_fair 在普通进程被创建时调用，主要逻辑如下。

```
void task_fork_fair(struct task_struct *p)
{
    struct cfs_rq *cfs_rq;
    struct sched_entity *se = &p->se, *curr;
    struct rq *rq = this_rq();
    //省略同步等
    update_rq_clock(rq);     //1

    cfs_rq = task_cfs_rq(current);
    curr = cfs_rq->curr;
    if (curr) {
        update_curr(cfs_rq);     //2
        se->vruntime = curr->vruntime;     //3
    }

    place_entity(cfs_rq, se, 1);     //4

    if (sysctl_sched_child_runs_first && curr && entity_before(curr, se)) {
        swap(curr->vruntime, se->vruntime);
        resched_curr(rq);
    }

    se->vruntime -= cfs_rq->min_vruntime;     //5
}
```

task_fork_fair 本身并不复杂，但它涉及了理解 CFS 的两个重点。

第 2 步，update_curr 更新 cfs_rq 和它当前执行进程的信息，是 CFS 中比较重要的函数，展开如下。

```
void update_curr(struct cfs_rq *cfs_rq)
{
    struct sched_entity *curr = cfs_rq->curr;
    u64 now = rq_of(cfs_rq)->clock_task;

    delta_exec = now - curr->exec_start;
    curr->exec_start = now;
    curr->sum_exec_runtime += delta_exec;
    curr->vruntime += calc_delta_fair(delta_exec, curr);
    update_min_vruntime(cfs_rq);
}
```

clock_task 是在第 1 步中通过 update_rq_clock 函数更新的，curr->exec_start 表示进程上次 update_curr 的时间，二者相减得到时间间隔 delta_exec。delta_exec 是实际时间，可以直接加到 curr->sum_exec_runtime 上，增加进程的累计运行时间；但它必须通过 calc_delta_fair 函数转换为虚拟时间，才可以加到 curr->vruntime 上。

update_min_vruntime 会更新 cfs_rq->min_vruntime，又是一个重点，主要逻辑如下。

```
void update_min_vruntime(struct cfs_rq * cfs_rq)
{
    struct sched_entity * curr = cfs_rq->curr;
    struct rb_node * leftmost = rb_first_cached(&cfs_rq->tasks_timeline);
    u64 vruntime = cfs_rq->min_vruntime;

    if (curr) {
        if (curr->on_rq)
            vruntime = curr->vruntime;
        else
            curr = NULL;
    }

    if (leftmost) {
        struct sched_entity * se = __node_2_se(leftmost);

        if (!curr)
            vruntime = se->vruntime;
        else
            vruntime = min_vruntime(vruntime, se->vruntime);
    }
    u64_u32_store(cfs_rq->min_vruntime,
            max_vruntime(cfs_rq->min_vruntime, vruntime));
}
```

cfs_rq->min_vruntime 一般是单调递增的，可以理解为 cfs_rq 上可运行状态的进程中，最小的 vruntime。可运行状态的进程包含两部分，一部分是进程时间轴红黑树上的进程，还有一个就是 cfs_rq 正在执行的进程（它并不在红黑树上）。update_min_vruntime 用于比较当前进程和红黑树最左边进程的 vruntime，然后取小。

读者应该猜到了进程时间轴红黑树是按照进程的 vruntime 来排序的，较小者居左。

第 4 步，place_entity 计算 se->vruntime，如下。

```
void place_entity(struct cfs_rq * cfs_rq, struct sched_entity * se, int initial)
{
    u64 vruntime = cfs_rq->min_vruntime;
    if (initial && sched_feat(START_DEBIT))
        vruntime += sched_vslice(cfs_rq, se);      //标签 1
    if (!initial) {
        unsigned long thresh;
        if (se_is_idle(se))
            thresh = sysctl_sched_min_granularity;
        else
            thresh = sysctl_sched_latency;
        if (sched_feat(GENTLE_FAIR_SLEEPERS))
            thresh >>= 1;
        vruntime -= thresh;
    }
    se->vruntime = max_vruntime(se->vruntime, vruntime);
}
```

进程被创建的时候，initial 等于 1，se->vruntime 等于 cfs_rq->min_vruntime 加上 sched_vslice（cfs_rq，se），sched_vslice 根据进程优先级和当前 cfs_rq 的情况计算得到进程期望得到的虚拟运行时间。

如果进程因为之前睡眠被唤醒，place_entity 也会为它计算 vruntime，initial 等于 0，se->vruntime 等于 cfs_rq->min_vruntime 减去 thresh，算是对睡眠进程的"奖励"。所以，是时候优化下那些 while（true）的程序了，不需要执行的时候适当睡眠无论对程序本身还是对系统都有好处。

第 5 步，从 se->vruntime 中减去 cfs_rq->min_vruntime，等于 sched_vslice（cfs_rq，se）（标签 1）。task_fork_fair 执行时，由于新进程还不是"完全体"，因此不能插入 cfs_rq 的进程时间轴红黑树中。

14.5.2　enqueue_task 和 check_preempt

enqueue_task_fair 调用 enqueue_entity 将进程插入进程优先级红黑树，主要逻辑如下。

```
void enqueue_entity(struct cfs_rq * cfs_rq, struct sched_entity * se, int flags)
{
    bool renorm = !(flags & ENQUEUE_WAKEUP) || (flags & ENQUEUE_MIGRATED);
    bool curr = cfs_rq->curr == se;
    if (renorm && curr)    //1
        se->vruntime += cfs_rq->min_vruntime;

    update_curr(cfs_rq);    //2

    if (renorm && !curr)
        se->vruntime += cfs_rq->min_vruntime;
    if (flags & ENQUEUE_WAKEUP)    //3
        place_entity(cfs_rq, se, 0);
    if (!curr)    //4
        __enqueue_entity(cfs_rq, se);
    se->on_rq = 1;
}
```

如果不是之前睡眠被唤醒，执行 enqueue_entity 第 1 步，结果是 vruntime += cfs_rq->min_vruntime；如果进程之前睡眠，执行 enqueue_entity 第 3 步，调用 place_entity，结果是 se->vruntime = cfs_rq->min_vruntime - thresh。

第 4 步，__enqueue_entity 根据 se->vruntime 将 se 插入进程优先级红黑树，vruntime 值越小越靠左，如果新插入的进程的 vruntime 最小，更新 cfs_rq->tasks_timeline.rb_leftmost 使其指向 se。

check_preempt_wakeup（fair_sched_class 的 check_preempt_curr 操作，"操作名_class 名"的特例）调用 update_curr 并在以下两种情况下会调用 resched_curr 申请切换进程。

第 1 种，rq->curr->policy == SCHED_IDLE 且 p->policy != SCHED_IDLE，采用 SCHED_IDLE 调度策略，就是告诉 CFS"我并不着急"。

第 2 种，进程 p 的 vruntime 比 rq->curr 进程的 vruntime 小的"明显"，是否"明显"，由 wakeup_preempt_entity 函数决定，满足条件函数返回 1，一般是判断差值是否小于 sysctl_sched_wakeup_granularity 转换为虚拟时间之后的值。

14.5.3　task_tick_fair 函数

task_tick_fair 在时钟中断时被调用，调用 entity_tick 实现。entity_tick 先调用 update_curr，如

果 cfs_rq->nr_running > 1，调用 check_preempt_tick 检查是否应该抢占进程，主要逻辑如下。

```
void check_preempt_tick(struct cfs_rq * cfs_rq, struct sched_entity * curr)
{
    unsigned long ideal_runtime, delta_exec;
    struct sched_entity * se;
    s64 delta;

    ideal_runtime = sched_slice(cfs_rq, curr);      //1
    delta_exec = curr->sum_exec_runtime - curr->prev_sum_exec_runtime;   //2
    if (delta_exec > ideal_runtime) {
        resched_curr(rq_of(cfs_rq));
        return;
    }
    if (delta_exec < sysctl_sched_min_granularity)
        return;

    se = _pick_first_entity(cfs_rq);      //3
    delta = curr->vruntime - se->vruntime;

    if (delta < 0)
        return;

    if (delta > ideal_runtime)
        resched_curr(rq_of(cfs_rq));
}
```

第 1 步，调用 sched_slice 计算进程被分配的时间 ideal_runtime。

sched_slice 先调用__sched_period，得到的进程可以执行的时间（记为 slice），该时间与进程优先级无关，只与当前的进程数有关。得到了时间后，sched_slice 再调用__calc_delta 将进程优先级考虑进去，进程最终获得的时间等于 slice * se->load.weight / cfs_rq->load.weight。

进程的优先级越高，weight 越大，获得的执行时间越多，这是 CFS 给高优先级进程的又一个优待。总之，优先级越高的进程，执行的机会越多，可执行的时间越久。

需要说明的是，此处 se->on_rq 等于 1，sched_slice 在 task_fork_fair 的时候也会被调用，计算 sched_vslice，那里 se->on_rq 等于 0。另外，sched_slice 尽管考虑了进程优先级，但它仍然是实际时间。

第 2 步，计算进程获得了执行时间后累计执行的时间 delta_exec，其中 curr->sum_exec_runtime 是在 update_curr 时更新的，curr->prev_sum_exec_runtime 是在进程被挑选执行的时候更新的（见 14.5.4 节的 3.pick_next）。

如果进程已经用完了分配给它的时间，接下来调用 resched_curr 申请切换进程。

如果进程并没有用完它的时间，第 3 步，找到进程优先级红黑树上最左的进程，计算当前进程的 vruntime 和它的 vruntime 的差值 delta，如果 delta 小于 0，当前进程的 vruntime 更小，函数返回，进程继续执行。如果 delta 大于 0，说明当前进程已经不是 CFS 的第一选择，但是它并没有用完自己的时间，这种情况下只要 delta 不大于 ideal_runtime，当前进程继续执行，否则调用 resched_curr 申请切换进程。这么做可以防止进程频繁切换，比如在前面两个进程的 vruntime 接近的情况下，如果不这么做可能会出现二者快速交替执行的情况。

14.5.4　进程切换

切换的流程由 __schedule 函数（见 14.2.4 节）定义，具体的调度类仅决定了回调函数部分，我们分析 dequeue_task_fair、put_prev_task_fair 和 pick_next_task_fair。

1. dequeue_task

dequeue_task_fair 调用 dequeue_entity 实现，它完成如下几步。

1）调用 update_curr。

2）如果进程当前没有占用 CPU（se ！= cfs_rq->curr），调用 __dequeue_entity 从进程优先级红黑树将其删除（如果进程正在执行，它不在红黑树中，见 pick_next）。

3）更改 se->on_rq 为 0。

4）如果进程接下来不会睡眠（！（flags & DEQUEUE_SLEEP）），更新进程的 vruntime，se->vruntime -= cfs_rq->min_vruntime。

一个从不睡眠的普通进程，被 enqueue 的时候，se->vruntime 会加上 cfs_rq->min_vruntime，被 enqueue 的时候，会减去 cfs_rq->min_vruntime。

一加一减，看似回到原状实则不然，enqueue 和 dequeue 的时候 cfs_rq->min_vruntime 可能不一样。试想一种情况，一个进程被 enqueue 之后始终没有得到执行，它的 vruntime 没有变化，过了一段时间，cfs_rq->min_vruntime 变大了，再被 dequeue 的时候，它的 vruntime 就变小了，等待越久 vruntime 就越小。不同的 cfs_rq 的 min_vruntime 可能是不等的，如果进程从一个 CPU 迁移到另一个 CPU 上，采用这种方式可以保证一定程度的公平，因为它考虑到了进程在前一个 CPU 上等待的时间多少。

2. put_prev

put_prev_task_fair 调用 put_prev_entity 实现，它的行为取决于进程的状态，主要逻辑如下。

```
void put_prev_entity(struct cfs_rq *cfs_rq, struct sched_entity *prev)
{
    if (prev->on_rq){
        update_curr(cfs_rq);
        __enqueue_entity(cfs_rq, prev);
    }
    cfs_rq->curr = NULL;
}
```

prev->on_rq 等于 1 还是 0，取决于 prev 进程接下来希望继续执行还是更改状态并睡眠，如果进程是因为执行时间到了被迫让出 CPU，prev->on_rq 等于 1，此时并不会将进程从进程优先级红黑树删除，而是调用 __enqueue_entity 根据它的 vruntime 重新插入红黑树。

进程的状态、是否 on_rq 和是否在红黑树上，读者需要理清这 3 者的关系，以免迷惑，见表 14-12。

表 14-12　on_rq、on Tree 和进程状态关系表

	正 在 执 行	可执行（就绪）	睡　　眠
on_rq	1	1	0
on Tree	0	1	0

prev 之前执行过一段时间，所以它的 vruntime 有所增加，重新插入红黑树中时位置会发生变

化，其他进程可能会得到执行机会。

3. pick_next

CFS 调用 __pick_next_task_fair 选择下一个进程，它调用 pick_next_task_fair，前面的讨论中已经提到了一部分内容，总结如下。

1）调用 pick_next_entity 选择进程优先级红黑树上最左的（cfs_rq-> tasks_timeline.rb_leftmost）进程，实际的过程要复杂一些，我们跳过了 cfs_rq->last、cfs_rq->next 和 cfs_rq->skip 等的讨论。

2）调用 set_next_entity 更新 cfs_rq 当前执行的进程，首先如果进程在红黑树中（se->on_rq），调用 __dequeue_entity 将进程从红黑树中删除（正在执行的进程不在红黑树中），然后更新以下几个字段。

```
se->exec_start = rq_clock_task(rq_of(cfs_rq)); //rq->clock_task;
cfs_rq->curr = se;
se->prev_sum_exec_runtime = se->sum_exec_runtime;
```

14.6　最后期限调度类

最后期限调度类 dl_sched_class 的优先级比实时调度类高，将它放在完全公平调度类后介绍的原因是它与完全公平调度类有更多共同点，但比完全公平调度类简单。

dl_rq 也使用红黑树管理进程，树的根为它的 root.rb_root 字段。

关联 task_struct 和 dl_rt 的是 task_struct 的 dl 字段，类型为 sched_dl_entity，主要字段见表 14-13。

表 14-13　sched_dl_entity 字段表

字　　段	类　　型	描　　述
rb_node	rb_node	将 sched_dl_entity 链接到红黑树
dl_runtime	u64	最大运行时间
dl_deadline	u64	相对截止时间
runtime	s64	剩余运行时间
deadline	u64	绝对截止时间
flags	unsigned int	标志

deadline 是由 dl_deadline 加上当前时间得到的，runtime 随着 task_tick 减少。

cfs_rq 的红黑树比较的是 sched_entity.vruntim，dl_rq 的红黑树比较的则是 sched_dl_entity.deadline，deadline 小的优先执行。

最后期限调度类的 task_fork_dl 定义为空，意味着不能创建一个由最后期限调度类管理的进程。那么 deadline 进程从何而来？一般由已存在的进程调用 sched_setattr 变成 deadline 进程。

```
int sched_setattr(pid_t pid, struct sched_attr * attr, unsigned int flags);
```

14.7　idle 调度类

idle_sched_class 作为优先级最低的 sched_class，它的使命就是没有其他进程需要执行的时候占用 CPU，有进程需要执行的时候让出 CPU。它不接受 dequeue 和 enqueue 操作，只负责 idle 进程，由 rq->idle 指定。pick_next_task_idle 返回 rq->idle，check_preempt_curr_idle 直接调用 resched_curr（rq）。

14.8 进程优先级

task_struct 的 rt_priority、static_prio（静态优先级）、normal_prio（常规优先级）和 prio（动态优先级）字段都与进程优先级相关。

对实时进程而言，如下。

```
p->rt_priority 的可选范围为[1, 99]
p->normal_prio = 99 - p->rt_priority;
p->prio = p->normal_prio;
```

实时进程并不关心 static_prio 的值。prio 比较重要，它是 rt_prio_array.queue 数组的下标。

prio 表示进程的动态优先级，一般情况下与 p->normal_prio 相等，在某些情况下会短暂变化，然后又恢复到与 p->normal_prio 相等，这点对普通进程同样适用。

对普通进程而言，如下。

```
p->rt_priority 等于 0
p->static_prio = MAX_RT_PRIO + 20 + nice;
p->normal_prio = p->static_prio;
p->prio = effective_prio(p);
```

static_prio 对普通进程有重要影响，根据前面的分析，普通进程的 se.load（load_weight）是根据 static_prio 计算的，load_weight 又进一步影响了进程 vruntime 和 slice（进程获得的执行时间）的计算。

对最后期限调度类而言，p->prio 小于 0。

sched_setscheduler 可以改变 task_struct 的 rt_priority、normal_prio 和 prio 的值，但它改变不了 static_prio。static_prio 等于 MAX_RT_PRIO + 20 + nice，nice 值可以由 sched_setattr 系统调用和 nice 系统调用或者其他模块调用 set_user_nice 设置，其中前者通过调用后者实现，nice 值越大进程的静态优先级越低，占用的时间越低，也更 nice（优化）。

内核定义了 NICE_TO_PRIO、PRIO_TO_NICE 和 task_nice 三个宏或函数完成进程优先级和 nice 值的转换、进程的 nice 值的计算，它们都是通过 prio = MAX_RT_PRIO + 20 + nice 等式实现的。

很明显，nice 值的合理范围为 [-20, 19]，nice 系统调用只有一个参数 increment，表示对 nice 的改变，即 nice = TASK_NICE（current）+ increment；得到的 nice 值依然控制在 [-20, 19] 范围内。进程可以增大 nice 值，减小 nice 值则有权限要求。

nice 系统调用最终将改变后的 nice 值传递至 set_user_nice 函数改变进程优先级，主要逻辑如下。

```
void set_user_nice(struct task_struct *p, long nice)
{
    bool queued, running;
    struct rq_flags rf;
    struct rq *rq = task_rq_lock(p, &rf);
    update_rq_clock(rq);
    if (task_has_dl_policy(p) ||task_has_rt_policy(p)) {    //1
        p->static_prio = NICE_TO_PRIO(nice);
        goto out_unlock;
    }
```

```
    queued = task_on_rq_queued(p);
    running = task_current(rq, p);
    if (queued)    //2
    dequeue_task(rq, p, DEQUEUE_SAVE | DEQUEUE_NOCLOCK);
    if (running)
        put_prev_task(rq, p);
    p->static_prio = NICE_TO_PRIO(nice);    //3
    set_load_weight(p);
    old_prio = p->prio;
    p->prio = effective_prio(p);

    if (queued)    //4
        enqueue_task(rq, p, ENQUEUE_RESTORE | ENQUEUE_NOCLOCK);
    if (running)
        set_curr_task(rq, p);
    p->sched_class->prio_changed(rq, p, old_prio);
out_unlock:
    task_rq_unlock(rq, p, &flags);
}
```

需要说明的是，set_user_nice 不仅被 nice 系统调用使用改变当前进程的优先级，也可以用来更改其他进程的优先级，所以它的参数 p 不一定等于 current。

第 1 步，如果进程采用的是实时调度策略，设置它的 static_prio，然后退出函数。虽然实时进程不关心 static_prio，但当它变成普通进程之后，这个改变还是会起效果的。

第 2 步，因为进程的优先级产生变化，如果进程处于 queued 状态则调用 dequeue_task 从 rq 中删除。

第 3 步，改变进程优先级，不考虑特殊情况，prio = normal_prio = static_prio = NICE_TO_PRIO（nice）。

第 4 步，如果进程处于 queued 状态，调用 enqueue_task 将进程重新插入 rq。sched_class->prio_changed 函数根据进程优先级的变化判断是否需要申请进程切换。

14.9 【看图说话】idle 进程

idle 进程完成初始化后，会执行 do_idle。默认情况下，它调用 tick_nohz_idle_enter 使系统进入 dyntick-idle 状态，等待 need_resched 为真，满足条件后调用 tick_nohz_idle_exit 退出 dyntick-idle 状态，然后调度其他进程执行。

进入 dyntick-idle 状态后，do_idle 执行无限循环，只要没有其他进程需要执行就会循环下去。

编译内核的时候 CONFIG_NO_HZ_COMMON 默认为 y，该情况下，无事可做时就会进入 dyntick-idle 状态，如图 14-4 所示。

正常情况下，时钟中断会周期性到来，一个 tick 接一个 tick，但如果 idle 的时候还是处理周期性地时钟中断，势必会造成不必要的耗电。所以为了降低耗电，dyntick-idle 状态下会停止周期性的时钟中断，让下一个时钟中断在合理长的延迟后再到来。该特性的优点显然是省电，但需要注意的是对实时性要求较高的系统并不适用，因为进入和退出 dyntick-idle 状态都是有代价的。

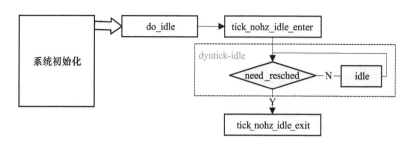

图 14-4　idle 进程流程

第15章

进程通信

进程通信（IPC，InterProcess Communication）一直都是程序员们感兴趣的话题，毕竟单进程程序想要优雅地完成复杂的任务还是有难度的。在进入进程通信的细节前，我们先讨论下进程通信的几个要点。

现实生活中，人与人之间是如何通信的？

第一种场景，面对面聊天，双方分别为我和你。我说话的时候你听，你说话的时候我听，彼此说的话通过空气传播到对方。

第二种场景，牵红线。假如你是"月老"，你要收集男方的信息告诉女方，收集女方的信息告诉男方，然后由双方决定是否继续。对他们而言，你实际上充当了传话筒的角色。

两个场景的共同点就是通信的双方必须可以通过某种方式准确找到对方，进程通信实际也是如此，两个进程可以约定共同的载体，比如文件等，也可以通过特定的数据结构甚至是第 3 个进程实现。

两个场景的不同点是传递消息的过程不同，面对面聊天过程中，双方的消息几乎是共享的，牵红线的场景中，消息可能经过 4 次复制：男到你，你到女；女到你，你到男。不同的进程通信方式也有类似的区别，有些直接共享内存，有些需要传话筒。

15.1 经典的管道

我们从本节开始讨论几种进程通信机制，首先是 pipe（管道），它是一个单向（unidirectional）、半双工（half-duplex）的通信方式，一个写端和一个读端，写端写入、读端读出。虽然有些系统中没有单向的限制，但为了可移植性，请视它为单向。

15.1.1 创建 pipe

使用管道通信只需要创建 pipe，然后就可以把它们当作文件一样操作。创建 pipe 的函数（用户空间）的原型如下，二者的区别仅在于第二个参数，pipe 对应 pipe2 的 flags 参数为 0 的情况。先调用 pipe，然后再使用 fcntl 设置 flags 也是可以的。有效的标志仅限于 O_CLOEXEC、O_NON-BLOCK、O_DIRECT 和 O_NOTIFICATION_PIPE（O_EXCL）4 种。

```
int pipe(int pipefd[2]);
int pipe2(int pipefd[2], int flags);
```

同一个进程利用 pipe 自写自读是可以的，但这几乎毫无意义，经典的使用方式如下。

```
int pipefd[2];
pid_t pid;

if (pipe(pipefd) == -1) {
```

```
        exit(EXIT_FAILURE);
    }

    pid = fork();
    if (pid == -1) {
        exit(EXIT_FAILURE);
    }
    if (pid == 0) {
        close(pipefd[1]);              /* Close unused write end */
        while (read(pipefd[0], &buf, 1) > 0)
            ; //...
         close(pipefd[0]);
         _exit(EXIT_SUCCESS);
    } else {
        close(pipefd[0]);              /* Close unused read end */
        write(pipefd[1], content, strlen(content));
        close(pipefd[1]);
        wait(NULL);
        exit(EXIT_SUCCESS);
    }
```

父进程创建 pipe，得到文件描述符数组 pipefd，pipefd［0］为读端，pipefd［1］为写端（不可更改，见下文 create_pipe_files），然后调用 fork 创建子进程。父进程关闭读端，写入 content，子进程关闭写端，从 pipe 中读取内容。对该 pipe 而言，父进程写，子进程读；如果同时又需要子进程写，父进程读呢？可以考虑再创建另一个 pipe。

操作 pipe 使用的是文件描述符，要保证两个进程能够找到对方，它们的 pipefd［0］和 pipefd［1］都应该指向相同的文件（pipe），所以进程使用 pipe 通信的前提是它们相同的祖先创建了 pipe，或者其中一个是另一个的父进程或祖先。

内核提供了 pipe 和 pipe2 两个系统调用，二者都调用 do_pipe2 实现，理解了使用 pipe 的例子后，读者应该可以猜到，它们的任务是创建特殊的文件供用户空间使用。这让笔者想起了战争片里面一个经常出现的画面，长官下达指令 "给我接 X 号专线"，接线员帮他接通了对面人的线路，二人开始通话，这个专线的两端不就是管道的两端吗，区别仅在于管道是单向的。

do_pipe2 先调用 __do_pipe_flags 创建文件（记为 struct file ＊ files［2］），申请两个 fd（记为 int fd［2］），然后调用 copy_to_user 将它们传递到用户空间（系统调用的第一个参数），最后调用 fd_install 建立 fd 和 file 对象的联系，fd［0］对应 files［0］，fd［1］对应 files［1］。

__do_pipe_flags 调用 create_pipe_files 实现，后者创建两个 pipe 文件，如下。

```
int create_pipe_files(struct file ** res, int flags)
{
    struct inode * inode = get_pipe_inode();     //1
    struct file * f;
    //省略出错处理
    f = alloc_file_pseudo(inode, pipe_mnt, "",
            O_WRONLY |(flags & (O_NONBLOCK |O_DIRECT)),
            &pipefifo_fops);     //2
    f->private_data = inode->i_pipe;

    res[0] = alloc_file_clone(f, O_RDONLY |(flags & O_NONBLOCK),
```

```
            &pipefifo_fops);      //3
    res[0]->private_data = inode->i_pipe;
    res[1] = f;     //4
    stream_open(inode, res[0]);
    stream_open(inode, res[1]);
    return 0;
}
```

创建的文件属于 pipefs 文件系统，它是一个只有简易结构的文件系统，mount 的时候调用 init _ pseudo 初始化了一个"假的"文件系统。

第 1 步，get_pipe_inode 创建文件，它是理解 pipe 的核心，主要逻辑如下。

```
inode * get_pipe_inode(void)
{
    struct inode *inode = new_inode_pseudo(pipe_mnt->mnt_sb);     //1.1
    struct pipe_inode_info *pipe;
    //省略出错处理等
    pipe = alloc_pipe_info();    //1.2
    inode->i_pipe = pipe;     //1.3

    pipe->files = 2;
    pipe->readers = pipe->writers = 1;
    inode->i_fop = &pipefifo_fops;
    inode->i_mode = S_IFIFO | S_IRUSR | S_IWUSR;

    return inode;
}
```

pipe 的核心在于 pipe_inode_info 结构体，第 1.2 步申请一个它的对象，第 1.3 步将它赋值给 inode 的 i_pipe 字段，主要字段见表 15-1。

表 15-1 pipe_inode_info 字段表

字　　段	类　　型	描　　述
rd_wait wr_wait	wait_queue_head_t	等待队列的头
buffers	unsigned int	buffer 的数量上限
head	unsigned int	ring 的写（头）位置
tail	unsigned int	ring 的读（尾）位置
max_usage	unsigned int	可用的 buffer 的上限
ring_size	unsigned int	buffer 的总数
readers	unsigned int	读者的数量
writers	unsigned int	写者的数量
files	unsigned int	引用该文件的 file 对象的数量
bufs	pipe_buffer [*]	可以理解为 pipe_buffer 数组

1.2 步中 alloc_pipe_info 会申请可以存放 16 个 pipe_buffer 的内存，将它的地址赋值给 bufs 字段。

pipe_buffer 结构体本身并不是 buffer，在还没有确定用户需要多大空间传递数据的情况下就申请 16 个 buffer 的设计也不合常理，它的主要字段见表 15-2。

表 15-2　pipe_buffer 字段表

字　　段	类　　型	描　　述
page	page*	一页内存
offset	unsigned int	有效数据在内存页中的起始偏移量
len	unsigned int	有效数据的长度
ops	pipe_buf_operations*	操作

看到 page 字段读者应该猜到了，用到的时候一个 pipe_buffer 申请一页内存作为 buffer，进程通信过程中写的是这些 buffer，读的也是它们，下文中将 pipe_buffer 简称为 buf。

create_pipe_files 的第 2 步创建一个只写的 file，第 3 步创建一个只读的 file，它们的操作为 pipefifo_fops，private_data 字段等于 inode 的 i_pipe，也就是 alloc_pipe_info 得到的 pipe_inode_info 对象。

pipe2 系统调用建立了 fd 和 file 的关联，用户空间只需要直接使用得到的 fd 即可。两个进程随后的通信实际上就是操作文件的读端和写端，所以 pipe 的本质是两个进程读写同一个文件，只不过该文件没有路径而无法打开，只有"看得到" fd 的进程才能使用它。

15.1.2　pipe 的操作

使用 pipe 通信实际就是读写文件，也就是 pipefifo_fops 的 read 和 write 操作。

pipefifo_fops 的 write 操作最终调用的是 pipe_write，主要逻辑如下（代码比较复杂，部分片段用自然语言代替，以#开头）。

```
ssize_t pipe_write(struct kiocb * iocb, struct iov_iter * from)
{
    struct file * filp = iocb->ki_filp;
    struct pipe_inode_info * pipe = filp->private_data;
    ssize_t ret = 0;
    size_t total_len = iov_iter_count(from);
    bool wake_next_writer = false;

    #verify pipe->readers > 0, send SIGPIPE signal to current if not.    //1
    head = pipe->head;
    was_empty = pipe_empty(head, pipe->tail);
    chars = total_len & (PAGE_SIZE-1);    //2
    #try to use curr buf to store chars data.

    for (;;) {
        #verify pipe->readers > 0, send SIGPIPE signal to current if not.
        head = pipe->head;

        //写数据,见第 3 步分析   //3
        if (!pipe_full(head, pipe->tail, pipe->max_usage))    //4
            continue;
        if (filp->f_flags & O_NONBLOCK) {    //5
            if (!ret)
```

```
            ret = -EAGAIN;
            break;
        }
        if (signal_pending(current)) {
            if (!ret)
                ret = -ERESTARTSYS;
            break;
        }
        if (was_empty)
            wake_up_interruptible_sync_poll(&pipe->rd_wait, EPOLLIN | EPOLLRDNORM);
        kill_fasync(&pipe->fasync_readers, SIGIO, POLL_IN);
        wait_event_interruptible_exclusive(pipe->wr_wait, pipe_writable(pipe));    //6
        was_empty = pipe_empty(pipe->head, pipe->tail);
        wake_next_writer = true;
    } //end of loop
out:
    //if do_wakeup, wake up reads.
    return ret;
}
```

代码比较长，但请相信笔者已经尽力缩减了，pipe 是我们介绍的第一种进程通信方式，透彻地分析它方便读者深入地理解其他方式，尤其是它的兄弟 FIFO。

要理解 pipe_write，需要先掌握 pipe 如何管理它的 16 个 buf 的。它按照 bufs 数组（pipe->bufs）元素的先后顺序使用 buf（确切地说是把它当成 ring 使用），每个 buf 容量等于 PAGE_SIZE 字节。向 buf 中写入数据会导致 buf 被占用，前一个 buf 被占用的情况下，才能使用下一个 buf。读取数据也按照相同的顺序，从 buf 中将所有有效信息读出，该 buf 就可以继续使用。

pipe->curbuf 表示包含未读信息的起始 buf，pipe->nrbufs 字段表示包含未读信息的 buf 的数量，下次读从第 curbuf 个 buf 读取，下次写入从第（curbuf + nrbufs − 1）&（pipe->buffers-1）个 buf 写入，如果该 buf 不能继续写入，那么使用第（curbuf + nrbufs）&（pipe->buffers-1）个 buf。当然了，如果所有的 buf 都不能写入，写操作要么等待，要么返回错误。

写 buf 就是从用户空间复制数据到 buf 的内存页中，用户空间的地址为 from-> iov-> iov_base + from->iov_offset。

一个已经包含了未读信息的 buf 能不能继续写入，取决于当前 buf 是否还有足够空间和 pipe 采用的模式。

是否还有足够空间，取决于 buf 当前写到了哪个位置，还需要写多少字节（记为 chars）。buf 已经写到了 offset + len − 1（两个都是 pipe_buffer 的字段），所以如果需要继续使用，应该从 offset + len 位置写起，满足 offset + len + chars 不超过 PAGE_SIZE 即可。

pipe 采用的模式，如果 pipe 的写端 file 对象置位了 O_DIRECT 标志（file->f_flags 字段），pipe 会采用 packet 模式，否则采用普通模式，packet 模式有以下特点。

首先，写入的字节数超过 PIPE_BUF（一般等于 PAGE_SIZE）的情况下，以 PIPE_BUF 为单位将数据分包（packet）写入。

其次，即使当前 buffer 还有足够空间，也不会继续使用它，需要写入新的 buffer；换一种说法，即使写不满，它也会独占一个 buffer，所谓的 atomic 指的就是这点。

最后，如果读取的长度 len 小于 buffer 当前的有效数据长度，返回 len 个字节数据，buffer 剩余的数据失效。

有了理论基础，pipe_write 的逻辑就变得简单了。

第 1 步，如果 pipe 的读端都关闭了，没必要继续写，发送 SIGPIPE 给进程，返回错误。

第 2 步，总共需要写入 total_len 字节，如果当前 buf 能够继续写入 total_len % PAGE_SIZE 个字节，写入；这样可以避免小块的数据占用一页新的内存。如果 total_len 个字节已经全部写入，唤醒等待的进程并给"订阅"了 SIGIO 信号的读进程发送信号，返回。

第 3 步，数据没有写完，还有 buf 可用，申请一页内存或者使用读操作留下的临时页给 buf，写入 copied 个字节，对本次写而言可用的 buf 数量减 1。如果写完毕，返回。主要代码片段如下。

```
if (!pipe_full(head, pipe->tail, pipe->max_usage)) {    //3
    unsigned int mask = pipe->ring_size - 1;
    struct pipe_buffer *buf = &pipe->bufs[head & mask];
    struct page *page = pipe->tmp_page;
    if (!page) {
        page = alloc_page(GFP_HIGHUSER);
        pipe->tmp_page = page;
    }
    pipe->head = head + 1;
    buf = &pipe->bufs[head & mask];
    buf->page = page;
    buf->ops = &anon_pipe_buf_ops;
    buf->offset = 0;
    buf->len = 0;
    if (is_packetized(filp))
        buf->flags = PIPE_BUF_FLAG_PACKET;
    else
        buf->flags = PIPE_BUF_FLAG_CAN_MERGE;
    pipe->tmp_page = NULL;
    copied = copy_page_from_iter(page, 0, PAGE_SIZE, from);
    if (unlikely(copied < PAGE_SIZE && iov_iter_count(from))) {
        if (!ret)
            ret = -EFAULT;
        break;
    }
    ret += copied;
    buf->offset = 0;
    buf->len = copied;

    if (!iov_iter_count(from))
        break;
}
```

is_packetized 判断 pipe 采用的模式是否为 packet 模式，如果是则置位 flags 的 PIPE_BUF_FLAG_PACKET 标志（与 PIPE_BUF_FLAG_CAN_MERGE 相对应）。pipe 采用的模式是由写端 file 对象的标志决定的，影响到每一个 buf，也影响到读端（O_DIRECT 标志对读端无效）。

第 4 步，数据还没有写完，如果还有 buf 可用，继续第 3 步。

第 5 步，数据没有写完，但没有 buf 可写了。

如果 pipe 写端 file 置位了 O_NONBLOCK 标志，不再等待 buf；如果已经写入了一部分数据，唤醒读者，返回已写的字节数，如果写入的字节数为 0，返回错误。如果被信号打断，与 O_NONBLOCK 置位的处理方式相同。以上两种情况都不满足的情况下，如果已经写入了一部分数据，唤醒等待的进程。

第 6 步，等待读者读数据后释放 buf，等待队列头为 pipe->wr_wait。

pipe_write 分析完毕，读 pipe 就简单明了了，pipe_read 完成以下几项任务。

1）记希望读取的字节数等于 total_len，从第 pipe->tail 个 buf 的 buf->offset 开始读，最多读取 total_len 个字节。

2）读完的 buf，buf->len 赋值为 0，可用的 buf 加 1。如果当前 pipe->tmp_page 等于 NULL，buf->page 赋值给它，留作 pipe_write 第 3 步使用，否则释放内存。

3）pipe 采用 packet 模式的情况下，某个 buf 如果没有一次读完已经达到 total_len 个字节，也当作读完处理。

4）所有的有效数据都读完了，依然没达到 total_len 的情况下：如果 pipe 的写端都关闭了，返回。如果没有写者在等待（pipe->waiting_writers 等于 0），说明短时间内不会有新的数据写入，读到数据则返回读到的字节数，没有读到任何数据的情况下如果读端 file 对象置位了 O_NONBLOCK 标志，则返回错误。如果被信号打断，读到数据则返回，否则返回错误。以上情况均不满足，等待写者写入。

5）如果读完了至少一个 buf 的数据，有新的 buf 可以写入，唤醒等待的进程并给"订阅"了 SIGIO 信号的写进程发送信号。

第 4 条解决的是读到的数据没有达到期望长度时该如何应对，现实中有一个形象的例子，假如老板让司机开车去某家供应商进货，司机开车到目的地。

- 第一种情况，供应商已经没货了，司机开着空车回去不好交代，如果老板不着急他可以等待，但这次来之前老板嘱咐他速去速回（O_NONBLOCK）。
- 第二种情况，供应商有货但不足以装满他的车。

在这两种情况下，他要根据供应商的情况做出决定，如果供应商已经去拉货将要返回，等待的时间不会太久，他可以等；否则等的时间太久，他只能按照老板的意思开着空车或者拉着半车货回去。

读者应该有一个疑问，老板为什么不事先打个电话问清楚供应商有没有货再派司机过去？这是老板的问题。程序设计也是如此，为什么不等有数据可读的时候下再去读呢？这是程序员的问题（我们开篇给出的 pipe 的例子不够优雅）。类似的，写也是如此。如何知道可读（可写），使用信号和 IO 多路复用机制都可以实现。

最后，读写端都关闭之后，pipefifo_fops 的 release 操作负责释放内存。

pipe 分析完毕，它为通信的进程创建一个包含 buffer 的文件。写，将用户空间数据复制到 buffer；读，将 buffer 中的数据复制到用户空间。大幅的代码，只是为了保证读写按照用户期望的方式进行。

15.1.3　命名管道

FIFO 是 pipe 的兄弟，又被称作命名管道。pipe 为通信的进程创建了没有路径的特殊文件，所以进程间的关系需要有血缘关系，FIFO 解决了这个问题，它创建有路径的（命名的）文件供进程使用。

创建 FIFO 文件的函数（用户空间）的原型如下。

```
int mkfifo(const char *pathname, mode_t mode);
int mkfifoat(int dirfd, const char *pathname, mode_t mode);
```

并不存在 mkfifo 系统调用，它们是 glibc 通过 mknod 和 mknodat 实现的，下面两种创建 FIFO 的方式效果是等同的。

```
mkfifo(pathname, mode);            //第 1 种
dev_t dev = 0;                     //第 2 种
mknod(pathname, mode | S_IFIFO, &dev);
```

可以看到最终被创建的是 FIFO 类型的文件。mknod 能够成功的前提是目录所属的文件系统为目录的 inode 定义了 mknod 操作（inode->i_op->mknod），一般文件系统定义该操作的时候，都要为特殊的文件（普通文件、目录、链接等文件除外的文件）提供特殊的文件操作，常见的实现是调用 init_special_inode 函数。init_special_inode 给 FIFO 文件的文件操作为 pipefifo_fops，多么熟悉，pipe 的文件操作也是它。

一句话总结，mkfifo 创建了一个文件，它的文件操作为 pipefifo_fops。

pipefifo_fops 的读写我们已经分析过了，在这方面 FIFO 和 pipe 没有区别。

二者不同的是，pipe 创建后，文件已经打开读写两端，相关的 pipe_inode_info 对象和 buf 也会被创建；但创建了 FIFO 文件后，使用它的进程还需要自行打开文件（fifo_open），pipe_inode_info 对象和 buf 也是打开的过程中创建的。

关于 fifo_open 有几点需要说明。

首先，如果以只读方式打开 FIFO 文件，open 会阻塞，等待有进程以写方式打开文件才返回（有可能被信号中断）。如果 O_NONBLOCK 标志被置位，即使没有写进程不等待，也直接返回；虽然 open 没有出错，但写进程不一定存在，直接读有可能触发 SIGPIPE，要确保有数据可读的情况下再读。

其次，如果以只写方式打开 FIFO 文件，open 会阻塞，等待有进程以读方式打开文件才返回（有可能被信号中断）。如果 O_NONBLOCK 标志被置位又没有读进程的情况下，返回错误。

最后，以读写方式打开 FIFO 文件，不会出现阻塞。

15.2 POSIX 通信

POSIX IPC 包括 semaphore（信号量）、shared memory（共享内存）和 message queue（消息队列）3 种，它们适合的使用场景不同。

15.2.1 POSIX 信号量

semaphore（信号量）可用于进程间同步，可以简单把它当成一个不会小于 0 整数，值为 0 时获取信号量的进程会阻塞直到它大于 0，释放信号量它的值加 1，获取信号量成功它的值减 1。

既然是进程间共享，它必须对参与通信的进程都可见，有两种策略可以实现：有名信号量和内存信号量。

1. 有名信号量

Linux 实现有名信号量的方式是创建一个同名文件，进程间通信的载体就是该文件。内存信号量没有名字，这种情况下，通信的进程需要共享存放信号量的内存。如果是多线程通信，一个全局变量即可。如果是进程间通信，需要内存映射（比如 shm_open、mmap 和 shmget），如图 15-1 所示。

有名信号量可以通过 sem_open 创建，通过 sem_unlink 销毁，函数（用户空间）的原型如下。

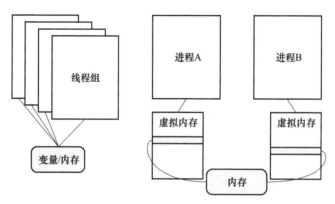

图 15-1　内存信号量

```
sem_t * sem_open(const char * name, int oflag)
sem_t * sem_open(const char * name, int oflag,
                        mode_t mode, unsigned int value);//可变参数
int sem_close(sem_t * sem);
int sem_unlink(const char * name);
```

2. 内存信号量

内存信号量本质上就是一块足够存放 sem_t 类型的变量的共享内存，不需要 open，但必须使用 sem_init 初始化，释放内存前需要调用 sem_destroy 销毁，如下。

```
int sem_init(sem_t * sem, int pshared, unsigned int value);
int sem_destroy(sem_t * sem);
```

在对信号量的使用上，两种方式并无差别，使用 sem_post 释放信号量，sem_wait 获取信号量，如下。

```
int sem_wait(sem_t * sem);
int sem_trywait(sem_t * sem);
int sem_timedwait(sem_t * sem, const struct timespec * abs_timeout);
int sem_post(sem_t * sem);
```

Linux 实现的 POSIX semaphore 效率很高，主要得益于 sem_wait 和 sem_post 的实现方式：它们不涉及系统调用，而是通过利用原子操作直接操作内存实现的。内存信号量的本质是共享的内存，难道有名信号量也是吗？我们看看 sem_open 是如何实现的。

内核中并没有 sem_xxx 类的系统调用，POSIX semaphore 的函数都是 glibc 封装的，sem_open 的实现分两步。

第 1 步，根据传递的 name（假设为 sem_target）得到目标文件路径。为了可移植性，name 命名的最佳方式为/xxxx，xxxx 中不要出现/，最低的要求是/只能出现在开头，类似/a/b 是不允许的。

目标文件所在的目录并不是随意的，glibc 会挑选 tmpfs 和 shm 类型的文件系统的挂载点，优先选择/dev/shm。我们就以它为例，得到目标文件路径/dev/shm/sem_target。

第 2 步，如果/dev/shm/sem_target 不存在且 sem_open 置位了 O_CREAT 标志，创建文件，然后调用 mmap 将文件映射到内存，映射后的虚拟地址就是信号量的地址。如果/dev/shm/sem_target 文件已经存在，说明 semaphore 已经被创建且初始化，打开并映射文件即可，如图 15-2

所示。

　　由此可见，sem_open 实际上也是通过共享内存实现的，不过这段内存的载体是文件。究竟采用有名信号量还是内存信号量，由具体的应用场景决定。线程间使用内存信号量比较合理，因为这种情况下只需要一个全局变量即可，不需要文件，也不需要内存映射。进程间使用有名信号量比较方便，但如果是父子进程（fork 得到子进程会继承父进程映射的空间），使用父进程映射过的内存可以省去内存映射。

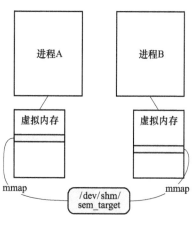

图 15-2　有名信号量

15.2.2　POSIX 共享内存

　　Linux 实现 shared memory 的方式与 semaphore 类似，没有特殊的系统调用，由 glibc 封装，函数（用户空间）的原型如下。

```
int shm_open(const char * name, int oflag, mode_t mode);
int shm_unlink(const char * name);
```

　　参数 name 的命名方式与 semaphore 相同，shm_open 的逻辑与 sem_open 也类似，不同的地方在于 shm_open 只是打开（创建）文件，并没有调用 mmap 映射文件，返回的参数也不同，shm_open 返回的是文件描述符。另外，shm_open 会将文件的 FD_CLOEXEC 标志置 1。

　　得到了文件描述符后，可以使用 ftruncate 和 mmap 操作文件获得共享内存。

15.2.3　POSIX 消息队列

　　人与人之间可以发短信，进程之间也可以通过传递消息通信，消息队列就可以完成这个任务。与前两种 POSIX 通信不同的是，消息队列有一系列系统调用与之对应，可以使用的函数（用户空间）的原型如下。

```
mqd_t mq_open(const char * name, int oflag);
mqd_t mq_open(const char * name, int oflag, mode_t mode,
                    struct mq_attr * attr);     //可变参数
int mq_close(mqd_t mqdes);
int mq_unlink(const char * name);
int mq_getattr(mqd_t mqdes, struct mq_attr * attr);
int mq_setattr(mqd_t mqdes, const struct mq_attr * newattr,
                    struct mq_attr * oldattr);
int mq_notify(mqd_t mqdes, const struct sigevent * sevp);
int mq_send(mqd_t mqdes, const char * msg_ptr,
                    size_t msg_len, unsigned int msg_prio);
int mq_timedsend(mqd_t mqdes, const char * msg_ptr,
                    size_t msg_len, unsigned int msg_prio,
                    const struct timespec * abs_timeout);
ssize_t mq_receive(mqd_t mqdes, char * msg_ptr,
                    size_t msg_len, unsigned int * msg_prio);
ssize_t mq_timedreceive(mqd_t mqdes, char * msg_ptr,
                    size_t msg_len, unsigned int * msg_prio,
                    const struct timespec * abs_timeout);
```

mq_open 由 glibc 封装，参数 name 必须以/开始，经过参数检查后，舍去 name 的第一个字符（也就是 name + 1）调用 mq_open 系统调用。另外，内核并不接受 name 中出现/，所以传递给 mq_open的函数只能是/no_slash 形式。

Linux 以文件作为消息队列的载体，mq_open 会在需要的情况下创建文件，返回的消息队列描述符实际上就是文件描述符。需要说明的是，POSIX 并没有规定需要通过文件的方式实现消息队列，所以对消息队列描述符使用 poll、select 等虽然可行，但没有可移植性。

mq_open 的第 4 个参数 struct mq_attr * attr 表示消息队列的属性，在 open 阶段只有 mq_maxmsg 和 mq_msgsize 字段起作用，前者限制队列上消息的最大数目，后者限制消息的长度，发送长度超过 mq_msgsize 的消息会出错。它的 mq_flags 和 mq_curmsgs 字段 open 时会被忽略，后者表示队列上消息的当前数目。mq_getattr 和 mq_setattr 可以用来获取或修改消息队列的属性，通过 mq_getsetattr 系统调用实现，mq_setattr 功能有限，只能修改 mq_flags 的 O_NONBLOCK 标志，也会间接地更改文件的标志（file->f_flags）。

如果 mq_open 的 attr 为 NULL，则使用系统默认的 mq_maxmsg 和 mq_msgsize 值。

1. 数据结构

mq_open 创建或者打开的文件属于一个特殊文件系统，mqueue。它定义了一个内嵌 inode 的 mqueue_inode_info 结构体（以下简称 info），创建文件的时候由 mqueue_alloc_inode（super_block->s_op->alloc_inode 字段）返回它的对象。它的主要字段见表 15-3。

表 15-3 mqueue_inode_info 字段表

字　　段	类　　型	描　　述
vfs_inode	inode	内嵌的 inode
wait_q	wait_queue_head_t	配合实现 poll 机制
msg_tree	rb_root	消息队列红黑树的根
attr	mq_attr	attribute
notify	sigevent	notify
notify_owner	pid *	
notify_user_ns	user_namespace *	
e_wait_q	ext_wait_queue [2]	两个等待的队列，一个等待空间（send），一个等待消息（receive）

e_wait_q 字段表示两个由 ext_wait_queue 对象组成的链表，e_wait_q [0] 和 e_wait_q [1] 是链表的头。ext_wait_queue 结构体的 task 字段表示等待的进程，msg 字段表示发送给进程的消息。

看到 msg_tree 读者应该恍然大悟，消息最终肯定是由这棵红黑树来管理了。msg_tree 红黑树直接管理 posix_msg_tree_node 对象，每一个对象都管理一组消息，它们的顺序由其 priority 字段决定。priority 表示某个消息的优先级，值越大优先级越高，由 mq_send 发送消息的时候指定，优先级高的消息会被优先接收。

同一个优先级的多个消息会被插入 posix_msg_tree_node 的 msg_list 的链表中。

消息由 msg_msg 结构体表示，它的 m_list 字段将它插入 msg_list 链表，m_type 字段表示消息的优先级，m_ts 字段表示消息的长度，next 字段为 msg_msgseg 指针类型，是 msg_msgseg 组成的链表的头，msg_msgseg 只有一个 next 字段指向下一个 msg_msgseg 对象。

消息的内容是紧接着 msg_msg 和 msg_msgseg 对象存放的，记消息的长度为 len，使用 alloc_

msg（len）可获得 msg_msg 对象。alloc_msg 函数为消息申请内存，当 len 小于 PAGE_SIZE-sizeof（struct msg_msg）（DATALEN_MSG 宏）时，申请 len + sizeof（struct msg_msg）个字节的内存即可，不需要使用 msg_msgseg。如果 len 大于 DATALEN_MSG，申请的第一页内存存储 msg_msg 对象和消息前 DATALEN_MSG 个字节，接下来的页存储 msg_msgseg 对象和消息的其余字节，每一页最多存储 PAGE_SIZE - sizeof（struct msg_msgseg）（DATALEN_SEG 宏）个字节，消息的结构如图 15-3 所示。

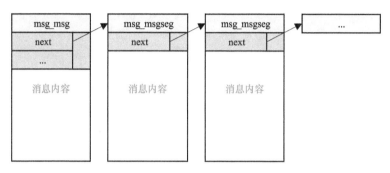

图 15-3　消息结构图

2. 发送消息

mq_send 和 mq_timedsend 用来发送消息，前者调用后者实现，后者超时会出错，前者是不限时版本，最终都通过 mq_timedsend 系统调用实现，主要完成以下任务。

1）参数检查，消息的优先级不能大于 MQ_PRIO_MAX（32768），消息的长度不能大于 info->attr.mq_msgsize 等。

2）调用 load_msg 复制消息，它先调用 alloc_msg 申请足够的内存存储 msg_msg、msg_msgseg 对象和消息，然后将消息从用户空间复制到对应的内存中。

3）如果队列上消息已满（info->attr.mq_curmsgs == info->attr.mq_maxmsg），文件置位了 O_NONBLOCK 标志的情况下返回错误，没有置位的情况下则睡眠在 info->e_wait_q［SEND］. list 链表上等待队列上消息被读取。

4）如果队列上消息未满，有进程等待接收消息（info->e_wait_q［RECV］.list 链表不为空）的情况下，调用 pipelined_send 唤醒链表上最后一个进程（e_wait_q 的两个链表是有序的，按照进程优先级排序，高优先级在后）接收消息。没有进程等待接收消息的情况下，将消息按照优先级插入 info->msg_tree 红黑树中。

需要说明的是第 4 条，如果发送消息时有进程等待接收，消息会被它直接"消化"掉，不算作队列中的消息，也就是说不会增加 info->attr.mq_curmsgs 字段的值。这是合理的，正如紧俏的商品，还没来得及放在货架上就被哄抢一空。

3. 接收消息

mq_receive 和 mq_timedreceive 用来接收消息，二者的区别与 mq_send 和 mq_timedsend 的区别类似，它们最终都通过 mq_timedreceive 系统调用实现，主要完成以下任务。

1）参数检查，要读的消息的长度 msg_len 不能小于 info->attr.mq_msgsize，msg_len 是用户空间提供的，表示的 buffer 的长度，过短有可能无法读完一整条消息。

2）如果队列上没有消息（info->attr.mq_curmsgs == 0），文件置位了 O_NONBLOCK 标志的情况下返回错误，没有置位的情况下则睡眠在 info->e_wait_q［RECV］. list 链表上等待消息。如果成功等到消息（有可能超时或者被信号打断），则将消息复制到用户空间。

3）如果队列上有消息，调用 msg_get 获得消息，然后将消息复制到用户空间。如果 info->e_wait_q［SEND］.list 链表上有进程在等待，则找到最后一个进程（优先级最高），将它的消息插入队列并将其唤醒。

15.3 XSI 通信

XSI IPC 源于 System V 的 3 种 IPC 机制，后来收录在 Unix 的 XSI（X/Open System Interface，称作 X/Open 系统接口）接口中，称之为 XSI IPC。

与 POSIX IPC 类似，XSI IPC 也有 semaphore（信号量）、shared memory（共享内存）和 message queue（消息队列）3 种，不过它们的接口风格与 POSIX IPC 的差别较大。

这 3 种通信方式有很多相似之处，基本的设计思路也相同，都使用特定的数据结构作为载体，接下来我们称之为 IPC 对象。

15.3.1 IPC 对象的 key 和 id

两个进程通过 IPC 对象通信，前提自然是它们能够定位到同一个对象。每一个 IPC 对象都有一个独特的身份，用户空间叫作 key，内核叫作 id，用户空间的两个进程需要使用相同的 key 获取 IPC 对象。

3 种通信方式获得 IPC 对象的函数（用户空间）的原型如下。

```
int semget(key_t key, int nsems, int semflg);
int shmget(key_t key, size_t size, int shmflg);
int msgget(key_t key, int msgflg);
```

它们通过调用系统调用实现，返回值意义相同，如果成功，返回的是 IPC 对象在用户空间的 id，为了与内核区分，用户空间的 id 我们称之为 id_u，内核使用的 id 称之为 id_k。

它们的第一个参数的意义相同，都表示 IPC 对象的 key，如果等于 IPC_PRIVATE，表示需要创建新的 IPC 对象。如果它不等于 IPC_PRIVATE，内核会查找 key 对应的 IPC 对象，xxxflg 参数的 IPC_CREAT 标志置 1 的情况下，如果找不到 IPC 对象则创建一个新的，IPC_CREAT 和 IPC_EXCL 标志同时置位的情况下，如果 IPC 对象已经存在则出错。

换一种说法，创建一个 IPC 对象有两种方式，一种是参数 key 等于 IPC_PRIVATE，另一种是 IPC 对象不存在的情况下置位 IPC_CREAT 标志。需要注意的是，采用第一种方式创建的 IPC 对象，其他进程不能再通过传递 IPC_PRIVATE 获取它的 id_u，只能直接使用它的 id_u。IPC_PRIVATE 唯一的含义就是创建新的 IPC 对象，其实改成 IPC_NEW 更贴切。

两个进程可以使用相同的 key 调用 xxxget 获得同一个 IPC 对象，得到它的 id_u。然后它们用相同的 id_u 使用同一个 IPC 对象，所以 key 和 id_u 都必须能够找到 IPC 对象。这是如何实现的呢？

内核定义了 kern_ipc_perm 结构体（以下简称 perm 或 permission），所有的 IPC 对象（sem_array、shmid_kernel 和 msg_queue 结构体）都内嵌了它。它的 key 字段等于用户空间使用的 key，id 字段等于 id_u。id_k 是由 idr_alloc 生成的，取决于当前已被占用的 id 的情况。

id_k 和 id_u 有一个换算关系，id_u = perm->seq << ipc_mni_shift + id_k。

从时间顺序上，key 是用户空间指定的，id_k 是内核计算得到的（ipc_addid 函数），id_u 是由 id_k 计算得到的。

id_u 到 IPC 对象，可以调用 ipc_obtain_object_check 和 ipc_obtain_object_idr 函数。这两个函数

通过 id_u 得到 id_k，然后调用 idr_find 找到 IPC 对象。

除了通信的载体和通信的过程外，此处引入了进程通信的另一个关键点，空间。唯一性是相对的，抛开命题范畴（空间）讨论唯一性毫无意义，pipe 使用的 fd 的空间是进程的打开文件集合，POSIX IPC 使用的文件路径的空间是整个系统，IPC 对象也有空间，且 3 种 XSI IPC 使用 3 个不同的空间，分别对应 task_struct->nsproxy->ipc_ns->ids [3] 表示的 ipc_ids 结构体数组的 3 个元素，数组下标由宏 IPC_SEM_IDS、IPC_MSG_IDS 和 IPC_SHM_IDS 表示。

ipc_ids 定义了 IPC 空间，它的 in_use 字段表示空间中已被占用的 id 的个数，key_ht 字段是 rhashtable 类型，kern_ipc_perm 通过 khtnode 字段插入到 key_ht 字段表示的哈希表内。

key 到 IPC 对象，可以调用 ipc_findkey，后者就是在 key_ht 哈希表内查找 key 对应的 IPC 对象的。

key、id_u、id_k 和 IPC 对象达到了统一，但还有一个问题，两个进程必须使用相同的 key 和 id_u，它们怎么达成一致的呢？有以下 3 种解决方案。

第一种，进程（一般是服务端）创建 IPC 对象后，将 key 或者 id_u 写入某个地方（比如一个文件），其他进程读取 id 即可，缺点是需要文件等辅助。

第二种，进程间约定 key，使用相同的 key 即可。这种情况下，服务端进程必须确保创建 IPC 对象时，key 没有被其他进程占用（O_EXCL），否则客户端进程得到的 IPC 对象会是错的。此时它需要尝试删除 key 对应的 IPC 对象，然后创建新的。id_u 是由内核计算得来的，不能事先约定。

第三种，进程间约定一个 path 和一个 project id（0 到 255 之间的整数），调用 ftok 生成 key，ftok 的函数原型如下。

```
key_t ftok(const char *pathname, int proj_id);
```

pathname 必须指向一个已存在的文件，proj_id 只有低 8 位生效。ftok 也不是绝对安全的，不同的 pathname 和相同的 proj_id 有可能最终的 key 也相等。与第二种类似，它同样不适用于 id_u。

15.3.2 XSI 信号量

内核定义了 sem 结构体表示一个 semaphore，semget 的第二个参数 nsems 表示创建的 sem 的数量，意味着可以创建多个 semaphore，这与 POSIX semaphore 截然不同。创建的 sem 存于何处？

内核定义了 sem_array 结构体（以下简称 sma）作为 semaphore 通信的载体，sem 接着 sma 对象存储，所以为 sma 申请内存的时候实际申请的大小等于 sizeof（*sma）+ nsems * sizeof（struct sem）。nsems 的大小是有限制的，最大数量默认为 32000（SEMMSL）。

sma 就是 XSI semaphore 的 IPC 对象，它的主要字段见表 15-4。

表 15-4 sem_array 字段表

字　　段	类　　型	描　　　述
sem_perm	kern_ipc_perm	内嵌的 perm
sem_ctime	time64_t	上次更新时间
pending_alter	list_head	等待更新某（些）sem 的 sem_queue 组成的链表的头
pending_const	list_head	等待某（些）sem 的值等于 0 的 sem_queue 组成的链表的头
sem_nsems	int	sem 的数量
complex_count	int	涉及多个 sem 操作的 sem_queue 的数量

sem 结构体表示一个 semaphore，它的主要字段见表 15-5。

表 15-5　semaphore 字段表

字 段	类 型	描 述
semval	int	sem 的当前值，不会小于 0
sempid	pid *	上次操作 sem 的 pid
pending_alter	list_head	等待更新 sem 的 sem_queue 组成的链表的头
pending_const	list_head	等待 sem 的值等于 0 的 sem_queue 组成的链表的头

sem 和 sma 都有 pending_alter 和 pending_const 两个链表，sem 的两个链表表示单次 sem 操作的 sem_queue，sma 的两个链表表示多次 sem 操作的 sem_queue，前者是 single，后者是 complex（有关 single 和 complex 见下文）。

sma 的两个链表会优先处理，semaphore 本身又是有顺序的，先到的请求应该优先处理（并不意味着优先成功返回），所以 complex 请求到来时，需要先把 single 请求转移到 sma 的链表上；single 请求到来时，如果已经有 complex 请求，single 请求只能插入 sma 链表上。complex 请求处理完毕，single 请求又会被转移回 sem 的链表中。

来来回回的转移比较麻烦，为什么 sem 也要保持两个链表？首先，complex 请求毕竟少数，single 请求居多。其次，有时候需要统计某个 sem 的使用情况，或者 single 请求到来时，在没有 complex 请求的情况下，直接查询或处理 sem 的链表可以避免遍历 sma 链表。

需要补充的是，一个 complex 请求可能既包含更新 sem 的操作，也包含等待 sem 变为 0 的操作，这种情况下，如果需要会被插入 pending_alter 链表。

1. control

semget 创建了 sma 和 sma->sem_nsems 个 sem，但所有的 sem 的值都是没有初始化的，使用它们之前需要调用 semctl 完成初始化，函数原型（用户空间）如下。

```
int semctl(int semid, int semnum, int cmd, ...);
```

semctl 最终由 semctl 系统调用实现，它的第 2 个参数 semnum 表示将要操作的是 sma 的第几个 sem，有没有第 4 个参数 arg 取决于 cmd，类型为 semun，glibc 中的定义如下。

```
union semun
{
  int val;                      /* value for SETVAL */
  struct semid_ds *buf;        /* buffer for IPC_STAT & IPC_SET */
  unsigned short int *array;    /* array for GETALL & SETALL */
  struct seminfo *_buf;        /* buffer for IPC_INFO */
  struct _old_semid_ds *__old_buf;
};
```

需要说明的是，semun 是 glibc 使用来封装用户传递的参数的，实际使用过程中，可以自定义它（它的定义已经被取消了），也可以直接传递 val、buf 等，semctl 系统调用会根据 cmd 的值解释 arg。

semctl 支持多种操作，见表 15-6。

表 15-6　semctl 操作表

操 作	描 述
IPC_INFO SEM_INFO	查询 semaphore IPC 的整体信息，以 seminfo（semun.__buf）的形式返回（copy_to_user），SEM_INFO 为 Linux 专有

（续）

操　作	描　述
IPC_STAT SEM_STAT	获取 sma 的信息，以 semid_ds（semun.buf）的形式返回（主要涉及权限、时间和 sem 的数量等），SEM_STAT 为 Linux 专有
IPC_SET	以 semun.buf 中的值更改 sma
IPC_RMID	删除 sma，唤醒等待的进程，它们以及后续操作 sma 的请求都会得到错误
GETALL	获取 sma 所有 semaphore 的值，数据最终会复制到 semun.array 中，用户需要确保有足够的空间
GETVAL	获取 sma 的第 semnum 个 sem 的值，以其作为返回值由 semctl 系统调用返回
GETPID	获取上次操作 sma 的第 semnum 个 sem 的 pid
GETZCNT	获取等待 sma 的第 semnum 个 sem 的值变为 0 的 sem_queue 的数量
GETNCNT	获取等待操作 sma 的第 semnum 个 sem 的值的 sem_queue 的数量
SETALL	设置 sma 所有 semaphore 的值，数据会存储在 semun.array 中传递给内核
SETVAL	设置 sma 的第 semnum 个 sem 的值

XSI IPC 对象都使用 IPC_RMID 删除，对 semaphore 而言，IPC_RMID 会立即采取行动，并没有引用计数等机制，直接删除 IPC 对象并释放资源，有些简单粗暴。

sma 的 sem 的值可以通过 SETALL 或者 SETVAL 设置，需要强调的是 sem 的最大值等于 SEMVMX（32767），大于它或者小于 0 都会出错。

2. sem 操作

semop 用来操作 sem，函数（用户空间）原型如下，前者为不限时版本。

```
int semop(int semid, struct sembuf * sops, size_t nsops);
int semtimedop(int semid, struct sembuf * sops, size_t nsops,
                       const struct timespec * timeout);
```

semaphore 并没有给不同的操作定义不同的函数，而是将操作封装在 sembuf 结构体中，它有 3 个字段，见表 15-7。

表 15-7　sembuf 字段表

字　段	类　型	描　述
sem_num	unsigned short	操作的是 sma 的第几个 sem
sem_op	short	希望进行的操作
sem_flg	short	标志

sem_op 是一个 short 型的整数，所谓的操作就是如果它不等于 0，将它与 sem 的当前值加在一起，它们的和落在 [0, SEMVMX] 范围内即可成功，如果它等于 0，sem 的当前值等于 0 即可成功。sem_flg 支持 IPC_NOWAIT 和 SEM_UNDO 两种标志，IPC_NOWAIT 类似文件的 O_NONBLOCK，不成功也不等待，SEM_UNDO 表示该笔操作在进程退出时进行复原（undone）操作。

semop 和 semtimedop 一次可传递多笔操作请求，数量由第 3 个参数 nsops 指定，nsops 大于 1 表示 complex 请求，等于 1 表示 single 请求，多笔操作全部成功才算成功，内核为它们定义了 semop 和 semtimedop 两个系统调用，二者最终都通过调用 do_semtimedop 实现。

抛开已经讨论过的 sma 和 sem 两个链表的选择问题，do_semtimedop 的主要任务如下。

1）参数检查，并将所有的操作从用户空间复制进内核。

2）调用 sem_obtain_object_check 得到 sma，参数 semid 就是 id_u，使用它可以得到 sma。

3）调用 perform_atomic_semop 尝试完成所有的操作，如果多笔操作中有一笔操作失败，IPC_NOWAIT 标志置 1 的情况下返回错误，没有置位的情况下恢复前面几笔操作，返回 1 表示操作失败可以继续等待。如果所有操作均成功，返回 0。

4）第 3 步成功的情况下，如果存在操作的 sem_op 不等于 0，表示有些 sem 的值更新成功，调用 do_smart_update。do_smart_update 会尝试为等待在 pending_const 和 pending_alter 链表上的 sem_queue 完成操作，成功完成操作的会在当前 semtimedop 返回前被唤醒。

5）如果第 3 步返回值大于 0，初始化一个 sem_queue，并将其插入对应的等待链表中，然后改变进程状态为 TASK_INTERRUPTIBLE，调用 schedule 睡眠，等待它的操作完成被唤醒。也就是说，它醒来后得到的是一个操作失败的结果，并不需要它再继续操作（如果操作成功，操作的过程会由其他进程在第 4 步完成）。

15.3.3　XSI 消息队列

进程间可以使用 XSI 消息队列传递消息，与 POSIX 消息队列一样，它也使用 msg_msg 结构体表示一条消息。内核定义了 msg_queue 结构体（以下简称 msq）作为 XSI 消息队列通信的载体，也是它的 IPC 对象，主要字段见表 15-8。

表 15-8　msg_queue 字段表

字　　段	类　　型	描　　述
q_perm	kern_ipc_perm	内嵌的 perm
q_stime		last msgsnd time
q_rtime	time_t	last msgrcv time
q_ctime		last change time
q_cbytes	unsigned long	消息队列上当前消息的总字节数
q_qnum	unsigned long	消息队列上当前消息的数量
q_qbytes	unsigned long	消息队列上消息总数的最大值，默认等于 16384（MSGMNB）
q_messages	list_head	消息队列
q_receivers	list_head	等待接收消息的 msg_receiver 组成的链表的头
q_senders	list_head	等待发送消息的 msg_sender 组成的链表的头

看到了这些，读者应该可以发现，Linux 实现 XSI 消息队列与实现 POSIX 消息队列的思路基本一致，POSIX 实现也使用了两个链表来管理等待的发送者和接收者，也需要管理消息，不一样的地方在于 POSIX 实现使用红黑树管理消息，XSI 使用的是链表。为什么会有这个差异，因为 POSIX 消息队列的消息有优先级，XSI 消息队列很多情况下并不特意区分消息。

实际上，POSIX 消息队列和 XSI 消息队列的实现并没有本质区别，最大的区别仅在于前者使用的是 mqueue 文件系统的文件来定位 mqueue_inode_info，而后者使用 id 和 kern_ipc_perm 等来定位 msg_queue。接下来我们仅分析二者不同的方面，相同的地方不再重复讲解。

XSI 消息队列有以下几个函数（用户空间）。

```
int msgget(key_t key, int msgflg);
int msgctl(int msqid, int cmd, struct msqid_ds *buf);
int msgsnd(int msqid, const void *msgp, size_t msgsz, int msgflg);
ssize_t msgrcv(int msqid, void *msgp, size_t msgsz, long msgtyp, int msgflg);
```

它们与 POSIX 消息队列的函数也有对应关系，见表 15-9。

表 15-9　XSI 和 POSIX 进程通信对比表

XSI	POSXI
msgget	mq_open
msgctl	mq_getattr mq_setattr
msgsnd	mq_send
msgrcv	mq_receive

msgctl 支持 IPC_INFO、MSG_INFO、MSG_STAT、MSG_STAT_ANY 、IPC_STAT、IPC_SET 和 IPC_RMID 共 7 种 cmd，其中 MSG_INFO 和 MSG_STAT 是 Linux 专有的，它们的意义与 semaphore 的类似，不再扩展讨论。

1. 发送消息

msgsnd 用来发送消息，它的第 2 个参数可以由用户自定义，一般格式如下。

```
struct msgbuf {
    long mtype;              /* message type, must be > 0 */
    char mtext[n];           /* message data */
};
```

mtype 表示消息的类型，与 POSIX 消息的优先级类似，消息的内容可以紧接着 mtype 存放，也可以是一个指向内容存放地址的指针，内核会从该地址复制消息内容。

第 3 个参数 msgsz 表示发送的消息的长度，最大值默认为 8192（MSGMAX），msgsz + msq->q_cbytes <= msq->q_qbytes 表示队列上有足够的空间存放消息，否则需要等待，这种情况下如果 msgflg 的 IPC_NOWAIT 标志被置位，返回错误。

另外，XSI 消息队列没有类似 mq_timedsend 的限时版本，其他方面，它的行为与 POSIX 消息队列发送消息类似。

2. 接受消息

msgrcv 用来接收消息，它的第 2 个参数是消息存储的 buffer，与 msgsnd 的不同，第 3 个参数 msgsz 表示接收消息的最大长度，也就是 buffer 的长度。如果消息内容的长度大于 msgsz，结果取决于 msgflg 的 MSG_NOERROR 标志是否被置位，置位的情况下，消息会被截断，剩余部分被丢弃，没有置位的情况下，返回错误。

msgtyp 表示接收的消息的类型（与发送消息时使用的 mtype 一致），不同的情况表示不同的含义，见表 15-10。

表 15-10　msgtyp 的含义表

条　件	描　述
msgflg&MSG_COPY != 0	复制第 msgtyp 个消息
msgflg & MSG_EXCEPT != 0	除了 msgtyp 类型的消息
msgtyp == 0	任意消息，第一个消息会被选中
msgtyp < 0	类型小于等于 msgtyp 的消息
msgtyp > 0	类型等于 msgtyp 的消息

MSG_COPY 表示复制消息，消息被复制后不会被删除，要与 IPC_NOWAIT 一起使用，没有读到消息不会等待，返回错误。

接收消息也没有类似 mq_timedreceive 的限时版本，其他方面，它的行为也与 POSIX 消息队列接收消息类似。

15.3.4　XSI 共享内存

内核定义了 shmid_kernel 结构体（以下简称 shm）作为 XSI 共享内存通信的载体，也是它的 IPC 对象，主要字段见表 15-11。

表 15-11　shmid_kernel 字段表

字　　段	类　　型	描　　述
shm_perm	kern_ipc_perm	内嵌的 perm
shm_file	file *	涉及的文件
shm_nattch	unsigned long	attach，绑定共享内存的数量
shm_segsz	unsigned long	共享的内存的大小
shm_atim shm_dtim shm_ctim	time_t	时间
shm_creator	task_struct *	创建 shm 的进程

看到了 shm_file，读者应该猜到了，shm 的背后也是文件。shm_nattch 起到了引用计数的作用，这导致了共享内存与其他两种 XSI 通信不同，IPC_RMID 会根据 shm_nattch 决定是否删除 shm，如果 shm_nattch 等于 0 则马上删除，否则将 shm_perm.mode 的 SHM_DEST 标记置位，下次 shm_nattch 等于 0 删除 shm。

XSI 共享内存有以下函数（用户空间）。

```
int shmget(key_t key, size_t size, int shmflg);
int shmctl(int shmid, int cmd, struct shmid_ds *buf);
void *shmat(int shmid, const void *shmaddr, int shmflg);
int shmdt(const void *shmaddr);
```

shmget 用来获取共享内存 IPC 对象，它创建并初始化一个 shm，其中包括其涉及的文件。

除了 IPC_CREAT 和 IPC_EXCL 之外，shmflg 还可以接受 SHM_HUGETLB 和 SHM_HUGE_2MB、SHM_HUGE_1GB 等与 huge page（大页内存）有关的标志。

共享内存使用的文件（shm.shm_file 字段）属于 tmpfs 文件系统，调用 shmem_kernel_file_setup 设置（大页内存的情况下，调用的是 hugetlb_file_setup，属于 hugetlbfs），size 参数会被赋值给文件的 inode->i_size 字段，文件的操作为 shmem_file_operations，文件的名字为 sprintf（name，"SYSV%08x"，key）。不必担心使用 IPC_PRIVATE 作为 key 创建 shm 的时候因为文件名字重复失败，shm 使用的文件是一个"假"文件，并没有在文件系统的 dentry 层级结构中。

shmctl 支持 IPC_INFO、SHM_INFO、IPC_STAT、SHM_STAT、SHM_STAT_ANY、SHM_LOCK、SHM_UNLOCK、IPC_RMID 和 IPC_SET 等 cmd，SHM 开头的几种是 Linux 专有的，除了 SHM_LOCK 和 SHM_UNLOCK，其他几种与 semaphore 的意义类似。SHM_LOCK 可以防止共享的内存被交换出去，SHM_UNLOCK 解除该限制。

需要强调的是，共享内存的大小是在 shmget 时确定的，无法使用 shmctl 更改，程序员需要确保程序不会越界访问。

shmat 用来绑定共享内存到进程的内存空间，第 2 个参数 shmaddr 不能小于 0，如果等于 0 时由内核选择线性地址绑定内存，如果大于 0，shmflg 的 SHM_RND 标志被置位的情况下，最终的虚拟地址 shmaddr 等于 shmaddr & ~（SHMLBA － 1），SHM_RND（round）没有被置位的情况下，shmaddr 必须是页对齐的。

attach 实际是通过映射 shm 的文件实现的，shmaddr 大于 0 时，映射时使用的 flag 的 MAP_FIXED 标志会被置位。

shmflg 可以是 SHM_RND、SHM_RDONLY、SHM_EXEC 和 SHM_REMAP 标志的组合，其中后两种是 Linux 专有的，如果目标线性地址段已经被占用了，SHM_REMAP 被置位的情况下，当前映射会替代已有映射。SHM_REMAP 置位的情况下，shmaddr 不能等于 0。

内核定义了 shmat 系统调用实现绑定，它主要完成以下任务。

1）参数检查，主要针对 shmaddr 和 shmflg，并根据它们的值设置文件的读写权限，内存映射时使用的 flag 等。

2）根据 shm->shm_file->f_path 创建一个新的 file（alloc_file_clone），可以理解为复制 shm->shm_file 生成新的对象，二者的权限等可能不同。同一个进程可以以不同的方式（比如只读或者读写）绑定共享内存多次，每次都会创建一个新的 file 对象。

3）如果 shmaddr 大于 0，且 SHM_REMAP 标志没有被置位，确保由 shmaddr 计算后得到的地址没有被占用且处在合理的范围内，如果失败则返回错误（EINVAL）。

4）调用 do_mmap 映射文件到内存，大小等于文件的 inode->i_size，得到的地址就是绑定后的线性地址。

shmdt 只有一个参数，就是调用 shmat 得到的线性地址，shmdt 系统调用最终调用 do_munmap。它会回调 shm_close（vm_operations_struct.close），shm_close 将 shm->shm_nattch 减 1，如果它的值变为 0，判断是否需要删除 shm，如果需要调用 shm_destroy 删除它。

15.4　【看图说话】多线程和多进程

在考虑选择哪种进程通信方式之前，应该先考虑是否需要进程通信，因为无论哪种方式都会有代价。其中一个重要的因素是要区分多线程和多进程，如图 15-4 所示，多线程环境很多资源是共享的，要尽可能利用这些资源，因为共享隐含着不复制，运行代价较小。

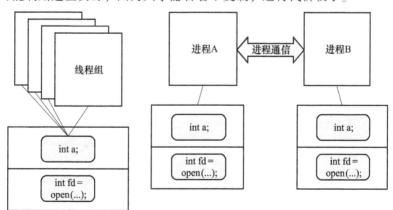

图 15-4　多线程和多进程

常见的，全局变量在多线程环境中是线程可见的，多进程环境则是各自独立的，文件的描述符也是如此，读者在设计程序的时候要优先考虑这个差异。

第16章

信　号

有时候在程序中用户需要告诉进程某些特定事件发生了，或者期望触发进程的某些行为，发送信号是一个选择。从通信角度来讲，信号可以理解为进程通信的一种方式，只不过通信的内容有限。

16.1　数据结构

在13.2进程的创建一节中已经提到了两个信号处理相关的结构体，signal_struct 和 sighand_struct，分别对应 task_struct 的 signal 和 sighand 字段（都是指针），二者都被同一个线程组中的线程共享。

signal_struct 表示进程（线程组）当前的信号信息（状态），主要字段见表 16-1。

表 16-1　signal_struct 字段表

字　段	类　型	描　述
shared_pending	sigpending	待处理的信号
group_exit_code	int	退出码
group_exit_task	task_struct *	等待线程组退出的进程
rlim	rlimit［RLIM_NLIMITS］	资源限制
flags	unsigned int	SIGNAL_XXX 标志

shared_pending 是线程组共享的信号队列，task_struct 的 pending 字段也是 sigpending 结构体类型，表示线程独有的信号队列。

rlim 表示进程当前对资源使用的限制（r 是 resource 的缩写），是 rlimit 结构体数组类型，可以通过 getrlimit 和 setrlimit 系统调用获取或者设置某一项限制。rlimit 结构体只有 rlim_cur 和 rlim_max 两个字段，表示当前值和最大值，使用 setrlimit 可以更改它们，增加 rlim_max 需要 CAP_SYS_RESOURCE 权限，也可能会受到一些逻辑限制，比如 RLIMIT_NOFILE（number of open files）对应的 rlim_max 不能超过 sysctl_nr_open。

需要强调的是，signal_struct 在线程组内是共享的，这意味着以上字段的更改会影响到组内所有线程。

sighand_struct 结构体表示进程对信号的处理方式，最重要的字段是 action，它是 k_sigaction 结构体数组，数组元素个数等于_NSIG（64，系统当前可以支持的信号的最大值）。k_sigaction 结构体的最重要的字段是 sa.sa_handler，表示用户空间传递的处理信号的函数，函数原型为 void（*）（int）。

sigpending 结构体的 signal 字段是一个位图，表示当前待处理（pending）的信号，该位图的位数也等于_NSIG。

16.2　捕捉信号

signal、sigaction 和 rt_sigaction 系统调用可以更改进程处理信号的方式，其中后两个的可移植性更好，用户可以直接使用 glibc 包装的 signal，函数原型如下，它一般调用 rt_sigaction 实现。自定义处理信号的函数，信号产生时函数被调用，被称为捕捉信号。

```
sighandler_t signal(int sig, sighandler_t handler);
int sigaction(int sig, const struct sigaction * act, struct sigaction * oact);
```

sigaction 有一个 sa_restorer 字段，是信号处理返回使用的回调函数，有定义的情况下，sa_flags字段的 SA_RESTORER 标志也会被置位。

3 个系统调用最终都调用 do_sigaction 函数实现，区别仅在于传递给函数的 act 参数的值不同（集中在 act->sa.sa_flags 字段），如下。

```
int do_sigaction(int sig, struct k_sigaction * act, struct k_sigaction * oact)
{
    struct task_struct * p = current, * t;
    struct k_sigaction * k;
    sigset_t mask;
    //省略同步等
    if (!valid_signal(sig) || sig < 1 || (act && sig_kernel_only(sig)))    //1
        return -EINVAL;

    k = & p->sighand->action[sig-1];    //2
    if (oact)
        * oact = * k;

    if (act) {
        sigdelsetmask(&act->sa.sa_mask,
                sigmask(SIGKILL) | sigmask(SIGSTOP));
        * k = * act;
        if (sig_handler_ignored(sig_handler(p, sig), sig)) {    //3
            sigemptyset(&mask);
            sigaddset(&mask, sig);
            flush_sigqueue_mask(&mask, &p->signal->shared_pending);
            for_each_thread(p, t)
                flush_sigqueue_mask(&mask, &t->pending);
        }
    }
    return 0;
}
```

第1步，合法性检查，用户传递的 sig 必须在 [1, 64] 范围内，而且不能更改 sig_kernel_only 的信号处理方式。sig_kernel_only 包含 SIGKILL 和 SIGSTOP 两种信号，用户不可以自定义它们的处理方式。

第2步，设置 p->sighand->action[sig-1]，更改进程对信号的处理方式。

内核对信号的处理方式见表 16-2。

表 16-2　信号的处理方式表

处 理 方 式	含　　义
terminate	终结进程
ignore	忽略
coredump	终结进程，coredump
stop	停止进程
continue	进程如果之前停止执行则继续执行，否则忽略

针对不同的信号，采用的处理方式也不相同，见表 16-3。

表 16-3　具体信号的处理方式表

处 理 方 式	宏/函数	信　　号
ignore	sig_kernel_ignore	SIGCONT SIGCHLD SIGWINCH SIGURG
coredump	sig_kernel_coredump	SIGQUIT SIGILL SIGTRAP SIGABRT SIGFPE SIGSEGV SIGBUS SIGSYS SIGXCPU SIGXFSZ
stop	sig_kernel_stop	SIGSTOP SIGTSTP SIGTTIN SIGTTOU
continue	/	SIGCONT
terminate	/	其他大部分

用户可以为信号设置自定义的处理方式，也可以恢复默认方式（sa_handler == SIG_DFL），或者忽略信号（sa_handler == SIG_IGN）。

第 3 步，更改了信号的处理方式后，如果信号之前的处理方式是忽略，将之前收到的该信号从线程组中删除。

16.3　发送信号

kill、tgkill 和 tkill 等系统调用可以用来给进程发送信号，用户空间可以直接使用以下两个函数。

```
int kill(pid_t pid, int sig);
int pthread_kill(pthread_t thread, int sig);    //线程
```

kill 函数调用 kill 系统调用实现，该系统调用初始化 kernel_siginfo 结构体，然后调用 kill_something_info，kill_something_info 的主要逻辑如下。

```
int kill_something_info(int sig, struct siginfo * info, pid_t pid)
{
    //省略同步和变量定义等
    if (pid > 0) {    //1
        return kill_pid_info(sig, info, find_vpid(pid));
    }
```

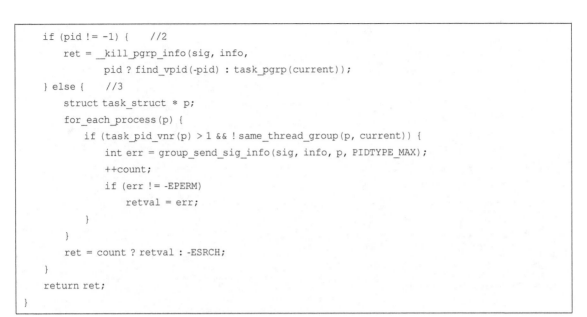

```
    if (pid != -1) {     //2
        ret = __kill_pgrp_info(sig, info,
                pid ? find_vpid(-pid) : task_pgrp(current));
    } else {     //3
        struct task_struct * p;
        for_each_process(p) {
            if (task_pid_vnr(p) > 1 && !same_thread_group(p, current)) {
                int err = group_send_sig_info(sig, info, p, PIDTYPE_MAX);
                ++count;
                if (err != -EPERM)
                    retval = err;
            }
        }
        ret = count ? retval : -ESRCH;
    }
    return ret;
}
```

以上内容分如下 3 种情况。

情况 1：如果 pid > 0，信号传递给 pid 指定的进程。

情况 2：如果 pid 等于-1，信号会传递给当前进程有权限的所有进程，idle 进程和同线程组的进程除外。

情况 3：如果 pid 等于 0，传递信号至当前进程组的每一个进程，如果 pid 小于-1，传递至-pid指定的进程组的每一个进程。

kill_pid_info 和__kill_pgrp_info 最终都是通过调用 group_send_sig_info 实现的（__kill_pgrp_info 对进程组中每一个进程循环调用它），group_send_sig_info 又调用 do_send_sig_info。

do_send_sig_info 函数最终会调用__send_signal_locked 发送信号，后者集中了发送信号的主要逻辑，是本章的重点，如下。

```
int __send_signal_locked(int sig, struct kernel_siginfo *info,
            struct task_struct *t, enum pid_type type, bool force)
{
    struct sigpending *pending;
    struct sigqueue *q;
    //仅保留核心逻辑
    if (!prepare_signal(sig, t, force))     //1
        goto ret;

    pending = (type != PIDTYPE_PID) ? &t->signal->shared_pending:
            &t->pending;     //2
    if (legacy_queue(pending, sig))     //3
        goto ret;

    q = __sigqueue_alloc(sig, t, GFP_ATOMIC, override_rlimit, 0);     //4
    if (q) {
        list_add_tail(&q->list, &pending->list);
        switch ((unsigned long) info) {
        case (unsigned long) SEND_SIG_NOINFO:
            //...
```

```
            break;
        case (unsigned long) SEND_SIG_PRIV:
            //...
            break;
        default:
            copy_siginfo(&q->info, info);
            break;
        }
    } else if (!is_si_special(info) &&
            sig >= SIGRTMIN && info->si_code != SI_USER) {
            ret = -EAGAIN;
            goto ret;
    }

out_set:
    signalfd_notify(t, sig);
    sigaddset(&pending->signal, sig);     //5
    complete_signal(sig, t, type);
ret:
    return ret;
}
```

第 1 步，调用 prepare_signal 判断是否应该发送信号，判断依据和任务有以下几点。

1）如果进程正在退出，不发送信号。特例是进程处于 coredump（p->signal ->core_state）中，可发送 SIGKILL。

2）如果发送的信号属于 sig_kernel_stop，清除线程组中所有的 SIGCONT 信号。

3）如果发送的信号等于 SIGCONT，那么清除线程组种所有的属于 sig_kernel_stop 的信号，并调用 wake_up_state（t, __TASK_STOPPED）唤醒之前被停止的进程。

4）调用 sig_ignored 判断是否应该忽略信号，如果是则不发送信号。

被 block 的信号不会被忽略，它们由 task_struct 的 blocked 和 real_blocked 两个字段表示，其中后者表示的 block 信号掩码是临时的，blocked 字段可以由 rt_sigprocmask 系统调用设置。注意，当前处理方式不属于 ignore 的信号不可忽略。

第 2 步，根据 type 参数选择信号队列，t->signal->shared_pending 是线程组共享的，t->pending 是线程（进程）独有的，只有 type 参数等于 PIDTYPE_PID 时才会选择后者。使用 kill 系统调用发送信号时 type 等于 PIDTYPE_MAX，所以它最终将信号挂载到线程组共享的信号队列中，也就是说我们无法使用它给一个特定的线程发送信号（信号的处理过程见下节）。

第 3 步，如果信号不是实时信号，且已经在信号队列中，则直接返回。

实时信号是指在［SIGRTMIN,SIGRTMAX）之间的信号，SIGRTMIN 一般等于 32，［1,31］区间内的信号称作标准（或者 legacy）信号都有既定的含义，比如 1 是 SIGHUP，31 是 SIGSYS。这两种信号的区别如下。

首先，最大的区别是实时信号可以重复，后者不可，这就是第 3 步的逻辑。

其次，对实时信号而言，在调用 sigaction 自定义信号处理方式的时候，如果 SA_SIGINFO 标志置 1，可以定义不同形式的 handler，函数原型为 void（ * ）（int, siginfo_t * , void * ）。

最后，实时信号的处理顺序可以保证同类型的信号，先发送先处理。

sigpending 结构体的 signal 字段是位图，只能表达某个信号的有无，无法表示它的数量，标准信号可重复是如何实现的呢？答案在第 4 步。

第 4 步，申请一个 sigqueue 对象，由它保存信号的信息，将它插入 pending->list 链表中，链表中当然可以存在相同的信号。

第 5 步，将信号在位图中对应的位置 1，然后调用 complete_signal 查找一个处理信号的进程（线程），主要逻辑如下。

```
void complete_signal(int sig, struct task_struct *p, enum pid_type type)
{
    struct signal_struct *signal = p->signal;
    struct task_struct *t;

    if (wants_signal(sig, p))      //1
        t = p;
    else if ((type == PIDTYPE_PID) || thread_group_empty(p))
        return;
    else {
        t = signal->curr_target;
        while (!wants_signal(sig, t)) {
            t = next_thread(t);
            if (t == signal->curr_target)
                return;
        }
        signal->curr_target = t;
    }
    if (sig_fatal(p, sig) &&       //2
        (signal->core_state || !(signal->flags & SIGNAL_GROUP_EXIT)) &&
        !sigismember(&t->real_blocked, sig) &&
        (sig == SIGKILL || !t->ptrace)) {
        if (!sig_kernel_coredump(sig)) {
            signal->flags = SIGNAL_GROUP_EXIT;
            signal->group_exit_code = sig;
            signal->group_stop_count = 0;
            t = p;
            do {
                task_clear_jobctl_pending(t, JOBCTL_PENDING_MASK);
                sigaddset(&t->pending.signal, SIGKILL);
                signal_wake_up(t, 1);
            } while_each_thread(p, t);
            return;
        }
    }
    signal_wake_up(t, sig == SIGKILL);    //3
    return;
}
```

第 1 步，查找一个可以处理信号的进程，在第 3 步唤醒它。wants_signal 判断一个进程是否可以处理信号，依据如下。

1）如果信号被进程 block（p->blocked），不处理。

2）如果进程正在退出（PF_EXITING），不处理。

3）信号等于 SIGKILL，必须处理。

4）处于__TASK_STOPPED | __TASK_TRACED 状态的进程，不处理。__TASK_STOPPED 状态的进程正在等待 SIGCONT，prepare_signal 已经处理了这种情况。

5）进程正在执行（task_curr），或者进程没有待处理的信号（! signal_pending），则需处理。

如果目标进程不可以处理信号，查找它的线程组内是否有线程可以处理它，如果暂时找不到，先返回等待进程在其他情况下处理它。

第 2 步，如果信号属于 sig_fatal，并满足代码中的一系列条件，在信号不属于 sig_kernel_core-dump 的情况下（该情况另行处理），发送 SIGKILL 到线程组中的每一个线程，整个组的进程退出。

哪些信号属于 sig_fatal？首先信号不属于 sig_kernel_ignore，其次信号不属于 sig_kernel_stop，最后信号的处理方式是 SIG_DFL。也就是默认行为是 terminate，且用户未改变处理方式的信号。

kill 不能发送信号至指定线程，但 pthread_kill 可以，它是通过 tgkill 系统调用实现的，和 kill 不同的是它调用 do_send_sig_info 时传递的 type 参数等于 PIDTYPE_PID。

16.4 【图解】信号处理的过程

假设用户自定义了处理某信号的函数 handler，宏观上，kill 对应的信号会导致 handler 被进程执行，函数返回后，进程继续之前的工作，如图 16-1 所示。

虽然很多时候用户关心的只是信号处理的函数被调用了，但是从程序设计的角度，还需要知道它的优劣，理解处理过程是必要的。

细节上，至少有几个问题需要解答。信号是何时、如何处理的（问题 1）？handler 是如何被调用的（问题 2）？进程执行完 handler 后如何回到之前的工作的（问题 3）？这几个问题的答案都是平台相关的，这里以 x86 为例。

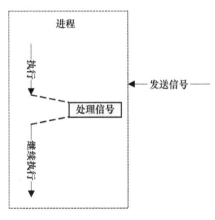

图 16-1　进程处理信号

16.4.1　处理信号的时机和方式

我们先逐次分析上面前两个问题。

1. 何时、如何处理信号

进程在处理完中断或系统调用等将要返回用户空间（irqentry_exit_to_user_mode，见 3.2.2 节）时，会检查是否还有工作要做，处理信号就是其中一项。如果需要（_TIF_SIGPENDING），则调用 arch_do_signal_or_restart 处理信号。arch_do_signal_or_restart 先调用 get_signal 获取待处理的信号，然后调用 handle_signal 处理它。

get_signal 的核心是一个循环，如下。

```
bool get_signal(struct ksignal * ksig)
{
    //省略...
    for (;;) {
        struct k_sigaction * ka;
        enum pid_type type = PIDTYPE_PID;
        signr = dequeue_synchronous_signal(&ksig->info);      //1
        if (!signr)
```

```
        signr = dequeue_signal(current, &current->blocked, &ksig->info, &type);
    if (!signr)
        break; /* will return 0 */

    ka = &sighand->action[signr-1];    //2
    if (ka->sa.sa_handler == SIG_IGN) /* Do nothing.  */
        continue;
    if (ka->sa.sa_handler != SIG_DFL) {
        *return_ka = *ka;
        if (ka->sa.sa_flags & SA_ONESHOT)
            ka->sa.sa_handler = SIG_DFL;
        break; /* will return non-zero "signr" value */
    }

    if (sig_kernel_ignore(signr))    //3
        continue;

    if (sig_kernel_stop(signr)) {
        if (likely(do_signal_stop(info->si_signo))) {
            goto relock; //省略 relock
        }
        continue;
    }

    current->flags |= PF_SIGNALED;
    if (sig_kernel_coredump(signr)) {
        proc_coredump_connector(current);
        do_coredump(info);
    }

    do_group_exit(info->si_signo);
    }
}
```

第 1 步，优先处理优先级高的信号（synchronous 信号），没有则调用 dequeue_signal 查找其他待处理的信号，p->pending 信号队列优先，信号值小的优先，如果在该队列找不到，再查找 p->signal->shared_pending 队列。也就是说优先处理发送给自己的信号，然后处理发送给线程组的信号，这也意味着发送给线程组的信号被哪个线程处理是不确定的。

dequeue_signal 找到信号后，也会填充它的信息（info），查看 sigpending.list 链表上是否有与它对应的 sigqueue 对象（q->info.si_signo == sig），如果没有，说明__send_signal 的时候跳过了申请 sigqueue 或者申请失败，从 sigpending. signal 位图删除信号（sigdelset（&pending-> signal，sig）），初始化 info 然后返回；如果只有 1 个，从位图删除信号，将 sigqueue 对象从链表删除，复制 q->info 的信息然后返回；如果多于 1 个（实时信号），将 sigqueue 对象从链表删除，复制 q->info 的信息然后返回，此时信号还存在，不能从位图中删除。

第 2 步，如果用户自定义了处理信号的方式，返回信号交由 handle_signal 处理。如果 sa_flags 的标志 SA_ONESHOT 置位，表示用户的更改仅生效一次，恢复处理方式为 SIG_DFL。

第 3 步，采取信号的默认处理方式，sig_kernel_ignore 的信号被忽略，sig_kernel_stop 的信号

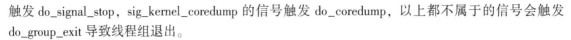

触发 do_signal_stop，sig_kernel_coredump 的信号触发 do_coredump，以上都不属于的信号会触发 do_group_exit 导致线程组退出。

2. 调用 handler

如果进程是因为系统调用进入内核，handle_signal 可能会改变系统调用的返回结果，取决于处理信号前系统调用本身的结果，见表 16-4（sa_flags 是 sigaction 的字段）。

表 16-4 系统调用返回值被信号改变表

系统调用的结果	改 变 后
-ERESTART_RESTARTBLOCK	-EINTR
-ERESTARTNOHAND	-EINTR
-ERESTARTSYS	-EINTR if（! sa_flags & SA_RESTART）
-ERESTARTNOINTR	regs->ax = regs->orig_ax;
-ERESTARTSYS 且 sa_flags & SA_RESTART	regs->ip -= 2; 重新启动系统调用

handle_signal 的核心是 setup_rt_frame，它可以解答第 2 个问题 handler 是如何被调用的，这是一个平台相关又比较复杂的话题，我们直接分析它的核心 __setup_rt_frame 函数（x86 上其中一种情况），如下。

```
int x64_setup_rt_frame(struct ksignal * ksig, struct pt_regs * regs)
{
    struct rt_sigframe __user * frame;
    void __user * fp = NULL;
    unsigned long uc_flags;
    //仅保留我们最关心的核心逻辑
    frame = get_sigframe(ksig, regs, sizeof(struct rt_sigframe), &fp);    //1
    uc_flags = frame_uc_flags(regs);

    unsafe_put_user(uc_flags, &frame->uc.uc_flags, Efault);
    unsafe_put_user(0, &frame->uc.uc_link, Efault);
    unsafe_save_altstack(&frame->uc.uc_stack, regs->sp, Efault);
    unsafe_put_user(ksig->ka.sa.sa_restorer, &frame->pretcode, Efault);    //2
    unsafe_put_sigcontext(&frame->uc.uc_mcontext, fp, regs, set, Efault);    //3
    unsafe_put_sigmask(set, frame, Efault);

    regs->di = ksig->sig;    //4
    regs->ax = 0;
    regs->si = (unsigned long)&frame->info;
    regs->dx = (unsigned long)&frame->uc;
    regs->ip = (unsigned long) ksig->ka.sa.sa_handler;
    regs->sp = (unsigned long)frame;
    regs->cs = __USER_CS;
    return 0;
}
```

函数的第 2 个参数 regs 就是保持在内核栈高端，进程返回用户空间使用的 pt_regs。

rt_sigframe 结构体比较复杂，在此我们只需要明确两点即可。第一，它的第一个字段为 pretcode。第二，它可以保存 pt_regs。

第 1 步，调用 get_sigframe 获得 frame，我们不需要深究过程，只需要注意得到的 frame 是属于用户空间的，不是内核空间的。

第 2 步，给 pretcode 字段赋值为 ksig->ka.sa.sa_restorer。我们可以自定义 sa_restorer，glibc 也提供默认的 restore_rt（__restore_rt）函数。

第 3 步，保存当前的 pt_regs。

第 4 步，更改 pt_regs，regs->sp =（unsigned long）frame 更改进程用户栈，regs->ip =（unsigned long）ksig->ka.sa.sa_handler，返回用户空间后，执行 handler，问题 2 分析完毕。

16.4.2　处理信号后如何返回

rt_sigframe 结构体的第一个字段为 pretcode，handler 执行完毕函数返回后，接下来执行的代码就是 pretcode 指向的代码，以 restore_rt（__restore_rt）为例，它会调用 rt_sigreturn 系统调用。

rt_sigreturn 在 x86 平台上代码如下。

```
SYSCALL_DEFINE0(rt_sigreturn)
{
    struct pt_regs * regs = current_pt_regs();
    struct rt_sigframe __user * frame;
    //省略出错处理,保留核心逻辑
    frame = (struct rt_sigframe __user *)(regs->sp - sizeof(long));
    __get_user(*(__u64 *)&set, (__u64 __user *)&frame->uc.uc_sigmask);
    __get_user(uc_flags, &frame->uc.uc_flags);
    set_current_blocked(&set);

    restore_sigcontext(regs, &frame->uc.uc_mcontext, uc_flags);
    restore_altstack(&frame->uc.uc_stack);
    return regs->ax;
}
```

regs->sp - sizeof（long）就是 x64_setup_rt_frame 中的 frame，restore_sigcontext 恢复之前保存在 frame 中的 pt_regs 的值，rt_sigreturn 系统调用返回的时候即可回到处理信号之前的工作了。整个过程如图 16-2 所示。问题 3 也分析完毕了。

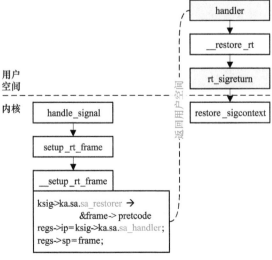

图 16-2　信号的处理和返回

16.5 【看图说话】监控文件的 IO

除了系统调用外，内核提供了函数供模块给进程发送信号，比如 send_sig_info、send_sig 和 force_sig 等，此处给出一个驱动中可以方便使用信号机制的例子，如图 16-3 所示。

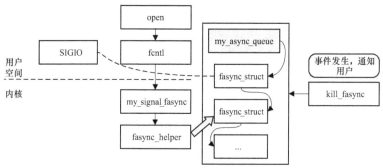

图 16-3　文件的 SIGIO

在驱动中创建一个文件，为它提供 fasync 操作，示例代码如下。

```
static struct file_operations my_signal_file = {
    . fasync = my_signal_fasync,
    ...
}
static struct fasync_struct *my_async_queue;
static int my_signal_fasync(int fd, struct file * filp, int on)
{
    return fasync_helper(fd, filp, on, &my_async_queue);
}
```

fasync_helper 是内核提供的函数，用户以 on 等于 1 触发了文件的 fasync 操作时，内核会自动申请一个 fasync_struct 对象插入由 my_async_queue 指向的单向链表中，此时进程的信息保存在 fasync_struct.fa_file->f_owner 中。用户以 on 等于 0 触发了文件的 fasync 操作时，内核会回收所有的 fasync_struct 对象。

某事件发生后，驱动调用 kill_fasync 通知用户。

```
kill_fasync(&my_async_queue, SIGIO, XXX);
```

kill_fasync 通过 do_send_sig_info 函数实现，它会通知 my_async_queue 单向链表中每一个 fasync_struct 相关的进程。

用户需要做的只是设定处理信号的方式，表示对信号是否关心，示例代码如下。

```
fd = open(file_name, flags);
...
o_flags = fcntl(fd, F_GETFL);
if(care){
    o_flags |= FASYNC; //关心，"订阅"信号
}else{
    o_flags &= ~FASYNC; //停止关心,取消"订阅"
}
fcntl(fd, F_SETFL, o_flags);
```

FASYNC 从无到有时，my_signal_fasync 的 on 参数为 1，从有到无时，on 为 0。

综合应用篇

推荐阅读：	在理解前几部分知识内容的基础上进行阅读
侧重阅读：	第 17~21 章
难度：	★★★★
难点：	第 17、20 和 21 章
特点：	涉及广、以之前几部分为基础
核心技术：	驱动开发、Binder
关键词：	poll、epoll、V4L2、driver、device、bus、Binder 通信、suspend、resume、虚拟化

第17章

玩转操作系统——程序的执行

操作系统的价值最终应该由它的程序体现，不同的操作系统支持的程序的格式不同，比如 Windows 支持 exe 文件，Linux 类的操作系统支持 elf 等文件。

一个操作系统的地位，多半可以用它的应用程序数量、开发者数量和应用程序的受欢迎程度来衡量。操作系统，加上很多优秀的应用，再加上无数的开发者和用户，才能构成一个整体，就像安卓系统一样，它已经是一个完整的生态了。可以说程序是一个操作系统成功的关键。

程序和进程之间有着密切的关系，也要从程序的执行说起，本章可以帮助读者更清晰地认识它们。

17.1 【图解】elf 文件

Linux 系统不是以文件的扩展名决定文件的格式的，决定文件格式的是它的内容。它支持多种可执行程序，比如常见的 a.out（Assembler and Link Editor Output）和 elf（Executable and Linking Format），其中 elf 文件用途比较广泛，本书以它为例展开讨论。

17.1.1 概述

elf 文件可以分为 3 种类型：可重定位的目标文件（Relocatable File 或者 Object File）、可执行文件（Executable）和共享库（Shared Object 或者 Shared Library）。

为了更形象地理解本章讨论的知识，下面以一个简单的小程序作为例子，代码如下。

```
//elf_f.c
#include <stdio.h>

int init_data = 1;
int u_init_data;

int main(){
    u_init_data = 2;
    printf("%d\n", init_data + u_init_data);
    return 0;
}
```

编译 elf_f.c 生成最终的可执行文件可以分为以下 4 个步骤。

1）预处理，生成预编译文件：gcc -E elf_f.c -o elf_f.i。

2）编译，生成汇编代码（.s 文件）：gcc -S elf_f.i -o elf_f.s。

3）汇编，生成目标文件（.o 文件）：gcc -c elf_f.s -o elf_f.o。

4）链接，生成可执行文件：gcc elf_f.o -o elf_f。

第 3 步产生的 elf_f.o 就是可重定位的目标文件类型，第 4 步产生的 elf_f 则是可执行文件，它的内容与具体的编译环境有关。这里主要集中讨论可执行文件，为了统一环境，建议读者使用下面的命令编译以上代码生成可执行文件。

```
gcc elf_f.c -m32 -o elf_f
```

工欲善其事，必先利其器，在深入细节之前，先介绍 3 个可以帮助读者透彻理解 elf 文件的工具。

xxd：以 16 进制的方式输出文件的内容或者反操作，不指定文件的情况下，由标准输入读入，我们只需要 xxd elf_f 即可。

readelf：解析 elf 文件，输出文件的信息，我们使用 readelf -a elf_f，-a 表示--all。

objdump：可以用来反汇编 elf 文件，我们使用 objdump -D elf_f，-D 表示--disassemble-all。

另外，elf 可执行文件有个近亲，bin 文件，它是 raw binary 文件，可以使用 objcopy 处理 elf 文件得到。它去除了 elf 文件一些不必要的格式信息，可以直接执行。许多设备的固件（firmware）都是 bin 文件，上电后即开始执行代码，不需要完整的操作系统。

17.1.2　文件格式

elf 文件物理上可以分为 elf header、Program Header Table、Sections 和 Section Header Table 几个部分，如图 17-1 所示。

这里说的"物理上"指的是 elf 文件在磁盘上保存时的布局，我们熟悉的"代码段""数据段"就是图中的 text 和 data，它们保存在 Sections 部分。仅有 Sections 是不够的，操作系统要加载执行 elf 文件还要知道很多额外的描述信息。

接下来读者会看到很多结构体的字段和代码使用了简称，此处统一说明，eh 是 elf header 的缩写，ph 是 Program Header 的缩写，sh 是 Section Header 的缩写，在不引起歧义的情况下有时会使用简称。

elf header 存储整个 elf 文件的信息，32 位平台上（64 位平台上原理相同）对应 elf32_hdr 结构体，主要字段见表 17-1。

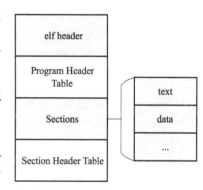

图 17-1　elf 文件布局图

表 17-1　elf32_hdr 字段表

字　段	类　型	描　述
e_ident	unsigned char［16］	elf 文件的标志,"\177ELF"
e_type	Elf32_Half 2 字节	类型
e_machine	Elf32_Half	平台信息
e_entry	Elf32_Addr 4 字节	程序入口
e_phoff	Elf32_Off 4 字节	ph 表的起始偏移量
e_shoff	Elf32_Off	sh 表的起始偏移量
e_ehsize	Elf32_Half	eh 的大小
e_phentsize	Elf32_Half	一项 ph 的大小
e_phnum	Elf32_Half	ph 表中包含 ph 项的数量
e_shentsize	Elf32_Half	一项 sh 的大小
e_shnum	Elf32_Half	sh 表中包含 sh 项的数量
e_shstrndx	Elf32_Half	Section Header string table index，表示各 section 的名字存储在哪个 section

整个 elf header 占 0x34 个字节，xxd elf_f 得到 elf_f 的内容，其中前 0x34 个字节的内容解析如下。

```
内容
00000000: 7f45 4c46 0101 0100 0000 0000 0000 0000  .ELF............
00000010: 0200 0300 0100 0000 1083 0408 3400 0000  ............4...
00000020: 0c18 0000 0000 0000 3400 2000 0900 2800  ........4. ...(.
00000030: 1f00 1c00
解析
00000000: 7f45 4c46 0101 0100 0000 0000 0000 0000 e_ident "\177ELF"
00000010:
  0200          e_type          2
  0300          e_machine       3
  0100 0000     e_version       1
  1083 0408     e_entry         0x08048310
  3400 0000     e_phoff         0x34
00000020:
  0c18 0000     e_shoff         0x180c
  0000 0000     e_flags         0
  3400          e_ehsize        0x34
  2000          e_phentsize     0x20
  0900          e_phnum         0x9
  2800          e_shentsize     0x28
00000030:
  1f00          e_shnum         0x1f
  1c00          e_shstrndx      0x1c
```

这与 readelf 得到的结果中对 ELF Header 的描述是一致的，如下。

```
ELF Header:
  Magic:   7f 45 4c 46 01 01 01 00 00 00 00 00 00 00 00 00
  Class:                             ELF32
  Data:                              2's complement, little endian
  Version:                           1 (current)
  OS/ABI:                            UNIX - System V
  ABI Version:                       0
  Type:                              EXEC (Executable file)
  Machine:                           Intel 80386
  Version:                           0x1
  Entry point address:               0x8048310
  Start of program headers:          52 (bytes into file)
  Start of section headers:          6156 (bytes into file)
  Flags:                             0x0
  Size of this header:               52 (bytes)
  Size of program headers:           32 (bytes)
  Number of program headers:         9
  Size of section headers:           40 (bytes)
  Number of section headers:         31
  Section header string table index: 28
```

根据以上数字可以得出 elf_f 文件的以下信息。

1）整个 elf header 的大小为 0x34 字节（e_ehsize），文件的类型是可执行文件：e_type 等于 ET_EXEC（值为 2）、ET_REL（值为 1）和 ET_DYN（值为 3）时分别表示可执行文件、目标文件和共享库文件。

2）ph 表开始于 0x34（e_phoff），每个 ph 的大小为 32 字节（e_phentsize），该 ph 表共包含 9（e_phnum）个 ph，ph 表占用文件的［0x34，0x154）区域。

3）sh 表开始于 0x180c（e_shoff），每个 sh 的大小为 40 字节（e_shentsize），该 sh 表共包含 31（e_shnum）个 sh，ph 表占用文件的［0x180c，0x1ce4）区域。

4）程序的入口地址为 0x8048310（e_entry），它的作用我们在下节分析。

ph 表和 sh 表中间有大段的空间，也就是［0x154，0x180c）这段区域，存储的是 section。物理上，sh 表中的每项 sh 存储的是 section 的描述，section 的内容则存储在这块中间区域，我们熟悉的 text、data 和 bss 等 section 都是如此。在这里并没有称 section 为段，是因为下文中的另一个概念 segment 也可以称为段，二者都称为段容易混淆。

sh 对应 elf32_shdr 结构体，主要字段见表 17-2。

表 17-2 elf32_shdr 字段表

字 段	类 型	描 述
sh_name	Elf32_Word 4 字节	名字在 . shstrtab section 中的偏移量
sh_type	Elf32_Word	类型
sh_flags	Elf32_Word	标志
sh_addr	Elf32_Addr	section 的虚拟地址
sh_offset	Elf32_Off	偏移量
sh_size	Elf32_Word	大小

每个 elf32_shdr 描述一个 section，如图 17-2 所示。

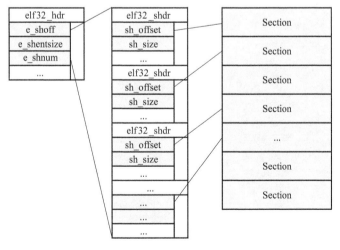

图 17-2 elf32_shdr 和 section

section 的类型决定了它的含义和行为，sh_name 字段存储的并不是字符，所有 section 的名字集中存储在 elf32_hdr 的 e_shstrndx 字段表示的 section 中，也就是 elf_f 的第 28 个 section，它的 sh 的偏移量等于 0x180c + 40 ∗ 28 = 1c6c，内容如下。

```
00001c6c:                          1100 0000      ..............
00001c70: 0300 0000 0000 0000 0000 0000 ff16 0000  ..............
00001c80: 0a01 0000 0000 0000 0000 0000 0100 0000  ..............
00001c90: 0000 0000
解析
00001c6c:
  1100 0000 sh_name 0x11
00001c70:
  0300 0000 sh_type 3
  0000 0000 sh_flags 0
  0000 0000 sh_addr 0
  ff16 0000 sh_offset 0x16ff
00001c80:
  0a01 0000 sh_size 0x10a
```

由此可得，从文件的 0x16ff 开始存放的是 section 的名字，大小等于 0x10a。第 28 个 section 的名字则存储在 0x16ff + 0x11（sh_name 的值）= 0x1710，内容为 2e73 6873 7472 7461 6200（00 表示结尾），也就是.shstrtab。

readelf 的输出中包含所有 section 的描述，如下。

```
Section Headers:
 [Nr] Name              Type        Addr     Off    Size   ES Flg Lk Inf Al
 [ 0]                   NULL        00000000 000000 000000 00     0   0  0
 [ 1] .interp           PROGBITS    08048154 000154 000013 00  A  0   0  1
 [ 2] .note.ABI-tag     NOTE        08048168 000168 000020 00  A  0   0  4
 [ 3] .note.gnu.build-i NOTE        08048188 000188 000024 00  A  0   0  4
 [ 4] .gnu.hash         GNU_HASH    080481ac 0001ac 000020 04  A  5   0  4
 [ 5] .dynsym           DYNSYM      080481cc 0001cc 000050 10  A  6   1  4
 [ 6] .dynstr           STRTAB      0804821c 00021c 00004c 00  A  0   0  1
 [ 7] .gnu.version      VERSYM      08048268 000268 00000a 02  A  5   0  2
 [ 8] .gnu.version_r    VERNEED     08048274 000274 000020 00  A  6   1  4
 [ 9] .rel.dyn          REL         08048294 000294 000008 08  A  5   0  4
 [10] .rel.plt          REL         0804829c 00029c 000010 08  AI 5  24  4
 [11] .init             PROGBITS    080482ac 0002ac 000023 00  AX 0   0  4
 [12] .plt              PROGBITS    080482d0 0002d0 000030 04  AX 0   0 16
 [13] .plt.got          PROGBITS    08048300 000300 000008 00  AX 0   0  8
 [14] .text             PROGBITS    08048310 000310 0001b2 00  AX 0   0 16
 [15] .fini             PROGBITS    080484c4 0004c4 000014 00  AX 0   0  4
 [16] .rodata           PROGBITS    080484d8 0004d8 00000c 00  A  0   0  4
 [17] .eh_frame_hdr     PROGBITS    080484e4 0004e4 00002c 00  A  0   0  4
 [18] .eh_frame         PROGBITS    08048510 000510 0000cc 00  A  0   0  4
 [19] .init_array       INIT_ARRAY  08049f08 000f08 000004 00  WA 0   0  4
 [20] .fini_array       FINI_ARRAY  08049f0c 000f0c 000004 00  WA 0   0  4
 [21] .jcr              PROGBITS    08049f10 000f10 000004 00  WA 0   0  4
 [22] .dynamic          DYNAMIC     08049f14 000f14 0000e8 08  WA 6   0  4
 [23] .got              PROGBITS    08049ffc 000ffc 000004 04  WA 0   0  4
 [24] .got.plt          PROGBITS    0804a000 001000 000014 04  WA 0   0  4
 [25] .data             PROGBITS    0804a014 001014 00000c 00  WA 0   0  4
 [26] .bss              NOBITS      0804a020 001020 000008 00  WA 0   0  4
 [27] .comment          PROGBITS    00000000 001020 000034 01  MS 0   0  1
```

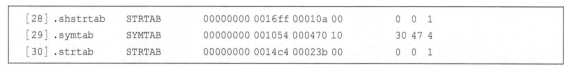

[28] .shstrtab	STRTAB	00000000 0016ff 00010a 00	0 0 1
[29] .symtab	SYMTAB	00000000 001054 000470 10	30 47 4
[30] .strtab	STRTAB	00000000 0014c4 00023b 00	0 0 1

interp section 为程序指定解释器（interpreter），从编译和运行程序的角度讲，可执行程序和库有两种关系，一种是静态链接（编译的时候加入-static），编译时将所有依赖库包含在内，运行时不需要加载其他库，第二种是动态链接，需要指定解释器在运行时加载需要的库。interp section 实际存储的是一个字符串，指出解释器的路径，在 elf_f 文件中，它起始于 0x154，大小为 0x13 个字节，内容是 2f6c 6962 2f6c 642d 6c69 6e75 782e 736f 2e32 00，也就是/lib/ld-linux.so.2。ld-linux.so.2 负责加载程序需要的库，我们会在下节详细介绍。

text 是代码 section，data 是数据 section，bss 是未初始化数据 section。需要强调的是 bss section 并不占用物理空间，可以看到，bss section 的大小等于 8，但它的偏移量与 comment section 是相同的，都等于 0x1020，而该位置存放的是字符串 GCC：（Ubuntu 5.4.0-6ubuntu1~16.04.9）5.4.0 20160609。bss 和 data 两个 section 实际上没有本质区别，之所以没有将 bss 的数据也存入 data 中，是为了节省空间，因为 bss section 的数据都会被默认初始化为 0。

我们在程序中定义了 init_data 和 u_init_data 两个全局变量，它们被分别存储在 data 和 bss section，最终生成的代码中是如何使用它们的呢？在 objdump 的输出中 main 函数有以下代码片段。

```
804841c:  c7 05 24 a0 04 08 02   movl   $0x2,0x804a024
8048423:  00 00 00
8048426:  8b 15 1c a0 04 08      mov    0x804a01c,%edx
804842c:  a1 24 a0 04 08         mov    0x804a024,%eax
8048431:  01 d0                  add    %edx,%eax
```

0x804a024 处的变量被赋值为 2，然后与 0x804a01c 处的变量相加，所以 0x804a024 对应 u_init_data，0x804a01c 对应 init_data。data section 的起始虚拟地址等于 0x804a014，所以 init_data 在该 section 内的偏移量等于 8，加上 data section 的偏移量 1014，init_data 的偏移量等于 101c，elf_f在该位置的内容为 0100 0000，也就等于 1，与程序的逻辑一致。

一些调试工具（如 objdump）是可以看到变量名字的，比如它的输出中有一段 0804a024 <u_init_data>，那么变量的名字和位置是如何对应起来的呢？这就用到了 symtab 和 strtab 两个 section，后者存放的是名字，前者存放了变量和名字在后者中的偏移量。

symtab 内存放的信息按照 elf32_sym 结构体来解释，它的大小等于 16 字节，前 3 个字段为 st_name、st_value 和 st_size，分别表示名字在 strtab section 中的偏移量、值和大小，按照值查找变量。以 init_data 为例，查找 st_value 等于 0x804a01c 的项（如果找到多个，还需要区分它们的类型），找到 f701 0000 1ca0 0408 0400 0000 1100 1900，它的名字在 strtab section 中的偏移量等于 0x1f7，加上 0x14c4 得到在 elf_f 中的偏移量 0x16bb，内容为 69 6e69 745f 6461 7461 00，也就是 init_data。

需要说明的是，symtab 和 strtab section 并不是必不可少的，它们是用来调试的，最终发布软件之前一般会将它们去除，执行 strip elf_f 就可以去掉它们。

elf_f 由内核加载执行，内核不是以 section 为单位加载的文件内容的，而是以 segment 为单位。一个 segment 可以包含 0 或多个 section，由 ph 描述（很多情况下，可以将一个 ph 理解为一个 segment）。ph 对应 elf32_phdr 结构体，主要字段见表 17-3。

表 17-3　elf32_phdr 字段表

字　　段	类　　型	描　　述
p_type	Elf32_Word 4 字节	类型
p_offset	Elf32_Off 4 字节	偏移量
p_vaddr	Elf32_Addr 4 字节	虚拟地址
p_paddr	Elf32_Addr	物理地址
p_filesz	Elf32_Word	segment 的大小
p_memsz	Elf32_Word	segment 占内存的大小
p_flags	Elf32_Word	读写执行标志
p_align	Elf32_Word	对齐

elf32_phdr 和 section 的关系如图 17-3 所示，如果说 elf32_shdr 和 section 是一对一的关系，elf32_phdr 和 section 则是一个范围关系，即一项 elf32_phdr 描述它包含哪些范围内的 section。

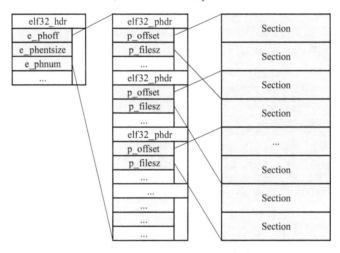

图 17-3　elf32_phdr 和 section 关系图

elf_f 的 ph 表起始于 0x34，共有 9 个 ph，readelf 的输出中描述了它们，如下。

```
Program Headers:
  Type           Offset   VirtAddr   PhysAddr   FileSiz  MemSiz   Flg  Align
  PHDR           0x000034 0x08048034 0x08048034 0x00120  0x00120  R E  0x4
  INTERP         0x000154 0x08048154 0x08048154 0x00013  0x00013  R    0x1
      [Requesting program interpreter: /lib/ld-linux.so.2]
  LOAD           0x000000 0x08048000 0x08048000 0x005dc  0x005dc  R E  0x1000
  LOAD           0x000f08 0x08049f08 0x08049f08 0x00118  0x00120  RW   0x1000
  DYNAMIC        0x000f14 0x08049f14 0x08049f14 0x000e8  0x000e8  RW   0x4
  NOTE           0x000168 0x08048168 0x08048168 0x00044  0x00044  R    0x4
  GNU_EH_FRAME   0x0004e4 0x080484e4 0x080484e4 0x0002c  0x0002c  R    0x4
  GNU_ STACK     0x000000 0x00000000 0x00000000 0x00000  0x00000  RW   0x10
  GNU_ RELRO     0x000f08 0x08049f08 0x08049f08 0x000f8  0x000f8  R    0x1
```

第一个 ph 是 PHDR，本质上并不是一个 segment，它仅包含了整个 ph 表的信息：elf_f 的 ph 表起始偏移量为 0x34，大小等于 0x120。它的内容如下。

```
00000034:0600 0000 3400 0000 3480 0408   ........4...4...
00000040: 3480 0408 2001 0000 2001 0000 0500 0000   4... ... .....
00000050: 0400 0000
解析
00000034:
  0600 0000 p_type                   0x6
  3400 0000 p_offset                 0x34
  3480 0408 p_vaddr                  0x08048034
00000040:
  3480 0408 p_paddr                  0x08048034/ * never used on x86 * /
  2001 0000 p_filesz                 0x120
  2001 0000 p_memsz                  0x120
  0500 0000 p_flags                  0x5
  0400 0000 p_align                  0x4
```

　　第二个 ph 是 interpreter，包含了 interpreter section，接着是两个 LOAD segment，它们是加载可执行程序的关键。

　　segment 和 section 的关系是如何确定的呢？又或者说，一个 section 包含哪些 section 是如何确定的？答案是偏移量，以第二个 LOAD segment 为例，它的起始偏移量是 0xf08，大小是 0x118，那么 elf_f 的 [0xf08, 0x1020) 范围内所有的 section 都属于它，也就是.init_array .fini_array .jcr .dynamic .got .got.plt .data .bss 这几个 section。readelf 的输出中包含了 elf_f 的 segment 和 section 的对应关系，如下。

```
Section to Segment mapping:
  Segment Sections...
   00
   01     .interp
   02     .interp .note.ABI-tag .note.gnu.build-id .gnu.hash .dynsym .dynstr .gnu.version .gnu.
version_r .rel.dyn .rel.plt .init .plt .plt.got .text .fini .rodata .eh_frame_hdr .eh_frame
   03     .init_array .fini_array .jcr .dynamic .got .got.plt .data .bss
   04     .dynamic
   05     .note.ABI-tag .note.gnu.build-id
   06     .eh_frame_hdr
   07
   08     .init_array .fini_array .jcr .dynamic .got
```

　　第二个 LOAD segment 的 p_filesz 等于 0x118，但它的 p_memsz 等于 0x120，为什么不相等？该 segment 的区域为 [0xf08, 0x1020)，0x1020 正好是 bss section 的起始位置，bss 的大小等于 8，与 0x120-0x118 也相等，这不是巧合，正是 bss section 导致了两个字段的差异，我们在下节详细分析。

17.2　exec 函数族

　　了解了可执行文件后，继续分析可执行文件的加载执行过程，可以用来执行程序的函数（用户空间）比较丰富，如下。

```
int execl(const char *path, const char *arg, ...);
int execlp(const char *file, const char *arg, ...);
int execle(const char *path, const char *arg, ...);
```

```
int execv(const char * path, char * const argv[]);
int execvp(const char * file, char * const argv[]);
int execvpe(const char * file, char * const argv[], char * const envp[]);
int fexecve(int fd, char * const argv[], char * const envp[]);
int execve(const char * filename, char * const argv[], char * const envp[]);
int execveat(int dirfd, const char * pathname,
                    char * const argv[], char * const envp[], int flags);
```

execve 和 execveat 调用同名系统调用实现，二者的主要区别在于确定文件路径的方式不同，前者的 filename 参数直接给出文件路径，后者的 filename 以绝对路径给出时，dirfd 被忽略，以相对路径给出时，dirfd 指出了路径所在的目录，dirfd 等于 AT_FDCWD 表示进程的当前工作目录。

其他的函数都是 glibc 包装，通过调用 execve 实现的。fexecve 的实现比较有趣，涉及了如下知识点：fexecve 需要调用 execve，所以它需要将参数 fd 转换成 filename。proc 文件系统提供了一项便利，访问/proc/self/fd/目录下对应的 fd 文件等同于访问目标文件，代码片段如下。

```
char buf[sizeof "/proc/self/fd/" + sizeof (int) * 3];
_snprintf (buf, sizeof (buf), "/proc/self/fd/% d", fd);
_execve (buf, argv, envp);
```

它的原理很简单，/proc/self 是一个链接，目标目录是/proc 进程 id 对应的目录。例如进程 999 打开了文件 elf_f，fd 等于 2000，进程以 fd 等于 2000 执行 fexecve，传递至 execve 系统调用的 filename 等于/proc/self/fd/2000，实际上就是/proc/999/fd/2000，也就是 elf_f，用一个成语形容就是殊途同归。

exec 函数族可以接受的文件除了可执行文件外还可以是脚本文件，也就是我们经常看到的以 #! interpreter［optional-arg］开头的文件，interpreter 必须指向一个可执行文件，相当于执行 interpreter［optional-arg］filename arg…。

17.2.1 数据结构

进一步分析代码之前，有必要介绍两个重要的数据结构，它们是理解整个过程的关键。

内核支持的可执行文件不止 elf 一种，还包含 script 和 aout 等格式，所有的格式都有一个 linux_binfmt 结构体变量与之对应，比如 elf_format 和 script_format，必须调用 register_binfmt 等函数将它们链接到以 formats 变量为头的链表中，才能支持对应的格式。

linux_binfmt 结构体（binary format，以下简称 fmt）描述了文件的加载方法，主要字段见表 17-4。

表 17-4　linux_binfmt 字段表

字　　段	类　　型	描　　述
lh	list_head	将其链接到 formats 链表中
load_binary	int（*）（struct linux_binprm *）	加载文件，见下节
load_shlib	int（*）（struct file *）;	加载共享库
core_dump	int（*）（struct coredump_params *）;	core dump

第二个结构体是 linux_binprm（binary parameter，以下简称 bprm），表示加载二进制文件需要使用的参数信息，主要字段见表 17-5。

表 17-5 linux_binprm 字段表

字 段	类 型	描 述
buf	char [BINPRM_BUF_SIZE]	文件的前 BINPRM_BUF_SIZE（256）个字节
vma	vm_area_struct *	内存映射信息
mm	mm_struct *	管理内存
p	unsigned long	可以理解为栈底
file	file *	关联的文件
cred	cred *	权限和身份
argc	int	参数的数量
envc	int	环境变量的数量
filename	const char *	文件名字
interp	const char *	解释器的名字

文件的前 BINPRM_BUF_SIZE 个字节包含它的身份标识，表明它的格式。一种格式在尝试加载文件前，需要先判断文件是否为它期望的格式。接下来详细分析加载过程。

17.2.2 系统调用

execve 和 execveat 系统调用最终都调用 do_execveat_common 实现，在将处理权交给具体的 fmt 之前，do_execveat_common 需要完成以下任务。

1）调用 alloc_bprm 申请为 bprm 内存并完成初始化。

① 调用 kzalloc 为 bprm 申请内存。

② 调用 bprm_mm_init 设置当前进程的栈：调用 mm_alloc 申请 mm_struct 对象，赋值给 bprm->mm，然后申请 vm_area_struct 对象赋值给 bprm->vma，这是 bprm->mm 的第一个 vma，它的 vm_end 等于 STACK_TOP_MAX，大小等于 PAGE_SIZE。STACK_TOP_MAX 在 x86 平台上是 3G（TASK_SIZE），bprm->p 被赋值为 vma->vm_end - sizeof（void *），用户栈始于此。请注意，此处仅仅是将得到的 mm_struct 赋值给 bprm->mm，并没有改变进程的 mm。

2）将用户空间传递的参数和环境变量复制到内核，给 bprm 相关字段赋值。

3）调用 bprm_execve，开始执行程序。

① 调用 prepare_bprm_creds 初始化 bprm 的 cred 字段。

② 调用 do_open_execat 打开文件，得到 file，为 bprm->file 赋值。

③ 调用 exec_binprm，进而调用 search_binary_handler 查找合适的 fmt。search_binary_handler 会调用 prepare_binprm 将文件的前 BINPRM_BUF_SIZE 读入 bprm->buf，然后回调 fmt->load_binary。

准备工作已经完成，接下来需要各个 fmt 接手了，如果 load_binary 执行成功，进程会执行新的程序，不会返回，失败则返回错误，继续尝试下一个 fmt。所以，exec 函数族执行成功的情况下也是不会返回的。

exec 函数族存在一个误区，很多人以为系统会创建一个新进程执行程序，但实际上并没有新进程出现，只不过原进程的栈、内存映射等被替换掉而已，这个"新"应该理解为焕然一新。

我们分析 elf 文件，也就是 elf_format 的 load_binary，load_elf_binary 函数。该函数比较复杂，下面的代码中仅保留了处理可执行文件（ET_EXEC）的逻辑，load_bias 和 total_size 等变量在这种情况下等于 0，但依然很复杂。可以分为两部分理解，前 6 步是"去旧"，如下。

```
int load_elf_binary(struct linux_binprm *bprm)
{
    struct file *interpreter = NULL;
    char * elf_interpreter = NULL;
    struct elf_phdr *elf_ppnt, *elf_phdata, *interp_elf_phdata = NULL;
    unsigned long elf_entry;
    struct pt_regs *regs = current_pt_regs();
    struct elfhdr *elf_ex = (struct elfhdr *)bprm->buf;       //1
    struct elfhdr *interp_elf_ex = NULL;
    loff_t pos;

    //省略变量定义、出错处理,仅保留可执行文件的处理逻辑
    if (memcmp(loc->elf_ex.e_ident, ELFMAG, SELFMAG) != 0)      //2
        goto out;

    elf_phdata = load_elf_phdrs(elf_ex, bprm->file);        //3

    elf_ppnt = elf_phdata;
    for (i = 0; i < elf_ex->e_phnum; i++, elf_ppnt++) {
        if (elf_ppnt->p_type == PT_INTERP) {       //4
            elf_interpreter = kmalloc(elf_ppnt->p_filesz, GFP_KERNEL);
            pos = elf_ppnt->p_offset;
            elf_read(bprm->file, elf_interpreter, elf_ppnt->p_filesz,
                    elf_ppnt->p_offset);

            interpreter = open_exec(elf_interpreter);
            interp_elf_ex = kmalloc(sizeof(*interp_elf_ex), GFP_KERNEL);
            elf_read(interpreter, interp_elf_ex, sizeof(*interp_elf_ex), 0);
            break;
        }
        elf_ppnt++;
    }

    if (interpreter) {      //5
        if (memcmp(interp_elf_ex.e_ident, ELFMAG, SELFMAG) != 0)
            goto out_free_dentry;
        interp_elf_phdata = load_elf_phdrs(interp_elf_ex,
                        interpreter);
    }

    retval = begin_new_exec(bprm);       //6
```

elfhdr 是一个宏，32 位平台上就是 elf32_hdr，elf_ex 对应当前可执行文件，interp_elf_ex 对应解释器文件，也就是我们例子中的/lib/ld-linux.so.2。

第 1 步，将 bprm->buf 赋值给 elf_ex，elf_ex 包含了文件 header 部分的信息。

第 2 步，检查文件的头，是否以\177ELF 开头，确保文件是 elf 格式，除此之外还有平台和文件本身的检查，此处省略。

第 3 步，申请 sizeof（struct elf_phdr） * elf_ex->e_phnum 大小的内存，读取文件的 ph 表存入

其中，32 位平台上 elf_phdr 就是上节介绍的 elf32_phdr。在当前例子中，也就是读取 9 个 ph，成功后 elf_phdata 变量指向该 ph 数组。

第 4 步，遍历 elf_phdata 数组，找到描述解释器的 segment，也就是当前例子中的 INTERP，它的偏移量等于 0x154，大小等于 0x13，读取这部分字符到 elf_interpreter 字符串数组，得到/lib/ld-linux.so.2，open_exec 打开 elf_interpreter 文件得到 interpreter，读取它的 elf32_hdr，存入 interp_elf_ex。当然了，如果可执行文件是静态链接的，是没有解释器的，也就不需要这步。

第 5 步，如果需要解释器文件，确保它是 elf 格式的，然后读取它的 ph 表，成功后 interp_elf_phdata 变量指向它的 ph 数组。

第 6 步，完成"去旧"。调用 bprm_creds_from_file 计算权限。调用 de_thread 注销线程组内其他线程（进程），替换进程的内存描述符 current->mm 为 bprm->mm，替换 mm->exe_file 为 bprm->file，调用 do_close_on_exec 将置位了 O_CLOEXEC 标志的文件关闭，调用 commit_creds 使 bprm->cred 生效。

bprm_creds_from_file 需要特别说明一下，它调用 bprm_fill_uid，如果文件置位了 S_ISUID 或者 S_ISGID 标志，进程可以获得文件所有者的权限（effective id），代码片段如下。

```
mode = READ_ONCE(inode->i_mode);
if (mode & S_ISUID) {
    bprm->per_clear |= PER_CLEAR_ON_SETID;
    bprm->cred->euid = vfsuid_into_kuid(vfsuid);
}

if ((mode & (S_ISGID | S_IXGRP)) == (S_ISGID | S_IXGRP)) {
    bprm->per_clear |= PER_CLEAR_ON_SETID;
    bprm->cred->egid = vfsgid_into_kgid(vfsgid);
}
```

第 7~13 步是"迎新"，如下。

```
setup_new_exec(bprm);    //7

retval = setup_arg_pages(bprm, randomize_stack_top(STACK_TOP),
        executable_stack);    //8

//见下文第 9 步分析，加载 PT_LOAD    //9
retval = set_brk(elf_bss, elf_brk, bss_prot);    //10

if (interpreter) {    //11
    elf_entry = load_elf_interp(interp_elf_ex, interpreter, load_bias,
                            interp_elf_phdata, &arch_state);
    if (!IS_ERR((void *)elf_entry)) {
        interp_load_addr = elf_entry;
        elf_entry += interp_elf_ex->e_entry;
    }
    fput(interpreter);

    kfree(interp_elf_ex);
    kfree(interp_elf_phdata);
} else {
    elf_entry = e_entry;
```

```
    }
    kfree(elf_phdata);

    set_binfmt(&elf_format);
    retval = create_elf_tables(bprm, elf_ex, interp_load_addr,
            e_entry, phdr_addr);    //12

    //设置 current->mm 的 end_code/start_code/start_data/end_data
    current->mm->start_stack = bprm->p;

    regs = current_pt_regs();
    START_THREAD(elf_ex, regs, elf_entry, bprm->p);    //13
    retval = 0;
}
```

第 7 步，调用 flush_signal_handlers 还原进程处理信号的策略，如果某信号当前的处理策略不是 SIG_IGN，更改为 SIG_DFL。

第 8 步，调整进程的用户栈，我们在 do_execveat_common 中已经确定了栈起始于 STACK_TOP_MAX - sizeof（void ＊），并已将参数等复制到栈中，此处做最终的调整。randomize_stack_top 在进程的 PF_RANDOMIZE 标志置 1 的情况下，在 STACK_TOP（32 位平台上与 STACK_TOP_MAX 相等）的基础上做一个随机的改动［一般为 8M（即 8MB）以内］，作为栈的最终起始地址 stack_top。随机的栈，是为了防止被黑客攻击。

setup_arg_pages 会根据新的 stack_top，更新 bprm->p，如果 stack_top 和原来的栈起始地址不同，需要调用 shift_arg_pages 更新 bprm->vma 以及和它相关的页表，保证新旧栈的内容不变（不需要重新复制参数信息）。

第 9 步，真正的加载过程开始了，只需要加载 LOAD segment，如下。

```
first_pt_load = 1;
for(i = 0, elf_ppnt = elf_phdata;
    i < elf_ex->e_phnum; i++, elf_ppnt++) {    //9
    if (elf_ppnt->p_type != PT_LOAD)
        continue;

    elf_flags = MAP_PRIVATE;
    vaddr = elf_ppnt->p_vaddr;
    if (!first_pt_load) {
        elf_flags |= MAP_FIXED;
    } else if (elf_ex->e_type == ET_EXEC) {
        elf_flags |= MAP_FIXED_NOREPLACE;
    }
    error = elf_map(bprm->file, load_bias + vaddr, elf_ppnt,
            elf_prot, elf_flags, total_size);//我们的讨论中,total_size 等于 0

    if (first_pt_load) {
        first_pt_load = 0;
    }
    k = elf_ppnt->p_vaddr;
    if ((elf_ppnt->p_flags & PF_X) && k < start_code)
        start_code = k;
```

```
    if (k < start_code)
        start_code = k;
    if (start_data < k)
        start_data = k;
    k = elf_ppnt->p_vaddr + elf_ppnt->p_filesz;
    if (k > elf_bss)
        elf_bss = k;
    if ((elf_ppnt->p_flags & PF_X) && end_code < k)
        end_code = k;
    if (end_data < k)
        end_data = k;
    k = elf_ppnt->p_vaddr + elf_ppnt->p_memsz;
    if (k > elf_brk) {
        bss_prot = elf_prot;
        elf_brk = k;
    }
}
```

当前例子中有两个 LOAD segment：第一个偏移量等于 0，大小等于 0x5dc，包含从 interp 开始到 eh_frame 之间的 section；第二个偏移量等于 0xf08，大小等于 0x118，包含从 init_array 开始到 bss 直接的 section。

所谓的加载，实际就是内存映射，将 segment 映射到固定的虚拟地址上（MAP_FIXED）。在当前例子中就是，将文件［0,0x5dc）区间的内容映射到 0x0804800 开始的虚拟地址空间中，将文件［0xf08,0x1020）区间的内容映射到 0x08049f08 开始的虚拟地址空间中。当然了，elf_map 在映射的过程中要考虑对齐问题。

接下来的几个变量对理解程序至关重要。

- load_addr 表示 elf_f 被加载到内存中的位置，等于 0x0804800 − 0 = 0x0804800。
- start_code 取两个 elf_ppnt->p_vaddr 的小，等于 0x0804800。
- start_data 两个 elf_ppnt->p_vaddr 的大，等于 0x08049f08。
- elf_bss 取两个 elf_ppnt->p_vaddr + elf_ppnt->p_filesz 的大，等于 0x08049f08 + 0x118 = 0x0804A020。
- end_code、end_data 也取两个 elf_ppnt->p_vaddr + elf_ppnt->p_filesz 的大，等于 0x0804A020。
- elf_brk 取两个 elf_ppnt->p_vaddr + elf_ppnt->p_memsz 的大，等于 0x08049f08 + 0x120 = 0x0804A028。

第 10 步，设置进程 brk 的起点 current->mm->start_brk 和 current->mm->brk，它们的值决定于 elf_brk，以 PAGE_SIZE 对齐的情况下，在当前例子中它的值等于 0x0804B000（进 1 法）。elf_bss 是未初始化段的起始地址，bss 虽然没有占用 elf_f 的物理空间，但它是占用内存的，如图 17-4 所示，比如 u_init_data 占用了 0x804a024 地址，elf_brk 接着未初始化段结束的位置的下一区域（取决于对齐方式，默认是下一页）。

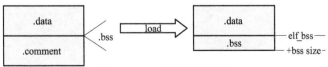

图 17-4　bss 段加载示意图

第 11 步，加载解释器，由 load_elf_interp 函数完成。在当前例子中，加载的是/lib/ld-linux.so.2文件，它是一个共享文件，不需要固定映射，映射成功后返回文件被映射的起始地址 elf_entry。interp_load_addr 的含义与 load_addr 类似，elf_entry 将值赋值给它后会加上 interp_elf_ex.e_entry，也就是/lib/ld-linux.so.2 在内存中的地址加上其入口代码的偏移量，这样 elf_entry 最终等于解释器的入口地址。

如果不需要解释器，elf_entry 则等于 elf_ex.e_entry，在我们的例子中等于 0x8048310。

第 12 步，保存必要信息到用户栈，包括 argc 的值、argv 和 envp 的值，此处保存的值才是用户熟悉的 main 函数中使用的参数。do_execveat_common 中保存的是参数的内容，注意区分。另外还包括一些键值对，它们是程序正确执行的关键，比较重要的几项见表 17-6。

表 17-6　保存在用户栈中的键值对表

键	值
AT_PHDR	load_addr + loc->elf_ex.e_phoff 0x0804800 + 0x34 = 0x0804834
AT_PHENT	sizeof（struct elf32_phdr），0x20
AT_PHNUM	loc->elf_ex.e_phnum，9
AT_BASE	interp_load_addr
AT_ENTRY	loc->elf_ex.e_entry
AT_UID/ AT_EUID/ AT_GID/ AT_EGID	id

我们可以在/proc/｛进程号｝/auxv 文件中得到这些信息，使用 xxd 命令即可。

AT_ENTRY 保存的是 elf_f 的入口地址，这点尤为重要，在第 11 步中可以看到，当前例子中，开始执行的代码并不是 elf_f 的，而是解释器的入口代码，解释器执行完毕如何切换到 elf_f 执行的呢，依靠的就是此处保存到栈中的信息。

第 13 步，万事俱备，START_THREAD 使进程执行新的代码，该函数是平台相关的，在 x86 平台上，它会修改 pt_regs 的 ip 为 elf_entry，sp 为 bprm->p，这样系统调用返回用户空间的时候执行的就是 elf_entry 处的代码了。bprm->p 此时的值是栈顶，也就是 argc 的位置。

解释器的代码可以在 glibc 中找到，在当前例子中解释器的入口是_start，由汇编语言完成，它加载 elf_f 所需的库，然后找到 elf_f 的入口，执行 elf_f。

解释器找到 elf_f 入口的过程并不神秘，解释器执行时，esp 寄存器的值等于 bprm->p，也就是栈顶，将 esp 的值作为参数调用_dl_start 函数，最终只需要根据该参数解析栈的布局即可得到 elf_f 入口了。glibc 中的 DL_FIND_ARG_COMPONENTS 宏就是这个作用，其中一个版本的代码片段如下。

```
# define DL_FIND_ARG_COMPONENTS(cookie, argc, argv, envp, auxp)    \
  do {                                                             \
    void ** _tmp;                                                  \
    (argc) = * (long int *) cookie;                                \
    (argv) = (char **) ((long int *) cookie + 1);                  \
    (envp) = (argv) + (argc) + 1;                                  \
    for (_tmp = (void **) (envp); * _tmp; ++_tmp)                  \
      continue;                                                    \
    (auxp) = (void *) ++_tmp;                                      \
  } while (0)
```

cookie 就是栈顶，auxp 就是键值对表，查找 AT_ENTRY 键对应的值即可。

17.3 【看图说话】main 函数的来龙去脉

很多程序员对程序的入口有个误解，以为 main 函数就是程序的入口，通过本章的分析，大家知道了如果程序不是静态链接的，程序的入口则是解释器程序，如图 17-5 所示。

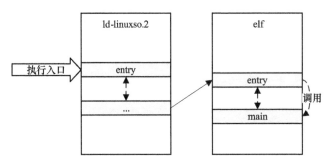

图 17-5　main 函数执行图

main 函数还有一个被很多程序员忽略的重要方面，就是它的返回值的作用。很多程序中返回值较为随意，本章的内容告诉读者，程序是被加载执行的，所以返回值是给加载执行它的程序使用的，这在很多脚本语言中经常使用，很多情况下需要根据上一个程序的返回值决定下一步操作。

在 shell 脚本中，$? 就是上一个程序执行后的返回值。

如今非常流行的 Python 也可以获取它所调用的 shell 程序的返回值，如下。

```
import commands
(status, outputs) = commands.getstatusoutput('ls')
#结果中
#status 是返回值,outputs 是输出结果,也就是目录下的文件列表
```

第18章

玩转操作系统——IO多路复用

所谓多路复用，就是有效地利用通信线路，使得一个信道可以传输多路信号的技术。相应的，I/O多路复用的意图就是在一个进程中，同时控制多个 I/O 操作，也被称作事件驱动型 I/O。严格意义上讲，I/O 多路复用并不是 I/O 操作，它们只是与读写等操作捆绑，将目标文件可读、可写等事件告知应用，最终的读写依然由常规的读写操作独自完成。

并发的 I/O 操作有两种实现方案，第一种是创建多个进程，各进程独立负责各自的 I/O，第二种就是 I/O 多路复用。从操作系统的角度，显然应该优选选择后者，不需要额外承担创建进程，维护进程的任务。

I/O 多路复用有 select、poll 和 epoll 三种实现机制。

18.1　select 机制

select 的函数原型（用户空间）如下。

```
int select(int nfds, fd_set * readfds, fd_set * writefds, fd_set * exceptfds, struct timeval *
timeout);
```

select 支持的 fd（文件描述符）的最大值（请勿误解为最大数量）为 __FD_SETSIZE - 1，一般等于 1023。fd_set 本质上就是一个总长度为 __FD_SETSIZE 的位图，它的位与 fd 的值对应。nfds 是一个辅助参数，为了帮助内核缩小查询范围而存在，一般等于 fd 集合的最大值加 1。可以使用 FD_SET、FD_CLR 和 FD_ZERO 设置 fd_set，使用 FD_ISSET 查询某 fd 是否被设置。

readfds、writefds 和 exceptfds 分别表示应用对读、写和异常事件感兴趣，顺序不可颠倒，否则将无法与驱动正常适配。这三个传递参数至内核，同时内核得到的事件状态也会由它们返回（既是输入参数，也是输出参数）。timeout 表示等待时间，等于 NULL 会一直等待事件发生。它的 tv_sec 和 tv_usec 字段都等于零则表示不等待，即使没有任何事件也会返回。等待过程中如果被信号打断则返回错误。select 获取到了感兴趣的事件返回值大于 0，超时等于 0，出错小于 0。

select 由 select 系统调用实现，最终调用 core_sys_select 函数，它的主要逻辑如下。

1）参数检查，找出合法的最大的 fd 值 max。

2）调用 do_select，do_select 是实现 select 的核心。

① 初始化一个 poll_table 对象 wait，它的 qproc 字段被赋值为 __pollwait 函数。

② 遍历 [0, max) 范围内的 fd 对应的文件，如果某 fd 在某一个 fd_set 中被置位（同一个 fd 可以出现在多个 fd_set 中），且文件对应的 poll 操作存在（file->f_op->poll），则调用该操作。

③ 如果至少一个文件的 poll 操作返回了感兴趣的事件，select 会尽快返回，否则会等待至超时。在不等待的情况下，遍历一遍结束后无论结果如何都直接返回。

④ 遍历结束后，如果还没有获得感兴趣的事件，且仍未超时，则调用 poll_schedule_timeout 等待事件发生或者超时，每次醒来继续执行 2.2（即 2）②）。

3）如果获得了感兴趣的事件，select 将 res_in、res_out 和 res_ex 的内容（见下文）复制到 readfds、writefds 和 exceptfds 中，返回获得的事件数目 retval（并不是文件数目）。

每一次执行 poll 操作，创建文件的模块都需要根据自己的逻辑来返回当前的事件状态给 select，常见的事件见表 18-1。

表 18-1 select 事件表

事　件	描　述	影响的参数
EPOLLIN	数据可读	readfds
EPOLLPRI	高优先级数据可读	exceptfds
EPOLLOUT	数据可写	writefds
EPOLLERR	发生错误	readfds、writefds
EPOLLHUP	发生挂起	readfds

文件的 poll 操作返回后，如果得到的事件状态 mask 是用户感兴趣的，就在将要返回的 fd_set 的副本中置位对应的 bit，代码片段如下。

```
mask = EPOLLNVAL;
f = fdget(i);
if (f.file) {
    mask = vfs_poll(f.file, wait);
    fdput(f);
}
if ((mask & POLLIN_SET) && (in & bit)) {
    res_in |= bit;
    retval++;
}
if ((mask & POLLOUT_SET) && (out & bit)) {
    res_out |= bit;
    retval++;
}
if ((mask & POLLEX_SET) && (ex & bit)) {
    res_ex |= bit;
    retval++;
}
```

文件的 poll 操作是由创建文件的模块提供的，多数情况下，它只需要关心两个任务，一是提供等待队列头，让 select 挂载到该等待队列上，这样相关事件发生后可以唤醒 select 对应的进程，另一个就是根据自身逻辑返回事件状态给 select，模板如下。

```
static __poll_t my_poll(struct file * file, struct poll_table_struct * wait)
{
    poll_wait(file, &wqh, wait);
    if (condition)
        return POLLIN;            //skipped other similar codes.
    return 0;
}
```

之所以要求模块提供等待队列，是基于多进程考虑的。同一个文件可能被多个多路复用机制监控，事件发生时为了能够通知到每一个进程，就需要一个等待队列供各进程挂载了。

poll_wait 是内核提供给模块使用的函数，它会调用 poll_table 对象的_qproc 字段表示的__pollwait 函数。__pollwait 会为初始化 wait_queue_entry 对象并链接到 wqh，该对象的 func 字段等于 pollwake 函数。

当模块检测到事件发生时，调用 wake_up 唤醒 wqh 等待队列，执行它们的 pollwake，pollwake 会唤醒 select 对应的进程，流程如图 18-1 所示。

select 的缺点主要有以下 3 方面。

第一，每次调用 select，fd_set 表示的位图都要完成由应用空间到内核的拷贝，拷贝的大小与最大的目标 fd 值有关，效率较低；同时也丧失了灵活性，不能单独添加或删除对某个文件的监控，需求变更也必须传递整个位图。

第二，select 的位图参数既是输入也是输出，返回前会覆盖掉应用传递的值，所以应用每次调用 select 之前都需要重新设置参数。

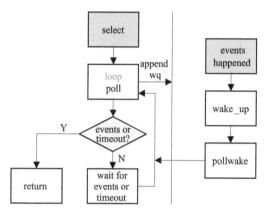

图 18-1　select 流程图

第三，也是最为重要的，select 每次循环都要访问每一个相关的文件，执行它们的 poll 操作，当文件数目较多时，这无疑是在很大程度上降低了效率。

18.2　poll 机制

poll 与 select 本质上是一样的，主要区别在于传递的参数不同，函数原型（用户空间）如下。

```
int poll(struct pollfd * fds, nfds_t nfds, int timeout);
```

与 select 传递位图让内核去检测包含哪些 fd 不同，poll 只传递目标 fd，将其存入 pollfd 结构体类型的数组中，fds 就是这个数组的地址，nfds 则表示有多少个目标 fd，timeout 以毫秒为单位。timeout 等于 0，表示即使没有检测到事件也立即返回，小于 0 表示会一直等待直到获取到事件。同 select 一样，过程中如果被信号打断，返回错误。

pollfd 有 3 个字段：fd 是文件描述符；events 表示用户对文件的哪些事件感兴趣，属于输入参数；revents 是内核最终返回给用户的事件状态。

在内核的实现上，poll 与 select 没有本质区别，它们每次循环都会回调每一个目标文件的 poll 操作，所以最主要的劣势是一样的，即效率较低。

虽然 poll 与 select 拥有同样的硬伤，但从某些方面来讲，poll 比 select 效率要高。首先是参数传递，select 传递位图至内核，poll 只传递目标文件的 pollfd 结构体，所以在灵活性方面 poll 虽然仍不能解决本质问题，但有一定的进步。其次，每次调用 select 之前都需要重新设置位图参数，而 poll 的输入输出参数是分开的，不存在该问题。

18.3　【图解】epoll

epoll 全称为 event poll，其解决了 select 和 poll 的硬伤，是它们的升级版，相对它们有多方面的优势。

18.3.1　数据结构

epoll 涉及两个关键数据结构，eventpoll（以下简称为 ep）和 epitem（以下简称为 epi），二者是一对多的关系。

ep 的主要字段见表 18-2。

表 18-2　eventpoll 字段表

字　　段	类　　型	描　　述
wq	wait_queue_head_t	等待队列头，用来唤醒 epoll 继续执行
poll_wait	wait_queue_head_t	等待队列头，当 ep 对应的文件作为普通文件被监听时使用
rdllist	list_head	已经就绪的文件的列表的头
rbr.rb_root	rb_root	epi 组成的红黑树的根
file	file*	ep 对应的文件

epi 的主要字段见表 18-3。

表 18-3　epitem 字段表

字　　段	类　　型	描　　述
rbn	rb_node	将 epi 插入红黑树
rdllink	list_head	已经就绪的文件的列表的结点
ffd	epoll_filefd	对应的文件的信息
event	epoll_event	感兴趣的事件的描述
ep	eventpoll*	所属的 ep

epoll 可能会涉及多个等待队列，其中两个等待队列由 wq 和 poll_wait 字段表示，其他等待队列由创建被监听文件的模块提供。wq 表示的等待队列供 ep 自身使用，它负责在文件报告事件时，唤醒 ep 处理事件。poll_wait 字段表示的等待队列是该 ep 对应的文件作为普通文件被监控时使用的，这也意味着它可以嵌套使用，如图 18-2 所示。

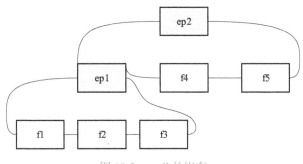

图 18-2　epoll 的嵌套

epoll 对被监听文件的 poll 操作的要求与 poll 和 select 是相同的，rdllist 字段是它与后二者最大的不同，也是点睛之笔。就绪的文件加入 rdllist 的链表，epoll 不需要每次遍历每一个文件的 poll 操作，只需要访问该链表上的文件即可，如图 18-3 所示。这是 epoll 相对于 poll 和 select 最大的优势，使得执行效率大大提高。涉及的文件数目越大，epoll 的优势就越明显。

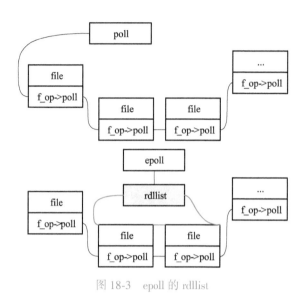

图 18-3　epoll 的 rdllist

18.3.2　epoll 的使用

epoll 有多个功能不同的函数（用户空间），如下。

```
int epoll_create(int size);
int epoll_create1(int flags);
int epoll_ctl(int epfd, int op, int fd, struct epoll_event * event);
int epoll_wait(int epfd, struct epoll_event * events, int max, int timeout);
```

为了理解 epoll 函数的设计思路，此处不妨举个咨询客服的例子。客户打电话到服务公司变更服务，客服工作人员需要核实客户信息才能完成操作。工作人员询问了一个长长的列表来确认信息，某一项信息客户无法立即确定，需要核实后才能给出正确答案。这时候公司可以选择提供两种服务之一：第一种最直接的选择就是直接挂掉电话，等用户核实过后再打电话过来；另一种选择相对明智，就是业务员挂掉电话之前保存信息并将自己的 id 告知客户，客户核实之后再打给该业务员。

乍一看两种选择没什么不同，但如果直接挂掉电话，用户再次拨打电话的时候，新的工作人员为其服务，客户就需要把之前长长的列表重新逐项确认；而第二种方案中，客户只需要补上刚才没有立即确认的信息即可。实际上，这两种服务确实都存在，第一种针对普通客户，第二种针对 VIP 客户。当然，如果公司将每一次业务详细信息都保存下来，换一个工作人员同样可以查询业务信息。

从设计的角度分析，普通方案只是被设计成一种流程，对用户而言，每一次业务都是新的，他无法继续前一次业务。VIP 方案不同，它不止是一种流程，还是一种实体，用户可以通过工作人员 id 定位到前一次业务并在其基础上继续。换句话说，流程是回不去的从前，实体才可以承载时光的痕迹，而它们之间并没有不可逾越的鸿沟，全在设计者的一念之间。

epoll 的第一个优势就在于它被设计成实体，而 poll 与 select 只是一种流程。用户进程就是客户，epoll 就是客服人员，用户掌握 epoll 的 id，进程利用这个 id 即可定位 epoll。从语言的角度讲，如果称呼这三者，我们会说"一次 poll""一次 select"和"一个 epoll"，"一次"和"一个"很好地诠释了流程和实体之间的微妙区别。

　　epoll_create 和 epoll_create1 就是用户用来创建一个 epoll 的函数，成功时返回该 epoll 的 id，失败时返回负值，epoll_create 的参数 size 必须大于 0，其值并没有产生实际影响。epoll_create1 的参数 flags 可以等于 0 或者 EPOLL_CLOEXEC，EPOLL_CLOEXEC 与 O_CLOEXEC 的值相等，含义也相同。

　　epoll 的 id 实际上是内核为它创建的文件的描述符 fd，内核初始化一个 ep 对象与 epoll 对应，调用 anon_inode_getfile 创建一个匿名文件，该文件的 file 对象的 private_data 字段指向 ep，这样就可以通过 fd 来定位 ep 了。

　　内核同时为文件提供了文件操作 eventpoll_fops，其中实现了 poll 操作 ep_eventpoll_poll，该举动保证了 epoll 是可嵌套使用的。读者没有看错，epoll_create 返回的 fd，同样可以作为普通文件描述符，被其他 epoll 监听（严格地讲，也可以被 poll 与 select 监听）。

　　eventpoll_fops 被当作 epoll 文件的标志，is_file_epoll 函数根据它来判断一个文件是否为 epoll 文件。

　　epoll_ctl 第一个参数就是 epoll_create 成功返回的 id，用它来定位 ep 对象。第二个参数表示将要进行的操作，共有 EPOLL_CTL_ADD、EPOLL_CTL_DEL 和 EPOLL_CTL_MOD 共 3 个可选值，fd 为目标文件的描述符，event 是对感兴趣的事件的描述。

　　以 EPOLL_CTL_ADD 为例，内核首先做参数检查，epoll 要求文件必须实现 file->f_op->poll 操作，否则返回错误，这点与 select 和 poll 不同。然后查看 fd 和它的 file 对象是否已经被 ep 监听，如果是则返回错误，否则调用 ep_insert 监听文件。

　　ep_insert 使用 ep、file 和 fd 等信息初始化一个 epi，插其入到 ep 的 rbr 字段表示的红黑树中，然后调用文件的 poll 操作，这里是第一次调用，传递至 poll 操作的第二个参数（类型为 poll_table 指针）的_qproc 字段是 ep_ptable_queue_proc 函数，poll 操作调用了 poll_wait（见 select 的 poll 操作的示例代码），poll_wait 调用 ep_ptable_queue_proc，后者初始化一个 eppoll_entry 对象（它的 wait 字段是 wait_queue_entry_t 类型）挂载到创建文件的模块提供的等待队列头上。

　　对一个 epi 而言，在 ep_wait 操作中可能也会调用文件的 poll 操作，此时传递的第二个参数的_qproc 字段被赋值为 NULL，也就是说 ep_ptable_queue_proc 函数只会被调用一次。

　　epoll_wait 的第二个参数是输出参数，用来返回事件的结果，timeout 的单位为毫秒。epoll_wait 在参数检查后调用 ep_poll，后者在没有事件发生或者没有超时的情况下，会等待在 ep 的 wq 表示的等待队列上。

　　被监听的文件有事件发生后，唤醒自身模块的等待队列，该等待队列的成员调用默认的回调函数 ep_poll_callback（由 ep_ptable_queue_proc 指定），它会将对应的 epi 插入到 ep 的 rdllist 链表，唤醒 ep 的 wq 等待队列，这样 ep_poll 得以继续执行。ep_poll 遍历 rdllist 链表上文件的 poll 操作来确定是否有感兴趣的事件发生，如果有则将其返回至用户空间（ep_send_events 函数）。

　　另外，如果当前 ep 被监听，它所监听的文件有事件发生时，也会唤醒监听其 ep。

　　对一个文件的监听可以选择边缘触发（Edge Triggered）、水平触发（Level Triggered）和一次触发（One Shot）3 种模式，默认为水平触发，调用 epoll_ctl 的时候，将 epoll_event 类型的参数的 events 字段的 EPOLLET 或 EPOLLONESHOT 置位即表示边缘触发或一次触发。

　　如果选择水平触发，成功执行完毕文件的 poll 操作返回事件后，会将 epi 重新插入到 ep 的 rdllist 链表，这样下次调用 epoll_wait 的时候，该文件的 poll 操作至少会被执行一次。如果选择边缘触发，不会进行重新插入 epi 的操作。一次触发，顾名思义就是文件产生过一次用户感兴趣的事件后，对文件不再感兴趣。

　　用户选择不同的触发方式要求不同的处理方法，一般而言，水平触发的处理方法相对简单。

epoll_wait 返回后，用户读数据之后，如果一次没有全部读出，再次调用 epoll_wait，对水平触发方式而言，因为 epi 依然在 rdllist 上，ep 会执行文件的 poll 操作进而返回可读，但对边缘触发而言，除非新的事件到来导致 epi 重新插入到 rdllist 上，否则 ep 不会去执行文件的 poll 操作查询状态。所以选择了边缘触发，用户就需要负责每次都要把所有可读的数据读取完毕，而水平触发并没有这个要求。

18.4 【看图说话】改良管道通信

之前在进程通信一章给出了一个管道通信的例子，读取管道的代码如下。

```
while (read(pipefd[0], &buf, n) ==n)
    ; //处理读到的字节
```

这里的读是阻塞读，读到数据或者被打断才会返回，更好的做法是当有数据可读的时候再读，这就需要 poll 机制配合了，如图 18-4 所示。

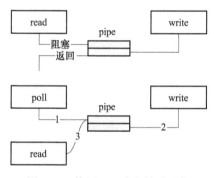

图 18-4　使用 poll 改良管道通信

主要包括以下 3 步。

1）创建管道时设置 O_NONBLOCK 标志，或者创建管道后，使用 fcntl 设置该标志，如此文件不再阻塞读。

2）使用 poll/epoll 监控管道的读端，pipefd[0]。

3）poll/epoll 返回有效事件（POLLIN）后，读取数据。

实际上，不仅仅是管道通信，很多文件的读写都可以与 poll 机制配合使用，尤其是设备文件，虽然直接 read/write 使用的代码更少，但从资源占用的角度来说，它是比较差的选择。

第19章

玩转操作系统——Binder通信

之前在进程通信部分介绍了几种通信机制，它们有一个共同点，就是参与者只有通信双方，区别在于通信方式不同，就像两个人面对面交流，通过言语、手势甚至是眼神都可以完成，只不过交流方式不同。

这类交流方式有一个缺点，就是两个人必须认识，或者以某种约定的方式见面，比如第一次见面的网友约定手里拿某件物品或者穿某颜色衣服等。中间人模式可以解决该缺点，交流双方由中间人介绍认识，之后二者单独交流，这种模式行之有效，随后便产生了几种相关职业，比如婚介、职介和房屋中介等。

本章将要讨论的 Binder 进程通信采用了中间人模式，通信过程中，充当中间人的是一个进程。

19.1 【图解】Binder 通信的原理

为了方便读者理解 Binder 的精髓，下面举一个类似模式的例子。有一个镇子，镇子上有几个村庄，村与村之间可以做生意，但因为距离原因不可以直接交流，需要通过中转。另外，还有一个镇服务中心，每个村的村民可以在服务中心登记他们可以提供的资源。

从镇子的初始状态开始说起，也就是每户村民之间相互并不了解，也不知道其他家庭可以提供哪些资源。镇子上有一个养殖场 A（Feed Mill），一个饲料厂 B（Breeding Plant），我们的任务就是帮助养殖场得到饲料，整个布局如图 19-1 所示。

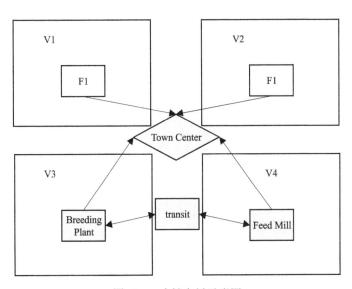

图 19-1　小镇布局示意图

如果 A 和 B 不是同一个村，完成该任务需要 3 步。

1）B 到镇服务中心注册，记录其可用提供饲料。

2）A 到镇服务中心查询，得知 B 满足条件。

3）A 联系 B 提出需求（比如通过电话）；B 收到需要，加工饲料，加工完毕后将饲料寄往 A（比如通过快递）。

整个过程如图 19-2 所示。

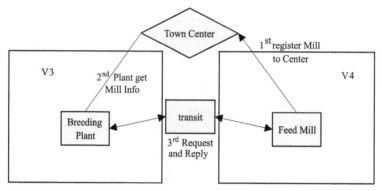

图 19-2　不同村服务过程图

如果 A 和 B 是同一个村，完成该任务也需要 3 步，前两步不变，第 3 步变成了 A 直接去与 B 洽谈，B 直接将加工的饲料送至 A，整个过程如图 19-3 所示。

这个例子与 Binder 的原理是高度吻合的，一个村庄对应一个进程，村庄之间需要通过中转，进程之间不同的话，也不可以直接访问资源；镇服务中心的角色实际上一个固定的进程，Service-Manager；养殖场所在的进程是客服端进程，饲料厂所在的进程是服务进程；客服端进程和服务进程之间的中转就是 Binder 的驱动，如图 19-4 所示。

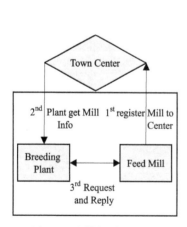

图 19-3　同村服务过程图

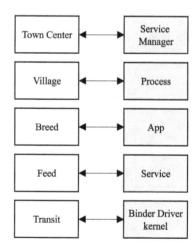

图 19-4　小镇和 Binder 的对应图

有了这个形象的例子，读者就会很容易理解 Binder 的原理，一句话总结就是 ServiceManager 介绍客服端进程"结识"服务进程，然后客服端进程和服务进程"自由"发挥。

19.2　Binder 的流程

要从细节上理解 Binder，仅仅了解驱动的代码是不够的，但用户空间的代码并不是本章的重点，不同版本的 Android 在实现细节上可能也会有所不同，本节仅概括讨论它们的逻辑，有兴趣的读者可以在掌握逻辑的基础上阅读 Android 代码。

Binder 的流程可以根据它的原理扩展出来，ServiceManager 进程管理服务，利用服务进程来注册服务，客户端进程得知服务进程，发出需求，服务进程得到需求，处理后回复，最后客服端进程得到回复。

19.2.1 ServiceManager 进程管理服务

按照时间顺序，最先建立的应该是镇服务中心，系统中最先启动的则是 ServiceManager 进程，它执行的是 servicemanager 可执行文件。

```
//一般来源于系统的 init.rc 文件
service servicemanager /system/bin/servicemanager
```

servicemanager 的任务分为以下 3 步。

1）binder_open，打开/dev/binder 文件，初始化进程在 Binder 驱动中的数据，调用 mmap 完成内存映射。

2）binder_become_context_manager，注册进程为 context manager，从而"完成登基"表明服务管理者的身份。

3）binder_loop，进入循环，等待需求，处理它们并回复。

ServiceManager 可以处理多种需求，读者要关注 SVC_MGR_ADD_SERVICE 和 SVC_MGR_GET/CHECK_SERVICE，前者用于服务进程注册服务，后两种用于客服端进程获取服务或服务的引用（句柄，handle）。

一项服务由一个 svcinfo 对象表示，ServiceManager 维护了一个 svcinfo 组成的单向链表，链表头由 svclist 变量表示。svcinfo 包含了一项服务的名字和该服务的 handle，分别由它的 name 和 ptr 字段表示。

收到 SVC_MGR_ADD_SERVICE 需求时，ServiceManager 添加一个 svcinfo 对象到链表头部，收到 SVC_MGR_GET_SERVICE 需求时，它会根据目标服务的名字查询链表找到 svcinfo 对象，返回相关信息，所以任意服务的名字必须唯一。

每个服务的 handle 在 ServiceManager 中都是唯一的，只有这样客服端进程得到它后才能定位目标服务，整个链表如图 19-5 所示。

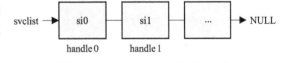

图 19-5 ServiceManager 维护 handle

需要强调的是，服务进程和服务是两个概念，一个进程可以提供多项服务，也就是说它可以多次注册不同的服务。handle 是用来定位服务的，并不是服务进程，这个容易理解，同一个村庄里可能既有饲料厂，也有服装厂，养殖场需要饲料的时候希望联系的是饲料厂，而不是饲料厂所在的村庄或该村庄的服装厂。

19.2.2 注册和获取服务

从逻辑上讲，ServiceManager 也是一个服务进程，它提供管理其他服务的服务，而服务进程相对于它来讲是一个客服端进程，所以 ServiceManager 也是有 handle 的，它的 handle 默认等于 0。这点并没有体现在 svclist 链表中，不存在 handle 等于 0 的 svcinfo 对象。

服务进程使用 ServiceManager 服务之前也要获取它，因为它的 handle 等于 0 是个共识，所以并不需要通过服务名查询 handle，直接使用 0 即可，Android 提供了 defaultServiceManager 函数完成该任务，函数返回的是 IServiceManager 指针类型，以下简称 sm。

注册服务调用 sm->addService(name, service) 即可，service 是一个实现了 IBinder 接口定义的功能的类。读者并不需要关心实现细节，只需要知道这些接口可以将类的对象存储为驱动可以理解的信息，以 flat_binder_object 结构体表示。按照这个思路，不难想到，客服端进程获取服务的信息也应该是由它表示的。

flat_binder_object 结构体的 hdr.type 字段表示对象的类型，读者要关注 BINDER_TYPE_BINDER 和 BINDER_TYPE_HANDLE 两种类型，前者表示对象本身，后者表示对象的引用。BINDER_TYPE_BINDER 类型的 flat_binder_object 对象的 cookie 字段是指向 service 的指针，可以直接使用；BINDER_TYPE_HANDLE 类型的对象的 handle 字段是目标服务的引用，不可以直接使用。

服务进程 addService 过程中会像 ServiceManager 进程一样打开 binder，并进行 mmap，然后通过 ioctl 将该请求传递至驱动。驱动为服务计算得到一个唯一的 handle，然后将需求传递至 ServiceManager 进程。这是一个 SVC_MGR_ADD_SERVICE 需求，后者会创建一个 svcinfo 对象，添加到 svclist 链表。

客服端进程调用 sm->getService (name) 获取服务，需求经过驱动传递至 ServiceManager，后者查找服务，通过驱动将服务返回至客服端进程。如果客服端进程和服务属于同一个进程，得到的服务（对象）是 BINDER_TYPE_BINDER 类型的，直接当作普通指针使用；如果不属于同一个进程，得到的服务是 BINDER_TYPE_HANDLE 类型的。

19.2.3　服务的过程

如果客服端进程和服务进程属于同一个进程，得到的是指向服务的指针，更确切地说是实现了特定接口的对象的指针，服务的过程就是函数调用。如果二者不属于同一个进程，客服端进程得到的是服务的引用，使用它需要将 handle 传递至驱动，驱动根据 handle 找到服务，提交需求，目标进程处理需求后，再通过驱动回复客服端进程。

驱动相关的实现在下节分析，不属于同一个进程的情况下的服务过程仍有两个疑问需要解答。

首先，服务进程如何得知客服端进程的请求呢？其实服务进程注册服务后，还需要一步额外的操作：调用 startThreadPool 和 joinThreadPool 监听需求。startThreadPool 会创建一个线程，该线程是监听需求的主线程，joinThreadPool 则使当前线程也进入监听需求的状态，这些线程（又被称为线程池）循环获取并处理需求。

需要强调的是，此处所谓的主线程是进程创建的新线程，与线程池中的其他线程的区别在于它即使在 TIMED_OUT（表示不再需要当前线程继续工作）的情况下也不会退出循环，与线程组的领导进程并不是一个概念。

村庄的例子中，饲料厂也是这个逻辑，它也需要等待并处理来自养殖场的需求。但是从实现细节上看，这个例子与程序实现还是有差别的，饲料厂等都是服务，它们都等待需求，从程序角度来讲就是每个厂都有一个线程读取需求，实际的程序中并不是如此，服务进程会创建几个线程负责集中收集需求，然后交给相应的服务去处理，相当于每个村庄都有一个负责收集和分发需求的单位，现实中这样的村庄并不多见。

其次，客服端进程如何得到服务进程的回复呢？客服端进程发送需求之后，调用 waitForResponse 进入循环，在循环内调用 talkWithDriver 接收回复。

在本节讨论的是 Binder 的使用流程，是它在用户空间的"宏观"表现，至于背后的"微观"实现，详见下节。宏观表现方面，还有一个细节需要讨论，它决定了驱动的数据结构和行为。

客服端进程记录服务进程的服务时，有以下两种方案。

第一种方案是使用 ServiceManager 返回的 handle，每一个服务对 ServiceManager 而言 handle 都是唯一的，所以这是可行的。针对这种方案，驱动得到客服端进程传递的 handle 后，查询 ServiceManager 维护的 handle 即可。

第二种方案是客服端进程自身维护 handle 和数据结构的关系，它重新计算 handle，传递至驱动的 handle 需要在它维护的信息中查找。举个例子，假设某个服务在 ServiceManager 中的 handle 是 3，客服端进程申请服务，在驱动中得到了服务的信息，它会重新计算 handle，如果这是它获取的第一个服务，handle 就等于 1，然后将服务和 1 对应起来。也就是说，ServiceManager 的 handle 3 和客服端进程的 handle 1 是同一个服务。

第一种方案中，客服端进程查询服务的时候需要经过 ServiceManager，第二种方案则不需要，因为它也独立地保留了对服务的引用，Binder 选择了第二种方案。

19.3 Binder 的驱动

前两节介绍了 Binder 在用户空间的行为，这些行为绝大多数都是需要驱动支持的。Binder 的驱动虽然代码比较集中，但代码量较大，逻辑也相对复杂。本节不会详细罗列代码，仅关注驱动中可以解释 Binder 行为的部分，希望可以帮助读者理清整体逻辑。本节的意图并不仅仅是介绍 Binder，而是希望可以从另一个角度分析进程通信，方便读者掌握它的本质。

Binder 定义了几个数据结构与在用户空间使用的概念对应。

binder_proc 结构体对应一个使用 Binder 的进程，在进程打开/dev/binder 文件调用 binder_open 时创建并初始化，主要字段见表 19-1。

表 19-1 binder_proc 字段表

字　　段	类　　型	描　　述
threads	rb_root	binder_thread 组成的红黑树的根结点
nodes	rb_root	binder_node 组成的红黑树的根结点
refs_by_desc	rb_root	binder_ref 组成的红黑树的根结点
refs_by_node	rb_root	binder_ref 组成的红黑树的根结点
tsk	task_struct *	指向线程组的领导进程
todo	list_head	binder_work 组成的链表的头
alloc	binder_alloc	管理内存

binder_proc 不仅表示服务进程，也包括客服端进程，在打开 Binder 时创建，同一个进程的线程共享一个 binder_proc 对象，每一个使用 Binder 的线程都有一个 binder_thread 对象与之对应，threads 字段就是由这些对象组成的红黑树的根。

binder_node 表示一项服务，一个进程可以提供多项服务，nodes 字段是这些服务组成的红黑树的根。

进程使用其他进程提供的服务时，持有这些服务的引用，由 binder_ref 表示（以下简称 ref）。refs_by_desc 和 refs_by_node 都是这些引用组成的红黑树的根，二者的目的都是快速查找，区别在于前者按照 ref->data.desc 排序，后者按照 ref->node 排序。

需要当前进程处理的工作由 binder_work 表示，没有找到线程处理的情况下会挂载到 todo 字段等待处理。

binder_thread 结构体表示一个使用 Binder 的线程，与 binder_proc 是多对一的关系，主要字段见表 19-2。

表 19-2 binder_thread 字段表

字　　段	类　　型	描　　述
proc	binder_proc *	所属的 binder_proc
rb_node	rb_node	将其链接到 binder_proc->threads 为根的红黑树上
transaction_stack	binder_transaction *	需要处理的 transaction 组成的单向链表
todo	list_head	binder_work 组成的链表的头

客服端进程向服务进程提出请求时，不会指定由服务进程的哪个线程服务，服务的线程没确定时，代表请求的 binder_work 会挂载到 binder_proc 的 todo 字段，服务的线程一旦确定，则会挂载到 binder_thread 的 todo 字段。

binder_node 结构体表示一项服务，主要字段见表 19-3。

表 19-3 binder_node 字段表

字　　段	类　　型	描　　述
rb_node	rb_node	将其链接到 binder_proc->nodes 为根的红黑树上
proc	binder_proc *	所属的 binder_proc
refs	hlist_head	该 node 的引用（binder_ref）组成的链表的头
ptr cookie	binder_uintptr_t	服务的信息

binder_ref 结构体表示 binder_proc 对服务（binder_node）的引用，主要字段见表 19-4。

表 19-4 binder_ref 字段表

字　　段	类　　型	描　　述
data	binder_ref_data	该引用的信息，data.desc 就是 handle
rb_node_desc	rb_node	将其链接到 binder_proc-> refs_by_desc 为根的红黑树上
rb_node_node	rb_node	将其链接到 binder_proc-> refs_by_node 为根的红黑树上
node_entry	hlist_node	将其链接到 binder_node->refs 的链表上
proc	binder_proc *	引用的服务的 binder_proc
node	binder_node *	所引用的服务

binder_proc 和 binder_node 是的关系是双重的，从进程提供服务的角度来讲，二者是一对多的关系，一个进程可以提供多项服务，由红黑树实现。从客服端进程申请服务角度来讲，二者是多对多的关系，一个进程可以申请多项服务，一项服务也可以服务于多个进程，由 binder_ref 辅助实现，所以也可以将 binder_ref 当作一个辅助结构体来看。

使用 Binder 的进程之间并没有直接的关系，它们之间通过服务关联。一个进程可以提供服务，也可以申请服务；服务隶属于某个进程，服务对象包括所有进程（包括所属进程）。

第 19 章　玩转操作系统——Binder 通信

binder_ref 的 data.desc 字段就是进程内服务的 handle，binder_node 并没有类似的字段，所以 handle 并不是与服务绑定的，而是与"进程引用服务"这个关系绑定的。这解释了我们在 19.2.3 节末尾讨论的"客服端进程记录服务进程的服务"两个方案的问题，handle 与服务绑定就是方案 1，与关系绑定就是方案 2。由于绑定的不是服务，所以方案 2 中，同一个服务由不同的进程引用，得到的 handle 可以是不同的，只需要保证一个进程引用不同的服务时，handle 各不相同。

相应的，两个方案通过 handle 查找服务的过程也是不同的，binder 采用的方案 2 中的核心代码片段如下。

```
if (tr->target.handle) {
    struct binder_ref *ref;
    ref = binder_get_ref_olocked(proc, tr->target.handle, true);    //1
    if (ref) {
        target_node = binder_get_node_refs_for_txn(
                ref->node, &target_proc, &return_error);    //2
    }
} else {
    target_node = context->binder_context_mgr_node;    //3
    if (target_node)
        target_node = binder_get_node_refs_for_txn(
                target_node, &target_proc, &return_error);
    }
}
```

tr->target.handle 就是我们讨论的 handle，是用户空间传递至驱动的。如果 handle 不等于 0，根据 binder_proc 和 handle 查找 binder_ref（binder_proc 拥有 binder_ref 组成的红黑树），根据 ref 即可得到 binder_node。如果 handle 等于 0，说明查找的服务是 ServiceManager，得到的是 context 内的全局服务 binder_context_mgr_node，这解释了 ServiceManager 的 handle 等于 0 的实现。

需要强调的是，以上代码片段的前提是进程已经获取服务，与下面的讨论并不是按照时间顺序进行的，请读者不要混淆。另外，ServiceManager 是不需要获取的，传递的 handle 等于 0 即可。

认清了服务之后，我们要解释的下一个行为是，客服端进程获得服务，与服务是否属于同一进程造成的差异，核心代码片段如下。

```
if (node->proc == target_proc) {
    if (fp->hdr.type == BINDER_TYPE_HANDLE)
        fp->hdr.type = BINDER_TYPE_BINDER;
    else
        fp->hdr.type = BINDER_TYPE_WEAK_BINDER;
    fp->binder = node->ptr;
    fp->cookie = node->cookie;
} else {
    struct binder_ref_data dest_rdata;
    ret = binder_inc_ref_for_node(target_proc, node,
            fp->hdr.type == BINDER_TYPE_HANDLE, NULL, &dest_rdata);
    fp->binder = 0;
    fp->handle = dest_rdata.desc;
    fp->cookie = 0;
}
```

　　node->proc 是服务所属的进程，如果与申请服务的进程属于同一个进程，为 flat_binder_object 对象的 binder 和 cookie 字段赋值，返回的是 BINDER_TYPE_BINDER 类型服务，cookie 字段可以直接当作指针使用；不属于同一个进程的情况下，为 flat_binder_object 对象的 handle 字段赋值，得到的服务是 BINDER_TYPE_HANDLE 类型的。如果目标进程未引用该服务，还会在调用 binder_inc_ref_for_node 函数的过程中计算 handle 的值，赋值给 dest_rdata.desc。

　　在上节我们知道了服务进程中会有线程池不断读取需求并处理它们，那么需求是从哪里读取的呢，或者说客服端进程如何将需求传递至服务进程的呢？

　　服务进程的线程读取需求实际上是在不断查询它的 binder_proc 和 binder_thread 的 todo 字段，这两个字段是需要它们处理的需求（由 binder_work 表示）组成的链表的头。

　　这显然是需要客服端进程配合的，它传递 handle 到驱动中，查找到 binder_node，进而得知提供服务的 binder_proc，然后将需求挂载到 binder_proc 或者 binder_thread 的 todo 字段上。

　　服务进程处理完毕，回复客服端进程的过程也是借助 todo 字段，不再重复。

　　最后，一句话总结进程通信，为什么需要进程通信，因为进程间不相识，各自有独立的空间；为什么进程间可以通信，因为我们可以提供方案让它们在特定的条件下相识。

19.4 【看图说话】使用 Binder 让设计变清晰

　　Binder 可以将我们从进程通信双方的关系中解放出来，服务进行不需要关心哪些客户端进程使用了这些服务，客户端进程也不需要关心服务由谁提供，这是很多进程通信方式不可回避的问题，比如管道通信的双方的"血缘"关系，消息队列等通信方式则需要通信双方就 id 达成一致。

　　Binder 也有限制，服务注册和客户端进程获取服务需要就服务的名字达成一致，但按照名字来约定比其他方式方便了很多。

　　在不关心实现细节的情况下，使用 Binder 是比较简单的，如图 19-6 所示。

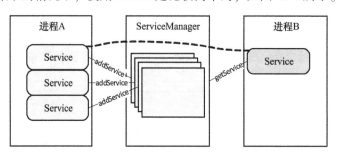

图 19-6　Binder 的使用

　　具体实现步骤如下。

　　第 1 步，定义类继承特定的 Binder 接口，实现提供的服务，此类就可以被当作服务使用。

　　第 2 步，调用 addService 注册服务，服务即刻生效。

　　第 3 步，客户端进程调用 getService 获得服务，得到可以提供服务的对象。

　　第 4 步，调用对象的接口申请服务，得到结果。

　　除了约定服务名字之外，对服务进程和客户端进程并没有其他限制，这种松散的关系有助于我们理清设计。

第20章
玩转驱动——Linux设备驱动模型

内核定义了一个完整的驱动架构，在这个架构下，我们只需要关心驱动和设备本身，至于驱动的加载，设备和驱动的匹配等都由内核处理。

20.1 数据结构

从逻辑角度来讲，驱动和设备是一对多的关系。您没有看错，不是一对一，也不是多对多，一个设备只能匹配一个驱动，一个驱动可以作用于多个设备，比如某平台上有 4 条 i2c 总线，它们属于同一型号，那么会共享同一个 i2c 驱动。

我们说过一对多的关系一般是通过链表实现的，从数据结构的角度来讲，驱动（device_driver，简称 drv）确实有一个字段（drv->p->klist_devices）表示设备（device）组成的链表的头。

但是，从驱动开发的角度来讲，在驱动中并没有直接为 drv 构建该链表，只是描述 drv 支持的 device。看来需要一个中介来为它们"穿针引线"，这个中介就是总线（bus_type）。

为了防止读者混淆，此处先强调一点，bus_type 被称为总线，但它并不一定与物理上的总线有关系，最好暂且将它仅仅看作一个虚拟中介（一个辅助数据结构），它的核心任务就是建立 drv 和 device 的关系。在此处只需要记住这点即可，在分析完数据结构后深入讨论。

device_driver 结构体表示设备驱动，主要字段见表 20-1。

表 20-1 device_driver 字段表

字　　段	类　　型	描　　述
name	char *	名字
bus	bus_type *	总线
of_match_table	of_device_id *	对支持的设备的描述
acpi_match_table	acpi_device_id *	
probe	回调函数	drv 和 device 匹配成功时调用
remove	回调函数	卸载驱动时调用
suspend	回调函数	使设备进入睡眠状态
resume	回调函数	将设备从睡眠状态唤醒
p p->kobj p-> klist_devices p-> knode_bus	driver_private * kobject klist klist_node	驱动私有数据 内嵌的 kobject 相匹配的 device 组成的链表的头 将 drv 链接到 bus_type 的 drv 链表中

可以看到，bus_type 会包含一个 drv 链表，属于同一个 bus_type 的 drv 被插入该链表中。
device 结构体表示一个设备，主要字段见表 20-2。

表 20-2　device 字段表

字　　段	类　　型	描　　述
parent	device *	父设备
kobj	kobject	内嵌的 kobject
bus	bus_type *	总线
driver	device_driver *	驱动
platform_data	void *	传递给驱动供其使用的信息
driver_data	void *	驱动保存并使用的数据：dev_get_drvdata/ dev_set_drvdata
p p->knode_driver p->knode_bus	device_private * klist_node klist_node	设备私有数据 将 device 链接到同一个 drv 的链表中 将 device 链接到 bus_type 的 device 链表中

除了 drv 链表外，bus_type 还包含了一个 device 链表，属于同一个 bus_type 的 device 会被插入该链表中。

bus_type 的主要字段见表 20-3。

表 20-3　bus_type 字段表

字　　段	类　　型	描　　述
name	char *	名字
p p->subsys p->devices_kset p->drivers_kset p->klist_devices p->klist_drivers	subsys_private * kset kset * kset * klist klist	总线私有数据 内嵌的 kset devices drivers device 组成的链表的头 drv 组成的链表的头
match	回调函数	决定 drv 和 device 是否匹配
probe	回调函数	某 drv 与某 device 匹配成功时调用
remove	回调函数	设备注销时调用

drv、device 和 bus_type 的关系构建完毕，如图 20-1 所示。

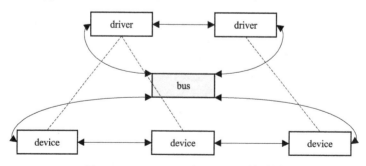

图 20-1　drv、device 和 bus_type 关系图

可以看到，drv 和 device 除了一对多关系外，还有一层间接关系由 bus_type 实现，bus_type 维护了 drv 和 device 两个链表，属于同一个 bus_type 的 drv 和 device 分别被插入两个链表中。drv 可以尝试驱动 device 链表上的元素，device 也可以查找属于它的 drv。

就像在上文中强调的一样，bus_type 本质上只是一个辅助数据结构（正因为如此，并没有将 bus_type 简称为总线）。读者要深刻理解这点，它是掌握整个设备驱动模型的关键。它就像个生活中的红娘，手上掌握着两份名单，一份记着男方，一份记着女方，匹配他们（match），合适的就见面相亲（probe），相亲成功则配对。不同的地方仅在于，男方和女方最终是一对一的关系，而 drv 和 device 是一对多的关系。

请注意"匹配"和"配对"的区别，前者表示双方愿意尝试，后者表示双方绑定在一起。

20.2　【图解】probe

有了 bus_type 的辅助，我们可以动态地匹配 drv 和 device，分为两种情况，如图 20-2 所示。

1. 第一种情况

注册 drv 的时候，内核会遍历对应 bus_type 上每一个 device，尝试匹配它们。我们只需要调用 driver_register 函数注册 drv 即可，其他的逻辑由内核实现，主要步骤如下。

1）为 drv 的字段赋值，将 drv 插入到 bus_type->p->klist_drivers 链表上。

2）遍历 bus_type->p->klist_devices 链表上的 device，进行第 3~5 步。

3）调用 bus_type->match（dev, drv）尝试匹配 drv 和 device，返回值大于 0 表示匹配成功，如果 bus_type 没有定义 match，默认匹配成功。

4）如果匹配成功，且 device 没有绑定其他 drv（！device->driver），调用 really_probe。后者先设置 device->driver，然后尝试 probe device。如果 bus_type 定义了 probe，则调用 bus_type->probe（dev），否则调用 drv->probe（dev）。如果 drv 也没有定义 probe，会被当作 probe 成功。

5）如果 probe 返回 0，配对成功，将 device 插入到 drv 的链表中。如果 probe 返回非 0，配对失败，将 device->driver 置为 NULL。

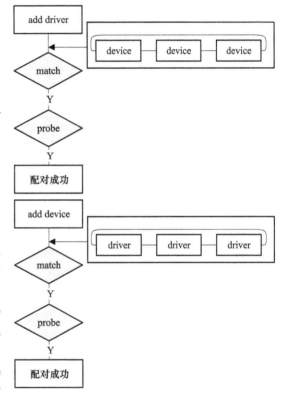

图 20-2　match 和 probe

很多模块封装了 driver_register 函数，比如 i2c_add_driver、platform_driver_register 等，它们会初始化 drv 与 bus_type 相关的字段，进行总线相关的操作，我们应该优先选择它们。

2. 第二种情况

注册 device 的时候，内核遍历 bus_type 上的 drv，找到一个可以配对的 drv 为止。device_register 和 device_add 函数都可以注册设备，前者除了调用后者外，还会对 device 进行初始化。整个过程与 driver_register 类似，此处不再扩展讨论，仅强调以下两点。

首先，如果 device 的主设备号不等于 0，内核会调用 devtmpfs_create_node 函数为它创建 devtmpfs 文件，这可以解释为什么有些 device 在/dev 目录下有对应的文件，而有些没有。

其次，当链表上某个 drv 与 device 配对成功后，遍历结束，因为一个 device 最多绑定一个 drv，找到一个合适的 drv 之后没有必要继续尝试。极少情况下，drv 链表上可能存在多个 drv 适合

device，这肯定不是驱动工程师愿意看到的，因为 device 最终绑定的 drv 不一定是我们为它量身定制的那个。解决方案是调整驱动加载的顺序，或者修改 device 使它不能与其他 drv 匹配（match）。

20.3 再论总线

为了突出 drv 和 device，我们采用了"倒叙"手法，但如果按照时间顺序来讲，bus_type 的注册应该在 drv 和 device 之前，调用 bus_register 函数即可。bus_register 会为 bus_type 的字段赋值，并创建 sysfs 文件。

目前为止，bus_type 仅仅表现出了它的辅助功能，单从数据结构体角度看确实如此。我们故意忽略了一点，bus_type 的 match 和 probe 等回调函数是模块可以自由发挥的，也就是说具体到某一个 bus_type，它可能会带有部分总线（bus，不是 bus_type）的逻辑。

举一个常见的例子，一个 i2c 总线上挂了几个器件，i2c 总线需要驱动，器件也需要驱动。i2c 结构中，一个 i2c 器件被定义为 i2c_client 对象，它的驱动被定义为 i2c_drvier 对象。至于 i2c 总线，在多数情况下，它的设备被定义为 platform_device，驱动被定义为 platform_driver。

platform_device 和 platform_driver、i2c_client 和 i2c_drvier 两两配对，分别涉及 platform_bus_type 和 i2c_bus_type。

platform_bus_type 是虚拟的 bus_type，很多平台自带的设备都会以它作为中介，调用 platform_add_devices 可以添加设备，调用 platform_driver_register 可以注册驱动。platform_bus_type 的 probe 回调函数是 platform_probe，也就是匹配成功后被调用的函数，核心代码片段如下。

```
int platform_drv_probe(struct device *_dev)
{
    struct platform_driver *drv = to_platform_driver(_dev->driver);
    struct platform_device *dev = to_platform_device(_dev);
    int ret;
    ret = of_clk_set_defaults(_dev->of_node, false);
    ret = dev_pm_domain_attach(_dev, true);

    if (drv->probe) {
        ret = drv->probe(dev);
    }
    return ret;
}
```

参数是 device，最终调用的是 platform_driver->probe（platform_device），可见 platform_bus_type 也包含了为 platform_device 和 platform_driver 定制的逻辑。

借助 platform_bus_type，i2c 总线完成驱动，留下一个 i2c_adapter 对象作为它的抽象。代表 i2c 器件的 i2c_client 通过 i2c_new_client_device 注册时，内核会为它建立与 i2c_adapter 的联系，剩下的任务就是将 i2c_client 传递给 i2c_driver 了，由 i2c_bus_type 完成，如图 20-3 所示。

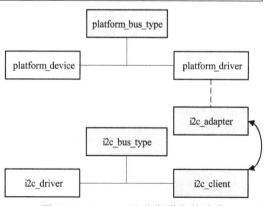

图 20-3 bus_type 和实际设备的关系

i2c_bus_type 的 probe 回调函数定义为 i2c_device_probe，核心代码片段如下。

```
int i2c_device_probe(struct device *dev)
{
    struct i2c_client    *client = i2c_verify_client(dev);
    struct i2c_driver    *driver = to_i2c_driver(dev->driver);
    if (driver->probe_new)
        status = driver->probe_new(client);
    else if (driver->probe)
        status = driver->probe(client,
                i2c_match_id(driver->id_table, client));
    else
        status = -EINVAL;
    return status;
}
```

参数同样是 device，最终调用的是 i2c_driver->probe（i2c_client, id），所以 i2c_bus_type 实际上也起到了 i2c_driver 和 i2c_client 中间的桥梁作用，带有 i2c 总线物理上的逻辑。

无论是虚拟总线，还是物理总线结构的抽象，可以分两部分来理解 bus_type：一部分是它的本质作用，就是作为 drv 和 device 的中介，完成它们的一对多关系；另一部分要结合具体的使用场景来理解，比如定义一个 bus_type，会将我们的意图赋予它，这样就不可避免地会留下总线的烙印。

20.4 【看图说话】触摸屏的驱动

CPU 通过 i2c 传递控制到触摸屏控制器，从触摸屏读取数据，然后通过 input 子系统将数据报告给应用，如图 20-4 所示。

i2c_client 之前已经介绍过了，此处简单介绍一下 input 子系统。

input 子系统的核心是 3 个数据结构：input_handler、input_dev 和 input_handle，前二者是多对多的关系，input_handle 则是辅助实现该关系的，如图 20-5 所示。

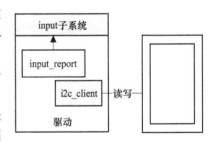

图 20-4　触摸屏驱动

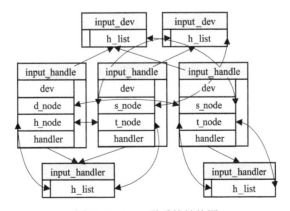

图 20-5　input 子系统结构图

配合这 3 个数据结构，内核定义了使用 input 子系统的函数，见表 20-4。

表 20-4　input 子系统函数表

函　　数	描　　述
input_allocate_device	申请一个 input_dev 对象
input_free_device	释放 input_dev
input_set_capability	设置 input_dev 支持的事件和事件码
input_register_device	注册 input_dev
input_report_xxx/input_sync	报告一个 input 事件，以上均与 device 相关
input_register_handler	注册 input_handler
input_unregister_handler	取消 input_handler

第21章

玩转驱动——智能设备的Camera

Camera（摄像头）在当前的智能手机上已经非常普遍，使用手机拍照、视频通话都离不开它，图形图像算法的成熟更加扩大了它的应用领域，图像识别已经成为人工智能的一项核心技术，Camera 也几乎成了智能设备的标配。

21.1 Camera 在智能设备中的应用

Camera 是智能设备的"眼睛"，使这些智能设备能够通过图像识别周围环境，它是图像识别的基础。

无人机上的 Camera 不仅能够拍摄照片，还能够通过它识别障碍物和地面环境，未来使用无人机运送快递还需要借助它识别建筑物。

自动驾驶汽车领域中，Camera 的应用更加广泛，信号灯、路况和交警手势等的识别都可以通过它解决，很多情况下，甚至需要多个 Camera 协作完成任务。

技术的发展使人们从鼠标键盘时代过渡到了触摸屏时代，而人工智能时代图像和声音会是主流。可以预见的是，在未来很长的一段时间内，图形图像领域的人才是供不应求的。

Camera 是一个复杂的硬件，我们不展开讨论，读者将它当作一个感光的 Sensor（传感器）即可，它产生的数据就是它"看"到的一个个像素点的颜色。很多情况下，一个 Camera 产生的数据并不能直接使用，还需要其他硬件一起进行处理，它们共同协作才有了一帧图像，整个结构如图 21-1 所示。

此图是一个比较常用的组合，由 I2C 传递控制信息（格式、帧率等）到 Camera，Camera 产生数据后，经由 ISP（Image Signal Processor）处理，生成系统支持的格式的图像。ISP 也需要控制（自动曝光、自动对焦、自动白平衡等），一般通过 MMIO 读写它的寄存器即可完成。

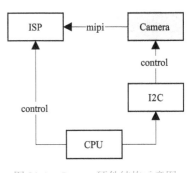

图 21-1 Camera 硬件结构示意图

Camera 一般作为一个外部设备使用，isp 则多为平台的一部分，一个系统中可以有多个 Camera，比如智能手机上一般至少存在前后两个摄像头，下文也以多个摄像头的情况为例进行分析。

21.2 【图解】V4L2 架构

提到 Camera，就不得不提起 Linux 的经典架构——V4L2。V4L2 的全称是 Video For Linux Two，虽然 Linux 早已跨越了 2.x 的版本，但 V4L2 依然沿用至今，去掉 2 叫作 V4L 也未尝不可。V4L2 在 2002 年融入内核主干，几十年的验证和完善让它成了很多设备驱动架构的不二之选，Camera 就是其中之一。

21.2.1 数据结构

V4L2 支持的设备类型广泛，比如视频输入输出设备、VBI 设备和 Radio 设备等，Camera 属于第一种类型。用户空间通过操作文件来控制它们，它们对应的文件的名字不同，分别为/dev/videoX、/dev/vbiX 和/dev/radioX，其中 X 是一个数字，值与它们在同类设备中注册的顺序有关。

这些文件与 video_device 结构体有关，对文件的操作由它传递至最终设备，它是 V4L2 给用户空间开的"一扇窗"，主要字段见表 21-1。

表 21-1　video_device 字段表

字　　段	类　　型	描　　述
dev	device	设备相关，创建/sys 和/dev 文件
cdev	cdev *	
minor	int	次设备号
num	u16	同类设备中的序号
fops	v4l2_file_operations *	文件操作
v4l2_dev	v4l2_device *	关联的 v4l2_device
dev_parent	device *	父设备
name	char [32]	名字
ioctl_ops	v4l2_ioctl_ops *	v4l2 ioctl 操作
valid_ioctls	位图	支持哪些 v4l2 ioctl 操作
release	回调函数	释放 video_device
flags	unsigned long	标志
vfl_type	vfl_devnode_type	设备的类型
fh_list	list_head	v4l2_fh 组成的链表的头

video_device 的字段多与设备和文件操作有关，这是它的主要使命，我们也可以定义一个更加复杂的结构体（下文以 my_video_device 为例）将它内嵌其中。调用 video_register_device 函数可以注册一个 video_device，对应的，video_unregister_device 函数可以取消注册，函数原型如下。

```
int video_register_device(struct video_device * vdev,
            enum vfl_devnode_type type, int nr);
void video_unregister_device(struct video_device * vdev);
```

第 2 个参数 type 表示设备的类型，会被赋值给 video_device 的 vfl_type 字段，第 3 个参数表示期望的同类设备中的序号，不等于-1 时，函数从 nr 开始查找空闲序号，失败则从 0 开始重新查找，等于-1 时直接从 0 开始查找，最终的序号被赋值给 num 字段。

函数执行成功后会生成用户空间使用的文件，文件的名字由设备的类型和序号决定，序号决定了名字中的数字，比如/dev/video0 就是序号为 0 的 VFL_TYPE_VIDEO 设备，设备类型和名字的关系见表 21-2。

表 21-2　V4L2 设备类型表

设备类型	名　　字	设　　备
VFL_TYPE_VIDEO	video	视频输入输出设备 以前的名称为 VFL_TYPE_GRABBER

(续)

设 备 类 型	名　　字	设　　备
VFL_TYPE_VBI	vbi	VBI 设备
VFL_TYPE_RADIO	radio	radio tuners
VFL_TYPE_SUBDEV	v4l-subdev	V4L2 子设备
VFL_TYPE_SDR	swradio	Software Defined Radio tuners
VFL_TYPE_TOUCH	v4l-touch	触摸屏

video_device 有多个与文件操作相关的字段，我们在下节分析，读者在此只需要对它有个直观的认识即可。

video_register_device 会为 video_device 查找一个空闲的次设备号赋值给它的 minor 字段，该次设备号在所有 video_device 中唯一（并不局限于视频输入输出设备，上表中所有的设备类型均包括在内）。

得到次设备号后，video_register_device 会将它作为数组下标，保存 video_device 指针。该数组是一个 video_device 指针类型的数组，名为 video_devices，这样我们在文件的操作中使用次设备号就可以得到 video_device 指针，内核定义了 video_devdata 函数实现该功能，如下。

```
struct video_device * video_devdata(struct file * file)
{
    return video_devices[iminor(file_inode(file))];
}
```

video_device 的 fh_list 字段是 v4l2_fh 组成的链表的头，v4l2_fh 是 v4l2 文件的句柄（file handle），使用句柄的 v4l2 文件打开的时候，需要调用 v4l2_fh_init 和 v4l2_fh_add 或者调用 v4l2_fh_open 初始化并添加一个句柄到链表中。句柄在某些文件操作中会作为参数，我们可以定义一个更大的结构体将其内嵌其中，使用 container_of 得到整个结构体。

video_device 与物理设备并不一定是一对一的关系，物理设备可以按照物理模块或者逻辑模块划分为多个部分，每一个部分都可以注册为一个 video_device，比如一个 isp，可以注册 preview、capture 和 control 等多个 video_device。

与物理设备对应的结构体是 v4l2_device，它是 v4l2 设备驱动的核心结构体，主要字段见表 21-3。

表 21-3　v4l2_device 字段表

字　　段	类　　型	描　　述
dev	device *	关联的设备
subdevs	list_head	v4l2_subdev 组成的链表的头
name	char [V4L2_DEVICE_NAME_SIZE]	名字
ref	kref	引用计数
release	回调函数	引用计数为 0 时调用，释放资源

v4l2_device 一般会内嵌在一个更大的结构体中（下文以 my_v4l2_device 为例）使用，dev 字段是 device 指针类型，指向实际的设备，比如一个 platform_device 的 dev。内核定义了 v4l2_device _register 函数，可以用来注册并初始化 v4l2_device。对应的，v4l2_device_unregister 用来取消注

册，函数原型如下。

```
int v4l2_device_register(struct device *dev, struct v4l2_device *v4l2_dev);
void v4l2_device_unregister(struct v4l2_device *v4l2_dev);
```

v4l2_device_register 会为 dev 字段赋值，如果还未取名字，根据驱动名和设备名为 name 字段赋值。如果 dev_get_drvdata 为空，调用 dev_set_drvdata（dev，v4l2_dev），此后调用 dev_get_drvdata（dev）即可得到 v4l2_dev。

video_device 的 v4l2_dev 字段指向 v4l2_device，这样我们就可以在文件操作中通过 video_device 得到 v4l2_device。除此之外，我们还可以调用 video_set_drvdata 建立 video_device 和 my_v4l2_device 的联系，然后通过 video_get_drvdata 直接得到 my_v4l2_device。示例代码如下。

```
static int my_v4l2_probe(struct platform_device pdev)
{
    //省略出错处理
    struct my_v4l2_device *my_v4l2_dev = get_my_v4l2_dev();
    struct my_video_device *my_vdev = get_my_vdev();
    //my_video_device 内嵌 video_device,字段名称为 vdev
    struct video_device *vdev = my_vdev->vdev;

    //my_v4l2_dev 内嵌 v4l2_device,字段名称为 v4l2_dev
    v4l2_device_register(&pdev->dev, &my_v4l2_dev->v4l2_dev);

    //省略 video_device 的其他字段
    vdev->v4l2_device = &my_v4l2_dev->v4l2_dev;
    video_set_drvdata(vdev, my_v4l2_device);

    video_register_device(vdev, VFL_TYPE_VIDEO, -1);

    return 0;
}
```

在我们的 Camera 硬件结构中，isp 与 Camera 是一对多的关系，此处的 v4l2_device 与 isp 对应，与 Camera（更确切地说是 i2c client）对应的结构体是下面要介绍的 v4l2_subdev（代码中多简称为 sd），显然 v4l2_device 与它也是一对多的关系，它的主要字段见表 21-4。

表 21-4 v4l2_subdev 字段表

字　　段	类　　型	描　　述
list	list_head	将其链接到 v4l2_device 的 subdevs 字段为头的链表中
flags	u32	标志
v4l2_dev	v4l2_device *	关联的 v4l2_device
internal_ops	v4l2_subdev_internal_ops *	通用操作
ops	v4l2_subdev_ops *	专有操作
dev	device *	关联的 device
dev_priv	void *	私有数据

前面说过，我们只需要把 Camera 当作一个采光的传感器。实际上，控制 Camera 的是 i2c，CPU 通过 i2c 读写它的寄存器控制它的行为，所以实际上与 v4l2_subdev 对应的是 Camera 对应的

i2c client，而不是 Camera 本身。

v4l2_subdev 的 dev 字段，与 v4l2_device 的 dev 一样，都是 device 指针类型，这意味着它们实际上都不是 device，只是关联 device。在当前的例子中，v4l2_device 关联的是 isp 的 platform_device.dev，v4l2_subdev 关联的是 Camera 对应的 i2c_client.dev。

v4l2_subdev_internal_ops 定义了针对 v4l2_subdev 的通用操作，如 registered、unregistered、open 和 close。

v4l2_subdev_ops 定义了适合不同类型的 v4l2_subdev 的操作，包括 core、tuner、audio、video、vbi、ir、sensor 和 pad 共 8 种，某个 v4l2_subdev 只需要定义它适用的操作即可。

一个 v4l2_subdev 设备的驱动中，需要通过设备找到 v4l2_subdev，也需要通过 v4l2_subdev 找到设备。当前例子中的设备指的就是 i2c_client 对象（以下简称 client），v4l2_i2c_subdev_init 函数可以帮助我们完成该任务。它初始化 v4l2_subdev 的字段，并调用 v4l2_set_subdevdata(sd, client) 和 i2c_set_clientdata(client, sd) 建立我们需要的联系，成功后在驱动中调用 v4l2_get_subdevdata(sd) 和 i2c_get_clientdata(client) 即可得到 client 和 sd。

v4l2_subdev 可以内嵌在一个更大的结构体内使用，我们以 my_v4l2_subdev 为例，典型的 Camera 驱动的 probe 函数如下。

```
static const struct v4l2_subdev_ops my_subdev_ops = {
    .core = & my_core_ops,
    .video = &my_video_ops,
};
static int my_camera_probe(struct i2c_client * client,
        const struct i2c_device_id * id)
{
    my_v4l2_subdev * my_v4l2_subdev = get_my_v4l2_subdev();
    v4l2_i2c_subdev_init(&my_v4l2_subdev->sd, client, &my_subdev_ops);
    //power and other settings

    return 0;
}
```

在当前的 Camera 结构中，v4l2_device 对应 isp，video_device 对应它的几个部分，v4l2_subdev 对应 Camera，此时在驱动中已经确立了 v4l2_device 和 video_device 的关系（my_v4l2_probe），实际使用过程中，用户空间对 v4l2 文件的操作也需要 v4l2_subdev 的参与，所以剩下的问题就是 v4l2_subdev 是如何与它们关联的。

一般情况下，与 v4l2_subdev 关联的是 v4l2_device，而不是 video_device，这从逻辑上也是合理的，video_device 的任务主要是 v4l2 文件操作。所以问题就变成了 v4l2_device 与 v4l2_subdev 的关系是如何建立的，实际上，它们建立关系的方式并不是一成不变的，甚至是平台（isp 一般集成在平台中）可以自由发挥，宗旨只有一个，就是在文件操作中，通过 v4l2_device 可以找到 v4l2_subdev。

这些方式可以分为两类，一类要求注册 v4l2_device 时 v4l2_subdev 是已知的，另一类没有该要求，或者称为异步的（asynchronously）。

第一类方式的实现又可以分为两种方法。

第一种方法是使用内核定义的函数，由 v4l2_device 的驱动注册 v4l2_subdev，v4l2_device_register_subdev 可以胜任，函数原型如下。

```
int v4l2_device_register_subdev(struct v4l2_device * v4l2_dev,
        struct v4l2_subdev * sd)
```

函数成功返回后，sd->v4l2_dev 会指向 v4l2_dev，sd 会链接到 v4l2_dev->subdevs 的链表上，二者关系建立完毕。

第二种方法的实现比较自由，比如可以在 my_v4l2_device 中添加一个字段来表示关联的 sd，我们的结构中有两个 Camera，可以如下定义。

```
struct my_v4l2_device {
    struct v4l2_device v4l2_dev;//内嵌的 v4l2_device
    struct v4l2_subdev * sd_array[2];
    int curr_input;
};
```

两个 Camera，即一个前摄、一个后摄，我们可以在驱动中指定 sd_array[0]为前摄，sd_array[1]为后摄，curr_input 表示当前使用的是哪个 Camera，以此应对用户空间的要求。

第一类方式的两种实现方法都有一个前提，就是 v4l2_subdev 是已知的，其中第二种要求更加苛刻，加载 v4l2_device 驱动前，v4l2_subdev 必须已经注册，也就是说 Camera 的驱动要在此之前加载。

第二类异步方式动态匹配 v4l2_device 和 v4l2_subdev，对它们的顺序并没有要求。注册 v4l2_device 时，调用 v4l2_async_nf_register 等函数（nf 是 notifier 的缩写，老版本是 notifier，这个改动如果没有其他理由就有点得不偿失了），注册 v4l2_subdev 时，调用 v4l2_async_register_subdev 等函数，它们的函数原型如下。

```
int v4l2_async_nf_register(struct v4l2_device * v4l2_dev,
            struct v4l2_async_notifier * notifier);
void v4l2_async_nf_unregister(struct v4l2_async_notifier * notifier);
int v4l2_async_register_subdev(struct v4l2_subdev * sd);
void v4l2_async_unregister_subdev(struct v4l2_subdev * sd);
```

内核分别为 notifier 和 sd 维护了 notifier_list 和 subdev_list 两个全局链表，以上函数的本质就是访问链表，匹配链表上的元素，匹配成功则调用 v4l2_device_register_subdev 建立它们的关系。

至此，从 video_device 到 v4l2_device，再到 v4l2_subdev 的通路建立完毕。

21.2.2 ioctl 操作

video_device 共有 3 个与文件操作相关的字段，除了以上介绍的 fops 和 ioctl_ops 外，还有一个间接的 cdev->ops 字段，3 者的类型分别为 v4l2_file_operations * 、v4l2_ioctl_ops * 和 file_operations * 。按照类型"对号入座"，v4l2 文件首先是文件（确切地说是字符文件），cdev->ops 表示它的文件操作，其次它又是 v4l2 文件，有 v4l2 相关的特殊操作，由 fops 表示，至于 ioctl_ops，它表示 v4l2 文件的 ioctl 操作，将它单独作为一个字段，可见 ioctl 操作对 v4l2 架构的重要性。

与用户空间关系最紧密的是 cdev->ops，它被赋值为 v4l2_fops，对 v4l2 文件的操作由它实现。我们知道，文件操作（file_operations）定义的回调函数都有一个 file * 参数（不妨称之为 filp），结合上节对 video_device 的讨论，调用 video_devdata（filp）就可以得到 video_device（vdev），进而可以调用 vdev->fops 的对应操作。

以 cdev->ops->open 为例，与我们的讨论相关的代码片段如下。

```
int v4l2_open(struct inode * inode, struct file * filp)
{
    struct video_device * vdev;
```

```
    //省略出错处理
    vdev = video_devdata(filp);
    if (vdev->fops->open) {
        if (video_is_registered(vdev))
            ret = vdev->fops->open(filp);
        else
            ret = -ENODEV;
    }
    return ret;
}
```

类似的，cdev->ops->unlocked_ioctl 定义为 v4l2_ioctl，它调用的是 vdev->fops->unlocked_ioctl。驱动可以自行为 vdev 定义 fops->unlocked_ioctl，不过一般情况下，使用内核提供的 video_ioctl2 函数即可。

video_ioctl2 由 video_usercopy 实现，后者获取用户空间传递的 ioctl 操作的参数（arg），然后调用 __video_do_ioctl。根据用户空间传递的 ioctl 操作，__video_do_ioctl 会做出几种不同的处理。

v4l2 定义了一个 v4l2_ioctl_info（简称 info）类型的数组，名为 v4l2_ioctls，包含了几十种 ioctl 操作的信息，它们是 v4l2 系统预定义的 ioctl 操作。根据 info 的 func 回调函数的实现方式不同，可用将它们分为两大类：一类是 stub，直接调用 vdev->ioctl_ops 实现，它们由 DEFINE_V4L_STUB_FUNC 宏定义；另一类由 v4l2 定义的特定函数实现。

一个 video_device 支持的 ioctls 操作可用分为两部分，一部分包含在 v4l2_ioctls 内，另一部分由 vdev->ioctl_ops->vidioc_default 实现。video_device 支持的在 v4l2_ioctls 内的操作由它的 valid_ioctls 字段表示，video_device 注册的时候会根据 ioctl_ops 字段的定义设置该字段。

不考虑特殊情况，我们可以将问题分为以下 3 种情形。

第 1 种情况，用户空间传递的 ioctl 操作在 v4l2_ioctls 定义的范围内，且 video_device 支持该操作，这是最常见的情况，调用 info->func 回调函数。

第 2 种情况，用户空间传递的 ioctl 操作在 v4l2_ioctls 定义的范围内，但 video_device 不支持该操作，可能是用户空间与驱动的匹配出现问题。一般情况下，用户空间的程序需要根据驱动做相应调整，除非出于特殊考虑。

第 3 种情况，用户空间传递的 ioctl 操作不在 v4l2_ioctls 定义的范围内，调用 vdev->ioctl_ops->vidioc_default 回调函数，如果函数没有定义，返回错误（-ENOTTY）。

下面举几个具体的例子。

如果用户空间传递的 ioctl 操作是 VIDIOC_G_STD，它在 v4l2_ioctls 定义的范围内，调用的是 VIDIOC_G_STD 对应的 info->func，它属于 stub 类函数，直接回调 vdev->ioctl_ops->vidioc_g_std 函数；如果是 VIDIOC_S_INPUT 操作，它同样在 v4l2_ioctls 定义的范围内，但实现函数不是 stub 类，调用的是 v4l_s_input 函数；如果是不在 v4l2_ioctls 定义的范围内的其他的自定义操作，调用的是 vdev->ioctl_ops->vidioc_default 函数。

非 stub 类 info 调用的是 v4l2 定义的函数，与 vdev->ioctl_ops 没有直接调用关系，但是这些函数多数也是通过调用 vdev->ioctl_ops 实现的，比如 v4l_s_input，它最终还是调用 vdev->ioctl_ops->vidioc_s_input 函数。

至此，cdev->ops->unlocked_ioctl 到 vdev->fops->unlocked_ioctl，再到 vdev->ioctl_ops 的过程就分析完毕了。该过程中，出现了 video_device，但 v4l2_device 和 v4l2_subdev 仍未 "出场"，它们的作用体现在哪里呢？答案在 vdev->ioctl_ops 的实现中，以 vdev -> ioctl_ops -> vidioc_s_input 为

例，我们给出如下一个可能的实现。

```
static int my_s_input(struct file * file, void * fh, unsigned int input)
{
    struct video_device * vdev = video_devdata(file);
    // my_v4l2_device 的定义请参考上文
    struct my_v4l2_device * isp = video_get_drvdata(vdev);

    //省略出错处理
    //以 isp->curr_input 等于-1 表示当前没有使用 Camera
    if(-1 != isp->curr_input && input != isp->curr_input)
    {
        ret = v4l2_subdev_call(isp->sd_array[isp->curr_input], core, s_power, 0);
    }
    if(-1 == isp->curr_input || input != isp->curr_input)
    {
        ret = v4l2_subdev_call(isp->sd_array[input], core, s_power, 1);
    }

    isp->curr_input = input;
    return ret;
}
```

在当前的例子中，my_s_input 的作用是选择一个 Camera，它的逻辑比较简单，如果当前的 Camera 与目标 Camera 不一致，关闭它，并为目标 Camera 上电。这里关注的重点是 v4l2_device 和 v4l2_subdev 的使用，先调用 video_get_drvdata 获得 v4l2_device（my_v4l2_device），然后使用 v4l2_subdev_call 宏调用 v4l2_subdev 的回调函数，最终调用的是 sd->core->s_power（sd, 0）和 sd->core->s_power（sd, 1）。

一般情况下，应该使用 v4l2_subdev_call 宏，它会为我们做参数合法性检查，确保参数合法的情况下，才可以直接调用 sd 的回调函数。

21.3　Camera 的核心 ioctl 操作

V4L2 有很强的通用性，同一类设备，一般使用同一套 ioctl 操作即可，Camera 常用的 ioctl 操作见表 21-5。

表 21-5　V4L2 ioctl 操作表

ioctl 操作	含　　义
VIDIOC_QUERYCAP	查询设备的功能，Query Capability
VIDIOC_ENUMINPUT	查询某个设备的信息
VIDIOC_G_INPUT	查询当前使用的设备的信息
VIDIOC_S_INPUT	选择一个设备
VIDIOC_ENUM_FMT	查询设备支持的视频格式
VIDIOC_G_FMT	查询/设置当前设备使用的格式
VIDIOC_S_FMT	

（续）

ioctl 操作	含　义
VIDIOC_G_CTRL	查询/设置指定 control 的值
VIDIOC_S_CTRL	
VIDIOC_G_EXT_CTRLS	查询/设置多个 control 的值
VIDIOC_S_EXT_CTRLS	
VIDIOC_REQBUFS	申请多个缓冲区
VIDIOC_QUERYBUF	查询某个缓冲区
VIDIOC_QBUF	将缓冲区放入队列
VIDIOC_DQBUF	将缓冲区从队列中删除，获取数据
VIDIOC_STREAMON	Stream On
VIDIOC_STREAMOFF	Stream Off

多数操作都可以按照名字来理解，有以下两点需要说明。

VIDIOC_G_EXT_CTRLS、VIDIOC_S_EXT_CTRLS 和 VIDIOC_G_CTRL、VIDIOC_S_CTRL 除了数量上的区别外，还有一个区别就是 VIDIOC_G_CTRL/VIDIOC_S_CTRL 只能操作 User Control（可通过用户界面更改的设置），不过很多设备并不区分它们，统一由后两个操作处理。

缓冲区（video buffer）有关的操作，驱动有两套架构可以选择，分别是 videobuf 和 videobuf2。它们使用的结构体也不同，videobuf 使用 videobuf_queue 表示缓冲区队列，使用 videobuf_buffer 表示一个缓冲区，videobuf2 则使用 vb2_queue 和 vb2_buffer。不过，用户空间并不关心它们的差异，也不需要关心缓冲区是如何管理的。

V4L2 的缓冲区的访问有 V4L2_MEMORY_MMAP、V4L2_MEMORY_USERPTR、V4L2_MEMORY_OVERLAY 和 V4L2_MEMORY_DMABUF 共 4 种类型，前两种比较常见，videobuf2 并不支持第 3 种，videobuf 不支持第 4 种。

V4L2_MEMORY_MMAP 方式采用内存映射机制，将设备映射进内存，不需要数据拷贝。V4L2_MEMORY_USERPTR 方式，内存由用户空间分配，设备访问用户空间指定的内存。需要说明的是，并不是只有 CPU 才可以访问内存，有些设备也可以直接访问内存，一般是由硬件实现的，读者在此记住即可。

下面给出一个使用 V4L2_MEMORY_MMAP 方式的代码片段供读者参考（fd 是打开/dev/videoX 得到的文件描述符）。

```
struct v4l2_requestbuffers  req;
struct v4l2_buffer  buf;

req.count = count;
req.type = V4L2_BUF_TYPE_VIDEO_CAPTURE;
req.memory = V4L2_MEMORY_MMAP;
if (ioctl(fd, VIDIOC_REQBUFS, &req) == -1) {    //1
    goto error_handling;
}

for (numBufs = 0; numBufs < req.count; numBufs++)
{
    memset(&buf, 0, sizeof(buf) );
```

```
    buf.type = V4L2_BUF_TYPE_VIDEO_CAPTURE;
    buf.memory = V4L2_MEMORY_MMAP;
    buf.index = numBufs;
    if (ioctl(fd, VIDIOC_QUERYBUF, &buf) == -1) {     //2
        goto error_handling;
    }

    buf_size[numBufs] = buf.length;
    buf_addr[numBufs] = mmap(NULL, buf.length, PROT_READ | PROT_WRITE,
             MAP_SHARED,fd, buf.m.offset);     //3
    if (buf_addr[numBufs] == MAP_FAILED) {
        goto error_handling;
    }

    if (ioctl(fd, VIDIOC_QBUF, &buf) == -1) {     //4
        goto error_handling;
    }
}

//省略 streamon... poll
if(ioctl(fd, VIDIOC_DQBUF, &buf) == -1){     //5
    goto error_handling;
}
//buf_addr[buf.index]就是存储数据的地址
```

第 1 步，申请缓冲区，得到的缓冲区数量可能小于 count，由 req.count 表示。虽然名为 request buffers，实际上并没有为缓冲区申请内存，只是为必要的结构体申请内存。

第 2 步，获取缓冲区的信息，比如它的大小，在设备内的偏移量等。

第 3 步，内存映射，大小和设备内的偏移量分别等于 buf.length 和 buf.m.offset。

第 4 步，将缓冲区插入缓冲区队列，此后设备可以使用它。重复第 2~4 步，设置每一个缓冲区。

第 5 步，经过 VIDIOC_STREAMON 操作，设备正常工作，一帧数据准备完毕后，使用 VIDIOC_DQBUF 操作获取存放数据的缓冲区信息，buf_addr[buf.index] 就是存储数据的地址。

纵观整个过程，我们并没有为缓冲区申请内存，只是将设备映射到内存作为缓冲区而已，避免了内存拷贝。Camera 作为大数据量的设备，拷贝无疑是浪费时间的。当然了，如果驱动支持，使用 read/write 方式也是可以达到目的的，只是过程中的数据拷贝会严重降低效率。

21.4 【看图说话】安卓的 Camera 的架构

Android 的 Camera 软件架构分为 App、Framework&Service、HAL 和 Driver 共 4 个层次，以 Preview 为例，控制流和数据流如图 21-2 所示。

整个 preview 流程中，Service 层 RequestThread 发送需求至 HAL 层，HAL 层需要将这些需求转换为 ioctl 操作传递至驱动。一帧图像就绪时，isp 发出中断，驱动处理中断，之后报告事件。

HAL 层监控并获得事件，将事件传递至 Service，Service 收到事件后通知 Display 模块显示图像，并且回调应该注册的回调进一步处理事件。

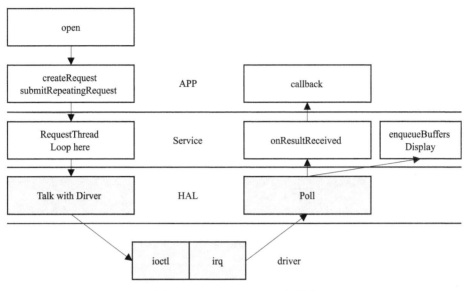

图 21-2　Android Camera 流程图

　　整个流程中并没有发生数据复制，driver 报告的是事件，而不是一帧图像的数据，读者应该猜得到，存储数据的内存是共享的。

　　从驱动的角度，/dev/videoX 就是它与系统唯一的纽带，无论是 ioctl 还是报告事件都是由它完成的。

第22章

玩转云计算、虚拟化——KVM

Linux 在服务器市场拥有绝对优势，相应的，Linux 对云计算和虚拟化的支持也比较完善。

云计算技术可能听起来离普通人比较遥远，但实际上它已经在深入服务我们的日常生活了，比如在线医疗、远程办公。云计算使我们不必关心计算、存储发生在哪个物理设备上，这些设备存在哪个机房。

虚拟化是一种资源管理技术，在主机上创建虚拟机，用户可以在其数据服务器、计算机或主机上创建多个虚拟机。

云计算和虚拟化，二者看似并没有直接关联，但实际上他们是相互依托的关系。通过在主机上创建虚拟机可以最大限度地利用硬件资源。基于虚拟化技术，云服务商可以提供更广泛的定制服务、操作系统，同时最大限度地利用数据中心。

客户机（Guest，或者叫作虚拟机）无疑运行在主机（Host）上，一个主机往往有运行多个虚拟机（Virtual Machine）的能力，这就需要一个虚拟机管理程序，被称作 hypervisor（又名 Virtual Machine Monitor，VMM 或者 Virtualizer）。

hypervisor 本身也是一个软件程序，根据它运行的环境不同可以分为两类，如图 22-1 所示。

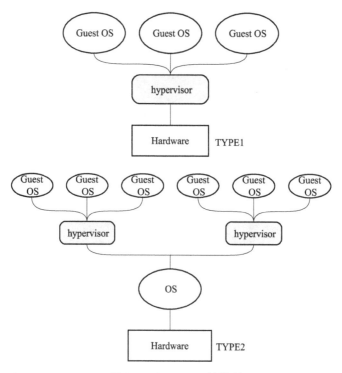

图 22-1　hypervisor 的类型

第一类，hypervisor 运行在裸机（称作 Native 或者 Bare-Metal）上。它直接运行在实际的硬件上，管理客户机操作系统（Guest OS）。

第二类，hypervisor 运行在操作系统上，与其他应用程序没有差别。hypervisor 本身作为一个进程运行在主机上，Guest OS 由它在主机操作系统（Host OS）的基础上抽象而来。

这两类 hypervisor 的差别并不是绝对的，本章讨论的 KVM 既可以归为第一类，也可以归为第二类。

Guest OS 一般运行在虚拟机或者磁盘分区上，在我们的讨论中，它们运行在虚拟机上。Guest OS 与虚拟机紧密联系，二者的优势显而易见。

1）方便隔离。即使 Guest OS 上的应用程序甚至操作系统本身崩溃了也不会损害物理机器和主机操作系统。这是很多 IT 工程师的最爱。

2）跨平台运行程序。我们可以在 Guest OS 上运行 Host 不支持的指令级和应用，比如在 x86 平台上运行 arm 的程序。

下面给出一个使用 QEMU 创建、启动 Guest OS 的例子。在这个例子中，我们在虚拟机中安装 ubuntu 系统。

```
#1. 下载安装 qemu
#2. 创建 image,可以理解为创建一个 16GB 的磁盘供 Guest OS 使用
./qemu/build/qemu-img create -f qcow2 u1804.qcow2 16G
#3. 启动安装 Guest OS (ubuntu1804)
./qemu/build/qemu-system-x86_64 -enable-kvm -m 2048 -nic user, model=virtio -drive file=u1804. qcow2,
media=disk, if=virtio -cdrom ubuntu-18. 04. 5-desktop-amd64. iso -display gtk
```

以上命令行中，qemu-system-x86_64 表示在虚拟的 x86_64 平台上运行 Guest OS，-enable-kvm 表示使能 KVM 加速（前提是主机与虚拟机属于同一个平台，在本例中都是 x86_64），-m 2048 表示虚拟的平台中有 2048MB 内存。

22.1 【图解】KVM 原理

我们编译生成的程序，在虚拟机上运行时，面临两种情况，如图 22-2 所示。

情况 1，虚拟机与主机的架构（指令集）不同，比如虚拟机是 arm 的，主机是 x86_64 的，这种情况下需要做指令翻译。

情况 2，虚拟机与主机的架构相同，比如二者都是 x86_64 的，既可以做指令翻译，又可以选择硬件加速（让程序尽可能直接在主机的 CPU 上执行）。KVM 就是一种硬件加速方案。

KVM 的全称是 Kernel-Based Virtual Machines，在 Linux 上它是内核的一部分，可以实现 CPU 和内存虚拟化。但它本身并不是一个纯软件的方案，需要硬件支持，比如 Intel VT 和 AMD-V。

硬件方案实现虚拟的 CPU（被称为 vCPU），我们要在虚拟机上运行的程序可以运行在这些

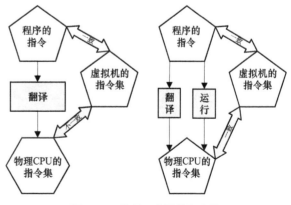

图 22-2　程序、虚拟机和主机

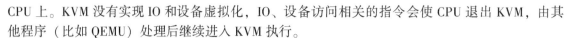

CPU 上。KVM 没有实现 IO 和设备虚拟化，IO、设备访问相关的指令会使 CPU 退出 KVM，由其他程序（比如 QEMU）处理后继续进入 KVM 执行。

从代码的角度，KVM 会被模块编译成 kvm.ko，insmod 成功会创建/dev/kvm 文件，用户空间使用 ioctl 操作该文件与 KVM 交互，示例代码片段如下。

```c
//相关代码可以在 qemu 的源代码目录下,accel/kvm 下找到
uint32_t max_bin_size = 0x1000;
long mmap_size;
struct kvm_sregs sregs;
struct kvm_regs regs;
struct kvm_userspace_memory_region mem;
struct kvm_run * kvm_run;
void * userspace_addr;

kvm_fd = open("/dev/kvm", O_RDWR);

vm_fd = ioctl(kvm_fd, KVM_CREATE_VM, 0);      //1
vcpu_fd = ioctl(vm_fd, KVM_CREATE_VCPU, 0);

my_bin_fd = open("my_binary.bin", O_RDONLY);      //2
addr = mmap(NULL, max_bin_size, PROT_READ | PROT_WRITE, MAP_SHARED | MAP_ANONYMOUS, -1, 0);
ret = read(my_bin_fd, addr, max_bin_size);

mem.slot = 0;
mem.flags = 0;
mem.guest_phys_addr = 0;
mem.memory_size = max_bin_size;
mem.userspace_addr = (unsigned long)addr;
ret = ioctl(vm_fd, KVM_SET_USER_MEMORY_REGION, &mem);      //3

mmap_size = ioctl(kvm_fd, KVM_GET_VCPU_MMAP_SIZE, NULL);      //4
kvm_run = (struct kvm_run *)mmap(NULL, mmap_size, PROT_READ | PROT_WRITE, MAP_SHARED, vcpu_fd, 0);

ret = ioctl(vcpu_fd, KVM_GET_SREGS, &sregs);      //5
sregs.cs.base = 0;
sregs.cs.selector = 0;
ret = ioctl(vcpu_fd, KVM_SET_SREGS, &sregs);
memset(&regs, 0, sizeof(struct kvm_regs));
regs.rip = 0;
ret = ioctl(vcpu_fd, KVM_SET_REGS, &regs);

while (1) {
    ret = ioctl(vcpu_fd, KVM_RUN, NULL);      //6
    switch(kvm_run->exit_reason) {
        case KVM_EXIT_HLT:
            printf("HLT\n");
            goto exit;
        case KVM_EXIT_EXCEPTION:
            //...
            break;
```

```
        //case ...
        default:
            break;
    }
}
exit:
    close(kvm_fd);
    close(my_bin_fd);
    return 0;
```

前 5 步做准备工作,包括创建 vCPU,建立内存映射等。第 6 步,bin 运行在 vCPU 上,特殊的指令导致 KVM 退出后,KVM_RUN 返回。kvm_run->exit_reason 中记录了退出原因,当前的程序会处理这些情况,然后让 vCPU 继续执行,如图 22-3 所示。

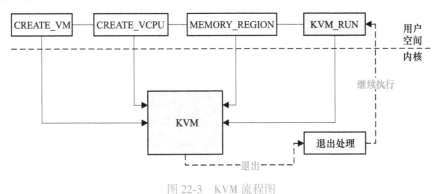

图 22-3　KVM 流程图

22.2　KVM 的实现

在上节的示例代码中可以看到,KVM_RUN 会触发目标代码执行在 vCPU 上,在 AMD-V 的 Secure Virtual Machine(SVM)扩展中,最终会执行 VMRUN 指令,使 CPU 进入一个特殊的模式(Guest Mode)。

22.2.1　硬件上的 Intercept

在这个特殊模式下,CPU 正常执行指令,只不过会拦截(Intercept)需要处理的异常和我们希望被 Intercept 的指令(比如 IO),Intercept 发生后,CPU 会保存执行状态到内存中(VMCB,virtual machine control block),然后退出该模式。

Intercept 列表也存在 VMCB 内,发生 Intercept 后,exit code 也存储在 VMCB 中。VMCB 的重要性不言而喻,它的布局和定义有兴趣的读者可以查看 AMD 架构文档的系统卷。

硬件上的 exit code 与我们的示例程序中使用的 KVM_EXIT_XXX 并不一样,表 22-1 列举了一些 exit code。

表 22-1　exit code 表

Code	名　字	原　因
0h-Fh	VMEXIT_CR [0-15] _READ	读 CR [0-15] 寄存器,比如读 CR3 得到的 code 是 3h

（续）

Code	名　字	原　因
10h-1Fh	VMEXIT_CR［0-15］_WRITE	写 CR［0-15］寄存器
40h-5Fh	VMEXIT_EXCP［0-31］	［0-31］号异常，比如缺页异常是第 14 号（PF_VECTOR）
63h	VMEXIT_INIT	物理中断
64h	VMEXIT_VINTR	虚拟中断

exit code 是如何转换成我们的程序中使用的 KVM_EXIT_XXX 的呢？答案在 svm_invoke_exit_handler 函数中。

svm_invoke_exit_handler 的第二个 exit_code 就是硬件给出的 exit code，有了 code，它会调用 svm_exit_handlers 函数数组的目标函数，exit_code 就是目标函数在数组中的下标。

svm_exit_handlers 的部分元素如下，它们将 exit_code 转换成 exit_reason，比如 bp_interception（bp，breakpoint），它会执行 kvm_run->exit_reason = KVM_EXIT_DEBUG。

```
static int (*const svm_exit_handlers[])(struct kvm_vcpu *vcpu) = {
    [SVM_EXIT_READ_CR0]             = cr_interception,
    [SVM_EXIT_READ_CR3]             = cr_interception,
    [SVM_EXIT_READ_CR4]             = cr_interception,
    [SVM_EXIT_READ_CR8]             = cr_interception,
    [SVM_EXIT_CR0_SEL_WRITE]        = cr_interception,
    [SVM_EXIT_WRITE_CR0]            = cr_interception,
    [SVM_EXIT_WRITE_CR3]            = cr_interception,
    [SVM_EXIT_WRITE_CR4]            = cr_interception,
    [SVM_EXIT_WRITE_CR8]            = cr8_write_interception,
    //...
    [SVM_EXIT_EXCP_BASE + DB_VECTOR] = db_interception,
    [SVM_EXIT_EXCP_BASE + BP_VECTOR] = bp_interception,
    [SVM_EXIT_EXCP_BASE + UD_VECTOR] = ud_interception,
    [SVM_EXIT_EXCP_BASE + PF_VECTOR] = pf_interception,
    [SVM_EXIT_EXCP_BASE + MC_VECTOR] = mc_interception,
    [SVM_EXIT_EXCP_BASE + AC_VECTOR] = ac_interception,
    [SVM_EXIT_EXCP_BASE + GP_VECTOR] = gp_interception,
    [SVM_EXIT_INTR]                 = intr_interception,
    [SVM_EXIT_NMI]                  = nmi_interception,
    [SVM_EXIT_SMI]                  = smi_interception,
    [SVM_EXIT_VINTR]                = interrupt_window_interception,
    [SVM_EXIT_RDPMC]               = kvm_emulate_rdpmc,
    [SVM_EXIT_INVLPGA]             = invlpga_interception,
    [SVM_EXIT_IOIO]                = io_interception,
    [SVM_EXIT_MSR]                 = msr_interception,
    [SVM_EXIT_VMGEXIT]            = sev_handle_vmgexit,
};
```

22.2.2　CPU 虚拟化

有了以上的铺垫，就可以总结整个 KVM CPU 虚拟化方案了。

1）用户空间，配置执行环境。

2）通过 KVM_RUN ioctl 启动 CPU 虚拟化。

3）CPU 进入 guest 模式，执行我们配置的指令。

4）如果 CPU 执行了 Intercept 列表中的指令，或者外部环境（比如中断）导致 Intercept 发生，CPU 保存状态，退出 guest mode，记录 exit_code。

5）KVM 接手，处理退出信息，将 exit_code 转换成 exit_reason。

6）用户空间的 KVM_RUN ioctl 返回，查看 exit_reason 做进一步处理。

7）循环第 2~6 步，直到程序结束。

整个过程如图 22-4 所示。

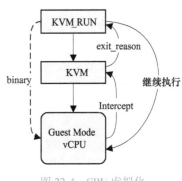

图 22-4　CPU 虚拟化

22.3　【看图说话】KVM 和 QEMU

首先，要说明的是 QEMU 并不依赖 KVM 来实现虚拟化，没有 KVM 支持的情况下，QEMU 有 TCG（Tiny Code Generator）做指令翻译，将需要运行的指令翻译成当前 CPU 可执行的指令。

有 KVM 的支持的情况下，自然就不需要 TCG 了，KVM 负责 CPU 和内存的虚拟化，QEMU 只需要负责 IO、设备虚拟化即可，如图 22-5 所示。

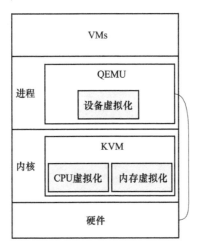

图 22-5　QEMU 和 KVM 的关系图

图 22-5 中有一条从 QEMU 直接到硬件的线，难道设备虚拟化技术中有些设备是基于主机硬件生成的吗？答案是肯定的，在 23.2 节中介绍的 VFIO 就属于这种技术。

第23章

玩转云计算、虚拟化——设备虚拟化

KVM 支持 CPU 和内存虚拟化，我们还需要 IO 虚拟化，其中很重要的一部分就是设备虚拟化。

Guest OS 运行在虚拟机上，那么它是否意识到与之交互的设备是否是虚拟的呢？或者说虚拟机是否会特意告诉 Guest OS 某些设备就是虚拟的，以便可以做针对性的优化。这个问题的答案就是将设备虚拟化方案区分为两类，如图 23-1 所示。

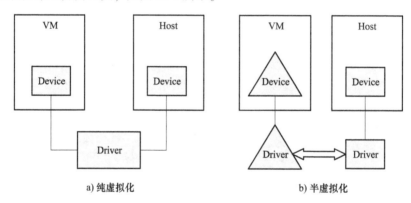

图 23-1　两类设备虚拟化方案示意图

第 1 类，纯虚拟化（也叫做完全虚拟化），对 Guest OS 而言，这类设备与物理设备无异。优点很明显，因为 OS 并没有感知设备虚拟与否，所以 OS 并不需要改动，在物理设备上运行的 OS，在虚拟机上同样可以运行。

第 2 类，半虚拟化（paravirtualization），设备会通过约定的方式告知 Guest OS 它是虚拟的，二者通过约定的方式交互。Guest OS 可以做针对性优化，所以性能较好。缺点也很明显，就是需要改动 Guest OS，尤其是定制驱动。

23.1 【图解】virtio

virtio 是一种半虚拟化方案。

最直接的问题就是设备端是如何告知 Guest OS，它是 virtio 虚拟设备的？其实是设备端和驱动端"商量"好的。

以 virtio PCI 设备为例，设备端添加 vendor id 等于 PCI_VENDOR_ID_REDHAT_QUMRANET 的设备，驱动端做相应的适配即可。

```
static const struct pci_device_id virtio_pci_id_table[] = {
    { PCI_DEVICE(PCI_VENDOR_ID_REDHAT_QUMRANET, PCI_ANY_ID) },
    { 0 }
```

```
};
static struct pci_driver virtio_pci_driver = {
    .name            = "virtio-pci",
    .id_table        = virtio_pci_id_table,
    .probe           = virtio_pci_probe,
    .remove          = virtio_pci_remove,
    .sriov_configure = virtio_pci_sriov_configure,
};
```

这次"商量"相当于双方成功握手，那后续的交互呢？对上暗号之后，接下来肯定就是暗语了，它们有特殊的双方对齐过的协议。

双方是通过共享内存交互的，这段共享内存以环形缓冲区（ring buffer）的形式来管理。共享内存减少了大量的数据复制，很大程度上提升了性能，这是全虚拟化方案做不到的。图 23-2 描述了驱动侧和设备侧交互的流程。

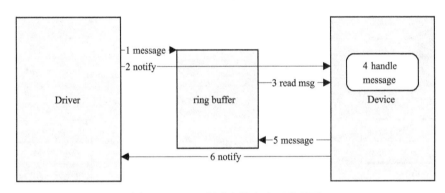

图 23-2　virtio 驱动和设备交互流程图

1）驱动将 descriptors 和它们的信息写入 ring buffer。

2）驱动提醒设备端 ring buffer 更新完毕（可以"干活"了），以 PCIe 设备为例，本步骤是通过写 PCI bar 实现的。

3）设备端从 ring buffer 中读取驱动写的信息。

4）解析信息，并处理驱动的请求，比如将数据复制到指定的地址。

5）设备端将处理结果写入 ring buffer。

6）设备端通过中断通知驱动处理完毕，驱动处理中断。

驱动写入，设备读取；设备写入，驱动读取。这两个过程都是通过共享的 ring buffer 实现的，中间没有发生数据复制，由此可见，virtio 的确比纯虚拟化方案高效。

23.1.1　设备端实现

我们已经知道了两端是通过 ring buffer 交互的，那它们的交流方式或者说协议是怎样的呢？

可以肯定的是既然是协议，两端应该都需要明确和遵守，本节从设备端的角度来分析整个协议。

这个协议分两个版本，分别是 split queue 和 packed queue，一般情况下后者效率更高，但更不容易理解，这里先分析前者。

两端的桥梁 ring buffer 被分成 3 个部分，分别对应 3 个结构体，如下。

```
typedef struct VRingDesc {
    uint64_t addr;
    uint32_t len;
    uint16_t flags;
    uint16_t next;
} VRingDesc;
typedef struct VRingAvail {
    uint16_t flags;
    uint16_t idx;
    uint16_t ring[];
} VRingAvail;
typedef struct VRingUsedElem {
    uint32_t id;
    uint32_t len;
} VRingUsedElem;
typedef struct VRingUsed {
    uint16_t flags;
    uint16_t idx;
    VRingUsedElem ring[];
} VRingUsed;
```

总共有 desc、avail 和 used 共 3 个 ring，它们的关系如图 23-3 所示。

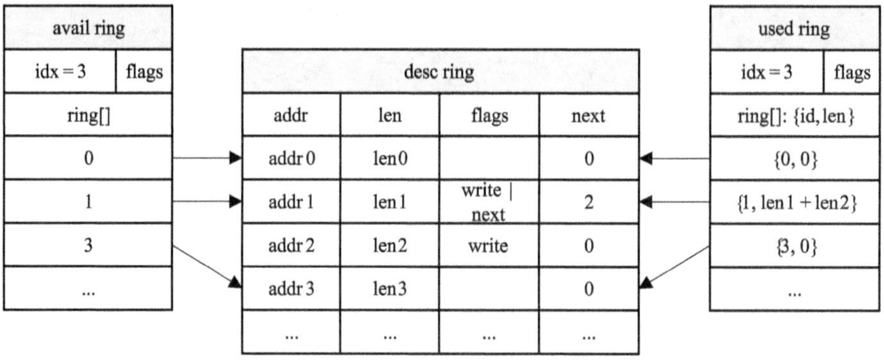

图 23-3　desc ring、avail ring 和 used ring 关系图

其中，只有驱动端可以更新 avail ring，只有设备端可以更新 used ring。

desc ring 存放的就是 VRingDesc 数组，数组的元素数等于协议支持的 queue 数（以下记为 n_queue），VRingDesc 的字段的含义见表 23-1。

表 23-1　VRingDesc 字段表

字　　段	含　　义
addr	传递的 buffer 的物理地址
len	传递的 buffer 的长度
flags	传递的 buffer 是只读还是只写的。 next 字段是否有意义
next	链式 desc 中的下一个 desc 的索引（数组的下标）

通俗翻译过来就是，desc 描述的是希望对方从一个 buffer 读，或者向一个 buffer 写。至于读到或者写完信息后应该触发什么操作，要看具体的设备和驱动，双方协商一致即可。

VRingAvail 的 idx 字段表示有效的 avail 元素的当前索引值，ring[ ] 字段是一个数组，数组元素数等于 n_queue + 1，它的一个元素表示一个 avail 元素对应的 VRingDesc 数组的下标。

数组元素比 n_queue 多了 1 个，多的一个用来设置事件数量的阈值（used_event_idx），达到这个阈值才通知对方。每一次通知都需要退出和进入虚拟机，并非是没有代价的，设置阈值有利于提高性能。设备使能了 VIRTIO_RING_F_EVENT_IDX 特性后，该功能生效。

VRingUsed 的字段与 VRingAvail 的同名字段含义相同，它的 ring [ ] 数组（类型是 VRingUsedElem）的元素个数也等于 n_queue + 1，多的 1 个同样是用来设置阈值（avail_event_idx，注意，VRingAvail 是 used_event_idx，VRingUsed 是 avail_event_idx，二者是交叉的）。VRingUsedElem 的 id 字段表示 VRingDesc 数组的下标，len 字段表示写入的字节数。

23.1.2 驱动端实现

在上一节分析了 ring buffer 的使用，那么这个 ring buffer 从何而来呢？

驱动申请了 ring buffer，并将信息同步给设备端，由 setup_vq 函数实现，主要逻辑如下。

```
struct virtqueue * setup_vq(struct virtio_pci_device * vp_dev,
                    struct virtio_pci_vq_info * info, unsigned int index,
                    void (* callback)(struct virtqueue * vq),
                    const char * name, bool ctx,u16 msix_vec)
{
    struct virtio_pci_modern_device * mdev = &vp_dev->mdev;
    struct virtqueue * vq;
    u16 num;
    int err;
    num = vp_modern_get_queue_size(mdev, index);
    info->msix_vector = msix_vec;

    vq = vring_create_virtqueue(index, num,      //1
                    SMP_CACHE_BYTES, &vp_dev->vdev,
                    true, true, ctx,
                    vp_notify, callback, name);

    vq->num_max = num;
    err = vp_active_vq(vq, msix_vec);    //2

    vq->priv = (void __force *)vp_modern_map_vq_notify(mdev, index, NULL);

    return vq;
}
```

setup_vq 是 virtio 驱动的核心函数，此处我们只关心 ring buffer 相关的逻辑。

第 1 步，vring_create_virtqueue 会为 ring buffer 申请内存，调用栈是 vring_create_virtqueue → vring_create_virtqueue_split → vring_alloc_queue_split → vring_alloc_queue。

总共有 desc、avail 和 used 3 个 ring，一个高效合理的方案就是为它们一次性申请足够的内存，然后再切分。我们可以从 vring_size 和 vring_init 函数看到这个行为。

```
void vring_init(struct vring *vr, unsigned int num, void *p, unsigned long align)
{
    vr->num = num;
    vr->desc = p;
    vr->avail = (struct vring_avail *)((char *)p + num * sizeof(struct vring_desc));
    vr->used = (void *)(((uintptr_t)&vr->avail->ring[num] + sizeof(__virtio16)
        + align-1) & ~(align - 1));
}
unsigned vring_size(unsigned int num, unsigned long align)
{
    return ((sizeof(struct vring_desc) * num + sizeof(__virtio16) * (3 + num)
        + align - 1) & ~(align - 1))
        + sizeof(__virtio16) * 3 + sizeof(struct vring_used_elem) * num;
}
```

一块连续内存，大小等于 vring_size，切分成 3 个 ring，如图 23-4 所示。

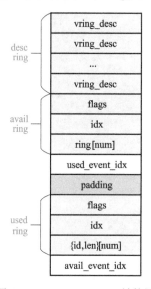

图 23-4　virtio ring buffer 结构图

第 2 步，vp_active_vq 将 3 个 ring 的地址信息告知设备端，调用栈是 vp_active_vq → vp_modern_queue_address → vp_iowrite64_twopart，vp_modern_queue_address 的代码如下。

```
void vp_modern_queue_address(struct virtio_pci_modern_device *mdev,
                u16 index, u64 desc_addr, u64 driver_addr, u64 device_addr)
{
    struct virtio_pci_common_cfg __iomem *cfg = mdev->common;

    vp_iowrite16(index, &cfg->queue_select);
    //将 3 个 ring 的地址信息告知设备端。
    vp_iowrite64_twopart(desc_addr, &cfg->queue_desc_lo,
                &cfg->queue_desc_hi);
    vp_iowrite64_twopart(driver_addr, &cfg->queue_avail_lo,
                &cfg->queue_avail_hi);
```

```
    vp_iowrite64_twopart(device_addr, &cfg->queue_used_lo,
                  &cfg->queue_used_hi);
}
```

23.2 【图解】VFIO

KVM 利用了硬件实现虚拟化加速，virtio 说到底还是一种虚拟设备，那设备虚拟化方向有没有硬件加速的方案呢？答案是肯定的，VFIO 就是其中的一种。

VFIO 是一种设备透传（直通，pass-through）技术，用户态进程可以直接使用 VFIO 驱动直接访问硬件，整个过程是在 IOMMU 的保护下，十分安全。它可以安全地把设备 I/O、中断、DMA 等能力呈现给用户空间。

23.2.1 原理

VFIO 得益于虚拟化的两项关键技术，DMA Remapping 和 Interrupt Remapping，前者利用 IOMMU 限制设备的 IO 访问，后者通过中断重映射做到中断隔离，在此基础上用户空间访问设备是安全的。

看来 IOMMU 是绕不过去的背景知识了，没有 IOMMU 参与的情况下，设备（DMA）访问的地址（DMA address）等同于物理地址，如图 23-5 所示。

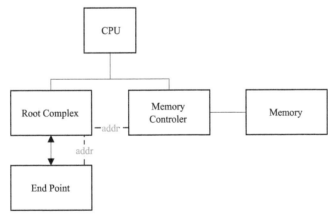

图 23-5 没有 IOMMU 参与的数据通路

IOMMU 参与的情况下，设备访问的 DMA 地址经过 IOMMU 翻译成物理地址，如图 23-6 所示。

虚拟机可见的是 GPA（Guest Physical Address），物理设备最终访问的是 HPA（Host Physical Address），IOMMU 可以维护 GPA（IOVA）和 HPA 的映射，DMA 使用 GPA 请求 IO 访问即可。没有 IOMMU 的情况下，只能直接使用 HPA，但是出于安全考虑，我们不允许虚拟机管理或者直接访问 HPA。

IOMMU 的功能非常强大，除了 IOVA 到 HPA 的映射，甚至可以完成 GVA（Guest Virtual Address）到 HPA 的映射，不过这不是本节的重点，有兴趣的读者可以参考 AMD I/O Virtualization Technology（IOMMU）Specification，此处只需要记住它可以实现 DMA Remapping 和 Interrupt Remapping。

看起来 IOMMU 直接为 device 服务？实际上 IOMMU 对 DMA 隔离的最小单位是 group，一个

group 可以只有一个 device，也有可能有多个。一个 device 能不能单独成为一个 group 的判断标准是它有没有可能绕过 IOMMU 与其他 device 通信，比如 p2p（peer to peer）的通信可以不经过 IOMMU，如图 23-7 所示。如果可以绕开 IOMMU，那显然是不能独立成为一个 group 的，可以 p2p 的设备划为同一组。PCIe 设备开启 ACS（Access Control Service）服务可以禁用 p2p。

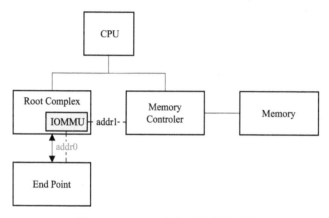

图 23-6　IOMMU 参与下的数据通路

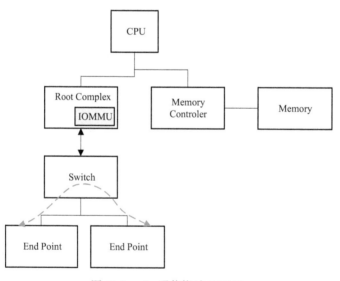

图 23-7　p2p 通信绕过 IOMMU

IOMMU 和 VFIO 都有 group 的概念，而且二者多数情况下应该是一致的。

多个 group 可以绑定到同一个 VFIO container，共享相同的 IOMMU 上下文（Colltext），比如 IOVA 到 HPA 的映射。

在支持 IOMMU 的系统上，系统在启动过程中会自动为 PCI 设备分配 group，假设我们的 PCI 设备是 0000:03:09.0，那么可以通过 readlink 获取它所属的 group。

```
$ readlink /sys/bus/pci/devices/0000:03:09.0/iommu_group
../../../../kernel/iommu_groups/18
```

从 readlink 的输出我们得知这个设备所属的 group 是 18。

此时设备绑定的驱动无疑是 PCI 驱动，那么我们首先要做的就是将它重新绑定到 vfio-pci 驱动（同 IOMMU group 的其他设备也需要同样的操作）。

```
$lspci -n -s 0000:03:09.0
****: xxxx:yyyy
# echo 0000:03:09.0 > /sys/bus/pci/devices/0000:03:09.0/driver/unbind
# echo xxxx:yyyy > /sys/bus/pci/drivers/vfio-pci/new_id
```

有了以上铺垫，我们看看一个为设备建立 IOVA 到 HPA 映射的例子吧，省略非核心代码后代码片段如下。

```
int container, group, device, i;
struct vfio_group_status group_status =
                              { .argsz = sizeof(group_status) };
struct vfio_iommu_type1_info iommu_info = { .argsz = sizeof(iommu_info) };
struct vfio_iommu_type1_dma_map dma_map = { .argsz = sizeof(dma_map) };
struct vfio_device_info device_info = { .argsz = sizeof(device_info) };

container = open("/dev/vfio/vfio", O_RDWR);

group = open("/dev/vfio/18", O_RDWR);      //18 是设备所属的 group

/* 将 group 添加到 container */
ioctl(group, VFIO_GROUP_SET_CONTAINER, &container);

ioctl(container, VFIO_SET_IOMMU, VFIO_TYPE1_IOMMU);
ioctl(container, VFIO_IOMMU_GET_INFO, &iommu_info);

/* 建立 IOVA 到 HPA 映射 */
dma_map.vaddr = mmap(0, 1024 * 1024, PROT_READ | PROT_WRITE,
                     MAP_PRIVATE | MAP_ANONYMOUS, 0, 0);
dma_map.size = 1024 * 1024;
dma_map.iova = 0;
dma_map.flags = VFIO_DMA_MAP_FLAG_READ | VFIO_DMA_MAP_FLAG_WRITE;
ioctl(container, VFIO_IOMMU_MAP_DMA, &dma_map);
```

以上代码展示了 container、group 和 device 的关系。最终建立内存映射的过程中，我们使用 mmap 获得了虚拟地址，dma_map 也并没有传递 HPA 到内核，驱动最终是调用 vfio_pin_pages_remote 函数从 vaddr 得到 HPA 的。

23.2.2　VFIO 驱动

IOMMU 和 PCI 是物理设备，VFIO 对 container、group 和 device 最终都要体现在物理设备上，内核定义了几个结构体辅助实现该逻辑，如图 23-8 所示。

我们可以对号入座，vfio_container、vfio_group 和 vfio_device 分别对应 container、group 和 device。

在该示例代码中，我们调用 ioctl 映射 IOVA 和 HPA（ioctl（container, VFIO_IOMMU_MAP_DMA, &dma_map）），函数调用栈是 vfio_fops_unl_ioctl（属于 container）→ vfio_iommu_type1_ioctl → vfio_iommu_type1_map_dma → vfio_dma_do_map → vfio_pin_map_dma → vfio_iommu_map → iommu_map（属于 IOMMU）。涉及的结构体也与图 23-8 中展示的一样，vfio_container → vfio_iommu → vfio_domain → iommu_domain。

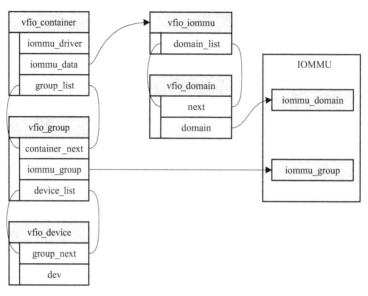

图 23-8　VFIO 主要结构体的关系图

23.3 【看图说话】QEMU 的 virtio 设备

为了避免误解，需要说明的是，虽然本节的名字是 QEMU 的 virtio 设备，但是定义 virtio 的并不是 QEMU，而是 virtio 技术委员会（OASIS Technical Committee）。

QEMU 目前支持多种 virtio 设备（mouse、keyboard、i2c、block 等），RNG 是其中最典型的种类之一，我们以它为例分析 virtio 设备，启动 QEMU 时只需要添加 -device virtio-rng-pci 即可使用它。

QEMU 会创建一个虚拟的 PCIe 设备，如图 23-9 所示。

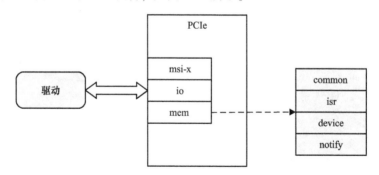

图 23-9　virtio 的虚拟 PCIe 设备

这个 PCIe 的 bar 并不是所有 virtio 都如此，用户可自行定制。

virtio 的驱动与该 PCIe 设备交互，其中 mem bar 扮演了非常重要的角色，它一般会包含多个部分。common 部分用来双方沟通设备的配置，驱动端申请的 ring buffer 的信息也是通过它告知设备端的。notify 就是驱动用来通知设备端的，见图 23-2 的第 2 步。

virtio rng 创建成功后，Guest OS 可以看到/dev/hwrng 文件，读该文件即可获得随机数。从 QEMU 实现的角度，它会以主机上的/dev/random 或者/dev/urandom 文件作为后端（backend）实现，从中读取数据，存入驱动指定的 buffer，然后通过中断通知驱动，如图 23-10 所示。

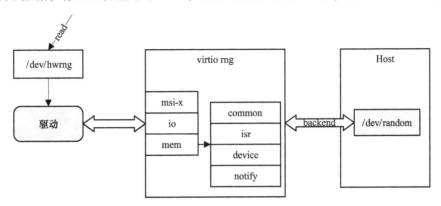

图 23-10 virtio rng 结构图

附 录

附录 A　内存初始化

内存有很多非常复杂的话题，我们在附录中讨论，下面分析内存初始化过程。

A.1　内存识别

内核的正式入口是 start_kernel，前面的讨论基本都发生在 start_kernel 之后，但实际上在它之前我们就需要访问内存了，那么首先要做的就是识别系统中的内存，由 detect_memory 实现。

根据硬件和 BIOS 的配置，detect_memory 依次调用 detect_memory_e820、detect_memory_e801 和 detect_memory_88，最终哪一个函数起作用取决于硬件和 BIOS 的配置。后二者作为兼容老机器存在，此处主要以现代计算机中的 detect_memory_e820 为主进行分析。

三者都是通过与 BIOS 通信实现的，给 BIOS 发送 0x15 中断，根据 BIOS 反馈的信息提取内存信息。以 detect_memory_e820 为例，每一条有效的信息都被存储在 boot_params.e820_table 数组中（类型为 boot_e820_entry）。

boot_e820_entry 有 3 个字段，addr 和 size 字段分别表示一段内存的起始地址和大小，type 字段表示这段内存的用途。

A.2　内存加入伙伴系统

从内存识别到伙伴系统有很长的路要走，从 start_kernel 开始的主要函数调用栈如图 A-1 所示（为了让字体稍微大一些，图中省略了一些函数）。

这个长长的调用栈起于 start_kernel，直到 add_to_free_list 结束，代码量巨大，感兴趣的读者可以顺着图 A-1 自行阅读。

以下给出几个关键节点。

- e820__memblock_setup，将 e820_entry 格式的内存信息转换成 memblock，进入 memblock 阶段（见 6.2.2 节）。
- init_memory_mapping，完成直接映射（见 7.2.1 节）。
- numa_init，解析 SRAT 和 SLIT，为 node 生成 pglist_data（见 6.1.2 节的 1.数据结构）。
- sparse_init，为 page 对象申请内存，见 6.1.2 节的 2.内存模式关于 SPARSE 的讨论。
- free_area_init_core，计算每一个 zone 的边界。

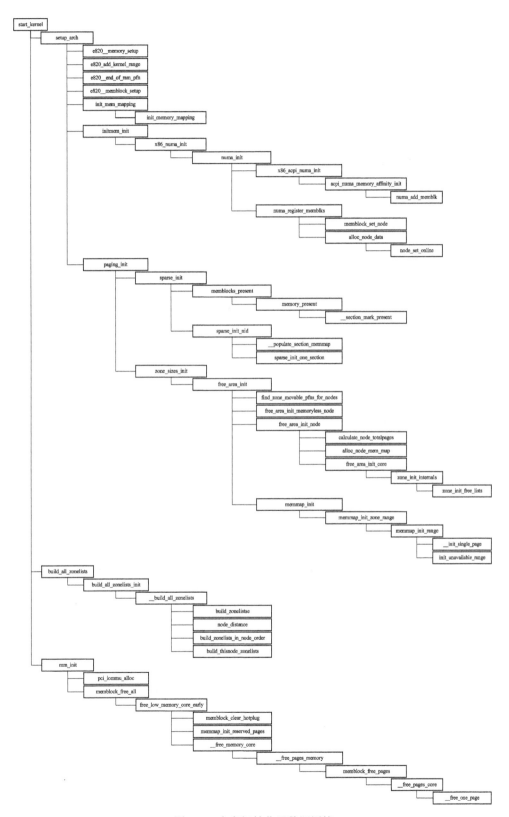

图 A-1　内存初始化函数调用栈

- memmap_init，初始化 page 对象。
- build_all_zonelists，为每一个 node 建立 ZONELIST_FALLBACK 和 ZONELIST_NOFALLBACK 这两个 list。
- memblock_free_all，最终调用 add_to_free_list 将内存加入伙伴系统。

A.3　内存热插拔

SPARSEMEM 是支持内存动态 online/offline 的，它以"内存块"（Memory Blocks）为单位支持 online/offline 操作。每一个 block 的大小一致，一般情况下与 section 大小相等（见 6.1.2），同时依赖于平台和系统的配置。

offline/online 一段内存的指令如下。

```
% echo offline > /sys/devices/system/memory/memoryXXX/state #有可能会失败
% echo online > /sys/devices/system/memory/memoryXXX/state
# XXX 是 block 的序号
```

online/offline 严格意义上讲并不是热插拔（hot plug/hot unplug），内核也是支持热插拔的，但是需要硬件检测热插拔事件并将事件报告给它。

支持 ACPI 的平台，如果同时也支持内存热插拔，检测到内存热插拔后，会报告 PNP0C80（ACPI_MEMORY_DEVICE_HID）由 ACPI 驱动处理事件，后者调用 acpi_memory_device_add 和 acpi_memory_device_remove。

从 acpi_memory_device_add 到伙伴系统的函数调用栈如图 A-2 所示（为了让字体稍微大一些，在 online_memory_block 函数处做了拆分）。

这个调用栈与内存初始化到加入伙伴系统的调用栈是有几分相似的。

sparse_add_section，为 page 对象申请内存。

resize_zone_range、resize_pgdat_range 调整 zone、node 的区间。

最终调用 __free_pages_core 将内存加入伙伴系统。

除了 ACPI 支持的热插拔带来的内存外，某些设备也可能为系统提供内存，由它们的驱动调用 add_memory_driver_managed 等实现。

add_memory_driver_managed 调用 register_memory_resource 和 add_memory_resource 实现，与 acpi_memory_device_add 类似。

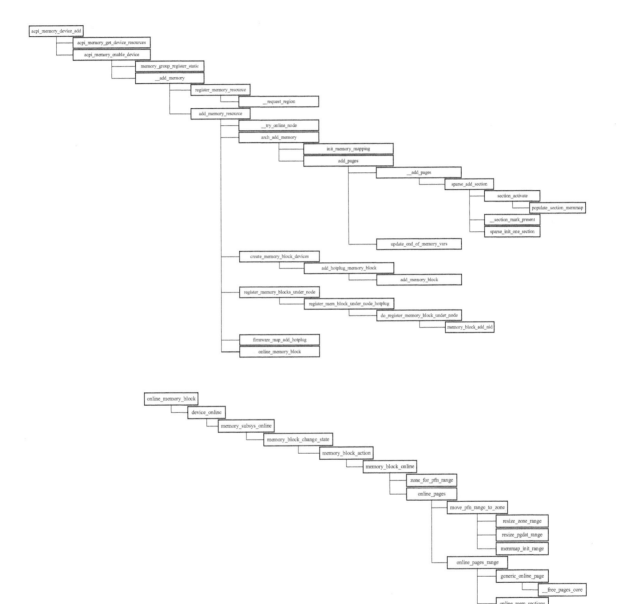

图 A-2　内存热插拔函数调用栈

附录 B　内核同步

操作系统中会有很多进程处于运行状态，在多核系统中更是会并行，再加上中断等，各执行流会交错在一起。多个执行流申请同一个资源的情况是难免的，这就产生了竞争。为了防止竞争破坏了程序的正常执行，内核同步机制应运而生。

B.1　竞争

首先，有个重要的概念需要理解：事件的同步和异步。所谓同步是指某事件等待另一个事件结束，反之为异步。

事件的同步与异步指的是事件的执行顺序关系，请不要与内核同步混淆，它们是不同的概念，却也有联系。两个异步事件在不同的执行流中，它们可以并行（Parallel）执行。并行是微观概念，同一时刻多个执行流可以同时执行，这样它们就有可能产生竞争。

两个同步事件是否需要内核同步呢？如果事件 A 和 B 产生了竞争，而 A 使用了内核同步机制保护了它们共有的临界区域然后启动 B，B 如果也需要保护该临界区域就无法执行下去，而 A 还要等到 B 结束——死锁。如果 A 需要保护共有的临界区域才启动 B，那几乎是程序设计存在逻辑问题。两个同事共同完成一项任务，只有一台计算机，A 让 B 先完成，还霸占着计算机聊天，这就是主管的失职了。

内核同步还有一个需求来源，那就是不相干的事件。事件 A 和事件 C 毫无执行顺序的关系，但它们又访问了同样的临界区域，无疑也会产生竞争。这和异步事件是相似的，不同的地方只是两个事件没有任何关系，但从内核同步角度而言，这两种情况的差别微乎其微。

最后，并不只是多个事件才需要同步，同一个事件的多个步骤，如果需要严格按照顺序执行，也需要同步策略保证实际效果与预期一致，否则编译器和 CPU 一起作用可能让实际的执行顺序与预期不一致。

总之，内核同步的目的是为了保证数据的一致性，任何有可能导致一致性被破坏的情况下都需要同步。

同步，首先要考虑的问题并不是应该采用哪种策略，最佳策略是少同步甚至不同步，尽量设计出不需要同步或者更少同步的程序。这里并不是故弄玄虚，任何一种同步策略都是有代价的，在考虑使用哪种同步策略之前，应该考虑是否可以不用同步。

就像是医生看病开药一样，首先确定病人是否需要吃药，然后才会考虑该吃什么药。扁鹊三兄弟的故事想必众人皆知，魏文王问名医扁鹊："你们家兄弟三人，都精于医术，到底哪一位最厉害呢？"扁鹊答："长兄最好，中兄次之，我最差。"文王又问："那么为什么你最出名呢？"扁鹊答："我长兄治病，是治病于病情发作之前。由于一般人不知道他是在事先就铲除了病因，所以他的名气无法传出去，只有我们家的人才知道。我中兄治病，是治病于病情初起之时。一般人以为他只能治轻微的小病，所以他的名气只及于本乡里。而我扁鹊治病，是治病于病情严重之时。一般人都看到我在经脉上穿针管来放血、在皮肤上敷药等大手术，所以以为我的医术高明，名气因此响遍全国。"

优秀的工程师防患于未然，而不是所谓的救火队员；优秀的设计应该优先摆正程序的方向，要向扁鹊的大哥一样尽可能早地制定一个更明智的方案。

言归正传，有些情况下，同步确实是可以减少的。这里举个例子——老爸的烦恼：哥哥需要刀子削铅笔，妹妹需要刀子修指甲，但家里只有一把多功能工具刀，二人争执不下的情况下，老爸心生一计，将工具刀拆分，让其二人各取工具。更大的考验来了，晚上看电视，哥哥要看游戏频道，妹妹要看综艺节目，老爸眼见长痛不如短痛，花大价钱买了一台新电视，从而两个孩子各看各的。

上面的例子说明了两个思路：拆分和复制。拆分就是尽量减小临界范围，复制就是让每个执行流都有自己唯一的访问，当前这些都必须以不违背逻辑为前提，很多情况下，执行流之间千丝万缕的关系不允许我们这么做。

B.2　同步原语

内核同步有很多可选方案，它们都有各自的适用场景，并没有完美的方案，理解它们的原理和特点才能做出更好的选择。

B.2.1　每 cpu 变量

每 cpu 变量，按照字面意思理解就是每个 CPU 都有一份对应存储的变量，听起来有点像数组，从逻辑角度上来看，也可以将它理解为数组，定义一个每 cpu 变量和一个数组变量的代码如下。

```
DEFINE_PER_CPU(int, my_percpu_var);
int my_array_var[NR_CPUS];
```

每 CPU 变量的优点显而易见：不需要 CPU 之间访问同步，每个 CPU 访问的变量的地址不同。

在内核中使用 DEFINE_PER_CPU 定义的每 CPU 变量在链接的过程中会被放置到指定的特殊 section 中，这些 section 起始于 __per_cpu_start，结束于 __per_cpu_end，展开如下（见 PERCPU_SECTION 宏）。

```
_per_cpu_load = .;
_per_cpu_start = .;
*(.data..percpu..first)
. = ALIGN(PAGE_SIZE);
*(.data..percpu..page_aligned)
. = ALIGN(cacheline);
*(.data..percpu..read_mostly)
. = ALIGN(cacheline);
*(.data..percpu)
*(.data..percpu..shared_aligned)
_per_cpu_end = .;
```

内核启动时，这些 section 中的内容会被复制到内存中，同时会预留一部分内存供动态申请每 cpu 变量的代码使用，由 setup_percpu_segment 函数实现。

每 cpu 变量的使用和数组也是不同的，常见的函数和宏见表 B-1。

表 B-1　每 cpu 变量函数表

函 数 和 宏	描　　述
DECLARE_PER_CPU（type, name）	声明每 cpu 变量
DEFINE_PER_CPU（type, name）	定义类型为 type，名字为 name 的每 cpu 变量
per_cpu_ptr（ptr, cpu）	得到 cpu 对应的元素的地址（指针）
per_cpu（var, cpu）	得到 cpu 对应的元素的值
this_cpu_ptr（ptr）	得到当前 cpu 对应的变量的地址
get_cpu_ptr（var）	禁内核抢占，得到当前 cpu 对应的变量的地址
put_cpu_ptr（var）	使能内核抢占
alloc_percpu（type）	为每 cpu 变量申请内存
alloc_percpu_gfp（type, gfp）	为每 cpu 变量申请内存
free_percpu（void ＊pdata）	释放内存

从本质上来讲，定义了每 cpu 变量后，把它当作数组来使用在某些平台上可能是可行的，但这样的程序不具备可移植性，请勿尝试。

B.2.2　volatile 关键字

没错，这个 volatile 就是 C 语言的关键字。

我们可以从两个阶段看同步：编译与运行。工程师眼中的代码与 CPU 运行的指令，中间隔了一层编译器，因此二者并不是直接对应的。编译器会对代码进行很多优化，有些并不是工程师欢迎的，这种情况下需要主动告诉编译器，例如下面的代码段。

```
＊out = 4;
＊out = 8;
＊out = 2;
```

编译器发现 3 行代码中间 out 指向的地址并没有发生改变，因此可能将前两行优化掉，仅剩下第 3 行。但实际上工程师的目的是先后向 out 表示的端口写 4、8、2，这并不是编译器"好心做坏事"，而是工程师不了解编译器的"脾气"，加上 volatile 修饰就可以解决该问题。

volatile 意思是易变的，以它修饰变量相当于告诉编译器该变量会从外部改变，不要针对其做编译优化。编译器不会优化掉变量相关的代码，也不会以之前保存的变量值来代替变量，每次使用变量的时候编译器都会重新获取该变量的值。

volatile 主要用在硬件相关如读取或者写入寄存器等操作中，在多线程的环境中同步的作用有限，如下。

```
int get_value(volatile int ＊ptr)
{
    return (＊ptr) + (＊ptr) ＊ (＊ptr);
}
```

因为有 volatile，编译器处理后的逻辑可能会像下面一样。

```
int get_value(volatile int ＊ptr)
{
    int a = ＊ptr;
    int b = ＊ptr;
```

```
    int c = a * b;
    int d = * ptr;
    return d + c;
}
```

我们不可能知道 get_value 执行到何处被打断，也无法预知指针指向的值何时发生改变，所以无法保证函数再次执行时之前读到的数值是有意义的，该函数的行为就是不确定的。

B.2.3　屏障

由于编译器的优化和 CPU 的乱序执行等特性，CPU 访问内存的顺序并不一定与预期的顺序一致。CPU 可能会重新排列，推迟或者采取集中访问内存等各种策略，这是我们无法预知的，但某些情况下，程序需要按照先后顺序访问内存，内存屏障就派上用场了。

常用的屏障有以下几种。

barrier，实际上不属于内存屏障，称之为优化屏障更为贴切。它是供编译器使用的，不直接产生 CPU 执行的代码。默认情况下，编译器为了更高的效率会重新安排代码，barrier 就是给编译器一些提示（限制），可能的实现如下。

```
#define barrier() __asm__ volatile_("":::"memory")
```

memory 的作用是告诉编译器内存会有变化，语句前后可能需要重新读写内存。下面几段代码段可以很清楚地说明它的作用。

```
//C 代码
extern int b;
int a = 1;
int change(){
    b = a;
    asm ("":::"memory");
    ++a;
    asm ("":::"memory");
    b = a;
    return b;
}

//产生的汇编片段
change:
    movl      a, %eax
    movl      %eax, b
######## 第一个 asm()########
    addl      $1, a   #[1]
###### 第二个 asm()#######
    movl      a, %eax #[2]
    movl      %eax, b
    ret
```

```
//C 代码
extern int b;
int a = 1;
int change(){
    b = a;
    /* asm ("":::"memory"); */
    ++a;
    /* asm ("":::"memory"); */
    b = a;
    return b;
}

//产生的汇编片段
change:
    movl      a, %eax
    addl      $1, %eax #[3]
    movl      %eax, a
    movl      %eax, b #[4]
    ret
```

先看汇编片段中的 [1] 和 [3]，前者将 1 写入 a 所在的内存位置，后者使用 eax 寄存器表示 a，这是第一个 asm 语句起到的作用。再看 [2] 和 [4]，前者重新从内存读取 a，然后赋值给 b，后者依然使用 eax 寄存器。

优化屏障只能保证编译器的行为，但影响不了 CPU 的行为，CPU 并不一定会按照编译器产生的代码的顺序执行，内存屏障解决了这个问题。

wmb/smp_wmb，内存屏障，保证任何出现于屏障前的写操作在屏障后的写操作之前执行。rmb/smp_rmb，内存屏障，保证任何出现于屏障前的读操作在屏障后的读操作之前执行。mb/smp_mb，内存屏障，保证任何出现于屏障前的读写操作在屏障后的读写操作之前执行。smp_xxx 适用于多处理器架构的环境下。

需要注意的是，首先这几个内存屏障都隐含了 barrier 操作，所以 mb 之前不需要 barrier 操作。其次，它们对屏障之前的多条读写操作可能没有影响，CPU 依然可以自主决定它们的顺序。比如下面的代码段，ptr3 的写操作会在 ptr1 和 ptr2 之后执行，但 ptr1 和 ptr2 的写操作顺序是由 CPU 自身决定的。

```
*ptr1 = 0;
*ptr2 = 0;
wmb();  //here is the memory barrier
*ptr3 = 0;
```

B.2.4　atomic 变量

很多情况下，对变量的操作要求是原子操作，尤其在多线程环境中，否则程序可能会在毫无觉察的情况下产生意外的结果。如下例，两个线程改变同一个变量的值，结果就多半与预期不符。

```
val = 0;
//Thread A
for(i = 0; i < 10000; i++){
    val += 2;
}

//Thread B
for(i = 0; i < 10000; i++){
    val -= 2;
}
```

这个程序结果为 0 的可能性很小，val += 2 会分为两步，先读入 val 的值，然后加 2 并写入新值。某一时刻，线程 A 读取数值之后，线程 B 执行，B 改变了 val，val 的值已经不再是 A 读取的值了，轮到 A 执行时，A 根据读取的值计算得到新值写入，B 之前对 val 做的改变丢失了。

atomic 变量由 atomic_t 结构体表示，内核为它提供了丰富的函数，见表 B-2。atomic_t 只有一个类型为 int 的字段 counter，各函数的操作负责实现它的原子性。

表 B-2　atomic 函数表

函　　数	描　　述
atomic_read	读取变量值
atomic_set	设置变量值
atomic_inc	变量的 count 字段加 1
atomic_dec	变量的 count 字段减 1
atomic_add	变量的 count 字段加上第一个参数的值

（续）

函　数	描　述
atomic_sub	变量的 count 字段减去第一个参数的值
atomic_sub_and_test	变量的 count 字段减去第一个参数的值，判断是否为零
atomic_dec_and_test	变量的 count 字段减去 1，判断是否为零
atomic_inc_and_test	变量的 count 字段加上 1，判断是否为零
atomic_add_negative	变量的 count 字段加上第一个参数的值，判断是否为负
atomic _ cmpxchg（v, old, new）	count 字段如果与 old 相等，则赋值为 new；否则不做任何动作。返回 count 字段的原始值
atomic_xchg(v, new)	将 new 赋值给 count 字段，返回 count 字段的原始值

它们的实现多与平台相关，很多处理器对自加自减操作进行了优化，所以如果只是加减 1，应该优先选择 atomic_inc 和 atomic_dec，而不是 atomic_add/ atomic_sub。

atomic 保护的临界范围只是一个变量，使用比较广泛。比如记录操作次数、跟踪设备状态等，这些情况下仅需要一个变量就可以满足需求，atomic 就是首选。

B.2.5　禁中断

中断发生后，在必要的处理之前不能被打断，或者处于某些临界状态时，不想被中断打断，或者某设备处理自身中断，处理完毕之前不能接受来自自身的新中断，这些情况下，都需要禁中断。

禁中断分两种情况，一种是禁止本地 CPU 的可屏蔽中断，另一种是禁止本设备对应的中断，其函数见表 B-3。

表 B-3　禁中断函数表

函　数	描　述
local_irq_disable	禁止本地 CPU 的可屏蔽中断
local_irq_save（flags）	禁止本地 CPU 的可屏蔽中断，并将之前的状态保存在 flags 中
local_irq_restore（flags）	将中断状态恢复至 flags 指定的状态
local_irq_enable	使能本地 CPU 的可屏蔽中断
disable_irq（irq）	禁止 irq 号对应的中断
enable_irq（irq）	使能 irq 号对应的中断

B.2.6　禁抢占

如果 CPU 正在处理硬中断，那么就不能去执行软中断，也不能随意切换进程；如果当前进程正在执行关键程序，不允许在该过程中切换进程……这就需要禁止抢占了。

抢占是否禁止是由一个计数器决定的，在 x86 上是每 cpu 变量 pcpu_hot.preempt_count，计数器等于 0 使能抢占，否则禁止抢占。

内核定义了一系列与内核抢占相关的函数和宏，见表 B-4。

表 B-4　禁抢占函数表

函 数 和 宏	描　　述
preempt_disable	计时器加 1
preempt_enable	计数器减 1，等于 0 的情况下，调用 __preempt_schedule 尝试 schedule
preempt_count_inc	计数器加 1
preempt_count_dec	计数器减 1
preempt_count_add（val）	计数器加 val
preempt_count_sub（val）	计数器减 val
preempt_count	返回计数器当前值

preempt_enable 只是将计数器减 1，减 1 后如果不等于 0，抢占依然是被禁的，disable 和 enable 一般需要配对使用。

preempt_count 可以被拆分为几个部分理解，每个部分都表示不同的意义，比如 8~15 位不等于 0 表示正在处理软中断，见表 B-5。

表 B-5　preempt_count 拆分表

参　　数	意　　义	位
PREEMPT_OFFSET	内核抢占，等于 2^0	0~7
SOFTIRQ_OFFSET	软中断，等于 2^8	8~15
HARDIRQ_OFFSET	硬中断，等于 2^16	16~19
NMI_OFFSET	不可屏蔽中断，等于	20~23
PREEMPT_NEED_RESCHED	发生内核抢占	31

参数列是可以传递给 preempt_count_add 和 preempt_count_sub 的值，表示对应的状态。比如执行 preempt_count_add（HARDIRQ_OFFSET）就表示正在处理硬中断，如果新的中断到来嵌套执行，会再次调用它，一层处理完毕调用一次 preempt_count_sub（HARDIRQ_OFFSET）直到所有中断处理完毕 16~19 位的值等于 0。

所以我们可以利用该变量的值反应抢占和中断的状态，内核提供了几个宏，见表 B-6。它们都通过 preempt_count 的值计算结果。

表 B-6　抢占和中断状态宏表

宏	意　　义
in_irq	硬中断
in_softirq	软中断
in_serving_softirq	处理软中断中
in_interrupt	硬中断、软中断、NMI、处理软中断中
in_nmi	NMI
in_task	非硬中断、非软中断、非 NMI

in_interrupt 比较容易引起误解，跟它相关的不仅有硬中断，还包括了软中断和 NMI。

处理软中断时，进入和退出处理都会以 SOFTIRQ_OFFSET 为单位改变 preempt_count，禁用和使能软中断则以 SOFTIRQ_DISABLE_OFFSET（2 * SOFTIRQ_OFFSET）为单位改变 preempt_count。这

样当它的值第 8 位等于 1 时，in_serving_softirq 为真；第 9~15 位的值不等于 0 时 in_softirq 为真。

另外，内核还提供了 local_bh_disable 和 local_bh_enable 等可以控制软中断的函数，它们基本都是以 SOFTIRQ_DISABLE_OFFSET 作为参数调用 preempt_count_add 和 preempt_count_sub 实现的。bh 是 bottom half 的缩写，也就是中断处理的下半段。

Linux 自 2.6 版本引入了内核抢占的概念，以 CONFIG_PREEMPT 宏作为开关，它的意图就是在合适的时候可以调度其他进程执行，即使当前进程处于内核态。在非抢占式内核中，进程只会在主动放弃执行和从内核返回用户空间时被调度，这显然会限制资源的有效使用，本书都是以抢占式内核为背景讨论的。

B.2.7　自旋锁

自旋锁由 spinlock_t 结构体表示，它的核心字段是 raw_spinlock 类型的 rlock，raw_spinlock_t 的核心字段是 arch_spinlock_t 类型的 raw_lock，arch_spinlock_t 结构体的实现与具体平台相关。在 x86 上，3.10 版内核中，它本质上是两个类型为 u8 的整数（核数不大于 256 的情况下），字段名分别为 head 和 tail，只有 head 和 tail 的值相等的时候，申请自旋锁才能成功，lock 的时候 tail 加 1，unlock 的时候 head 加 1，当然这些操作是原子性的。新版内核中，它被定义为一个 atomic 变量，可以供不同平台使用（不再局限于 x86），实现也复杂得多，它的细节不是此处的重点，不在此扩展讨论。

spinlock_t 和 raw_spinlock_t（raw_spinlock 的别名）两个结构体，在自旋锁实例中均有出现，二者相似名字的函数的意义基本完全一致（比如 spin_lock 和 raw_spin_lock），只不过参数类型不同，spinlock_t 的函数也多通过调用 raw_spinlock_t 的函数实现。

这是有历史原因的，原意是二者满足不同的场景，只是到目前为止内核主线并没有引入。为了提高 Linux 的实时性，曾有人提出申请锁的执行流在某些条件下可以睡眠或被调度并实现了该提议，在该提议中，spinlock_t 就是可睡眠的，raw_spinlock_t 则意味着绝对不可睡眠。在目前的版本中，二者是一致的。下文以 spinlock_t 为例分析，同样的场景对 raw_spinlock_t 也适用。

内核提供了自旋锁的定义、申请锁、解锁等操作的函数和宏，见表 B-7。

表 B-7　自旋锁函数表

函 数 和 宏	描　　述
DEFINE_SPINLOCK	定义一个自旋锁
spin_lock_init	初始化自旋锁
spin_lock	禁内核抢占，申请自旋锁
spin_lock_bh	禁软中断，禁内核抢占，申请自旋锁
spin_lock_irq	禁本地中断，禁内核抢占，申请自旋锁
spin_lock_irqsave	禁本地中断，保存之前中断状态，禁内核抢占，申请自旋锁
spin_unlock	释放自旋锁，使能内核抢占
spin_unlock_bh	释放自旋锁，使能内核抢占，使能软中断
spin_unlock_irq	释放自旋锁，使能本地中断，使能内核抢占
spin_unlock_irqrestore	释放自旋锁，恢复之前保存的中断状态，使能内核抢占
spin_trylock	申请自旋锁，失败则立即返回
spin_trylock_bh	禁软中断，禁内核抢占，申请自旋锁，失败则恢复原状并返回

（续）

函数和宏	描 述
spin_trylock_irq	禁本地中断，禁内核抢占，申请自旋锁，失败则恢复原状并返回
spin_trylock_irqsave	禁本地中断，保存之前中断状态，禁内核抢占，申请自旋锁，失败则恢复原状并返回

以上函数使用过程中并不能随意组合，有以下几点需要特别注意。

首先，函数一般需要成对使用，lock 和 unlock 在绝大多数情况下必须是相同的后缀，比如申请锁的时候使用 spin_unlock_bh，释放锁要使用 spin_unlock_bh。

其次，trylock 类的函数是有返回值的，需要根据返回值来判断申请锁是否成功，绝不允许在申请失败或者不判断返回值的情况下调用 unlock。一般情况下，可以像下面的示例代码一样使用它。

```
if(spin_trylock_irq(my_lock)){
    //...
    spin_unlock_irq(my_lock);
}
```

正如上面这段代码，trylock 的使用原则就是申请锁成功才做事情，失败则任何事情不做。基于此，它适用于不紧急的场景中，比如垃圾回收等。

再次，spin_lock_irq 和 spin_lock_irqsave 都会禁本地中断，区别在于后者会保存中断的原状态，spin_unlock_irq 会使能本地中断，spin_unlock_irqrestore 则会恢复由 spin_lock_irqsave 保存的状态。也就是说 spin_lock_irq 和 spin_unlock_irq 最终可能会改变中断原本的状态，因为无论之前本地中断是否被禁止，spin_unlock_irq 执行之后都会使能本地中断。

最后，所有的 lock 函数都会禁内核抢占，在需要等待申请锁成功的函数中，在成功之前，都会执行紧凑的循环，也就是所谓的忙等。所以用自旋锁保护的临界区域应该尽可能小，以达 CPU 更大的利用率。

B.2.8　读写锁

很多情况下，临界区域并不是严格排他性的，比如之前的"老爸的烦恼"例子中，如果哥哥和妹妹两个都喜欢看同一部动画片，那播放该动画片的时候他俩完全可以共享电视。程序中也是如此，一个执行流获得了锁之后，如果它只是去使用临界区域，而不改变临界区域的状态，那么另一个满足相同条件的执行流完全可以共享该锁。这种共享的方式无疑可以提高效率，读写锁和顺序锁就是这种机制。

读写锁的目的是让读者可以一起读，而写依然要单独写。它在内核中以 rwlock_t 结构体来实现，在 x86 上，3.10 版内核中，它本质上是一个有符号整数。该整数初始化为 2 的整数次幂，只有它与初始值相等时，写锁申请才能成功，成功后减去该初始化，这样有写锁时它为 0；写锁释放锁时将它加上初始值。申请读锁时，判断该值减一是否为负数，是则说明有写锁，读锁申请不成功，否则申请成功并将它减 1，读锁释放锁时则将它加 1。即该整数等于初始值时说明没有锁，等于 0 时说明有写锁，在 0 与初始值之间时说明有读锁，该值与初始值的差就是读者的数量。

与自旋锁类似，新版内核中，rwlock_t 本质上是一个 atomic 变量，同样可以供不同平台使用。

我们可以看到内核更新的一个思路，就是通用化，屏蔽平台之间的差异。

内核同时也提供了与自旋锁类似的函数和宏来使用它，二者形式相似的函数意义基本相同，见表 B-8。

表 B-8　读写锁函数表

函 数 和 宏	描　　述
DEFINE_RWLOCK	定义一个读写锁
rwlock_init	初始化读写锁
read_lock	禁内核抢占，申请读锁
write_lock	禁内核抢占，申请写锁
read_lock_bh	禁软中断，禁内核抢占，申请读锁
write_lock_bh	禁软中断，禁内核抢占，申请写锁
read_lock_irq	禁本地中断，禁内核抢占，申请读锁
write_lock_irq	禁本地中断，禁内核抢占，申请写锁
read_lock_irqsave	禁本地中断，保存之前中断状态，禁内核抢占，申请读锁
write_lock_irqsave	禁本地中断，保存之前中断状态，禁内核抢占，申请写锁
read_unlock	释放读锁，使能内核抢占
write_unlock	释放写锁，使能内核抢占
read_unlock_bh	释放读锁，使能内核抢占，使能软中断
write_unlock_bh	释放写锁，使能内核抢占，使能软中断
read_unlock_irq	释放读锁，使能本地中断，使能内核抢占
write_unlock_irq	释放写锁，使能本地中断，使能内核抢占
read_unlock_irqrestore	释放读锁，恢复之前保存的中断状态，使能内核抢占
write_unlock_irqrestore	释放写锁，恢复之前保存的中断状态，使能内核抢占
read_trylock	申请读锁，失败则立即返回
write_trylock	申请写锁，失败则立即返回
read_lock_irqsave	禁本地中断，保存之前中断状态，禁内核抢占，申请读锁，失败则恢复原状并返回
write_trylock_irqsave	禁本地中断，保存之前中断状态，禁内核抢占，申请写锁，失败则恢复原状并返回

使用读写锁应该注意的问题与自旋锁基本相同，需要说明的是它有可能造成写饥饿，因为读者获得读锁之后如果一直有读锁到来，那么写就一直无法获得写锁。

B.2.9　顺序锁

读写锁可能会造成写饥饿，这在写比较少或者写的优先级较高的情况下，显然是程序设计者不愿意看到的。顺序锁可以解决写饥饿的问题，它是写优先的。

顺序锁在内核中以 seqlock_t 结构体表示，它有两个字段，一个是 spinlock_t 类型的 lock，另一个是 seqcount_spinlock_t 类型的 seqcount，seqcount_spinlock_t 是由宏 SEQCOUNT_LOCKNAME 定义的，不考虑实时系统的情况下，它只有一个 unsigned 类型的 sequence 字段。

顺序锁使用自旋锁来实现，但该自旋锁并不应用于读者，它的使命是保证多个写不会产生冲突。

顺序锁的设计目的一是保证写不会冲突，二是如果写发生，读一定要在写后完成，无论写开始于读前还是读的过程中。sequence 字段一般初始为 0，对于写，它首先要获得自旋锁，然后将 sequence 加 1，释放锁也将 sequence 加 1，然后释放自旋锁。这样，当写发生的时候，sequence 是单数，写完成或者没有写的时候 sequence 是双数，写完成与写前相比 sequence 的值也不相等。对于读，它要等到 sequence 是双数并保持该值，然后完成自身逻辑，之后判断 sequence 的值与保存的值是否相等，如果不等则说明中途发生了写操作，那就重新开始该过程。

内核提供了使用顺序锁的函数，它们与自旋锁、读写锁也有类似的地方，见表 B-9。

表 B-9　顺序锁函数表

函　数　和　宏	描　　　述
DEFINE_SEQLOCK	定义一个顺序锁
seqlock_init	初始化顺序锁
write_seqlock	禁内核抢占，申请 lock，sequence++
write_seqlock_bh	禁软中断，禁内核抢占，申请 lock
write_seqlock_irq	禁本地中断，禁内核抢占，申请 lock，sequence++
write_seqlock_irqsave	禁本地中断，保存之前中断状态，禁内核抢占，申请 lock，sequence++
write_sequnlock	sequence++，释放 lock，使能内核抢占
write_sequnlock_bh	sequence++，释放 lock，使能内核抢占，使能软中断
write_sequnlock_irq	sequence++，释放 lock，使能本地中断，使能内核抢占
write_sequnlock_irqrestore	sequence++，释放 lock，恢复之前保存的中断状态，使能内核抢占
read_seqbegin	等待 sequence 为双数，保存其值
read_seqretry	判断 sequence 值是否与原保存值不相等

因为顺序锁使用了自旋锁来实现，所以使用自旋锁需要注意的对顺序锁一样适用，另外顺序锁还有以下几点需要说明。

首先，读写锁是写优先的，如果某个实际上并没有写的操作对性能要求较高也可以作为写，提高保护等级至少不会导致程序错误，但写却不能作为读者，否则就成了掩耳盗铃了。

其次，临界区域包含共享指针的时候需要慎重使用，如果写修改了指针的指向，读需要访问指针，可能出现空指针错误。

最后，读并不会申请锁，示例代码如下。sequence 为双数时 read_seqbegin 会返回它的值，sequence 的值与保存的 seq 不一致时 read_seqretry 返回 true，示例代码如下。

```
do {
    seq = read_seqbegin(&my_seqlock);
    //...
} while (read_seqretry(&my_seqlock, seq));
```

B.2.10　信号量

自旋锁、读写锁和顺序锁在申请锁的过程中都是忙等，即使此刻不能获得锁，也不会释放 CPU 让其他进程执行，这在很多场景中是必需的，比如中断服务例程中。但在不需要忙等的场景中，让出 CPU 让其他进程执行可以提高 CPU 利用率，信号量和互斥锁就可以使用在这类场景中。

信号量在内核中由 semaphore 和 semaphore_waiter（以下简称 waiter）两个结构体实现，二者是一对多的关系，semaphore 主要字段见表 B-10。

表 B-10　semaphore 字段表

字　段　名	类　型	描　述
lock	raw_spinlock_t	自旋锁，保护 count 字段和 waiter 链表
count	unsigned int	信号量当前的值
wait_list	list_head	waiter 组成的链表的头

semaphore_waiter 的主要字段见表 B-11。

表 B-11　semaphore_waiter 字段表

字　段　名	类　型	描　述
list	list_head	将 waiter 链接到链表上
task	task_struct*	waiter 相关的进程
up	bool	状态标志，表示 waiter 是否可以获得信号量

进程申请信号量时，如果 count 字段的值大于 0，则获得信号量成功，将 count 减 1。如果 count 等于 0，说明信号量已经被用光，进程只能去排队，以它本身的信息初始化一个 waiter 对象并插入 waiter 链表的尾部，它等待 up 字段等于 true，否则每次获得执行权时都会执行 schedule 让出 CPU。

释放信号量时，如果 waiter 链表为空，将 count 加 1，否则将 waiter 链表中第一个 waiter 对象的 up 字段置位 true，唤醒它的 task 字段表示的进程。

内核提供了使用信号量的函数和宏，见表 B-12。

表 B-12　信号量函数图

函 数 和 宏	描　述
DEFINE_SEMAPHORE	定义一个信号量，count 字段初始化为 1
sema_init（sem, val）	初始化信号量，count 字段初始化为 val
down	申请信号量，进程状态设置为 TASK_UNINTERRUPTIBLE
down_interruptible	申请信号量，进程状态设置为 TASK_INTERRUPTIBLE
down_killable	申请信号量，进程状态设置为 TASK_KILLABLE
down_trylock	申请信号量，失败则直接返回
down_timeout	申请信号量，进程状态置为 TASK_UNINTERRUPTIBLE，超时则返回错误
up	释放信号量

信号量有个比较有趣的特性，那就是 count 字段的最大值决定了可同时获得信号量的进程的数量，也就是说实际上它对进程之间的同步控制并不十分严格。对它而言，申请执行权的各个进程并没有区别，一视同仁先到先得。如果 count 字段最大值为 1，信号量也可以起到互斥的作用。另外，不要将 count 置为负值，否则会造成意想不到的后果，因为 count 为 unsigned 类型。

B.2.11　互斥锁

semaphore 对象的 count 字段最大值为 1 时信号量可以实现互斥，大于 1 时则不可；互斥锁则是专门实现互斥的，在内核中涉及 mutex 和 mutex_waiter（以下简称 waiter）两个结构体，二者同样也是一对多的关系，mutex 的主要字段见表 B-13。

表 B-13   mutex 字段表

字 段 名	类 型	描 述
wait_lock	raw_spinlock_t	自旋锁，保护 waiter 链表
owner	atomic_long_t	atomic 变量，指示当前占用互斥锁的进程
wait_list	list_head	waiter 链表的头

mutex_waiter 的主要字段见表 B-14。

表 B-14   mutex_waiter 字段表

字 段 名	类 型	描 述
list	list_head	将 waiter 链接到链表上
task	task_struct *	waiter 相关的进程

3.10 版内核中，mutex 有一个类型为 atomic_t 的 count 字段，以它来表示互斥锁的状态。count 的使用方式 semaphore 的 count 字段类似，等于 1，表示 unlocked；count 为 0，表示 locked，但没有 waiter；count 小于 0，表示 locked，且有 waiter。申请互斥锁时，如果 count 等于 1，申请成功，count 变为 0；如果 count 不等于 1，则将 count 置为 -1，将 waiter 插入链表尾部，并让出 CPU 调度其他进程执行。释放互斥锁时，将 count 置位 1，如果 waiter 链表不为空，唤醒链表中第一个 waiter 对象的 task 字段表示的进程。

较新的内核版本中，都去掉了 count 字段，改变了 3.10 版本中的 owner 字段（task_struct *）的类型，由新的 owner 字段来胜任。owner 字段表示占用它的进程的 task_struct 对象的指针，低 3 位表示当前状态。

内核提供了多个使用互斥锁的函数和宏，见表 B-15。

表 B-15   互斥锁函数表

函 数 和 宏	描 述
DEFINE_MUTEX	定义互斥锁，count 字段初始化为 1
mutex_init	初始化互斥锁，count 字段初始化为 1
mutex_lock	申请互斥锁，进程状态设置为 TASK_UNINTERRUPTIBLE
mutex_lock_interruptible	申请互斥锁，进程状态设置为 TASK_INTERRUPTIBLE
mutex_lock_killable	申请互斥锁，进程状态设置为 TASK_KILLABLE
mutex_trylock	申请互斥锁，失败则直接返回
mutex_unlock	释放互斥锁

互斥锁与信号量的使用比较相似，semaphore 对象的 count 字段最大值为 1 的时候也可以实现互斥锁的功能，但二者也有一些区别。最明显的区别是信号量不止可以用在互斥的场景中。其次，互斥锁是有属主的，释放互斥锁与申请互斥锁一般要求是同一个进程。

B.2.12   读-拷贝-更新

读-拷贝-更新（RCU）是 Read-Copy Update 的缩写，主要的思想是读不需要加锁，多个读可以同时进行，写则是有条件的。

RCU 有以下 3 种使用场景，每种场景有不同的函数。

- 第 1 种场景类似屏障，函数为 rcu_assign_pointer。
- 第 2 种场景是针对 Alpha 平台的，Alpha 平台 CPU 运行程序时预测的策略比较 "激进"，比如下面的例子。

```
pd = global_data;    //1
if (pd != NULL )   //2
    func(pd ->a, pd ->b , pd ->c);    //3
```

第 1 行的代码可能还没执行，第 3 行可能已经开始，会导致 func 使用的参数一部分属于原 pd 的，一部分属于 global_data，解决方式就是将第 1 行改为 pd = rcu_dereference（global_data），由平台决定具体实现。

- 第 3 种为需要频繁读取但很少更改的场景，也是 RCU 的主要场景，内核提供了以下几组函数，见表 B-16。

表 B-16　rcu 函数表

读	写	描　　述
rcu_read_lock rcu_read_unlock		kfree_rcu 会释放资源
rcu_read_lock_bh rcu_read_unlock_bh	synchronize_rcu call_rcu	软中断
rcu_read_lock_sched rcu_read_unlock_sched		schedule

我们以第一组函数为例分析，下面一段源码来自于 exe.c 中的 check_unsafe_exec 函数。

```
rcu_read_lock();
while_each_thread(p, t) {
    if (t->fs == p->fs)
        n_fs++;
}
rcu_read_unlock();
```

这段代码用来遍历线程组中的线程，也就是遍历 p->thread_group 链表，由 rcu_read_lock 和 rcu_read_unlock 保护。

进程（线程）退出的时候，会调用 __unhash_process 函数将进程从 p->thread_group 链表删除（list_del_rcu），然后调用 call_rcu（&p->rcu, delayed_put_task_struct）等待 rcu_read_unlock 结束释放资源。

list_del_rcu 与 list_del 不同的是，它删除一个 entry 后，不会将 entry->next 置为非法值（LIST_POISON1），也就是说 list_del_rcu 删除元素时并不会关心当前是否处于 lock 状态。

线程加入线程组的时候，使用的代码如下。

```
list_add_tail_rcu(&p->thread_group, &p->group_leader->thread_group);
```

list_add_tail_rcu 除了使用 rcu_assign_pointer 加了屏障外并没有提供额外保护，也就是说 list_add_tail_rcu 添加元素也不会关心当前是否处于 lock 状态。

从这个实际的例子中，可以得到以下几点结论。

- 第 1 点，可以从 RCU 保护的链表中删除元素，但销毁元素要等到 unlock 之后。
- 第 2 点，RCU 可以保证遍历链表的过程不会因为读到了新元素或者被删除的元素而中断。

- 第 3 点，RCU 并不保证读到新插入的结点，也不保证读不到已经被删除的结点。

由于第 3 点，RCU 并不能确保读到的数据是最新的，比如采用 RCU 方式查找目录下的文件，失败可能是因为新创建的文件没有查到，或者查到的文件已经被删除，这种情况下需要额外的保护机制来保证得到的结果是正确的。比如 do_filp_open，先用 LOOKUP_RCU 标志查找，失败后取消标志再次尝试。

```
struct file *do_filp_open(int dfd, struct filename *pathname,
        const struct open_flags *op)
{
    set_nameidata(&nd, dfd, pathname, NULL);
    filp = path_openat(&nd, op, flags | LOOKUP_RCU);
    if (unlikely(filp == ERR_PTR(-ECHILD)))
        filp = path_openat(&nd, op, flags);
    //...
    return filp;
}
```

写操作使用 synchronize_rcu 等函数等待所有在它之前开始的读操作结束，然后才能写，这段等待的时间被称为宽限期（Grace Period）。RCU 的原理比较简单，就是写操作需要等待宽限期结束，但它的实现是比较复杂的。它的实现细节不影响对其他章节知识的理解，所以此处仅概括介绍，有兴趣的读者可以自行阅读代码。

仅仅使用 RCU 的函数保护链表是不够的，从 RCU 保护线程组链表的例子就可以发现，链表的访问也要使用 rcu 版本，下面以插入和删除链表元素为例说明原因。

插入一个元素到链表的 rcu 版本和非 rcu 版本分别由 __list_add_rcu 和 __list_add 实现，二者的代码片段如下。

```
//rcu
new->next = next;
new->prev = prev;
rcu_assign_pointer(list_next_rcu(prev),
new);
next->prev = new;
```

```
//none rcu
next->prev = new;
new->next = next;
new->prev = prev;
WRITE_ONCE(prev->next, new);
```

它们的区别在于，__list_add_rcu 保证修改元素 new 和 next 的指针之前，新元素 new 的指针已经正确初始化。如果其他进程读到了 new，可以确保通过 new 可以继续读到 next，__list_add 是保证不了的。

删除一个元素，rcu 版本和非 rcu 版本的区别仅在于，删除元素后，后者会修改它的 prev 和 next 为非法，前者只会修改它的 prev。list_del_rcu 和 list_del 的代码片段如下。

```
//list_del_rcu
__list_del_entry(entry);
entry->prev = LIST_POISON2;
```

```
//list_del
__list_del_entry(entry);
entry->next = LIST_POISON1;
entry->prev = LIST_POISON2;
```

rcu 版本保证即使元素被删除，读到了它的进程依然可以通过它继续读到下一个元素。

附录 C　内嵌汇编语言

GCC 可以接受的内嵌的汇编语言（asm 语句）分为基本格式和扩展格式两种格式。

C.1　基本格式

基本 asm 语句格式如下。

```
asm [volatile] (Assembler Instructions)
```

volatile 关键字不起作用，基本格式默认采用 volatile。它访问 C 定义的数据比较麻烦，且不支持 jump 到其他 asm 语句或者 C 定义的标号，所以扩展的 asm 语句更为常用。但扩展的 asm 语句只能在函数内使用，不能定义在函数之外，基本格式没有这个限制。

C.2　扩展格式

扩展的 asm 语句格式有两种形式，如下。

```
//形式1
asm [volatile] (AssemblerTemplate
: Outputs
[ : Inputs
[ : Clobbers ] ])
```

```
//形式2
asm [volatile] goto (AssemblerTemplate
:
: Inputs
: Clobbers
: GotoLabels)
```

volatile 关键字在某些情况下是必不可少的，与 C 语言中的 volatile 关键字的适用情况类似，goto 的作用是标示该语句可能会调用 jump 到 GotoLabels 中的标签中，实际使用较少，因此不做介绍。

1. 输出参数

Outputs 表示 asm 语句的输出变量，非 goto 格式中可以为空，goto 格式中必须为空。变量之间以英文逗号隔开，变量的格式如下。

```
[[name_in_asm]] constraint (name_in_c)
//例子
static inline void atomic_inc(atomic_t * v)
{
    asm volatile(LOCK_PREFIX "incl %0"
          : "+m" (v->counter));
}
```

我们以 atomic_inc 的 asm 语句为例，name_in_asm 为空，constraint 为 +m，name_in_c 为 v-> counter。incl %0 中的%0 指的就是 v->counter 这个变量，从 Outputs 开始，到 Inputs，再到 GotoLabels，每一个变量都会有一个单独的编号，从 0 开始依次增加，供指令引用。为变量指定名字也是可以的，如下。

```
static inline void atomic_inc(atomic_t * v)
{
    asm volatile(LOCK_PREFIX "incl %[val]"
            :[val] "+m" (v->counter));
}
```

为变量指定名字只在 asm 语句中有效，其实，这种方式更容易理解，且变更变量后不必为变量的编号烦恼，但目前大多数都是编号方式。

每一个输出变量都需要限定符，输出变量限定符必须以 = 或 + 开始，= 表示变量的值会被写，+ 表示变量既会被读，也会被写。读写后面可以加上很多其他限制，常用的限定符表见表 C-1。

表 C-1　限定符表

符　号	描　述
m	变量可存在于内存中，memory
r	变量可存在于寄存器中，register
a/b/c/d	寄存器 a/b/c/d，32 位系统对应 eax/ebx/ecx/edx
S（大写）	寄存器 si
D（大写）	寄存器 di

某些限定符可以组合使用，例如 rm 表示变量可以在内存中，也可以在寄存器中，由编译器来决定。

2. 输入参数

Inputs 部分的变量格式与 Outputs 部分的相同，只不过有些细微差别，如下。

```
[[name_in_asm]] constraint (name_in_c)

例子://native_cpuid 函数的实现
    asm volatile("cpuid"
        : "=a" (*eax),
          "=b" (*ebx),
          "=c" (*ecx),
          "=d" (*edx)
        : "0" (*eax), "2" (*ecx)
        : "memory");
```

Inputs 的变量与 Outputs 的不同点在于限定符，Inputs 的限定符不可以以 = 或 + 开头，另外 Inputs 的变量可以使用数字作为限定符，来表示该变量与 Outputs 中相同标号的变量是同一个，存于相同的位置。必须说明的是，这点很重要，即使引用同一个 C 语言名字，不这样指定的话，编译器也有可能将它们放在不同的位置。

3. Clobber 参数

Clobbers 的作用是告诉编译器哪些寄存器已经被使用，不要使用 Clobber 列表中列出的寄存器来存储 Outputs 或 Inputs 变量。除了寄存器外，Clobber 列表中还可以包含两个特殊成员 cc 和 memory。

cc 表示 asm 语句会改变状态寄存器（EFLAGS）的状态。memory 表示 asm 语句涉及了 Outputs 或 Inputs 之外的内存读写，这意味着 GCC 在执行该语句之前要将相关寄存器的值写回，它同时告诉编译器在语句执行前已经读取的内容有可能已被改变，必要的时候重新读取。它的使用在内存屏障一节已经介绍过了。

附录 D 链接脚本

内核本质上也是一种软件，编译过程与普通软件没有本质区别。

D.1 编译的基本过程

从 C 程序到可以被 CPU 执行的代码需要经历多个过程。首先，预处理器 CPP（PreProcess）处理源文件生成纯 C 文件（.c 结尾），然后编译器 cc 处理纯 C 文件生成汇编程序（.s 结尾），接着汇编器 as 处理汇编程序生成目标文件（.o 结尾），最后链接器 ld 链接目标文件生成库或者执行文件。当然，如果不需要手动指定中间过程，GCC 会帮助我们完成这些任务的。

最后阶段，链接器链接的依据来自于脚本文件 loader script（简称 lds），用户可以指定定制的脚本（-T file_name.lds）。如果不指定，链接器则使用默认的脚本链接目标文件。

提示：命令 ld -verbose 会打印当前链接器使用的默认的链接脚本信息，将输出信息重定向到新的 lds 文件中，并去掉开头和结尾多余的字符（否则会报错），就得到了默认的脚本了。

D.2 内核的链接脚本

链接脚本具有定制最终生成的二进制文件的作用，它可以定制各种不同的段、定义变量，以及指定各个段的地址等。内核使用的链接脚本不同的平台间差异较大，一般名称为 vmlinux.lds.S。相对于普通的链接脚本，它的语法并没有什么特别之处，只是理解它有助于透彻理解其他模块，这里介绍定制段和定义变量两个部分，对链接脚本比较熟悉的读者可以跳过。

1. 定制段

我们在内核代码中可以看到很多段（section）相关的宏，常见的见表 D-1。

表 D-1 section 使用举例表

名　称	实　现
__init	__attribute__（（__section__（". init. text"）））
module_init（fn）	static initcall_t __initcall_##fn##6 __attribute__（（__section__（". initcall6. init"）））= fn
fs_initcall（fn）	static initcall_t __initcall_##fn##5 __attribute__（（__section__（". initcall5. init"）））= fn

__attribute__（（__section__（"sec_name"）））是一个供编译使用的属性，链接器在链接的时候会按照顺序将各目标文件的各段的内容放在段定义的位置。比如下面 section.c 和 section1.c 两个源文件的片段，它们都包含了 test 段的内容。同时在我们的链接脚本中某两个段之间，加入下面几行代码，用于定义 test 段（源文件中定制段的内容，段的定义或描述在链接脚本中）。

```
//section.c skip include
typedef void (* v_v)(void);
static void func0_1(void){
    printf("func0_1\n");
```

```
}
static v_v test1 __attribute__((section(".test")))=func0_1;
//skip main
```

```
//section1.c skip include
typedef void (*v_v)(void);
static void func1_1(void){
    printf("func1_1\n");
}
static v_v test1 __attribute__((section(".test")))=func1_1;
```

```
    //your lds
    ...//section a
    .test          :
    {
    *(.test)
    }
    //section b
```

这样就定义了好了一个 test 段，编译器会将 func0_1 和 func1_1 的地址存入 test 段中。为了验证这点，使用下面几个命令，就可以读到 test 段的内容。

```
gcc section1.c section.c -T my_lds.lds   //编译

objdump -DF a.out
使用 objdump 查看 test 段的 offset，在笔者的环境下 offset 为 0x1020

使用二进制编辑器打开 a.out，查看 0x1020 处的值，前 8 个字节的值为
1d 84 04 08 31 84 04 08

其中 0x0804841d 为 func1_1 的地址，0x08048431 为 func0_1 的地址
```

如果编译的时候将 section.c 与 section1.c 的顺序变换一下，offset 不会变，变的只是 test 段中，两个函数地址的顺序。

2. 定义变量

段的优点就是"物以类聚"，利用段可以把相同或者类似属性的函数和变量等放在同一个区域，便于集中访问。以内核调用各模块初始化函数为例，内核按照从 early_initcall 到 late_initcall_sync（module_init 等同 device_initcall）的优先级从高到低的顺序依次完成各模块的初始化。每一个优先级都是一个单独的段，相同优先级的初始化函数按照顺序存入同一个段中，这样内核只需要按照遍历一个个段就可以了。

"物以类聚"提供了很大的方便，但内核运行的时候怎么知道一个段的开始很结尾的呢？这就是链接脚本的第二个作用——定义变量，给段添加一个开始和结尾的标示。内核中代码引用的全局变量绝大部分来源于 C 语言源文件的定义，但还有一部分在 C 代码中找不到，它们就定义在 lds 中，确切地说是编译器根据 lds 的描述定义的。

继续以内核各模块初始化为例，vmlinux.lds.S 中相关的代码段处理之后如下。

```
__initcall_start = .
*(.initcallearly.init)
__initcall0_start = .
*(.initcall0.init)
*(.initcall0s.init)
```

```
......
__initcall7_start = .
* (.initcall7.init)
* (.initcall7s.init)
__initcall_end = .
```

上述代码段定义了__initcall_start、__initcall_end 和__initcall0_start 到__initcall7_start 多个变量用来标示各个段的开始和结尾，比如__initcall6_start 和__initcall7_start 就分别是.initcall6.init 和.initcall6s.init两个段的开始的结尾。有了它们之后，遍历段就是简单的循环，如下。

```
extern initcall_t __initcall0_start[];
//省略1到6
extern initcall_t __initcall7_start[];
extern initcall_t __initcall_end[];
static initcall_t *initcall_levels[] __initdata = {
    __initcall0_start,
    //省略1~6
    __initcall7_start,
    __initcall_end,
};
static void __init do_initcalls(void)
{
    int level;
    initcall_t *fn;
    for (level = 0; level < ARRAY_SIZE(initcall_levels) - 1; level++)
        //遍历一个level下所有的函数
        for (fn = initcall_levels[level]; fn < initcall_levels[level+1]; fn++)
            do_one_initcall(*fn);
}
```